高等职业教育本科药学类专业规划教材

浙江省高职院校"十四五"重点立项建设教材

基因工程技术

（供生物技术类及相关专业用）

主　编　黎晶晶
副主编　陈志锋　范三微
编　者　（以姓氏笔画为序）

王　哲（浙江药科职业大学）

刘晓明（艾美坚持生物制药有限公司）

孙　妍（浙江药科职业大学）

李璐璐（杭州联川生物技术股份有限公司）

吴丽双（浙江药科职业大学）

宋　琴（浙江药科职业大学）

陈志锋（杭州联川生物技术股份有限公司）

范三微（浙江药科职业大学）

郑小玲（浙江省食品药品检验研究院）

楼天灵（浙江药科职业大学）

黎晶晶（浙江药科职业大学）

中国健康传媒集团
中国医药科技出版社 ·北京

内 容 提 要

本教材为"高等职业教育本科药学类专业规划教材"之一，被列为"浙江省高职院校'十四五'重点立项建设教材"。全书共包括10章：绪论、基因工程的工具酶、基因工程的载体、目的基因的制备、重组子克隆的筛选和鉴定、大肠埃希菌基因工程、酵母菌基因工程、植物基因工程、动物细胞基因工程、基因工程新技术。本教材为书网融合教材，即纸质教材有机融合电子教材、教学配套资源（PPT、本章小结等）、数字化教学服务（在线教学）。

本教材主要供高等职业教育本科院校生物技术类及相关专业教学使用。

图书在版编目（CIP）数据

基因工程技术 / 黎晶晶主编. -- 北京：中国医药科技出版社，2025.6. -- ISBN 978-7-5214-5394-2

Ⅰ．Q78

中国国家版本馆 CIP 数据核字第 2025A1K859 号

美术编辑　陈君杞
版式设计　友全图文

出版　**中国健康传媒集团** | 中国医药科技出版社
地址　北京市海淀区文慧园北路甲 22 号
邮编　100082
电话　发行：010 - 62227427　邮购：010 - 62236938
网址　www.cmstp.com
规格　889mm×1194mm $^1/_{16}$
印张　13 $^1/_4$
字数　382 千字
版次　2025 年 6 月第 1 版
印次　2025 年 6 月第 1 次印刷
印刷　河北环京美印刷有限公司
经销　全国各地新华书店
书号　ISBN 978-7-5214-5394-2
定价　**49.00 元**

获取新书信息、投稿、为图书纠错，请扫码联系我们。

数字化教材编委会

主　编　黎晶晶
副主编　陈志锋　范三微
编　者　（以姓氏笔画为序）

　　　　王　哲（浙江药科职业大学）

　　　　刘晓明（艾美坚持生物制药有限公司）

　　　　孙　妍（浙江药科职业大学）

　　　　李璐璐（杭州联川生物技术股份有限公司）

　　　　吴丽双（浙江药科职业大学）

　　　　宋　琴（浙江药科职业大学）

　　　　陈志锋（杭州联川生物技术股份有限公司）

　　　　范三微（浙江药科职业大学）

　　　　郑小玲（浙江省食品药品检验研究院）

　　　　楼天灵（浙江药科职业大学）

　　　　黎晶晶（浙江药科职业大学）

生物医药行业作为我国战略性新兴产业之一，既是生物技术最重要的应用方向，又是现代医药行业转型升级的关键所在。鉴于这种产业形势和社会对生物制药专业人才的需求，我国《职业教育专业目录（2021年）》增加了合成生物技术职业本科专业，面向生物医药制造行业的检验试验、生物药品制造等职业群，培养能够从事DNA测序分析、基因组合成、细胞合成、合成细胞应用技术、基因工程药物和疫苗生产、质量控制等工作的高层次技术技能型人才，以促进生物制药产业的发展。

在合成生物技术专业人才培养方案中，基因工程药物生产技术课程是该专业的核心课程，它是综合了生物制药上游的理论知识及实验技术的一门专业核心课，内容涵盖合成生物技术专业所必须具备的基因工程技术的基本知识和技能，符合培养生物医药类高层次技术技能型人才的要求。通过该课程的学习，学生不仅可以系统掌握生物制药"上游技术"的理论体系，而且通过"学中做、做中学"全面习得岗位核心技能，综合能力得到锻炼，为职业发展奠定"技术扎实、适应力强"的核心竞争力。因此，编写针对该课程的合适教材对于培养合成生物技术专业技术人才颇具实际意义。

本教材专门设置了10章内容，通过教学使学生在掌握基因工程基础知识，深入理解基因工程操作流程以及基本技术路线和原理的基础上，培养将基因工程基本理论知识应用于药品生产的能力，同时培养独立思考、综合分析的能力。

本教材第一章由孙妍、李璐璐编写，第二章、第三章由王哲编写，第四章由范三微、刘晓明编写，第五章由楼天灵、陈志锋编写，第六章、第七章、第八章由黎晶晶编写，第九章由宋琴编写，第十章由吴丽双、郑小玲编写。为方便教学，本教材配有电子课件、本章小结，可以扫二维码阅读。

本教材的编写得到了专家、同仁们的关心和大力支持，在此向他们表示衷心感谢。由于生物技术发展迅速，加之编者学识和水平所限，疏漏和不足之处在所难免，恳请读者批评指正。

编　者
2025年3月

CONTENTS 目录

第一章 绪 论

学习目标

【知识要求】

1. 掌握 基因工程技术与医药工业的关系。

2. 熟悉 生物技术药物的特性。

3. 了解 基因工程制药的发展简史。

【技能要求】

1. 能够认识到基因工程技术对促进社会进步具有非常重要的作用。

2. 能够养成阅读基因工程技术相关专业文献的能力。

【素质要求】

培养专业认同感与归属感，胸怀祖国、服务人民的爱国精神，努力把科技自立自强的信念自觉融入人生追求之中。

基因工程（genetic engineering）是现代生物技术（modern biotechnology）的重要组成部分，是 20 世纪 70 年代初发展起来的一门新兴技术学科，这一技术的兴起，标志着人类已进入定向控制遗传性状的新时代。

基因工程在农业、工业、环境保护、医药等诸多领域都有着广泛的应用。在农业方面，通过基因工程可以培育出具有抗虫、抗病、抗逆等优良性状的农作物品种。例如，将苏云金芽孢杆菌中的抗虫基因导入到棉花中，培育出的转基因抗虫棉能够有效抵御棉铃虫的侵害，减少了农药的使用量，这样不仅降低了生产成本，还有利于保护环境。

在工业上，基因工程可以改造微生物的代谢途径，使其能够更高效地生产各种工业产品，如生物燃料、酶制剂等。在环境保护方面，一些基因工程微生物可以被用于降解污染物，对治理环境污染有着积极的意义。

在医药领域，基因工程更是发挥着不可替代的巨大作用。它被用于生产许多重要的药物，如胰岛素。过去，胰岛素主要是从动物胰脏中提取，产量低且成本高；而利用基因工程技术可以在微生物中高效表达人胰岛素基因，从而大量生产出安全、有效的胰岛素，为糖尿病患者带来了福音。此外，基因工程在基因治疗方面也展现出巨大的潜力，科学家们试图通过修复或改造异常基因来治疗一些遗传性疾病。

第一节 基因工程技术的发展史

现在人们公认，基因工程诞生于 1973 年，它的诞生是数十年无数科学家辛勤劳动的成果和结晶。在此之前，科学家进行了大量的研究工作，积累了丰富的研究成果，这为基因工程的诞生从理论和技术两方面奠定了坚实的基础。

一、理论上的三大发现

(一) 证实了 DNA 是遗传物质

1944 年，Avery 等通过肺炎链球菌（*Streptococcus pneumoniae*）的转化实验不仅证明了 DNA 是遗传物质，也证明了 DNA 可以把一个细菌的性状传给另一个细菌，确定了遗传信息的携带者，即基因的分子载体是 DNA 而不是蛋白质，从而明确了遗传的物质基础问题。正如诺贝尔奖获得者 Lederberg 所指出的，Avery 的工作是现代生物科学的革命性开端，也可以说是基因工程的先导。

(二) 揭示了 DNA 分子的双螺旋结构模型和半保留复制机制

自从证明了 DNA 是遗传物质以后，人们对基因的化学组成、结构及突变进行了深入的研究，尤其是 DNA 的 X 射线衍射分析结果。在此基础上，1953 年，Watson 和 Crick 提出了 DNA 的双螺旋结构模型；随后精确的实验证明了 DNA 半保留复制的机制，从而使遗传学的研究全面进入分子遗传学阶段。

(三) 破译了遗传密码

1961 年，Monod 和 Jacob 提出了操纵子学说。1964 年，以 Nirenberg 等为代表的一批科学家经过刻苦研究，确定了遗传信息是以密码子方式传递的，每 3 个核苷酸组成一个密码子，编码一个氨基酸。到了 1966 年，64 个密码子被全部破译并编排了密码表，后来 Crick 提出了"中心法则"，从而阐明了遗传信息的流向和表达问题。

这三大发现大大促进了生命科学的迅速发展，为基因工程的诞生奠定了重要的理论基础。由于这些问题的解决，人们期待已久的，应用类似于工程技术的程序能动地改造生物的遗传特性，创造具有优良性状的生物新类型的美好愿望，从理论上讲已有可能变为现实。

二、技术上的三大发明

上述遗传学中若干重大基础理论问题的解决阐明了什么是基因、基因携带的遗传信息是什么、基因如何表达等分子机制。如果要进一步研究基因的结构、表达调控和功能，客观上需要把单个或多个基因从基因组（genome）中分离出来单独进行研究，这就需要一些能在体外（*in vitro*）操作 DNA 的技术。

(一) DNA 的提取和分离

1869 年，瑞士医生 Friedrich Miescher 研究了白细胞（leukocyte）的化学成分。他用盐溶液洗涤脓细胞，分离细胞核，然后提取蛋白质或脂类，发现了一种能溶于弱碱性溶液但加入酸中和时就会沉淀的酸性物质，该物质难溶于乙酸、稀盐酸和氯化钠溶液中，抗蛋白酶，富含磷但不含硫。Miescher 意识到他发现了一种与之前所知的蛋白质不同的新组分，由于来自细胞核，命名为核素（nuclein）。为了详细研究核素的功能，Miescher 还建立了可重复的提取核素的方法：用热乙醇破坏细胞膜并抽提部分脂类和疏水性蛋白质，用胃蛋白酶（pepsin）消化破坏细胞核，进一步用醚和乙醇提取脂类，最后用弱碱性溶液如碳酸钠洗涤，再用乙酸或盐酸处理即可得到 DNA 沉淀。从此，操作 DNA 的时代开启。

1970 年，H. O. Smith 和 K. W. Wilcox 报道在流感嗜血杆菌（*Haemophilus influenzae*）Rd 菌株中发现了第一种 Ⅱ 型限制性核酸内切酶——*Hind* Ⅱ，从此在体外切割 DNA 分子成为可能。1971 年，Kathleen Danna 和 Daniel Nathans 意识到 *Hind* Ⅱ 应该在相同的 DNA 序列的相同位置切断 DNA 双链，于是用 *Hind* Ⅱ 切割分离 ^{32}P 标记 SV40 DNA 的特定片段，然后用聚丙烯酰胺凝胶电泳（polyacrylamide gel electrophoresis，PAGE）分离 SV40 DNA 的酶切产物，放射自显影显示出清晰的 11 个条带，相当于可用 *Hind* Ⅱ 位点

给 SV40 DNA 绘制一个基因图谱。限制性核酸内切酶（以下简称限制酶）的这一"剪"给分子生物学带来了革命，成为基因工程发展史上的里程碑之一。

此后人们纷纷寻找类似的内切酶，陆续发现了很多种这样的限制酶。

（二）DNA 片段的连接

能得到 DNA 片段，人们自然希望还能把它们再连接起来。1967 年，Bernard Weiss 和 Charles Clifton Richardson 从感染了 T_4 噬菌体的大肠埃希菌中分离纯化到 T_4 DNA 连接酶（ligase），发现 T_4 DNA 连接酶能在 ATP 存在下催化修复双链 DNA 中一条单链上的磷酸二酯键（phosphodiester bond）断口。几乎同时，Baldomero Olivera 和 I. Robert Lehman 从非感染的大肠埃希菌 1100 菌株中也分离纯化到大肠埃希菌 DNA 连接酶。与 T_4 DNA 连接酶不同，大肠埃希菌 DNA 连接酶需要 Mg^{2+} 和辅助因子 NAD，而不是 ATP。从此，科学家手中有了体外连接 DNA 片段的分子"胶棒"。

（三）感受态细菌与转化

外源的 DNA 分子构建成功后，人们又想将其转入细菌细胞内，并发挥其遗传物质的功能。尝试用 DNA 分子直接转化大肠埃希菌屡次失败后，人们意识到并非所有的细菌都能轻易地被外源 DNA 转化。1960 年，斯坦福大学医学院的 A. Dale Kaiser 和 David S. Hogness 发现，必须把提纯的噬菌体（phage）DNA 分子与辅助噬菌体（helper phage）混合侵染大肠埃希菌，才能把噬菌体 DNA 转化进入大肠埃希菌细胞内。

1970 年，瑞典 M. Mandel 和 A. Higa 尝试用单价或二价阳离子处理大肠埃希菌，发现能增加细胞壁的通透性。如果把噬菌体 DNA 与冰冷的 $CaCl_2$ 及大肠埃希菌混合一段时间，然后再升温至 37℃，就能使大肠埃希菌吸收噬菌体 DNA。1972 年，斯坦福大学医学院的 Stanley Cohen 团队对上述方法做了改进，即升温至 42℃、2 分钟的热脉冲（heat pulse），大大增加了转化率，由此建立了 42℃ 热休克的大肠埃希菌转化方法。

三、基因工程技术诞生的标志

综上所述，到 20 世纪 70 年代末，提取分离 DNA、体外切割连接 DNA 并把连接产物导入大肠埃希菌的技术均已具备。

重组技术的发明，标志着生物技术的核心——基因工程技术诞生。研究小组使用限制酶 *Eco*R I，在体外对 SV40 DNA 和 λ 噬菌体 DNA 分别进行酶切消化，然后用 T_4 DNA 连接酶将两种酶切片段连接起来，第一次在体外获得了 SV40 和 λ 噬菌体的重组 DNA 分子（图 1-1）。1972 年，美国斯坦福大学的 Paul Berg 研究小组首次实现了 DNA 体外重组。

1973 年，斯坦福大学的 S. Cohen 等将编码有卡那霉素（kanamycin，*Kan*）抗性基因的大肠埃希菌 R6-5 质粒和编码四环素（tetracycline，*Tet*）抗性基因的另一种大肠埃希菌质粒 pSC101 DNA 混合后，加入限制酶 *Eco*R I，对 DNA 分别进行切割，再用 T_4 DNA 连接

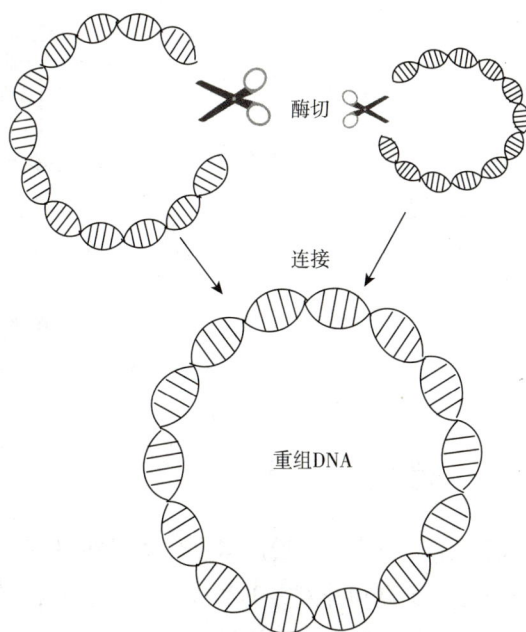

图 1-1 1972 年 Berg 与他的学生构建的世界上
第一个体外重组 DNA 分子

酶将它们连接成为重组 DNA 分子，然后转化大肠埃希菌，获得了双抗性转化子菌落（Tet^R 和 Kan^R），这是第一次重组 DNA 分子成功转化的基因克隆实验（图 1 – 2），标志着基因工程的诞生。它向人们提供了一种全新的技术手段，使人们可以按照意愿在试管内切割 DNA、分离基因并经重组后导入其他生物或细胞，进而改造农作物或畜牧品种；也可以导入细菌这种简单的生物体，由细菌生产大量的有用的蛋白质；甚至可以直接导入人体内进行基因治疗。这次技术上的革命是以基因工程为核心，带动了现代发酵工程、现代酶工程、现代细胞工程以及蛋白质工程的发展，产生了具有划时代意义和战略价值的现代生物技术。

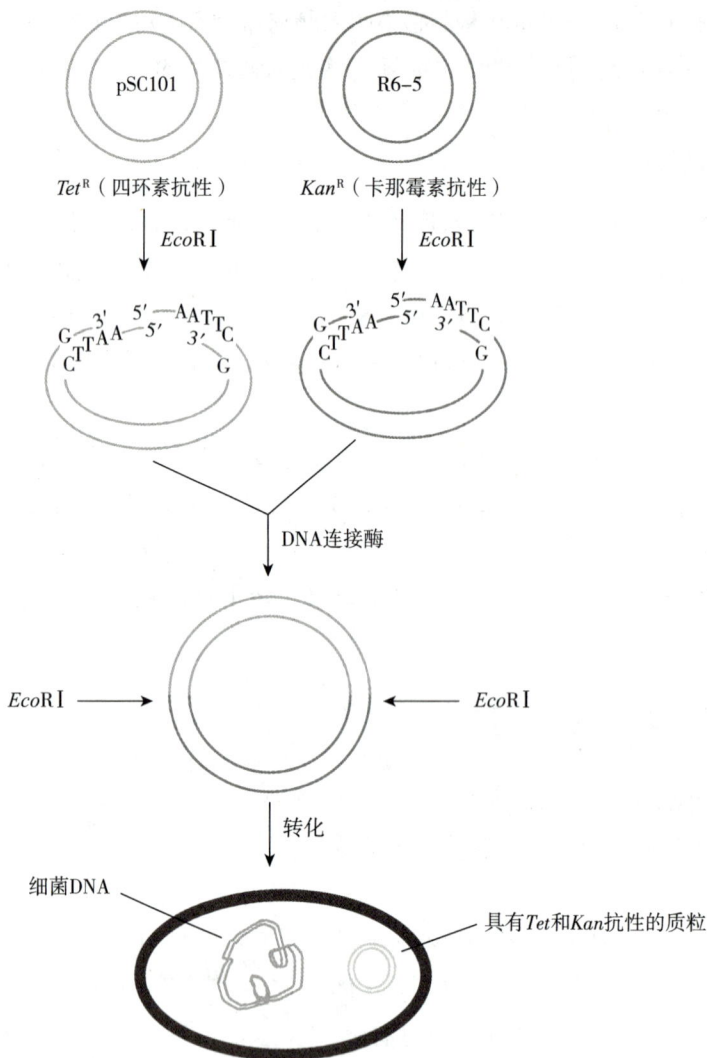

图 1 – 2   第一次重组 DNA 分子转化成功的基因克隆实验

四、基因工程技术的发展

基因工程技术的发展趋势主要体现在以下几个方面：基因操作技术日新月异并不断完善；重组基因药物与疫苗研究和开发突飞猛进；新的生物治疗制剂产业前景广阔；基因治疗取得重大进步，有可能革新整个疾病的预防和治疗领域；新技术、新方法一经产生，便迅速地通过商业渠道产生效益；转基因植物和动物不断取得突破；21 世纪整个医药工业将面临全新的升级改造；针对生物基因组结构与功能以及应用的研究是当今生命科学研究的热点和重点；蛋白质工程开创了按照人类意愿改造、创造符合人类需要的蛋白质的新时期；信息技术的飞跃渗透至生命科学领域，生物信息学用途广泛；基因工程技术在工业上的广泛应用使农业和畜牧业生产发生了新的飞跃；将细胞作为细胞工厂进行重新设计，将实现细胞制药厂的产业化，从而进入合成生物技术制药时代。

第二节 基因工程药物的发展现状

一般来说，采用基因工程技术或其他新生物技术研制的蛋白质或核酸类药物称为生物技术药物，包括重组蛋白质及多肽类、抗体、疫苗和寡核苷酸药物等，主要用于肿瘤、心血管疾病、传染病、糖尿病、贫血、自身免疫性疾病、基因缺陷病和许多遗传疾病的治疗、预防和诊断。现代生物药物主要有4大类型：①来自动物、植物、微生物或海洋生物的天然生物药物；②合成或部分合成的生物药物；③应用 DNA 重组技术制造的基因工程多肽和蛋白质类药物、基因工程抗体、基因工程疫苗等；④基因药物，如基因治疗剂、基因疫苗、反义药物和核酶等。

一、基因工程制药特征

（一）高技术

随着科学技术的不断创新，高通量快速筛选技术、后基因组计划、功能基因组学和生物信息学的发展极大地推动了新药的开发和研制。生物技术制药产业是集生物学、医学、药学领域的先进技术为一体，以组合化学、药物基因组学、功能抗原学、生物信息学等高新技术为依托，以分子遗传学、分子生物学、生物物理学等学科的突破为后盾形成的产业。例如，利用细胞培养生产具有重要医学价值的酶、生长因子、疫苗和单克隆抗体等，已成为生物制药产业的重要部分。

（二）高投入

雄厚的资金是生物技术药物开发的必要保障。生物创新药从立项研发开始，就需要投入大量的资金用于研发设备、研发材料、研发人员及药物效果测试等。一些大型生物制药公司的研究开发费用占总销售额的比重超过 20%。一个创新药从研发到上市，平均的成本是 12 年 10 亿美金，并随新药开发难度的增加而增加。生物医药产业除研发外的固定资产投入也很高，以抗体产品为例，一个生产线一般需要 3~5 亿美元投资。

（三）长周期

生物技术药物从开始研制到最终转化为产品要经过很多环节，包括实验室研究阶段、中试生产阶段、临床试验阶段、规模化生产阶段、市场商品化阶段以及监督、产品终止，且每个环节的药政审批程序严格，所以开发一种新药的周期较长，一般需要 8~10 年。

（四）高风险

生物创新药的开发存在内在风险，从上游研究、中试研究、临床前实验到临床试验以及注册上市和售后监督这一系列步骤（图 1-3），即使只有一个环节失败都将前功尽弃。一般来讲，一个生物技术药物的成功率仅为 5%~10%。比如动物细胞规模化培养就非易事，一个完整的全自动细胞培养体系，仅控制节点就多达数百个，需要非常精确且严谨的操作流程和规范，即使只有一个环节出现问题，产品质量都将无法得到保障。

（五）高收益

生物医药行业具有高投入和高风险的特点。当然，如果药物成功上市，其收益也非常可观，例如1g抗体价格可达万元，一次 CAR‒T 细胞治疗费用超百万。因此，对于生物医药企业来说，唯有专注创新和研发，才可能取得好的经济效益，以支持长期、高效的产品研发，助推人类医药卫生事业的发展。

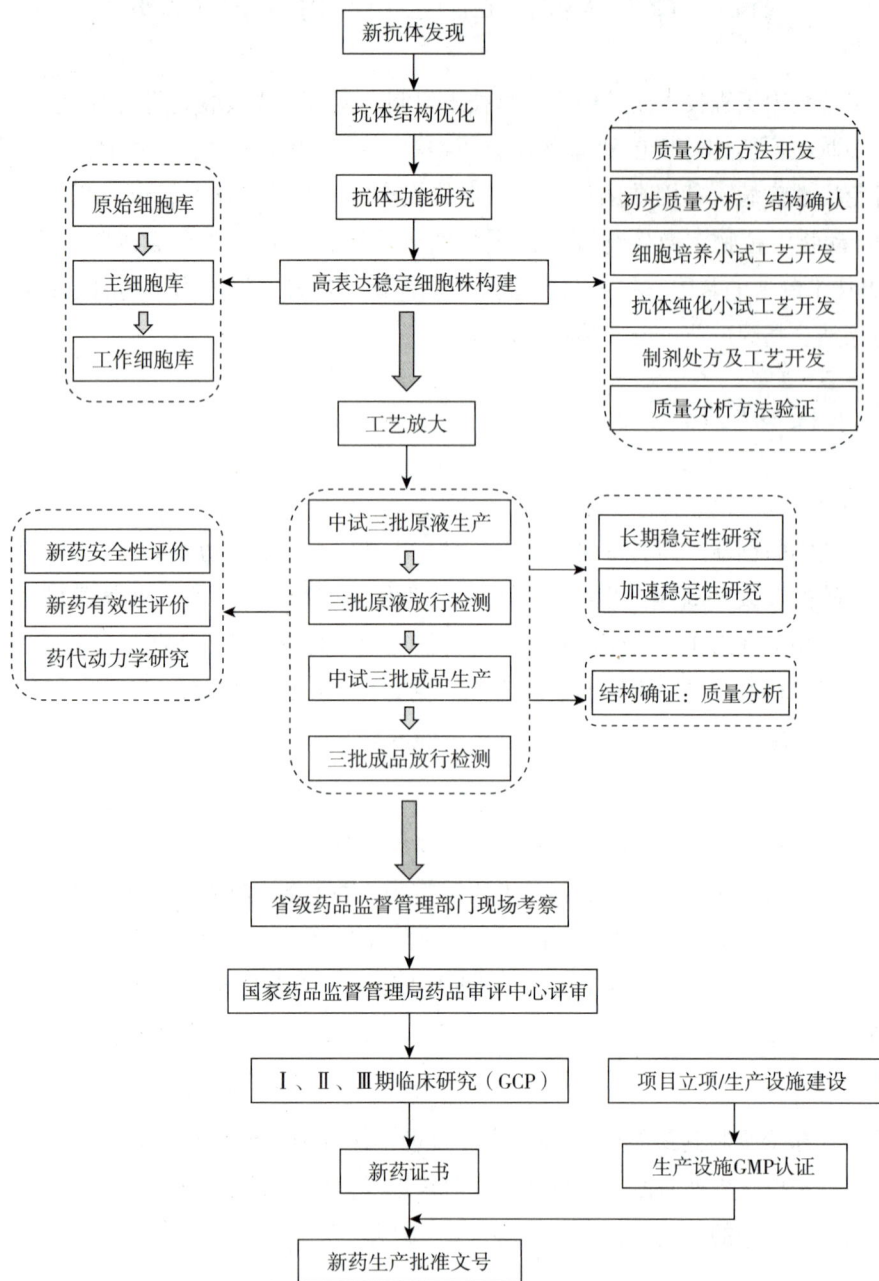

图 1-3　基因工程抗体药物开发和注册程序

二、基因工程药物的种类

（一）基因工程重组蛋白质及多肽类药物

重组蛋白质类药物指应用基因重组技术，获得连接有可以翻译成目的蛋白的基因片段的重组载体，之后将其转入可以表达目的蛋白的宿主，表达特定的重组蛋白分子。1982 年，重组人胰岛素经美国食品药品管理局（FDA）批准作为第一个基因工程药物上市。目前，已上市重组蛋白质类药物主要有激素类、细胞因子类、酶类、凝血因子类等，用于弥补机体由于先天基因缺陷或后天疾病等造成的体内相应功能蛋白的缺失。表1-1列出一些已上市的基因工程重组蛋白质及多肽药物。

表1-1 已上市的基因工程重组蛋白质及多肽类药物

细分领域	主要品种	治疗领域
激素类	重组人胰岛素、胰岛素类似物	用于糖尿病治疗
	重组人生长激素（GH）	用于儿童矮小症
	重组人促卵泡激素	辅助生殖治疗领域，促进女性排卵
细胞因子类	重组人干扰素 IFN-α、IFN-β、IFN-γ	用于乙肝、丙肝及多发性肝硬化
	重组人粒细胞集落刺激因子（G-CSF）	用于治疗由肿瘤放、化疗引起的各类血细胞减少症状，提高患者自身免疫
	重组人粒细胞巨噬细胞集落刺激因子（GM-CSF）	
	重组人肿瘤坏死因子α（TNF-α）	癌症辅助治疗
	重组人促红细胞生成素（EPO）	促进红细胞生成，治疗贫血
	重组人白细胞介素 IL-2、IL-11	免疫调节、促进造血
	重组人成纤维细胞生长因子（bFGF）	创面伤口愈合恢复
	重组人表皮生长因子（EGF）	
酶类	重组人尿激酶原	用于急性心肌梗死
	重组人α-葡萄糖苷酶制剂	用于庞贝氏病
	重组超氧化物歧化酶	清除自由基、抗组织损伤、抗衰老
其他	重组人凝血因子Ⅷ、Ⅸ	治疗血友病
	重组人骨形成蛋白	促进骨愈合
	重组水蛭素	用于血栓性疾病
	重组利尿钠肽	用于充血性心力衰竭

（二）基因工程抗体

基因工程抗体又称重组抗体，是指利用重组 DNA 及蛋白质工程技术对编码抗体的基因按不同需要进行加工改造和重新装配，经转染适当的受体细胞所表达的抗体分子。自 1976 年杂交瘤技术产生以来，单克隆抗体（简称"单抗"）药物发展迅速，已经历鼠源化单抗、人鼠嵌合单抗、人源化单抗以及全人源单抗 4 个发展阶段。1986 年第一个治疗性单克隆抗体药物 Muromonab-CD3（OKT3）上市，1994 年通过第一个基因工程改造产生的嵌合抗体药物 Abciximab 被批准上市，1997 年第一个通过 DNA 重组技术获得的人源化抗体 Zinbryta 被批准上市，2002 年第一个通过噬菌体展示技术产生的全人源抗体 Adalimumab 被批准上市。2021 年，随着葛兰素史克 PD-1 抑制剂 Dostarlimab 的批准，抗体药物达到了 100 个，人们进入了"百抗"新时代。

截至 2024 年，全球已获批的抗体药物超过 150 种，但其靶点覆盖范围仍存在显著局限性。根据作用机制分类，当前主要靶点可分为以下四类：①免疫检查点抑制剂（如 PD-1/PD-L1、CTLA-4）；②B 细胞表面抗原（如 CD20、CD19）；③炎症介质/受体（如 TNF-α、IL-6R、IL-23R）；④血管生成/信号通路靶点（如 VEGF/VEGFR、EGFR）等。

（三）核酸类药物

核酸类药物包括裸质粒、反义寡核苷酸、RNAi 药物等。这类药物多为人工设计，在生理活性、血液中稳定性、耐热性及耐蛋白酶影响等方面性能优于天然型蛋白质。

1. 裸质粒　裸质粒作为利用目的基因载体开发的药物，广泛用于基因治疗。同病毒载体相比，裸质粒载体具有免疫原性和毒性更低的优势，不存在基因整合的风险，而且在生产、运输和储存过程中更方便，更有利于大规模生产。

2. 反义寡核苷酸药物　简称反义药物，其本身是核酸，根据碱基互补配对原理，用人工合成或生物体合成的特定互补的 DNA 或 RNA 片段（或其化学修饰产物）抑制或封闭基因表达，以阻止有害蛋白质的产生，针对癌基因、抑癌基因、生长因子及其受体、细胞信号转导系统功能分子、细胞周期调控物质、酶类等基因，以及病原生物（如 HIV、SARS）的结构基因。许多癌基因的高表达、原癌基因及肿瘤相关基因的激活都与肿瘤发生密切相关。抑制此类基因的表达，或封闭肿瘤药物抗性基因表达，均可达到抑制肿瘤相关性状和肿瘤发生的目的。

3. RNAi 药物　RNAi 是一种基因沉默现象，由小干扰 RNA（small interfering RNA，siRNA）通过 RNA 诱导沉默复合物（RNA – induced silencing complex，RISC）来介导靶 mRNA 的降解。利用这一机制，RNAi 可用来沉默与疾病相关的特定基因。siRNA 通常是由 $19 \sim 25$ 个碱基对组成的双链寡核苷酸，可以通过精确设计来靶向大多数基因的 mRNA 转录物，也可同时靶向一个或多个基因，大大扩展了可成药的靶点。siRNA 不同于小分子和抗体，它可以通过阻止致病蛋白的产生来治疗疾病，实现从源头对疾病进行干预和控制。已上市的核酸类药物见表 1 – 2。

表 1 – 2　已上市的核酸类药物（截至 2024 年）

商品名	生产公司名	批准时间、国家/地区	适应证
裸质粒药物			
Neovasculgen	Human Stem Cell Institute	2011.12 俄罗斯	严重肢体缺血
Collategene	AnGes MG	2019.03 日本	严重肢体缺血
Zynteglo	Bluebird Bio	2023.06 美国	镰状细胞贫血和 β 地中海贫血
反义寡核苷酸药物			
Exondys 51	Sarepta Therapeutics	2016.09 美国	杜氏肌营养不良症
Spinraza	Ionis Pharma & Biogen	2016.12 美国	脊髓性肌萎缩症（SMA）
Tegsedi	Ionis Pharma & Akcea Therapeutics	2018.07 欧盟 2018.10 加拿大 2018.10 美国	淀粉样变性
Waylivra	Ionis Pharma & Akcea Therapeutics	2019.05 欧盟	家族性高乳糜微粒血症
Vyondys 53	Sarepta Therapeutics	2019.12 美国	杜氏肌营养不良症
Viltepso	Nippon Shinyaku	2020.03 日本 2020.08 美国	杜氏肌营养不良症
Amondys 45	Sarepta Therapeutics	2021.02 美国	杜氏肌营养不良症
Kynamro	Ionis Pharma & Genzyme	2021.06 日本	纯合子家族性高胆固醇血症
Leqvio	Alnylam Pharmaceuticals	2023.01 美国	遗传性转甲状腺素蛋白淀粉样变性
Dexagliflozin	Gilead Sciences	2023.10 美国	慢性肾病（CKD）患者的钠葡萄糖共转运体 2（SGLT2）抑制
RNAi 药物			
Onpattro	Alnylam Pharma	2018.08 美国 2018.08 欧盟	淀粉样变性
Givlaari	Alnylam Pharma	2019.11 美国 2020.08 德国	肝卟啉病
Oxlumo	Alnylam Pharma	2020.11 欧盟 2020.11 美国	高草酸尿症

续表

商品名	生产公司名	批准时间、国家/地区	适应证
RNAi 药物			
Leqvio	Novartis Pharma GmbH	2020.12 欧盟	高胆固醇血症
个体化肿瘤疫苗	BioNTech	2023.09 欧盟	黑色素瘤、非小细胞肺癌等实体瘤（BNT122）
RSVpreF	Pfizer and BioNTech	2023.12 美国	预防呼吸道合胞病毒（RSV）感染（老年人及高风险儿童）
Zolgensma	Novartis	2024.05 美国	脊髓性肌萎缩症（SMA）
mRNA-4157	Moderna	2024.06 美国	黑色素瘤辅助治疗

（四）重组疫苗

重组疫苗（recombination vaccines）是经现代基因工程技术生产的具有引起人体或动物体免疫反应的病毒或蛋白，可起到预防或治疗疾病的作用。在基因水平制备的疫苗称为重组疫苗，根据研制原理的不同，有以下几种。

1. 基因工程疫苗（gene engineered vaccine） 基因工程疫苗是指应用基因工程方法或分子克隆技术，将病原微生物基因组中的一个或多个对防病、治病有用的基因克隆到无毒的原核或真核表达载体上制成的新型疫苗，可使接种动物产生免疫力或对感染性疾病产生抵抗力，达到防控疾病的目的。如将编码 HBsAg 的基因插入酵母菌基因组制成 DNA 重组乙肝疫苗，或将流感病毒血凝素、单纯疱疹病毒基因插入牛痘苗基因组中制成的疫苗等。

2. 基因重组疫苗（gene recombination vaccine） 基因重组是指通过强、弱毒株之间进行基因片段的交换而获得的疫苗。目前研究较为成功的重组疫苗有轮状病毒疫苗和流感病毒疫苗。

3. 转基因植物可食疫苗（transgenic plant vaccine） 转基因植物可食疫苗是指利用转基因技术，将编码有效免疫原的基因导入可食用植物细胞的基因组中，免疫原即可在植物的可食用部分稳定地表达和积累，人类和动物通过摄食达到免疫接种的目的，具有可口服、儿童顺应性强、价廉等优点。常用的植物有番茄、马铃薯、香蕉等，目前国内外均在研发中。

4. 核酸疫苗 核酸疫苗又称为基因疫苗，包括 DNA 疫苗与 RNA 疫苗，由编码能引发保护性免疫反应的病原体抗原的基因片段与载体共同组建而成。基本步骤是基于病原基因组信息的研究，阐明其侵染性、致病性、免疫性机制，然后进行基因疫苗的开发。基因疫苗是将编码外源性抗原的基因插入到含真核表达系统的质粒上，然后将质粒直接导入人体内，基因疫苗在进入机体后不与宿主染色体结合，但能实现抗原蛋白表达，诱导机体产生免疫应答。抗原基因在一定时限内持续表达，不断刺激机体免疫系统，从而达到防病的目的。

众所周知，传统的疫苗主要用于预防疾病，即预防性疫苗，它在控制人类及动物传染病中起到非常重要的作用，但对免疫功能低下的机体及已发病的个体无效。随着免疫学研究的发展，人们希望疫苗可以在已发病个体中，通过诱导特异性的免疫应答，达到治疗疾病或防止疾病恶化的效果，这类疫苗产品便是治疗性疫苗。作为一种新型的疾病治疗手段，治疗性疫苗通过打破机体的免疫耐受，提高机体特异性免疫应答，清除病原体或异常细胞，因而相比于目前常见的化学合成或生物类药物有着特异性高、副作用小、疗程短、效果持久、无耐药性等优势，这也使得治疗性疫苗成为继单克隆抗体之后基于人体免疫系统开发的又一类革命性新药物。流感疫苗、狂犬疫苗和乙肝疫苗等迅速崛起，宫颈癌等癌症疫苗、肺炎疫苗、治疗性乙肝疫苗、治疗性艾滋病疫苗等陆续进入临床，备受市场关注，成为当下生物技术药物的热点之一。

（五）基因诊断

基因诊断（gene diagnosis）是通过基因芯片等工具对致病基因进行检测。它是继形态学、生物化学和免疫学诊断之后的第四代诊断技术，它的诞生与发展得益于分子生物学理论和技术的迅速发展。与传统的诊断方法相比，它以基因的结构异常或表达异常为切入点，因此往往在疾病出现之前就可做出诊断，从而为疾病的预防和早期治疗赢得时间。另外，遗传病基因变异在全身各处细胞中均能一致体现，诊断取材极为方便，血液细胞、羊水脱落细胞均可作为诊断材料，无须对某一特殊的组织或器官进行检测。因此，基因诊断从开始就受到了人们的高度重视和普遍欢迎，已应用于许多临床疾病的诊断。

随着基因诊断方法学的持续改进，基因诊断已广泛地应用于遗传病的诊断，如对有遗传病危险的胎儿进行妊娠诊断。除用于细胞癌变机制的研究外，基因诊断还可用于对肿瘤进行诊断、分类分型和预后检测。在感染性疾病的基因诊断中，不仅可以检出正在生长的病原体，也能检出潜伏的病原体，既能确定既往感染，也能确定现行感染。对那些不容易培养或不能在实验室安全培养的病原体，也可用基因诊断进行检测。在传染性流行病中，采用基因诊断分析同血清型中不同地域、不同年份病原体分离株的同源性和变异性，有助于研究病原体遗传变异趋势，指导暴发流行的预测。基因诊断在判断个体对某种重大疾病的易感性方面也起着重要作用，在器官移植组织配型中的应用正日益受到重视，在法医学中主要用于针对人类 DNA 遗传差异进行个体识别和亲子鉴定。

基因诊断的常用技术方法如下。①核酸分子杂交技术：包括限制性内切酶酶谱分析法、DNA 限制性片段长度多态性（RFLP）分析、等位基因特异寡核苷酸探针（ASO）杂交法。②PCR 技术：采用特异的引物，能特异地扩增出目的 DNA 片段，由于在基因中突变区两侧的碱基序列和正常基因仍然相同，根据待测基因两端的 DNA 顺序设计出一对引物，经 PCR 反应将目的基因片段扩增出来，即可进一步分析判断致病基因的存在与否，并了解其变异的形式。③基因测序：即分离出患者的有关基因，测定出碱基排列顺序，找出其变异所在，这是最为确切的基因诊断方法。

（六）基因治疗

根据临床统计，25% 的生理缺陷、30% 的儿童死亡以及 60% 的成年人疾病均由遗传疾病引发。随着对遗传病致病机制研究的深入，人们意识到，如果能将变异基因与异常表达的基因转变为正常基因并使其正常表达，就可从根本上治愈遗传病，这便是基因治疗（gene therapy）的基本理念。基因治疗是指向靶细胞或组织引入外源基因（DNA 或 RNA 片段），通过纠正或补偿基因缺陷，关闭或抑制异常表达基因来达到治疗目的。具体而言，就是运用基因工程技术，把包含调控序列的正常外源基因导入那些因该基因发生突变而产生缺陷的遗传病患者体内，让导入的正常基因发挥作用，从而纠正或改善患者体内缺陷基因引发的病症。目前，基因治疗主要集中在少见的代谢性疾病、恶性肿瘤、单基因遗传病以及传染病（如 HIV 感染所致的 AIDS）方面（表 1-3）。

表 1-3　已上市的基因治疗药物（截至 2024 年）

商品名	生产公司名	批准时间、国家/地区	适应证
体外基因疗法			
Strimvelis	GSK	2016 欧盟	重症联合免疫缺陷症
Zalmoxis	MolMed	2016 欧盟	用于造血干细胞移植后患者免疫系统的辅助治疗
Invossa-K	Tissue Gene	2017 韩国	退行性膝关节炎
Kymriah	Novartis	2017 美国	前体 B 细胞急性淋巴细胞白血病（ALL）和复发或难治性弥漫大 B 细胞淋巴瘤（DLBCL）
Yescarta	Kite Pharma	2017 美国	复发或难治性大 B 细胞淋巴瘤（LBCL）

续表

商品名	生产公司名	批准时间、国家/地区	适应证
Tecartus	GILD	2020 美国	复发或难治性套细胞淋巴癌
Libmeldy	Orchard Therapeutics	2020 欧盟	异染性脑白质营养不良（MLD）
Skysona	Bluebird Bio	2021 欧盟	早期脑型肾上腺脑白质营养不良（CALD）
Breyanzi	BMS	2021 美国	复发或难治性大 B 细胞淋巴瘤（LBCL）
Abecma	BMS & Bluebird Bio	2021 美国	复发或难治性多发性骨髓瘤
Carteyva	JW therapeutics	2021 中国	经过二线或以上系统性治疗后成人患者的复发或难治性大 B 细胞淋巴瘤（LBCL）
Zynteglo	Bluebird Bio	2022 美国	输血依赖性 β 地中海贫血
Carvykti	Legend biotech	2022 美国	复发或难治性多发性骨髓瘤（MM）
Tecartus	Novartis	2022 美国	复发或难治性 B 细胞急性淋巴细胞白血病（ALL）和费城染色体阳性（Ph+）急性淋巴细胞白血病（ALL）
Brexucabtagene autoleucel	Novartis	2023 美国	复发或难治性套细胞淋巴瘤（MCL）
LOUCY	Gamida Cell	2024 美国	CD123 靶向 CAR-T

基于病毒载体的体内基因疗法

Gendicine	SIBIONO	2003 中国	头颈部鳞状细胞癌
Rigvir	Latima	2004 拉脱维亚	黑色素瘤
Oncorine	Sunway	2006 中国	头颈部肿瘤、肝癌、胰腺癌、宫颈癌等多种癌症
Glybera	UniQure	2012 欧盟	严格限制脂肪饮食却仍然有严重或反复胰腺炎发作的脂蛋白脂酶缺乏症（LPLD）
Imlygic	Amgen	2015 美国和欧盟	不能经手术完全切除的黑色素瘤病灶
Luxturna	Spark Therapentics	2017 美国 2018 欧盟	用于因双拷贝 RPE65 基因突变所致视力丧失但保留有足够数量的存活视网膜细胞的儿童和成人患者的治疗
Zolgensma	AveXis	2019 美国	治疗 2 岁以下脊髓性肌萎缩症（SMA）患者
Delytact	Daiichi Sankyo	2021 日本	恶性胶质瘤
Valoctocogene Roxaparvovec	BioNTech & Genentech	2022 美国	重型 β 地中海贫血
Sebelmacunase alfa	Sanofi Genzyme	2022 美国	黏多糖贮积症 I 型（MPS I）
Luxturna	Spark Therapeutics	2023 美国	Leber 遗传性视神经病变（LHON）
SRP-9001	Editas Medicine	2024 美国	Leber 先天性黑矇，LCA10

小核酸药物

Vitravene	Ionis Pharma & Novartis	1998 美国 1999 欧盟	治疗 HIV 阳性患者的巨细胞病毒性视网膜炎
Macugen	Pfizer & Eyetech	2004 美国	新生血管性年龄相关性黄斑变性
Kynamro	Ionis Pharma & Kastle	2012 美国	辅助治疗纯合子家族性高胆固醇血症
Defitelio	Jazz	2013 欧盟 2016 美国	肝小静脉闭塞症伴随造血干细胞移植后肾或肺功能障碍
Spinraza	Ionis Pharma	2016 美国	脊髓性肌萎缩症（SMA）
Exondys51	AVI BioPharma	2016 美国	DMD 基因发生 51 外显子跳跃基因突变的杜氏肌营养不良症（DMD）
Tegsedi	Ionis Pharma	2018 欧盟	遗传性转甲状腺素蛋白淀粉样变性（hATTR）
Onpattro	Alnylam & Sanofi	2018 美国	遗传性转甲状腺素蛋白淀粉样变性（hATTR）
Givlaari	Alnylam	2019 美国	成人急性肝卟啉症（AHP）

续表

商品名	生产公司名	批准时间、国家/地区	适应证
Vyondys53	Sarepta Therapeutics	2019 美国	治疗抗肌萎缩蛋白基因外显子 53 剪切突变的 DMD 患者
Waylivra	Ionis Pharma & Akcea Therapeutics	2019 欧盟	作为家族性乳糜微粒血症综合征（FCS）成年患者控制饮食之外的辅助疗法
Leqvio	Novartis	2020 欧盟	成人原发性高胆固醇血症（杂合子家族性和非家族性）或混合型血脂异常
Oxlumo	Alnylam	2020 欧盟	原发性高草酸尿症 1 型（PH1）
Viltepso	Nippon Shinyahu	2020 美国	DMD 基因发生 53 外显子跳跃基因突变的杜氏肌营养不良症（DMD）
Onasemnolone ethyl	Zealand Pharma	2022 美国	库欣综合征（Cushing syndrome）
Leqvio	Alnylam Pharmaceuticals	2023 美国	遗传性转甲状腺素蛋白淀粉样变性（hATTR）
Exondys 51	Sarepta Therapeutics	2023 美国	杜氏肌营养不良症（DMD）
其他基因治疗药物			
Rexin - G	Epeius	2005 菲律宾	对化疗产生抵抗的晚期癌症
Neovasculgen	Human stem cells institute	2011 俄罗斯 2013 乌克兰	周边血管动脉疾病，包括重度肢体缺血
Collategene	AnGes MG	2019 日本	重症下肢缺血
Nusinersen	Biogen	2022 美国	脊髓性肌萎缩症（SMA）
Exa - cel	CRISPR Therapeutics	2023 美国	镰状细胞贫血（SCD）和 β 地中海贫血
Tegsedi	Ionis Pharmaceuticals	2023 美国	遗传性血管性水肿（HAE）
EDIT - 101	Intellia Therapeutics	2023 欧盟	转甲状腺素蛋白淀粉样变性，ATTR

相信，未来基因工程技术的发展将大大推动医学领域的发展，现今许多疑难杂症难以治愈的局面将会被打破。

思考题

1. 生物技术药物的发展趋势如何？
2. 生物技术制药的特点有哪些？
3. 生物技术药物的种类有哪些？

本章小结

答案解析

第二章 基因工程的工具酶

PPT

学习目标

【知识要求】
1. **掌握** 基因工程工具酶的核心操作与应用。
2. **熟悉** 基因工程工具酶的基本特性和常见功能。
3. **了解** 基因工程工具酶的前沿研究与发展趋势。

【技能要求】
1. 能够根据实验目的，选择合适的工具酶。
2. 能够正确配制和使用各种工具酶的反应体系，包括缓冲液、酶、DNA 模板等。

【素质要求】
1. 培养逻辑思维能力，能够理解基因工程工具酶的作用机制、分类和应用原理，并能运用这些知识分析和解决相关问题。
2. 培养持续学习和创新的能力，持续关注工具酶的改良和新工具的开发趋势。

基因工程的关键技术是重组 DNA 技术，即从染色体上切割下目的基因片段，再与载体 DNA 连接，构成新的重组 DNA 分子，其操作过程涉及一系列相互关联的酶促反应，需要诸如限制性核酸内切酶、DNA 连接酶、DNA 聚合酶等作为工具对 DNA 进行切割、拼接和修饰，才能完成 DNA 分子重组的各个环节。一般把这些与基因工程操作相关的酶统称为基因工程工具酶。

基因工程工具酶是能够实现基因工程大部分操作的基本工具。本章主要介绍常用的基因工程工具酶，如限制性核酸内切酶、DNA 连接酶、DNA 聚合酶、碱性磷酸酶、末端脱氧核苷酸转移酶以及其他一些特殊用途的酶，包括 RNA 内切酶 Dicer、DNA 内切酶 *Fok* I 和 Cas9 等。

在自然界的许多生物体内，都天然存在着一些具有特殊功能的酶类。这些酶在生物的 DNA 代谢、复制、繁殖和修复等过程中发挥着重要的作用，有些酶还可以帮助微生物识别细胞内的异己 DNA，并进而降解外来 DNA。在发现和分离这些酶后，人们能够在体外进行 DNA 的切割、拼接，形成新的重组 DNA 分子。现在已经有许多基因工程工具酶实现了商品化生产，研究者可根据自己的研究需要直接购买获得相关的工具酶，为基因工程的研究和应用提供了便利。

基因工程中的许多技术手段都与 DNA 或 RNA 相关，大部分都需要核酸酶的参与，如核酸内切酶、核酸外切酶、逆转录酶（reverse transcriptase）等。切割相邻的两个核苷酸残基之间的磷酸二酯键，使核酸分子多核苷酸链发生水解断裂的一类酶总称为核酸酶（nuclease），其中专门水解断裂 RNA 分子的称为核糖核酸酶（RNase），专门水解断裂 DNA 分子的则称为脱氧核糖核酸酶（DNase）。核酸酶按其水解断裂核酸分子方式的不同，可分为两种类型：一类是从核酸分子的末端开始，逐个消化降解多核苷酸链，称为核酸外切酶（exonuclease）；另一类是从核酸分子内部切割磷酸二酯键使之断裂形成小片段，称为核酸内切酶（endonuclease）。表 2-1 列举了重组 DNA 技术中常用的核酸酶。

表 2 - 1 重组 DNA 技术中常用的核酸酶

核酸酶名称	主要功能
Ⅱ型限制性核酸内切酶	在特异性的碱基序列位置切割 DNA 分子
DNA 连接酶	将两条 DNA 分子或片段连接成一个整体
大肠埃希菌 DNA 聚合酶	在 3′端逐一增加核苷酸，填补双链 DNA 分子上的单链缺口
逆转录酶	以 RNA 为模板合成互补的 cDNA 链
多核苷酸激酶	把一个磷酸分子加到多核苷酸链的 5′- OH 端
末端脱氧核苷酸转移酶	将同聚物尾巴加到线性双链 DNA 分子或单链 DNA 分子的 3′- OH 端
核酸外切酶Ⅲ	从一条 DNA 链的 3′端移去核苷酸残基
核酸外切酶	从双链 DNA 分子的 5′端移走单核苷酸，从而暴露出延伸的单链 3′端
碱性磷酸酶	从 DNA 分子的 5′端和 3′端移走末端磷酸
Taq DNA 聚合酶	能在高温（72℃）下以单链 DNA 为模板按 5′→3′方向合成新生互补链

第一节 限制性核酸内切酶

限制性核酸内切酶，简称限制酶，是一类能够识别 DNA 分子中的特异核苷酸序列，并在该位置切割双链 DNA 的核酸水解酶。限制酶的发现起源于对细菌的限制 - 修饰（restriction - modification，R/M）体系的研究。1962 年，日内瓦大学的 Werner Arber 等人发现了细菌的限制 - 修饰体系，证明有一种能选择性识别和破坏外源 DNA 的核酸内切酶的存在，并于 1968 年分离得到 Ⅰ 型限制酶——*Eco*B，但该酶无法在 DNA 的特异性位点上切割。1970 年，Hamilton Smith 和 Kent Wilcox 从流感嗜血杆菌（*Haemophilus influenzae*）中分离得到 *Hind* Ⅱ 限制酶，这是第一个发现的可以在 DNA 的特异性位点上切割的限制酶。目前已发现的限制酶数量已达上万种，为了将每个限制酶加以区别，必须对其进行命名与分类。1973 年，Hamilton Smith 和 Daniel Nathans 首次提出命名原则，1980 年，Roberts 在此基础上进行了系统的分类。

1978 年，Werner Arber、Hamilton Smith 和 Daniel Nathans 三人因为在限制酶的发现和应用中的杰出贡献，共同获得了诺贝尔生理学或医学奖。

一、限制酶的命名原则

根据属名与种名相结合的原则，对限制酶进行命名，命名规律如下：①第一个字母（大写，斜体）代表该酶的微生物（宿主菌）属名；②第二、第三个字母（小写，斜体）代表微生物种名，即采用三字母表示。当有菌株名或血清型时，则将株名的第一个字母或血清型的第一个字母置于三字母符号之后；若同株菌中含几种酶，则根据发现和分离的先后顺序用罗马字母表示。例如，*Hind*Ⅲ，第一个字母 *H* 为属名 *Haemophilus*，第二、第三个字母 *in* 为种名 *influenzae*，第四个字母 d 代表菌系 Rd 株，Ⅲ表示分离到的第三个限制酶。又如，大肠埃希菌（*Escherichia coli*）R 株中分离到几种限制酶，依次命名为 *Eco*R Ⅰ 、*Eco*R Ⅱ 等；而 *Haemophilus influenzae* Rf 的酶为 *Hinf* Ⅰ ，f 表示血清型。

二、限制酶的分类

根据限制酶的识别切割特性、催化条件及是否具有修饰酶活性，可分为 Ⅰ 、Ⅱ 、Ⅲ 型三大类（表 2 - 2）。Ⅰ 型限制酶既能催化宿主 DNA 的甲基化，又能催化非甲基化的 DNA 的水解；Ⅱ 型限制酶的核酸内切酶活性和甲基化作用活性是分开的，且核酸内切作用又具有序列特异性；Ⅲ型限制酶同时具有修饰及识别切割的作用，其修饰与切割均需 ATP 提供能量。由于Ⅰ、Ⅲ型限制酶存在同时具有限制和修饰活性、需要 ATP 提供能量、切割位点具有不可预见性等问题，缺乏使用价值，因此，限制酶在狭义上就是指Ⅱ型限制酶，在基因克隆中应用广泛。

表 2-2 限制酶的类型及其主要特性

特性	Ⅰ型	Ⅱ型	Ⅲ型
限制和修饰活性	双功能的酶	核酸内切酶和甲基化酶分开	双功能的酶
酶蛋白分子组成	3 种不同的亚基	单一亚基	2 种不同的亚基
限制作用所需的辅助因子	ATP、Mg^{2+}	Mg^{2+}	ATP、Mg^{2+}
特异性识别位点	非对称序列	回文对称序列	非对称序列
切割位点	距识别位点至少 1000bp，随机切割	位于识别位点上	距识别位点下游 24~26bp 处
序列特异的切割	不是	是	是
在基因工程中的应用	无用	广泛使用	用处不大

三、Ⅱ型限制酶作用性质

从表 2-2 可以归纳出Ⅱ型限制酶的特点：①具有限制活性，缺乏修饰活性；②切割位点位于识别序列内部或相近位置，切割互补双链的方式一致；③辅因子为 Mg^{2+}，且不需要 ATP 参与。它能识别由 4~7 个核苷酸组成的 DNA 序列，识别位点即为其切割部位，位点上核苷酸顺序通常呈双重旋转对称结构。切割方式通常有三种：①在识别顺序两条链对称轴上同时切断磷酸二酯键，形成平末端，如 Hae Ⅲ（图 2-1a）；②在识别对称轴上两侧，两条链同时从 5′端切断磷酸二酯键，形成 5-磷酰基端 2~5 个核苷酸单链黏性末端，如 EcoRⅠ（图 2-1b）；③在识别顺序两条链对称轴两侧，同时从 3′端切断磷酸二酯键，形成 3′-OH 端 2~5 个核苷酸单链黏性末端，如 Pst Ⅰ（图 2-1c）。

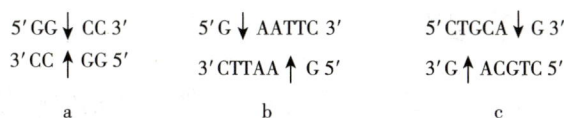

```
5′ GG↓CC 3′        5′ G↓AATTC 3′        5′ CTGCA↓G 3′
3′ CC↑GG 5′        3′ CTTAA↑G 5′        3′ G↑ACGTC 5′
      a                  b                   c
```

图 2-1 Ⅱ型限制酶的主要切割方式
a. Hae Ⅲ切割位点；b. EcoRⅠ切割位点；c. Pst Ⅰ切割位点

Ⅱ型限制酶中识别顺序相同但来源不同的酶，称为异源同工酶（isoenzyme），如 BamH Ⅰ 和 Bst Ⅰ（G↓GATCC）；识别顺序与切割方式均相同的酶，称为同裂酶（isoschizomers），如 Hpa Ⅱ 和 Msp Ⅰ 识别顺序都是 CCGG，切割方式也相同。有些酶来源及识别顺序均不同，但切割后形成的限制性片段却有相同黏性末端，则称为同尾酶（isocaudamer），如 BamH Ⅰ、Bgl Ⅱ、Bcl Ⅰ、Sau 3A Ⅰ 及 Xho Ⅱ切割 DNA 后都形成 5′ GATC 3′ 和 3′ CTAG 5′核苷酸黏性末端，因此互为同尾酶。

同尾酶在基因重组操作中有特殊的用途。当两种准备连接重组的 DNA 分子中没有相同的限制酶识别序列时，或者虽然有相同的识别序列但不宜采用时，如果分别在这两种 DNA 分子的合适部位存在同组同尾酶的识别序列，就可以采用同尾酶切割，从而产生互补的黏性末端，同样可以连接重组。需要注意的是，同尾酶切割 DNA 所产生的末端，连接后形成的新的位点即所谓的"杂交位点"，原有的酶切位点一般会消失，即该位点一般不能再被原来的同尾酶识别。如用 Bcl Ⅰ 和 BamH Ⅰ 分别酶切目的基因和载体 DNA，产生相同的黏性末端，连接重组后，BclⅠ和 BamHⅠ的酶切位点都消失了，但产生了 Sau3A Ⅰ

酶切位点,因此 *Bcl* I 和 *Bam*H I 不能从该位点切开重组 DNA 分子,而 *Sau*3A I 能切开重组 DNA 分子。

DNA 分子经限制酶切割后,产生的片段称为限制性片段(restriction fragment),不同的限制酶切割 DNA 后所形成的限制性片段长度不同。设 A 或 T 在 DNA 分子中出现的概率为 x,G 或 C 出现的概率为 y,则限制酶在该 DNA 分子上的切割频率(或位点频率)F 可用公式表示:

$$F = x^n y^m$$

式中,n 为限制酶识别序列内双链 A – T 对数;m 为限制酶识别序列内双链 G – C 对数。

若构成 DNA 分子的碱基对数(B)及限制酶识别位点核苷酸序列均为已知,则限制酶在 DNA 分子上的理论切割位点数(N)为:

$$N = BF$$

假设在 DNA 分子中,4 种核苷酸残基数量相等,则识别序列为 4 个碱基对序列的限制酶在该 DNA 分子中切割位点出现概率为 $(1/4)^4$,或平均 256 个碱基对出现一个切割位点;对于识别 6 个碱基对序列的限制酶,切割位点出现概率为 $(1/4)^6$,或平均 4096 个碱基对出现一个切割位点。即限制性片段平均长度分别为 256 个或 4096 个核苷酸对,均有可能编码基因,后者尚可编码基因组。

II 型限制酶中,目前应用较为广泛的有 *Eco*R I 、*Bam*H I 、*Hind* II 和 *Hind* III 等。目前已知的 II 型限制酶都有专一性消化条件,当条件改变时,专一性降低,识别序列改变,这种酶特性被称为星号特性(star activity),也称星活性、星星活性,一般在酶制剂的说明书或包装盒上可以查阅。如在盐浓度 <50mmol/L、pH >8.0 及甘油存在下,*Eco*R I 识别位点核苷酸顺序则与原来不同,产生变性 *Eco*R I ,后者在同一 DNA 分子中切割位点数是 *Eco*R I 的 15 倍以上。同样,*Bam*H I 也有类似变性作用。因此在设计各种限制酶切割反应时,应保证其在专一性反应条件下进行,才能确保切割的反应速率和准确度。

限制酶除了用于 DNA 重组外,也用于构建新载体、DNA 分子杂交、DNA 序列分析、制备 DNA 放射性探针及 DNA 碱基甲基化识别等。

四、影响 II 型限制酶的因素

影响 II 型限制酶活性的因素如下。①DNA 的纯度:污染 DNA 的物质有蛋白质、SDS、EDTA、酚、乙醇及三氯甲烷等,如存在脱氧核糖核酸酶(DNase),会对 DNA 有显著的降解作用,故应尽可能提高 DNA 的纯度。②DNA 甲基化程度:DNA 甲基化程度过高也影响酶的作用,甲基化程度越高,切割作用越弱。③底物 DNA 结构:环状双螺旋 DNA 较线性 DNA 稳定,切割相同分子质量的 DNA 时,环状双螺旋 DNA 所需酶量为线性 DNA 的 10 ~ 20 倍。④反应温度:大多为 37℃。少数酶的反应温度会高于或低于 37℃,如 *Sam* I 反应温度为 25℃,*Apa* I 为 30℃,*Mae* I 为 45℃,*Bcl* I 为 60℃,*Taq* I 为 65℃等。反应温度不在最适温度时,酶活力降低。⑤酶反应缓冲液组成:反应体系中通常含 $MgCl_2$、NaCl、KCl、巯基乙醇、二硫苏糖醇及牛血清白蛋白等,Mg^{2+} 有激活酶的作用,后三者均有稳定酶的作用。故在切割反应中,应选择适当的酶促反应条件,确保最佳的切割效果。⑥终止反应的方法:限制酶消化结束后均需终止反应,通常是 65℃保温 5 ~ 20 分钟。对有些耐热酶,可用脲、SDS、EDTA、胍等变性剂使酶失活。如果还有后续反应,需要先对切割后得到的 DNA 片段进行分离纯化,再用于后续反应。⑦反应时间:一般为 1 小时,如需进行大量 DNA 切割,反应可以过夜。

第二节　DNA 连接酶

一、DNA 连接酶的作用

DNA 连接酶（DNA ligase）旧称"合成酶"，与限制酶一样，也是体外构建重组 DNA 分子所必需的基本工具酶。限制酶可以将 DNA 分子切割成不同大小的片段，而 DNA 连接酶可以把不同来源的 DNA 片段连接并封闭起来，组成新的杂种 DNA 分子。

DNA 连接酶广泛地存在于生物细胞内，目前多来自大肠埃希菌（*E. coli*），能使一条 5′ 端具有一个磷酸基团（—P）的 DNA 链和另一条 3′ 端具有一个游离的羟基（—OH）的 DNA 链之间形成磷酸二酯键而连接起来。同时，由于羟基和磷酸基团之间形成磷酸二酯键的反应是一个耗能反应，DNA 连接酶参与的连接反应需要能量。在大肠埃希菌及其他细菌中，DNA 连接酶催化的连接反应是利用烟酰胺腺嘌呤二核苷酸（NAD^+）作为能源的；而在动物细胞及噬菌体中，则利用腺苷三磷酸（adenosine triphosphate，ATP）作为能源。

经 DNA 连接酶催化反应的连接结果可通过 DNA 凝胶电泳进行判断，也可将连接物对感受态细胞的转化率作为判断依据。

T_4 DNA 连接酶是基因工程中的常用酶，需要 ATP 作为辅助因子。经 T_4 噬菌体感染的 *E. coli*，形成 *E. coli* 溶原菌（溶原菌：含有温和噬菌体的寄主细菌），40℃恒温培养，后期细胞可产生高浓度 T_4 DNA 连接酶，经柱色谱纯化获得高纯酶，SDS – PAGE 显示为一条 62kDa 的蛋白条带。T_4 DNA 连接酶的作用包括如下三种情况：①修复双链 DNA 上的单链切口，使两个相邻的核苷酸重新连接起来，这种作用主要用于两个具有相同黏性末端的不同 DNA 分子的重组；②连接 RNA – DNA 杂交双链上的 DNA 链切口，或者也可连接杂交双链的 RNA 切口，但后者效率很低，反应速率很慢；③连接完全断开的两个平末端双链 DNA 分子，由于这个反应属于分子间连接，反应速率也很慢。

热稳定的 DNA 连接酶是由嗜热高温放线菌（*Thermoactinomyces thermophilus*）分泌并经分离纯化得到的酶制剂，它能够在高温下催化两条寡核苷酸探针（体外合成的单链 DNA，长度一般为 30 ~ 50bp）发生连接作用；在 85℃ 高温下活性不变，甚至在重复多次升温到 94℃ 之后也仍然保持连接酶的活性。

二、影响 DNA 连接反应的因素

DNA 连接酶连接切口 DNA 的最适反应温度是 37℃。但是在这个温度下，黏性末端之间退火形成的氢键结合是不稳定的。所以一般黏性末端连接反应的最适温度应该综合考虑连接酶的作用速率和末端退火速率，一般在 20℃ 左右，有时也会选择在 4℃ 低温下反应。但是温度越低，连接反应速率越慢，效率越低。如需要在 4℃ 下进行连接，则该反应往往需要过夜。

DNA 连接酶的用量也会影响转化子的数目。在平末端 DNA 连接反应中，最适的反应酶量大约是 1 ~ 2 个酶单位；而对于黏性末端的连接，在同样的条件下，酶浓度仅为 0.1 个单位时，就能达到最佳的转化效率。

第三节　DNA 聚合酶

DNA 聚合酶（DNA polymerase）参与细胞中的 DNA 复制、合成、损伤修复等过程。在基因工程中，也有多种 DNA 聚合酶可以选择，以下 5 种是较为常见的 DNA 聚合酶。

一、大肠埃希菌 DNA 聚合酶 I

每种生物体内都一定会存在至少一种 DNA 聚合酶，有的甚至存在好几种，如大肠埃希菌细胞内至少存在 3 种 DNA 聚合酶，分别命名为 DNA 聚合酶 I、II、III，其中 DNA 聚合酶 I 主要参与 DNA 的修复，DNA 聚合酶 III 和 DNA 聚合酶 II 主要参与 DNA 的复制。真核生物中，也至少发现了 3 种 DNA 聚合酶，分别命名为 DNA 聚合酶 α、β、γ。在基因工程操作中，使用最多的一种 DNA 聚合酶是大肠埃希菌 DNA 聚合酶 I。

大肠埃希菌 DNA 聚合酶 I 是应用最广也是研究最深入的 DNA 聚合酶，是由一条约 1000 个氨基酸残基的多肽链形成的单链亚基蛋白，其分子量为 109000。它是一种多功能酶，具有 3 种不同的酶活性。

1. 5′→3′ DNA 聚合酶活性　大肠埃希菌 DNA 聚合酶 I 具有 5′→3′ 聚合酶活性，这种活性的作用需要三个基本条件。① 4 种脱氧核苷酸（dATP、dGTP、dCTP 和 dTTP）作为底物：在一定的缓冲液条件下，该酶的 5′→3′ 聚合酶活性能把这些脱氧核苷酸加到双链 DNA 分子的 3′–OH 端而合成新的 DNA 片段。② DNA 模板：DNA 聚合酶 I 的模板可以是单链，也可以是双链。但双链的 DNA 只有在其糖 – 磷酸主链上有一个或多个断裂缺口的情况下，才能成为有效的模板。③带有 3′ 游离羟基的引物链：引物可以是 DNA，也可以是 RNA，但必须具备游离的 3′–OH 才能使延伸反应进行。

2. 5′→3′ DNA 外切酶活性　DNA 聚合酶 I 能从双链 DNA 中一条链的 5′ 末端开始切割降解双螺旋 DNA，释放出单核苷酸或寡核苷酸。这种切割活性要求 DNA 链处于配对状态且 5′ 端必须带有磷酸基团。DNA 聚合酶 I 也能降解 DNA – RNA 杂交体中的 RNA 成分。

3. 3′→5′ DNA 外切酶活性　DNA 聚合酶 I 也能从双链 DNA 中一条链的 3′ 末端开始切割降解双螺旋 DNA，释放出单核苷酸或寡核苷酸。这种功能主要是在 DNA 合成中，识别错配的碱基并将它切除。

大肠埃希菌 DNA 聚合酶 I 在基因工程中的主要用途是：①在 DNA 切口平移中制备标记的 DNA 探针；②用于核酸分子杂交；③用于合成 cDNA 第二链。

二、Klenow 大片段酶

用枯草杆菌蛋白酶处理大肠埃希菌 DNA 聚合酶 I 后，会产生两个片段，其中一个小片段带有 5′→3′ DNA 外切酶活性；而另一个较大的片段不具有 5′→3′ DNA 外切酶活性，但保留了 5′→3′ DNA 聚合酶活性及 3′→5′ DNA 外切酶活性，这个大片段被称为 Klenow 大片段酶，又称 Klenow 片段（图 2 – 2）。Klenow 片段可用于以下 4 种实验。①补平 DNA 3′ 凹端：只要有足够的 dNTP 底物存在，Klenow 片段将主要发挥聚合酶活性，补平 DNA 3′ 端缺口。如果底物带有标记，那么补平凹端时，也可以使 DNA 末端带有标记。②切平 DNA 的 3′ 端突出部分：即发挥 3′→5′ DNA 外切酶活性，将 3′ 突出末端切平。③代替 DNA 聚合酶 I 合成 cDNA 第二链。④用于 Sanger 双脱氧末端终止法测序中的新链的合成：在耐热的 DNA 聚合酶没有被发现之前，Klenow 片段也曾应用于 PCR 反应，但在每一轮扩增反应完成后，都要添加新的酶才能使反应继续。

三、耐热的 DNA 聚合酶——*Taq* 酶

Taq 酶是 PCR 反应中最常用的 DNA 聚合酶，在古细菌嗜热水生菌中被发现，反应温度为 75℃时活

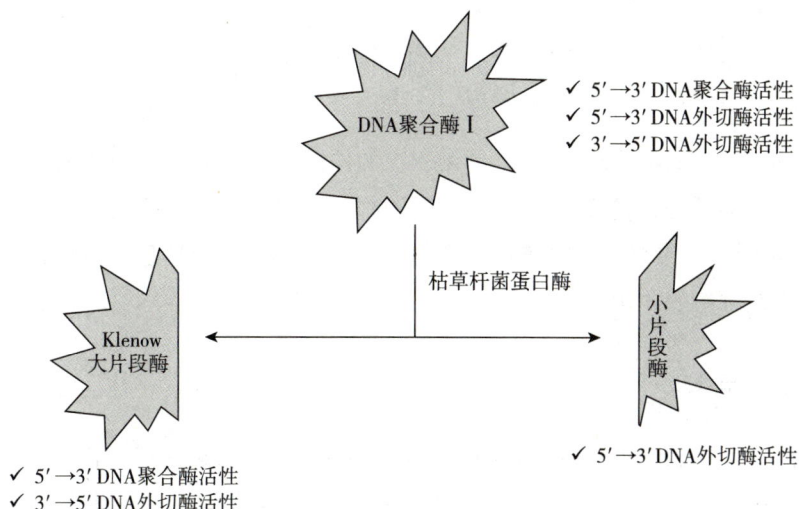

图 2－2　大肠埃希菌 DNA 聚合酶 I 及 Klenow 大片段酶

性最强，即便到 95℃ 时依然具有活性。它启动 PCR 反应的能力很强，聚合速率快，具有 $5'{\rightarrow}3'$ DNA 聚合酶活性和 $5'{\rightarrow}3'$ DNA 外切酶活性，但是不具有 $3'{\rightarrow}5'$ DNA 外切酶活性，因此，*Taq* 酶缺乏错配碱基修复的能力，从而导致 PCR 扩增产物有一定的错配率，大约为万分之一。

为了降低 PCR 反应的错配率，研究人员在嗜热细菌中找到了几种新的耐高温的 DNA 聚合酶，其中 *Vent* DNA 聚合酶、*Pwo* DNA 聚合酶以及 *Pfu* DNA 聚合酶都具有 $3'{\rightarrow}5'$ DNA 外切酶活性，被称为具有高保真度的耐热 DNA 聚合酶。*Pwo* DNA 聚合酶在 100℃ 的半衰期甚至大于 2 小时，错配率非常低，是 PCR 反应中使用较多的高保真度 DNA 聚合酶。

四、T₄ 噬菌体 DNA 聚合酶

T₄ 噬菌体 DNA 聚合酶也是在基因工程中使用较多的 DNA 聚合酶。它是从 T₄ 噬菌体感染的大肠埃希菌培养物中纯化出来的，具有 $5'{\rightarrow}3'$ DNA 聚合酶和 $3'{\rightarrow}5'$ DNA 外切酶两种活性，而且它的 $3'{\rightarrow}5'$ DNA 外切酶活性要比 Klenow 片段高 200 倍。所以，T₄ DNA 聚合酶很适合用于限制酶酶切产生的 $3'$ 端缺口的补平和 $3'$ 端突出部分的切平。

五、逆转录酶

逆转录酶也称反转录酶（reverse transcriptase），是基因工程中应用最广的酶之一。逆转录酶也具有多种功能。① $5'{\rightarrow}3'$ DNA 聚合酶活性：聚合作用需要的底物和引物与 DNA 聚合酶 I 相同，但是逆转录酶的模板是 RNA。逆转录酶也可以 DNA 为模板，并且在合成的过程中有转换模板的特性。② $5'{\rightarrow}3'$ RNA 外切酶活性。③RNase H 活性：该活性使得逆转录酶能够特异性降解 RNA－DNA 杂交链中的 RNA 链。④末端脱氧核苷酸转移酶活性：该活性有时会使逆转录酶能够在 cDNA 第一链的末端加上几个 C 碱基。⑤不具有 $3'{\rightarrow}5'$ DNA 外切酶活性：因此，逆转录酶像 *Taq* 酶一样，缺乏错配碱基修复的能力，在高浓度 dNTP 和 Mn^{2+} 存在时，平均每 500 个碱基中就会有一个错误碱基。

逆转录酶在基因工程中的主要用途有：①在体外以真核生物 mRNA 为模板合成 cDNA；②构建 cDNA 基因文库；③逆转录 PCR 和荧光定量 PCR 等。

第四节　碱性磷酸酶

碱性磷酸酶（alkaline phosphatase，ALP 或 AKP）的作用是催化去除 DNA 分子、RNA 分子和脱氧核糖核苷三磷酸的 5′端磷酸基团，使 DNA 或 RNA 分子的 5′ – P 变成 5′ – OH。目前有来源于大肠埃希菌的细菌碱性磷酸酶（BAP），以及从小牛肠道中分离出来的小牛肠道碱性磷酸酶（CIP）。碱性磷酸酶在基因工程操作中主要有两方面的应用。

一、防止载体自连

用同一种限制酶分别酶切载体和目的片段（外源 DNA）后，后续一般都需要将两个酶切混合物连接起来构建成重组 DNA。在混合体系中，由于各个片段的黏性末端相同，将会产生多种形式的连接（图 2 – 3）。载体自身的切口可以互相连接，导致载体自身环化。或者载体与载体互相连接，产生一个加倍分子量的更大的空载体。外源 DNA 和酶切后的载体缺口连接，形成实验预期需要的重组 DNA。外源 DNA 自身也可以互相连接或者成环，形成一个大的外源 DNA 分子。甚至外源 DNA 互相连接后可以再与载体缺口连接，形成一个含有多个外源 DNA 片段的重组载体。在这些连接方式里面，我们需要的只有重组 DNA 这种有效连接，其他的连接方式都是我们不需要的无效连接。多种连接方式不仅带来 DNA 连接酶的浪费，也会降低重组载体的连接效率，还会增加转化受体细胞后筛选阳性转化子的工作量。尤其是在构建基因文库时，空载体的连接子会影响文库 DNA 的构建质量。

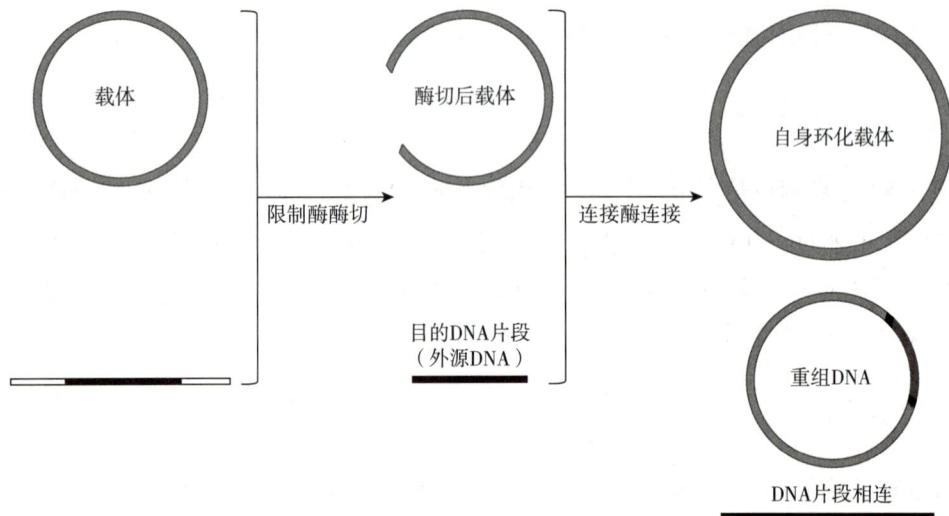

图 2 – 3　载体和目的片段在同种酶作用下产生的多种连接方式

为了减少载体的自连，在限制酶消化载体分子之后，与外源 DNA 连接之前，往往先用碱性磷酸酶处理载体分子，使其 5′ – P 变成 5′ – OH，这样就可以防止载体的自连了。当载体遇到外源 DNA 时，由于外源 DNA 没有经过碱性磷酸酶的处理，其 5′端具有磷酸基团，载体与外源 DNA 可以连接形成重组 DNA。但这一次重组 DNA 的连接只能形成两个磷酸二酯键，就是由外源 DNA 的两个 5′ – P 与载体的两个 3′ – OH 连接形成，而载体的两个 5′ – OH 不能再与外源 DNA 的 3′ – OH 形成磷酸二酯键，因而会造成重组 DNA 连接处有两个未连接上的切口（nick）。

这两个切口（nick）并不会影响重组 DNA 的稳定性和复制，原因如下。①重组 DNA 已经形成了两个磷酸二酯键，载体与外源 DNA 已经有效连接了，所以它已经成为一个完整的重组 DNA 分子。②重组 DNA 是双链的，双链 DNA 分子碱基之间的氢键会提高 DNA 双链的稳定性。③重组 DNA 形成后，在受体细胞内将会开启 DNA 复制的过程，因为模板链的序列是完整的，所以复制之后产生的子链序列也会是完整的，并且复制连接时会形成连续的磷酸二酯键，也就是说，重组 DNA 经过一代复制，产生的新的 DNA 后代都不会有这两个切口，所以重组 DNA 会稳定地进行遗传信息的复制传递。

对载体进行碱性磷酸酶的处理是为防止载体自连，那么为什么对外源 DNA 不进行碱性磷酸酶处理呢？因为如果外源 DNA 也经过碱性磷酸酶处理，载体和外源 DNA 将无法形成重组 DNA，后续的连接反应就无法进行。既然外源 DNA 没有经过碱性磷酸酶处理，那么外源 DNA 就有可能自连，这会不会影响重组 DNA 的形成呢？可以分两种情形。①外源 DNA 自连但没有与载体连接的情形：如果外源 DNA 自连后没有环化，依然是线性分子，那么线性 DNA 的转化效率很低，很难转化成功。如果外源 DNA 自连且环化了，那么它可以转化进入受体细胞，但是一方面会由于外源 DNA 上不带有筛选标记而被淘汰，另一方面还会由于外源 DNA 通常不是一个完整的复制子，不能在受体细胞内复制，会在受体细胞后代中丢失。②外源 DNA 自连后又与载体连接重组的情形：如果是这样，这个大的重组 DNA 除了有几个相同的外源基因的拷贝，在其他方面与正常重组 DNA 没有什么不同，不影响重组子的筛选鉴定和目的基因的复制扩增。并且这种情形的发生概率很低，因为外源 DNA 自连后，再与载体连接，这其实是两步连接反应，其概率是两次单独连接概率的乘积，所以发生的可能性很小。

二、获得 5′ 末端磷酸基团标记的探针

可以用碱性磷酸酶先去除未带标记的 DNA 分子 5′ 端的磷酸基团，然后再用 T_4 多核苷酸激酶将带有 ^{32}P 同位素标记的磷酸基团加在 DNA 分子 5′ 端，从而获得 5′ 端有 ^{32}P 同位素标记的 DNA 或 RNA 探针。

第五节　末端脱氧核苷酸转移酶

末端脱氧核苷酸转移酶（简称末端转移酶，TdT）是从小牛胸腺中分离纯化出来的。它不需要 DNA 模板，在一定条件下，能够将脱氧核苷酸逐个沿着 5′→3′ 的方向加到 DNA 链的 3′ - OH 末端（TdT 加尾法）。末端转移酶使 DNA 链延伸的活性不需要模板，但是底物必须有一定的长度，至少是 3 个碱基的寡核苷酸。反应底物可以是带有 3′ - OH 的单链 DNA，也可以是 3′ 端延伸的双链 DNA。反应时还需要 Mg^{2+} 的存在，如果在反应液中没有 Mg^{2+}，但有 Co^{2+}，平末端 DNA 也可以成为反应底物，而且 4 种 dNTP 中任何一个都可以作为合成反应的前体。

在基因工程操作中，末端转移酶主要用于人工黏性末端的构建，以及给平末端 DNA 加上同聚物尾巴；此外，也可用于分子杂交探针的 3′ 端标记。

第六节　其他工具酶

基因工程操作中还会用到许多其他工具酶，如脱氧核糖核酸酶 I（DNase I），这是一种应用非常广泛的非特异性核酸内切酶，可用于除去 RNA 样品中的 DNA，也可用于切口平移标记时在双链 DNA（double - stranded DNA, dsDNA）上随机产生切口；核糖核酸酶 A（RNase A）和核糖核酸酶 H（RNase H）都是核酸内切酶，可以用于去除 DNA 样品中的 RNA 以及降解 DNA - RNA 杂交双链中的 RNA。在本节，

我们将重点学习在基因敲除和基因敲减中常用的工具酶：ⅡS 型限制酶、Cas 核酸内切酶、Dicer 酶和重组酶。

一、ⅡS 型限制酶

ⅡS 型限制酶（ⅡS restriction enzymes）是一类特殊的限制性核酸内切酶，能特异性识别双链 DNA 分子上的特异性位点，但是会在特异性识别位点下游非特异性地对 DNA 双链进行切割，在 DNA 双链的 5′或 3′端产生序列不同但碱基长度相同的黏性末端。如 BsaI，识别序列是 5′ GGTCTC 3′/3′ CCAGAG 5′，但是切割位点是识别序列下游的一个碱基，如 5′ GGTCTCA ↓ GATA 3′/3′ CCAGAGTCTAT ↓ 5′，从而产生序列为 5′ GATA 3′的黏性末端。在同一反应体系中，利用ⅡS 型限制酶在识别位点之外切开 DNA，产生含黏性末端的 DNA 片段，同时用连接酶将几个 DNA 片段按照既定的顺序连接，拼接成不含酶识别位点的 DNA 片段，就像一个线性拼图被正确地拼接在一起，将多个目的 DNA 片段按照设定的顺序实现"无缝"连接的一种高效克隆连接策略，称为"Golden Gate"克隆法。如图 2 - 4 所示，如果想同时把 3 个基因（gene 1、gene 2、gene 3）克隆到一个载体上（含 lacZ 和 Amp 两个标记基因的克隆载体），那么分别在 3 个基因序列两侧加上 BsaⅠ酶的识别序列，同时在 BsaⅠ酶识别序列的下游加上特定的几个碱基，但是这几个特定的碱基在 3 个基因两端可以重叠互补。例如，基因 1 右端的 CATG 序列可以与基因 2 左端的 GTAC 黏端互补，从而与基因 2 连接起来；基因 2 右端的 GGAC 又可以与基因 3 左端的 CCTG 互补，基因 2 又可以与基因 3 连接起来。这样，3 个基因分别先克隆到含 Tet^R 标记基因的载体上。基因 3 右端的 CGAG 序列可与含 lacZ 和 Amp 载体右端的 GCTC 互补，基因 1 左端的 GATA 与 lacZ 和 Amp 载体左端的 CTAT 互补。那么这四个载体同时被 BsaⅠ酶切后，再用连接酶连接，3 个基因就会按照 1、2、3 的连接顺序一步连接到 Amp 载体上，实现了一步克隆的无缝连接。"Golden Gate"克隆法目前已广泛应用于转录激活样效应因子核酸酶（transcription activator – like effector nuclease，TALEN）打靶系统中多个 TALE 锌指模块的连接以及 CRISPR 打靶系统中同时打靶多个位点时多个小向导 RNA（small guide RNA，sgRNA）的克隆连接。

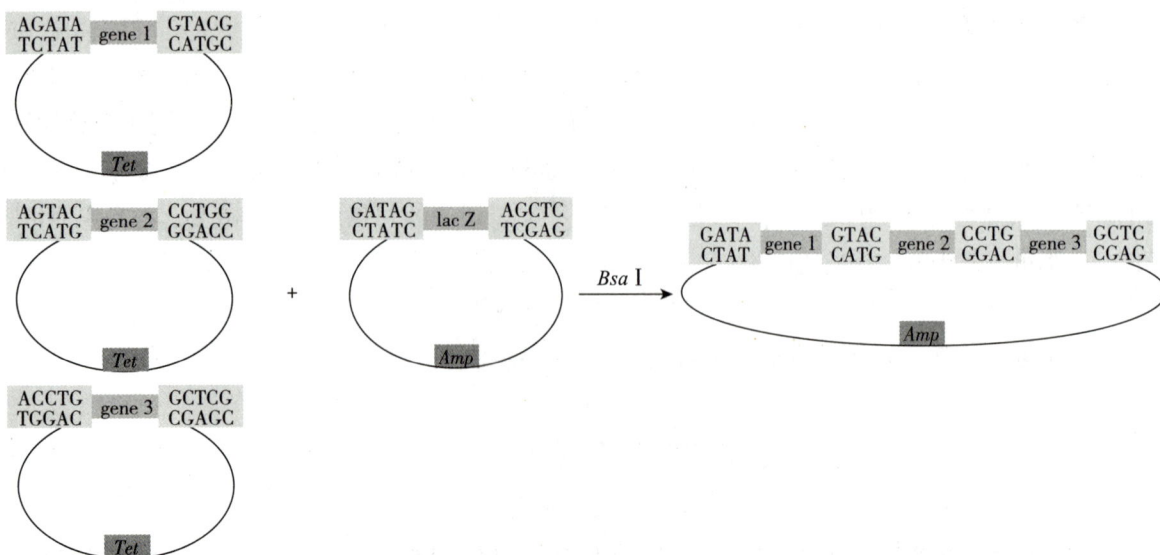

图 2 - 4   "Golden Gate"克隆法简要示意图

FokⅠ也是一种ⅡS 型限制酶，识别序列为 5′ GGATG 3′，在识别序列下游 9 ~ 13 个碱基处切割

DNA，识别切割序列记为 GGATG(N)₉/CCTAC(N)₁₃。*Fok* I 的 DNA 识别结构域与切割作用的催化结构域可以独立发挥作用。*Fok* I 的催化结构域以适当的碱基距离形成异二聚体，才能发挥其剪切活性。催化结构域一般是不变的。因此可以用 *Fok* I 的催化结构域和能够识别和结合特定 DNA 序列的锌指结构合成嵌合体核酸内切酶，如锌指核酶（ZFNs）和 TALEN，就可以实现在比较长的靶识别位点附近切割 DNA 了。

二、Cas 核酸内切酶

CRISPR/Cas 系统是一种存在于古细菌及许多细菌中的防御系统，在真核生物及病毒中没有发现该系统。CRISPR 指的是"成簇的规律间隔的短回文重复序列"（clustered regularly interspaced palindromic repeats，CRISPR），是由细菌捕获外来入侵的噬菌体或质粒 DNA 形成的免疫印记。Cas（CRISPR - associated）则是一系列具有多种活性的核酸内切酶，其主要功能是定位外来入侵的 DNA 并将其切断，从而阻止外来入侵的噬菌体和质粒在宿主内复制。Cas 蛋白可以被划分为 5 种类型。其中 I、III、IV 型 Cas 核酸酶都是多亚基的蛋白质，II 型和 V 型 Cas 核酸酶则是单亚基的蛋白质，它们都能在 RNA 指导下识别并切割 DNA 分子。当噬菌体首次入侵时，细菌会将外源基因的一段序列整合到自身的 CRISPR 的间隔区；噬菌体病毒第二次入侵时，CRISPR 转录生成前体 crRNA（pre - crRNA），pre - crRNA 通过加工形成含有与外源基因匹配序列的 crRNA（CRISPR related RNA），该 crRNA 对病毒基因组的同源序列进行识别后，介导 Cas 蛋白进行结合并切割，从而保护自身免受病毒入侵。利用 CRISPR/Cas 系统的这种精准识别和切割功能，科学家们开发出了一种基因编辑技术，即 CRISPR 基因编辑技术。该技术利用嵌合体核酸内切酶 CRISPR/Cas9 来识别和切割特定的 DNA 序列，从而实现对基因组的精确编辑。

三、Dicer 酶

Dicer 酶属于 RNA 酶III型家族成员，是一种核糖核酸内切酶，能够将双链 RNA 切割成均一长度的短片段，在 RNA 干扰（RNA interference）和小分子 RNA（miRNA、siRNA 等）的加工、剪接和成熟过程中发挥着重要的作用。Dicer 酶是一个结构复杂的蛋白质，与 RNA 核酸内切酶相关的功能结构域较多，从 N 端到 C 端的结构域依次是 DExD/H（helicase，解旋酶结构域）、TRBP - BD（反式激活 RNA 结合蛋白的结合结构域）、HELICc（解旋酶保守的羧端结构域）、DUF（未知功能结构域）、PAZ（Piwi/Argonaute/Zwille 结构域）、RNase IIIa（RNA 酶III型结构域 a）、RNase IIIb（RNA 酶III型结构域 b）、dsRBD（双链 RNA 结合结构域）等，这些结构域形成一个"L"形。Dicer 酶需要形成二聚体才有 RNA 内切酶活性，并且 Dicer 酶作用后的小分子 RNA 往往具有均一大小（21~25nt）。Dicer 酶酶切 RNA 分子时，需要 RNA 自由末端存在。如果 RNA 缺乏自由末端，Dicer 酶只与 RNA 结合但不发挥剪切活性。

四、重组酶

基因工程中使用较多的重组酶是位点特异性重组酶 Cre 和 FLP。

1. Cre 重组酶 最早在细菌噬菌体 P1 中发现，基因编码区序列全长 1029bp，编码由 343 个氨基酸组成的分子量为 38000 的蛋白质，是一种 I 型拓扑异构酶，催化 LoxP 位点之间的 DNA 进行位点特异性重组，使 LoxP 位点之间的序列删除或倒位。LoxP 位点是 Cre 重组酶特异性识别的位点，长 34bp，含有两个 13bp 的反向重复序列和一个 8bp 的核心序列。LoxP 位点具有方向性，方向是由 8bp 的核心序列决定的。如图 2-5 所示，如果两个 LoxP 位点位于同一个 DNA 分子上且方向相同，Cre 重组酶会将两个位点之间的 DNA 序列删除；如果两个 LoxP 位点方向相反，Cre 重组酶会将两个位点之间的 DNA 序列倒位。如果两个 LoxP 位点位于不同的 DNA 分子上，Cre 重组酶则会使两条 DNA 链发生交换或染色体易位。

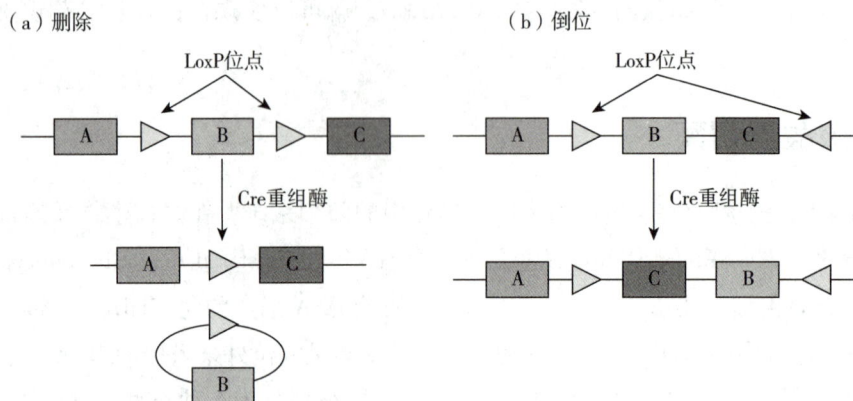

图 2 – 5   Cre – LoxP 重组酶系统

A、B、C 代表基因或外显子，箭头代表 LoxP 位点及方向

2. FLP 重组酶　最早是在对酿酒酵母的 2μ 双链环状质粒进行测序时发现的。*FLP* 基因全长 1272bp，编码由 423 个氨基酸组成的蛋白质。FLP 重组酶作用的靶序列是 FRT 重组位点，它包含 3 个重复元件（13bp）和 1 个非对称间隔区（8bp）。其中，与 8bp 间隔区紧邻的 2 个 13bp 的反向重复序列是重组酶识别和结合的位点，8bp 间隔区是 DNA 链断裂和重组发生的区域。FRT 的方向同样是由 8bp 非对称间隔区决定的。FLP 重组酶也能介导 3 种位点特异性重组：当两个 FRT 位点位于同一个 DNA 分子上且方向相同时，会导致两个 FRT 位点间的序列被删除；若同一个 DNA 分子上的两个 FRT 方向相反，会发生倒位。当两个 FRT 位点分别位于不同的 DNA 分子上时，则会导致发生易位。

思考题

本章小结

答案解析

1. 简述 Ⅱ 型限制酶的特点。
2. 简述 *Taq* 酶的优缺点。
3. 请解释限制酶的命名规则，并举例说明。
4. 为什么 *Taq* 酶在 PCR 反应中会有一定的错配概率？

第三章　基因工程的载体

PPT

学习目标

【知识要求】

1. 掌握　基因工程克隆载体的种类及优缺点；载体的选择和构建流程。

2. 熟悉　载体的基本结构（如复制原点、选择标记、克隆位点等），以及它们各自的功能和作用。

3. 了解　载体在基因克隆、基因表达、基因治疗等方面的应用，以及它们在不同生物体系中的适用性。

【技能要求】

1. 能够根据实验目的，独立完成载体的构建工作，包括目的基因的获取、载体的选择、连接反应等。

2. 能够筛选出正确的重组子。

【素质要求】

1. 培养整体观念，了解不同类型载体（如质粒、噬菌体、病毒等）的特点和适用范围，能根据具体实验要求选择合适的载体。

2. 保持对新知识、新技能的敏感性和好奇心，不断学习和掌握基因工程载体领域的最新发现和研究成果。

　　基因工程的目的就是把一个外源目的基因转入受体细胞，并使之在受体细胞内扩增、表达并稳定地遗传下去。目的基因的本质是一段裸露的 DNA，一般无法直接进入细胞，会被细胞膜或者细胞壁拦截；即使能进入细胞，也会被细胞内的 DNA 酶等防御系统降解。并且外源目的基因的 DNA 片段通常不会含有完整的复制子，不能在受体细胞内复制和增殖，当受体细胞分裂产生子细胞时，目的基因就会丢失，不能稳定地遗传下去。由此可见，目的基因进入受体细胞必须依赖运载工具的帮助。

　　基因工程操作中，可以把外源 DNA 或目的基因运载入宿主细胞（host cell）进行扩增和表达的工具称为基因工程载体，简称载体（vector）。基因工程载体主要分为两类，即克隆载体和表达载体。克隆载体（cloning vector）是指能够携带目的基因进入受体细胞并且帮助目的基因大量复制和扩增，即大量克隆目的基因的载体。表达载体（expression vector）则是指能够携带目的基因进入受体细胞并且帮助目的基因在细胞内表达产生基因产物的载体。下面分别对克隆载体和表达载体进行介绍。

第一节　克隆载体

　　基因工程的克隆载体模式如图 3-1 所示，克隆载体必须具备以下条件。①具备复制起点（origin，*ori*）或完整的复制子结构，在宿主细胞内必须能够自主复制。载体必须有复制起点，才能使与它结合的外源基因在宿主细胞中独立复制繁殖。②有一个或多个用于筛选的标记基因，易于识别和筛选阳性克隆，如对抗生素的抗性，或含有某些基因产物的显色反应等。③具备合适的限制酶的单一识别位点［即多克隆位点（MCS）］，MCS 的存在有利于设计多种外源目的基因的插入，同时不影响其复制。④有较高的拷贝数，便于目的基因的大量制备。另外，设计载体时还需要考虑是否具有较大的外源 DNA 片段的装载容量，同时又不影响载体本身的复制。

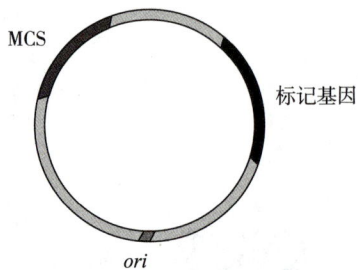

图 3 - 1   克隆载体模式图

克隆载体包括质粒载体、噬菌体载体和人工构建的载体，后者如黏粒和人工微小染色体等。

一、质粒载体

（一）质粒的基本特性

一些细菌的细胞内，除了细菌染色体外，还会有小的环状双链 DNA 分子的存在，这就是质粒（plasmid）。质粒存在于某些细菌细胞内，并不是细菌生长和生存必不可少的结构，但是质粒的存在能够帮助细菌更好地适应外部环境，并帮助细菌生长，因为质粒上含有一些有利于细菌生长的基因。例如，大肠埃希菌有三种天然的质粒：Col 质粒（大肠埃希菌素质粒，如 ColE1 质粒）、R 质粒（抗药性质粒）和 F 质粒（致育性质粒，F 因子）。Col 质粒含有大肠埃希菌素的基因，它编码一种毒素，这种毒素可以杀死其他入侵大肠埃希菌细胞的细菌，从而有利于大肠埃希菌自身的生长。R 质粒含有很多抗生素抗性基因，含有 R 质粒的大肠埃希菌在有抗生素的环境中也能生长，从而拓宽了细菌的生长环境。F 质粒会使大肠埃希菌细胞外壁产生很多鞭毛状的结构（性菌毛），当性菌毛接触到另一个不含 F 质粒的大肠埃希菌细胞（F⁻细胞）时，它能够在两个细胞之间形成一个相通的管道，即"接合管"，从而允许大肠埃希菌的质粒 DNA 甚至染色体 DNA 由一个细胞转移到另一个细胞。正是由于质粒具有从一个细胞转移到另一个细胞的能力，它实质上又是 DNA，可以直接与目的基因相连，还自带抗生素抗性基因可以作为筛选标记，因此，质粒是最早也是最容易被科学家想到用于基因工程操作的载体工具。

质粒 DNA 可以分为三种构型，分别是呈现超螺旋的 SC 构型（scDNA）、开环 DNA 构型（ocDNA）和呈线形分子的 L 构型。质粒 DNA 与其他 DNA 分子的理化性质相似，例如易溶于水、不溶于乙醇等有机溶剂、能吸收紫外线、可嵌入溴化乙锭（ethidium bromide，EB）染料等。实验室常利用这些理化特性鉴定和纯化质粒。

质粒的命名常根据 1976 年提出的质粒命名原则，用小写字母 p 代表质粒（plasmid），在小写字母 p 后面用两个大写字母代表发现这一质粒的作者或者实验室名称。例如质粒 pUC18，字母 p 代表质粒，UC 是构建该质粒的研究人员的姓名代号，18 代表构建的一系列质粒的编号。质粒通常具有以下 4 项生物学特性。

1. 质粒具有自主复制能力   质粒可以在特定的宿主细胞内存在和复制。通常一个质粒含有一个复制起始区以及与此相关的顺式调控元件（整个遗传单位定义为复制子）。不同的质粒，复制起始区的组成和复制方式可以是不同的，有滚环复制、θ 复制等方式。

2. 质粒的拷贝数   质粒的拷贝数是指宿主细菌在标准培养基条件下，每个细菌细胞中含有的质粒数目。每种质粒在特定的宿主细胞内保持着一定的拷贝数，按照质粒控制拷贝数的程度，可将质粒的复制方式分为严谨型与松弛型两种。严谨型质粒的复制受到宿主细胞蛋白质合成的严格控制，与宿主染色体复制保持同步，拷贝数有限，为 1 ~ 10 个拷贝。松弛型质粒的复制不受宿主细胞蛋白质合成的严格控制，可随时启动复制过程，拷贝数较多，可达几百个拷贝。大肠埃希菌中使用较多的 pBR322 质粒的复制子来自 pMB1 质粒，是严谨型复制子，拷贝数为 15 ~ 20。pUC 系列质粒的复制子则来自 pMB1 突变的复制子，其拷贝数大于 500，是松弛型质粒。

3. 质粒的不相容性　质粒的不相容性（incompatibility）是指两种质粒在同一宿主中不能共存的现象。它是指在第二种质粒导入后，在不涉及 DNA 限制系统时出现的现象。不相容的质粒一般都利用同一复制系统，从而导致不能共存同一宿主中。有相同复制起始区的不同质粒不能共存于同一宿主细胞中，其分子基础主要是它们在复制功能之间的相互干扰：两个不相容性质粒在同一个细胞中复制时，在分配到子细胞的过程中会竞争，随机挑选，起初微小的差异最终会被放大，从而导致在子细胞中只会含有其中一种质粒。而不相容群指那些具有不相容性的质粒组成的一个群体，一般具有相同的复制子。在大肠埃希菌中现已发现 30 多个不相容群，如 ColE1（或 pMB1）、pSC101 和 p15A 分别是不同的不相容群中的质粒。

4. 可转移性　质粒具有可转移性，能在细菌之间转移。转移性质粒能通过接合作用从一个细胞转移到另一个细胞中。质粒的这种移动特性，与质粒本身有关，也取决于宿主菌的基因型。具有转移性的质粒带有与转移有关的基因，包括移动基因 mob、转移基因 tra、顺式作用元件 bom 及其内部的转移缺口位点 nic。非转移性质粒可以在转移性质粒的带动下进行转移。质粒 pBR322 是常用的质粒克隆载体，本身不能进行接合转移，但有转移起始位点 nic，可在第三个质粒（如 ColK）编码的转移蛋白作用下，通过接合质粒来进行转移。接合型质粒的分子量较大，含有 DNA 转移所需的基因，因此能从一个细胞自我转移到原来不存在此质粒的另一个细胞中去。在基因操作中可以将转移必需的因子放在不同的复制单位上，通过顺反互补来控制目的质粒的接合转移。但大多数克隆载体无 nic 或 bom 位点（如 pUC 系列质粒），所以不能通过接合实现转移。

（二）质粒载体必须具备的条件

基因工程质粒一般选择在染色体外能够独立复制和稳定遗传的一类克隆载体或表达载体。质粒越大，作为克隆载体的效率就越低。这是因为越大的质粒越不易在体外操作，转化（transformation）效率越低。转化指外源 DNA（例如质粒）被吸收并整合进入细菌宿主细胞内的过程。通常用较小的（2 ~ 4kb）含有 1 ~ 2 种不同抗生素抗性基因标记的非转移性质粒作为载体。质粒作载体使用时必须具备的条件如下。

1. 拷贝数较高　便于实现目的基因的大量复制和扩增。

2. 分子量较小　一般来说，低分子量的质粒通常拷贝数比较高，这不仅有利于质粒 DNA 的制备，同时也会使细胞中克隆基因的数量增加。分子量小的质粒对外源 DNA 容量较大，容易分离纯化和转化。当质粒大于 15kb 时，转化效率会降低。

3. 具有筛选标记　质粒的抗性基因是常用的筛选标记，例如氨苄青霉素抗性（Amp^R）、卡那霉素抗性（Kan^R）、四环素抗性（Tet^R）等。如果抗性基因内有若干单一的限制性酶切位点，更有助于实验设计。当外源基因插入这样的酶切位点时，会使该抗性基因失活，这时宿主菌变为对该抗生素敏感的菌株，容易检测出来。

4. 具有较多的限制性酶切位点　较多的单一限制性酶切位点为外源基因 DNA 片段的插入提供了极大的方便。

5. 具有复制起始位点　复制起始位点是质粒扩增必不可少的条件，也是决定质粒拷贝数的重要元件，可使增殖后的宿主细胞维持一定数量的质粒拷贝数。质粒在一般情况下含有一个复制起始位点，构成一个独立的复制子。但穿梭质粒含有原核复制子和真核复制子两个复制子，在原核细胞和真核细胞中均能扩增和增殖。这种能在两种或两种以上不同的细胞中复制和扩增的载体，称穿梭载体（shuttle vector）。

（三）常用的克隆质粒

基因工程中常用的克隆质粒见表 3 –1。

表 3 –1　基因工程中常用的克隆质粒

质粒名称	大小	抗药基因	其他
pBR322	4361bp	四环素抗性（Tet^R）和氨苄青霉素抗性（Amp^R）	复制起点 ori
pUC18/19	2686bp	氨苄青霉素抗性（Amp^R）	复制起点 ori；大肠埃希菌 β –半乳糖苷酶基因（lacZ）的启动子（lacP）、操纵子（lacO）及其编码 β –半乳糖苷酶氨基端 α –肽链的 lacZ′ 基因；MCS 位于 lacZ′ 基因内部靠近 5′ 端的位置，内含 13 种限制酶的位点
pMD18 – T 载体	2692bp		在 pUC 质粒基础上改建，复制起点相同，MSC 增加了 EcoR V 的酶切位点
pCR – Blunt 克隆载体	3.5kb	含有卡那霉素抗性基因（Kan^R）和新霉素抗性基因（Neo^R）	在 lacZ′ 基因的下游融合了一个 ccd B 基因
pGEM 系列体外转录载体	2743bp	氨苄青霉素抗性（Amp^R）	lacZ′ 编码基因；具有两个来自噬菌体的启动子，即 T₇ 启动子和 SP6 启动子
pBluescript SK 体外转录载体	2958bp	氨苄青霉素抗性（Amp^R）	含有 lacZ′ 基因，MCS 两侧分别含有 T₇ 和 T₃ 启动子，可用于体外双向转录

除了表 3 – 1 所列举的质粒之外，还有 ClonExpress® 技术，这是一种简单、快速、高效的新一代 DNA 无缝克隆技术，可将外源 DNA 插入片段定向克隆至任意载体的任意位点。该技术的关键主要是利用重组酶，如 Exnase II 能够将具有同源序列的两个线性 DNA 环化连接，使得目的基因与载体发生同源重组而克隆到载体上。与表 3 – 1 中的克隆质粒通过多克隆位点酶切和连接将外源基因插入载体不同，ClonExpress® 技术是先将载体线性化，并把线性化载体两个末端（15 ~ 20bp 长度）的序列通过 PCR 引物引入外源 DNA 片段的两个末端，这样 PCR 扩增的外源基因以及线性化载体的末端就都具有两个一致的同源序列了。最后通过 Exnase II 将两个具有同源末端的 DNA 分子环化连接，形成重组载体 DNA 分子。再转化细菌，根据标记基因筛选阳性转化子。该技术不依赖酶切和连接反应，建立了一套独特的非连接酶依赖体系，极大地降低了载体自连的概率，且快速高效，无缝连接反应可在 30 分钟内完成，阳性克隆率可达 95% 以上。

质粒虽然是普遍使用的基因工程载体，具有许多技术上的优势，但是也有它的局限性。第一，质粒本身比较小，装载目的基因的大小自然也会受到限制。一般目的基因的长度不能超过 10kb，否则质粒的转化效率就会大大下降。第二，质粒进入细胞的方式是通过转化实现的，转化效率一般不高，阳性转化子往往不到受体细胞的 1%。第三，质粒一般只能被转入体外培养的细胞，难以转化体内的动植物细胞。因此，需要寻求装载能力更强、感染体内细胞效率更高的基因工程载体，如 λ 噬菌体衍生类型和人工染色体等，它们能容纳更大的 DNA 插入片段（10 ~ 50kb 或以上），从而可以克服质粒载体的上述问题。

二、噬菌体载体

噬菌体（bacteriophage，phage）是一类细菌病毒的总称，噬菌体结构简单，由遗传物质核酸及其外壳蛋白组成。噬菌体外壳是蛋白质分子，内部的核酸一般是线性双链 DNA 分子，也有环状双链 DNA、线性单链 DNA、环状单链 DNA、单链 RNA 等多种形式。大多数噬菌体是具尾部结构的二十面体，如 T₄ 噬菌体。噬菌体又可以分为烈性噬菌体和温和噬菌体。烈性噬菌体仅仅有溶菌生长周期，而温和噬菌体既能进入溶菌生长周期又能进入溶源生长周期。溶源生长的噬菌体在感染过程中不产生子代噬菌体颗粒，而是将噬菌体DNA整合到寄主细胞染色体DNA上，成为它的一个组成部分。以游离DNA分子形式存在于细胞中的噬菌体DNA称为非整合噬菌体DNA。噬菌体在将细菌DNA从一个细胞转移到另一个细胞的过程中起着天然载体的作用，所以用噬菌体作基因工程载体转运外源DNA分子有天然优势。噬菌体载体与质粒相比，结构更为复杂，但噬菌体感染细胞比质粒转化细胞更为有效，所以噬菌体的克隆产量通常要高于质粒。

（一）λ噬菌体载体

λ噬菌体是目前研究得最为清楚的大肠埃希菌的一种双链DNA温和噬菌体，也是最早用于基因工程的克隆载体之一，主要用于基因组文库和cDNA文库的构建。λ噬菌体的DNA大小约为48.5kb，其线性双链DNA分子的两端各有一个突出的长度为12bp的互补单链，称为黏性末端（cos位点）。当λ噬菌体进入大肠埃希菌细胞后，其cos位点能通过碱基互补作用形成环状DNA分子。cos位点同时也是λ噬菌体包装蛋白的识别位点。λ噬菌体的包装与DNA特性和其他序列无关，但是与cos位点有关，而且λ噬菌体在包装时，对包装DNA的大小有严格的要求，包装DNA的大小范围必须在38~50kb。λ噬菌体基因组DNA的基因很多，大致可分为与蛋白质合成相关的基因（基因A~J）、与DNA复制和调控相关的基因（位于N基因的右侧）以及中央区（介于基因J~N之间）等三大块。①蛋白质合成区域：又可分为头部蛋白合成区域和尾部蛋白合成区域，这些区域的基因合成λ噬菌体的包装蛋白，与子代噬菌体颗粒的形成和包装有关，因此是λ噬菌体基因组的必需区域。②DNA复制和调控区域：此区域基因包含λ噬菌体DNA合成、阻遏蛋白及早期和晚期操纵子的主要调控序列，与DNA的复制和调控相关，也是λ噬菌体基因组的必需区域。③λ噬菌体基因组的中央区：大约20kb，也称为非必要区，其编码基因与保持噬菌斑的形成能力无关，但含有与重组、整合和删除相关的基因，可以被一段相应大小的外源DNA插入片段替代，且不影响噬菌体DNA被包装到噬菌体头部。

通过改造λ噬菌体DNA，研究人员发展了许多不同用途的噬菌体载体。以λ噬菌体为基础构建的常用载体可分两类。①替换型载体：这种载体具有两个对应的酶切克隆位点（多克隆位点），在两个位点之间的DNA区段是λ噬菌体复制等的非必需序列，可被外源插入的DNA片段取代，如Charon系列。替换型载体由于去掉了许多DNA序列，能克隆较大的外源DNA片段（20~25kb）。②插入型载体：这种载体保留了大部分噬菌体DNA的非必需区段，仅仅增加了一个可供外源DNA插入的多克隆位点以及标记基因（如lacZ），如λgt系列，所以插入型载体只能插入较小的外源DNA片段（小于10kb）。

λ噬菌体载体的优点如下。①可以携带20kb左右、较大的外源DNA片段：大的外源基因插入片段在质粒中不易稳定，因此，噬菌体和质粒这两种载体可以相互补充。②通过转导（transduction）将外源基因携带进入细菌细胞，基因转移效率比转化效率更高。③由于噬菌体包装对DNA长度有要求，使用噬菌体载体还可避免出现无插入片段的空载体的情况。如果噬菌体DNA没有插入外源片段，其载体长度会小于包装下限，无法正确包装成有功能的（具有感染性的）病毒。

（二）丝状噬菌体载体

大肠埃希菌丝状噬菌体包括M13噬菌体和f1噬菌体等。M13噬菌体颗粒的外形呈丝状，其基因组DNA长约6.4kb，成熟的噬菌体基因组为闭合环状单链正链DNA。由于M13单链DNA的复制型呈双链环形，此时的DNA可与质粒DNA一样进行提取和体外操作。且不论是双链还是单链DNA的M13，均能感染寄主细胞，产生噬菌斑或形成侵染的菌落。因此M13噬菌体也可以作为基因工程载体使用，可用于DNA序列分析及体外定点突变的研究等。M13噬菌体感染大肠埃希菌后，即在菌体内酶的作用下，以感染性单链 DNA（正链）为模板，转变为双链 DNA，称复制型 DNA（RF DNA）。一般当每一个细胞内有 100~200 个 RF DNA 拷贝时，双链复制停止，开始滚环形式的单链复制，最后产生有感染性的完整的单链丝状噬菌体并分泌离开菌体。感染 M13 的大肠埃希菌可继续生长，并不发生裂解，但生长速度较正常细菌慢。

野生型 M13 噬菌体基因组 DNA 大约 6.4kb，含有与噬菌体复制及包装蛋白相关的 10 个基因，这些基因与复制及子代噬菌体形成相关，都是 M13 噬菌体生长和繁殖的必需基因。在构建 M13mp 系列克隆载体时，对野生型 M13 基因组进行改造，在基因 Ⅱ 和 Ⅳ 之间的调控区域插入了多克隆位点和 lacZ 标记基因及阻遏蛋白的基因 lacI，所以也是可以利用 IPTG 和 X - gal 对阳性克隆进行蓝白斑菌落筛选。M13mp18/19 克隆载体的多克隆位点（MCS）与质粒 pUC18/19 的多克隆位点相同，两者可以互换外源 DNA 片段。构建 M13mp 系列重组载体时，取感染 M13 的细菌培养液离心，即可从菌体中提取复制形式的 RF DNA，供限制酶切割等分子克隆操作之用；构建重组载体后转入大肠埃希菌，可以得到许多单链 DNA 的扩增产物。从离心后的上清液中，可提取到 M13 噬菌体单链 DNA（ssDNA）。

M13 噬菌体作为载体的优点如下。①噬菌体的基因组是单链 DNA，克隆到此载体上的 DNA 也能产生单链形式的模板 DNA。由于位点特异性诱变容易在单链 DNA 上产生，利用这种方法可以预先对任何一个克隆基因进行 DNA 诱变，如寡核苷酸引物介导的定点突变。②单链 DNA 也使 DNA 测序容易和方便得多，可以制备单链测序模板。③在 M13 噬菌体中的 DNA 是单链的，但是它感染大肠埃希菌细胞后，单链将变换为双链 DNA 的复制型（RF）。用于克隆的正是这种双链复制型的噬菌体 DNA。用一种或两种限制酶切割其多克隆位点后，具有同样酶切末端的外源 DNA 片段便可以插入这个载体的相应酶切位点了。然后将这种重组 DNA 转化到宿主细胞中，转化细胞能产生单链重组 DNA 的子代噬菌体。④含有噬菌体 DNA 的噬菌体颗粒从转化细胞中分泌出来后，可以在生长平板上收集它们。

M13 载体也存在着插入片段过短和不稳定等问题。当外源片段超过 1kb 时，在 M13 噬菌体的增殖过程中会发生缺失。

三、黏粒载体

黏粒（cosmid）是指带有 cos 位点的质粒，也称柯斯质粒，是由 λ 噬菌体的 cos 序列、质粒的复制子序列及抗生素抗性基因序列组合、人工构建而成的一类特殊的质粒载体。cos 序列是 DNA 包装进噬菌体颗粒所必需的。复制子通常是使用 ColE1 或 pMB1 的复制起始位点。

黏粒有 4 个特点。①具有 λ 噬菌体的特性：因为黏粒含有 cos 位点，可以被 λ 噬菌体包装蛋白识别并包装。在克隆了大小合适的外源 DNA 片段并且在体外被包装成噬菌体颗粒后，黏粒也能高效转导对 λ 噬菌体敏感的大肠埃希菌宿主细胞。黏粒在宿主细胞内按 λ 噬菌体方式环化，但黏粒载体不含有 λ 噬菌体的其他全部必要基因，因而不会使宿主菌裂解，无法形成子代噬菌体颗粒，因此又可以在细菌细胞内稳定存在。②具有质粒的特性：黏粒具有质粒的复制子结构，在宿主细胞内可以像其他质粒一样复制，并与松弛型质粒相同，适量的氯霉素可促进扩增。又因黏粒具抗生素基因，可以通过抗生素抗性筛选重组子。黏粒载体在构建时也加上了设在筛选标记基因内会导致插入失活的多克隆位点。③克隆外源 DNA 的容量大：黏粒载体的分子本身较小（2.8~24kb），但因为要被 λ 噬菌体外壳蛋白包装，所以装载外源 DNA 的容量很高，对外源 DNA 长度的要求是 30~45kb，上限几乎是 λ 噬菌体载体容量（23kb）的 2 倍，所以黏粒载体在真核生物基因组文库的构建方面具有相当的优势，可克隆包括 3′ 和 5′ 调控区在内的完整的真核生物基因。④能与具有同 cos 位点源序列的质粒载体进行重组。黏粒可以在细菌细胞中永久保存或被体外包装进噬菌体而得到纯化。

黏粒在大肠埃希菌细胞中克隆大片段的真核基因组 DNA 也有两个缺点。一是经过限制酶切割产生的线性黏粒 DNA 彼此间会连接形成多聚体分子，即自我重组，且也可被包装蛋白识别包装形成克隆子，这样一来会降低含有外源 DNA 重组子的重组频率。二是经限制酶部分消化的真核生物基因组产生出来的 DNA 片段，在随后的连接反应中往往会出现由两个或多个片段随机再连接的情况，而它们的结合顺序并不符合在真核基因组中的固有排列顺序，因此，使用含有这种插入片段的克隆做 DNA 序列分析时，所得出的 DNA 在染色体上的排列可能是错误的。

四、人工微小染色体

人工染色体载体是利用真核生物染色体或原核生物基因组的功能元件构建的能克隆 50kb 以上 DNA 片段的人工载体。其中有的载体既可用于克隆，又能直接转化，是进行基因功能研究的良好载体。近年来陆续发展起来的人工染色体载体有酵母人工染色体（YAC）、细菌人工染色体（BAC）、P1 人工染色体（PAC）和 Ti 质粒人工染色体（TAC）等。这里主要介绍酵母人工染色体（YAC）。

酵母菌是研究真核生物 DNA 复制、重组、基因表达及调控等过程的理想材料。人们构建了许多能在酵母菌细胞内复制或表达的载体。1983 年，Murry 把酵母染色体的着丝点、自主复制序列和端粒连接在一起，构建了世界上第一个人工染色体，包含真核细胞染色体的必要元件，即着丝粒、端粒、复制起始序列和外源 DNA 序列，总长约 55kb。在此基础上，Burke 于 1987 年构建出了 YAC 载体，可以插入上千 kb 的外源 DNA。在酵母人工染色体载体中，染色体所需的基本结构都存在：适合酵母菌的 DNA 复制起始位点（ARS1），染色体分裂时保证染色体能正确进入子代细胞所需要的着丝粒（CEN4），确保染色体完整性维持和染色体呈线状的端粒结构（TEL）。除了复制需要的元件以外，YAC 还有三个选择性标记，如色氨酸合成酶基因（*TRP1*）、尿嘧啶合成酶基因（*URA3*），还有一个含有 *Sma* I 和 *EcoR* I 位点的多克隆位点。在插入外源 DNA 之前，YAC 克隆载体保持着环形结构。在端粒（TEL）序列的末端有一个 *Bam*H I 的酶切位点，如果用 *Bam*H I 酶切将得到一个线形分子，它的末端成为类似于真正染色体的端粒，这将赋予这个线形分子稳定性。用 *Sma* I 或 *EcoR* I 处理将产生可以插入外源 DNA 的末端。同时用 *Bam*H I 和 *EcoR* I 酶切将产生两个线形分子，每一个分子的一端含有一个端粒序列，还有一个平末端，用于连接外源 DNA 片段。每一个臂含有一个选择性标记（*TRP1* 在左臂，*URA3* 在右臂），以便排除掉单个臂和外源片段连接起来的分子。多克隆位点上的 *SUP4* 标记可以用来区分未被酶切的空载体和与 YAC 重组连接成的分子。相较于细菌质粒，YAC 可以运输的外源 DNA 片段更大，插入片段可以达到 800~1000kb，最大甚至可以达到 2Mb。YAC 是至今为止装载容量最大的克隆载体，被称为 "mega"（百万碱基）YAC，所以很适合用于构建高等生物复杂基因组的基因文库。

YAC 克隆载体也有明显的缺点。①在构建的基因组克隆文库中含有大量的嵌合体（chimera）克隆（40%~50%）：嵌合体是由不同染色体来源的 DNA 片段连接在一起构成的克隆，它会给后续的研究造成较大的麻烦。② YAC 克隆载体使 DNA 分离困难：YAC 的大小和性质与酵母染色体无明显差异，不能用简单的方法分离纯化 YAC 的 DNA，YAC 在凝胶电泳上有时也与酵母染色体相重叠，以至于很难得到纯化的 YAC DNA 用于测序和基因的克隆研究。

为了克服 YAC 载体分离困难这一问题，后续又出现了 BAC、PAC、TAC 和 MAC（哺乳动物细胞人工染色体）等，它们的装载容量适中，能够携带的外源 DNA 片段大小为 80~200kb。其中 BAC 是应用较多的文库载体。BAC 是以大肠埃希菌 F 因子为基础构建的一种大 MCS 片段 DNA 克隆载体，含有大肠埃希菌 F 因子的复制起点 *oriS* 和 *repE*、分配基因 *parA* 和 *parB*（维持 F 质粒低拷贝和准确分配到两个子细胞的基因）以及氯霉素抗性基因 *Clm*R。其装载容量可达 300kb。目前构建的 BAC 基因组文库的克隆片段长度通常在 125 ~ 150kb。BAC 是一种环状 DNA 分子，在大肠埃希菌细胞内非常稳定，不会发生缺失或重排，而且容易分离纯化，近年来使用频率日益增加。但是 YAC 文库经过多年已有大量研究数据积累，人类基因组物理图谱仍然主要依靠 YAC 克隆构建。BAC 并不能完全替代 YAC。

综上所述，克隆载体经历了一系列的发展过程，详见表 3 – 2。

表 3 – 2 克隆载体的发展过程

克隆载体名称	装载容量	备注
质粒	8 ~ 10kb	第一代克隆载体
经过改建的 λ 噬菌体	20kb 左右	第二代克隆载体
人工构建的黏粒	30 ~ 40kb	第三代克隆载体
酵母人工染色体（YAC）	1 ~ 2Mb	第四代克隆载体
包括 BAC、PAC、MAC 在内的新型载体	80 ~ 200kb	第五代克隆载体

第二节 表达载体

含有各种表达调控元件、能够实现目的基因在宿主细胞中表达的载体，被称为表达载体（expression vector）。

表达载体的结构比克隆载体复杂，除了必须具备与克隆载体相同的复制起始位点、多克隆位点和筛选标记基因以外，还必须具备控制目的基因表达的调控序列，包括启动子、转录终止子等。此外，克隆到表达载体上的目的基因也必须具有完整的起始密码子、终止密码子和核糖体结合位点，才能产生完整的目的蛋白。

外源基因表达的宿主细胞非常广泛，可以是大肠埃希菌、枯草芽孢杆菌、酵母、昆虫细胞、培养的哺乳类动物细胞以至整体动植物。对不同的表达系统，需要构建不同的表达载体。

一、原核表达载体

原核表达载体是指促使目的基因在原核细胞中表达的载体。原核表达载体上除了具有复制起始位点（ori）和筛选标记外，还必须具有原核细胞的启动子和终止子，才能实现基因的表达。其中，启动子位于多克隆位点（MCS）的 5′端，终止子位于 MCS 的 3′端，目的基因是插在 MCS 上的。为了保证核糖体能够与目的基因的 mRNA 结合，进一步开启翻译的过程，往往还需要在 MCS 上加一个原核细胞核糖体识别和结合位点（SD）。所以，"启动子 + SD + MCS + 终止子"就构成了目的基因在原核细胞的表达盒（图 3 – 2）。

大肠埃希菌培养操作简单、生长繁殖快、价格低廉，人们

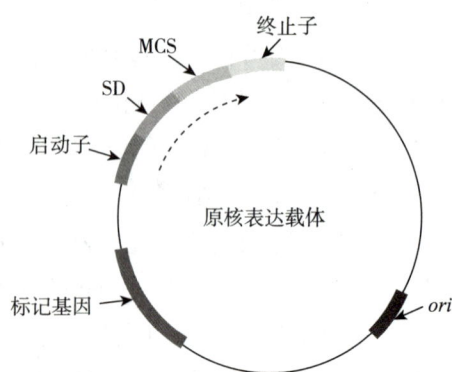

图 3 – 2 原核表达载体结构示意图

用大肠埃希菌作为外源基因的表达工具已有几十年的经验积累，大肠埃希菌表达外源基因产物的水平远高于其他基因表达系统，表达的目的蛋白量甚至能超过细菌总蛋白量的 80%。因此，大肠埃希菌是目前应用最广泛的蛋白质原核表达系统。大肠埃希菌作为外源基因表达系统的优点是：①繁殖迅速、培养简单、操作方便、遗传稳定；②基因克隆及表达系统成熟完善；③全基因组测序完成，共有 4405 个开放阅读框架（ORF，指的是从初始密码子到终止密码子的连续的碱基序列，是 DNA 序列中具有编码蛋

白质潜能的序列,但不一定每个 ORF 都能表达蛋白);④被美国 FDA 批准为安全的基因工程受体生物。

(一)大肠埃希菌表达载体的调控元件

大肠埃希菌表达载体都是质粒载体,满足克隆载体的基本要求,即能将外源基因运载到大肠埃希菌细胞中。其基本骨架是最简单的质粒克隆载体中的复制起始位点和氨苄青霉素抗性基因,相当于 pUC 类的载体。在基本骨架的基础上增加表达元件,就构成了表达载体。各种表达载体的不同之处在于其表达元件的差异。

1. 启动子 启动子是 DNA 链上一段能与 RNA 聚合酶结合并起始 RNA 合成的序列,它是基因表达不可缺少的重要调控序列。没有启动子,基因就无法转录。由于真核基因的启动子不能被细菌的 RNA 聚合酶识别,原核表达载体所用的启动子必须是原核启动子。

原核启动子的核心序列是由两段彼此分开且又高度保守的核苷酸序列组成的,对 mRNA 的合成极为重要。在转录起始位点上游 5 ~ 10bp 处,有一段由 6 ~ 8 个碱基组成、富含 A 和 T 的区域,称为 Pribnow 盒,又名 TATA 盒或 -10 区。来源不同的启动子,Pribnow 盒的碱基顺序稍有不同。在距转录起始位点上游 35bp 处,有另一段 10bp 的区域,称为 -35 区。转录时,大肠埃希菌 RNA 聚合酶识别并结合启动子。-35 区与 RNA 聚合酶 σ 亚基结合,-10 区与 RNA 聚合酶的核心酶结合,在转录起始位点附近 DNA 被解旋形成单链,RNA 聚合酶使第一和第二核苷酸形成磷酸二酯键后,RNA 聚合酶继续向前推进,形成新生的 RNA 链。

原核表达系统中常用的启动子见表 3 - 3。

表 3 - 3 原核表达载体常用的启动子

启动子	-35 区序列	-10 区序列	备注
$P_{\lambda L}$	TTGACA	GATACT	来自 λ 噬菌体的早期左向转录启动子
P_{trp}	TTGACA	TTAACT	来自大肠埃希菌的色氨酸操纵子
P_{lac}	TTTACA	TATAAT	来自大肠埃希菌的乳糖操纵子
P_{tac}	TTGACA	TATAAT	由 lac 和 trp 启动子人工构建的杂合启动子

2. SD 序列 是 mRNA 上的大肠埃希菌核糖体的结合位点,是由起始密码子 AUG 和位于 AUG 上游 3 ~ 10bp 处的 3 ~ 9bp 核苷酸组成的序列。这段序列富含嘌呤核苷酸,可以同大肠埃希菌的核糖体小亚基中的 16S rRNA 3′端区域 3′ - AUUCCUCC - 5′互补并与之专一性结合,是大肠埃希菌核糖体 RNA 的识别与结合位点。这段序列以它的两位发现者 Shine 和 Dalgarno 命名,称为 Shine - Dalgarno 序列,简称 SD 序列。它与起始密码子 AUG 之间的距离是影响 mRNA 转录、翻译成蛋白质的重要因素之一,某些蛋白质与 SD 序列结合也会影响 mRNA 与核糖体的结合,从而影响蛋白质的翻译。另外,真核基因的第二个密码子必须紧接在 AUG 之后,才能产生一个完整的蛋白质。

3. 终止子 在一个基因的 3′末端或是一个操纵子的 3′末端往往有一段特定的核苷酸序列,具有终止转录功能,这一序列称为转录终止子,简称终止子(terminator)。转录终止过程包括 RNA 聚合酶停在 DNA 模板上不再前进,RNA 的延伸也停止在终止信号上,完成转录的 RNA 从 RNA 聚合酶上释放出来。对 RNA 聚合酶起强终止作用的终止子在结构上有一些共同的特点:有一段富含 A/T 的区域和一段富含 G/C 的区域,G/C 富含区域又具有回文对称结构。这段终止子转录后形成的 RNA 具有茎环结构,并且与 A/T 富含区对应形成 U 形。转录终止的机制较为复杂,并且结论尚不统一。但在构建表达载体时,为了得到稳定的载体系统,防止克隆的外源基因表达干扰载体的稳定性,一般都在多克隆位点的下游插入一段很强的 rrB 核糖体 RNA 的转录终止子。

（二）诱导表达系统

lac 启动子和 tac 启动子都含有乳糖操纵子的 lacO 序列，受到 lacI 产生的阻遏蛋白的负调节，而诱导物乳糖可以与阻遏蛋白结合，解除这种负调节。这便是乳糖操纵子的调控原理。乳糖操纵子的调控元件是由调节基因 lacI、启动子 lacP 和操作子 lacO 组成的。野生型状态时，乳糖是这个操纵子的诱导剂。在没有乳糖时，调节基因产生的阻遏蛋白会结合在操作子 lacO 上，从而阻止 RNA 聚合酶与启动子结合。当有乳糖存在时，诱导剂与阻遏蛋白的亲和力高，阻遏蛋白优先与诱导剂结合，RNA 聚合酶就可以稳定地与启动子结合，促使目的基因高效转录。

在基因工程操作中，lac 启动子的诱导剂换成了 IPTG，是一种乳糖类似物，与阻遏蛋白的亲和力比乳糖还要高。有 IPTG 诱导时，lac 启动子和 tac 启动子下游的目的基因就会表达。无 IPTG 诱导时，目的基因始终处于关闭的状态。通过这种诱导型启动子，可以实现目的基因表达的精确调控。此外，野生型乳糖操纵子的诱导表达除了依赖乳糖，还要依赖葡萄糖的水平，因为有葡萄糖存在时，细菌优先利用葡萄糖，不会利用乳糖；只有当葡萄糖不存在时，乳糖才具有开启启动子的功能。

含有 lac 或 tac 启动子的载体系统有 pUC、pGEM、pM13、λ 噬菌体、pET、pGEX 等系列载体。它们都是可以被 IPTG 诱导表达的载体。在这些诱导表达系统中，为了保证 IPTG 只能诱导载体上的目的基因表达，而对大肠埃希菌基因组上野生型的乳糖操纵子不做反应，除了在载体启动子序列上进行改造之外，往往还需要将宿主菌染色体上的内源性的野生型乳糖操纵子进行突变，如常用的宿主表达菌 BL21 就是内源乳糖操纵子已经突变的宿主菌，这种细菌本身是不能分解和利用乳糖的。

（三）T₇ 启动子表达系统

上一部分所介绍的诱导表达系统是一个研究非常成熟又操作简便的基因表达系统，大肠埃希菌的 lac 启动子可诱导表达，便于人为操控。细胞内又有现成的大肠埃希菌 RNA 聚合酶可以使用，因此，任何外源目的基因都可以转入大肠埃希菌细胞，开启它的表达。但是，该系统也有大肠埃希菌细胞内 RNA 聚合酶效率不高、目的蛋白的表达量较低、目的蛋白分离困难等不利的一面。如果载体携带目的基因进入大肠埃希菌细胞后，只有载体上的目的基因专一表达，而细菌细胞内其他基因都不表达或少表达，将是更为理想的目的基因表达系统。T₇ 启动子载体系统可望实现这个需求。

T₇ 启动子是来自 T₇ 噬菌体的启动子，具有高度的特异性，只有 T₇ RNA 聚合酶才能使其启动，故可以使载体上的目的基因独立于宿主细菌基因组之外得到表达。T₇ RNA 聚合酶合成 RNA 的效率要高于大肠埃希菌 RNA 聚合酶，它能使质粒沿模板连续转录几周，许多外源终止子都不能有效地终止它的转录，因此，它可转录某些不能被大肠埃希菌 RNA 聚合酶有效转录的序列。这个系统可以高效表达其他系统不能有效表达的基因。但使用 T₇ 噬菌体表达系统需要满足 2 个条件：第一是宿主细胞必须具有 T₇ 噬菌体 RNA 聚合酶，它可以由感染的 λ 噬菌体或 F 因子先将 T₇ RNA 聚合酶的基因事先转入大肠埃希菌细胞；第二是在一个待表达基因上游带有 T₇ 噬菌体启动子的载体。

pET 系列载体是带有 T₇ 噬菌体启动子的载体，包括 pET5、pET15、pET16、pET28、pET30、pET42 等。pET 载体中应用比较多的有 pET28a，含有 T₇ 噬菌体启动子、乳糖操纵子调控元件、核糖体结合位点、His6 标签序列、凝血酶切割位点、多克隆位点、T₇ 噬菌体终止子及乳糖阻遏序列（lacI）、pBR322 复制子 ori、f1 噬菌体复制子、卡那霉素筛选标记序列等。T₇ 噬菌体启动子、核糖体结合位点等引导目的基因高效转录和翻译。乳糖操纵子和乳糖阻遏序列（lacI）的存在意义主要在于，可以通过添加阻遏物，控制对大肠埃希菌有毒性的目的蛋白以较低水平表达。His6 标签序列、凝血酶切割位点存在的意义主要在于方便利用针对 His6 的亲和色谱（His·Bind® 树脂）分离纯化蛋白，然后利用凝血酶切割去除标签蛋白。

大肠埃希菌 BL21（DE3）是常用的 pET 表达载体的宿主菌。T_7 RNA 聚合酶 - BL21（DE3）是目前应用最广的大肠埃希菌高效表达系统之一。

T_7 噬菌体 RNA 聚合酶高效表达系统的优点有：①T_7 噬菌体 RNA 聚合酶合成 RNA 的速度高于大肠埃希菌 5 倍；②T_7 噬菌体 RNA 聚合酶只识别自己的启动子序列，不启动大肠埃希菌 DNA 任何序列的转录；③T_7 噬菌体 RNA 聚合酶对抑制大肠埃希菌 RNA 聚合酶的抗生素有抗性；④T_7 噬菌体 RNA 聚合酶/启动子系统在一定条件下，基因表达产物可占细胞总蛋白的 25% 以上。

由于其专一性和高效性，T_7 启动子常常被用于构建体外基因表达系统，如 pBC SK 体外转录质粒以及真核细胞 pcDNA3.1 质粒，都在目的基因一端含有 T_7 启动子，只要加入成熟的 T_7 RNA 聚合酶，就可以在体外使目的基因转录，获得高表达的目的基因 RNA，制备杂交探针或 RNA 产品。

（四）大肠埃希菌融合蛋白表达系统

目的基因被表达载体携带并转入受体细胞后，可在 T_7 启动子表达系统等强启动子的带领下实现高表达。但是目的基因是外源基因，表达产生的目的蛋白是异源蛋白，它在受体细胞内不稳定；部分目的蛋白不可溶，当表达量提高以后，目的蛋白会聚集在一起形成不可溶的包涵体；并且许多目的蛋白在原核受体细胞只能形成前体蛋白，不能进一步形成有活性的空间结构。将目的基因与某些已知的、高表达的可溶性蛋白的基因进行融合表达，可有效解决这类问题。

外源基因与载体已有的担体蛋白的编码基因拼接在一起，并作为一个新的开放阅读框进行表达，称为蛋白质的融合表达。载体的担体蛋白基因可以是上述的载体标记基因，从而可以通过标记基因的表达来直观地判断目的基因的表达情况。担体蛋白也可以是可溶性的高表达蛋白，从而保证担体蛋白基因与目的基因融合后，目的基因高表达且产生可溶性的目的蛋白。融合表达时，担体基因可以位于目的基因的 5′ 端，也可以位于目的基因的 3′ 端，因此，担体蛋白可以位于融合蛋白的 N 端，也可以位于融合蛋白的 C 端（图 3-3）。

载体上的担体基因是指载体上携带的已被证明可以稳定表达并能产生可溶性蛋白产物的基因，比如 lacZ 基因，它表达产生可溶性的 β-半乳糖苷酶。当目的基因与 lacZ 基因融合表达后，目的蛋白也具有很好的可溶性。此外，担体基因往往还具备以下特点。①容易标识和跟踪：如 lacZ 和 GFP 基因，它们本身是载体上的标记基因，当与目的基因融合表达后，标记基因的产物不受影响，却很容易根据标记基因的表达情况追踪目的基因的表达。又如 FLAG 和 Myc 等标签蛋白的基因，都有商业化生产的专一抗体提供。当这类标签蛋白基因与目的基因融合表达后，通过标签蛋白的专一抗体进行免疫检测，也很容易追踪到目的蛋白的表达情况。②能够帮助目的蛋白形成正确的空间结构：如谷胱甘肽 - S - 转移酶的基因 GST、硫氧还蛋白基因 TrxA 及小分子蛋白修饰基因 SOMO 和 Ubi 等，这些担体蛋白可以发挥分子伴侣的作用，帮助目的蛋白正确折叠，形成有活性的空间结构。③能够帮助目的蛋白使其容易从受体细胞总蛋白混合物中分离纯化出来：分为以下几种情况。A. 担体蛋白或者具有专一性好的抗体：如上述的 FLAG 和 Myc，可以利用结合有 FLAG 或 Myc 的专一抗体的琼脂糖柱，把带有 FLAG 和 Myc 标签的目的蛋白分离出来。B. 具有专一作用的底物：如 lacZ、GST 和 MBP 基因等。lacZ 基因的产物 β-半乳糖苷酶，能特异结合乳糖及其类似物，把乳糖类似物如 β-硫代半乳糖苷交联在亲和色谱柱上，就可以将与 lacZ 融合表达的目的蛋白分离。GST 表达的谷胱甘肽 - S - 转移酶和麦芽糖结合蛋白 MBP 构建的融合蛋白也可以用类似的方法分离。C. 担体蛋白具有专一性作用的配体或配基：如多聚组氨酸，能够特异性结合二价镍离子，组氨酸标签的融合蛋白可以通过 Ni^{2+} - NTA 的琼脂糖柱分离。

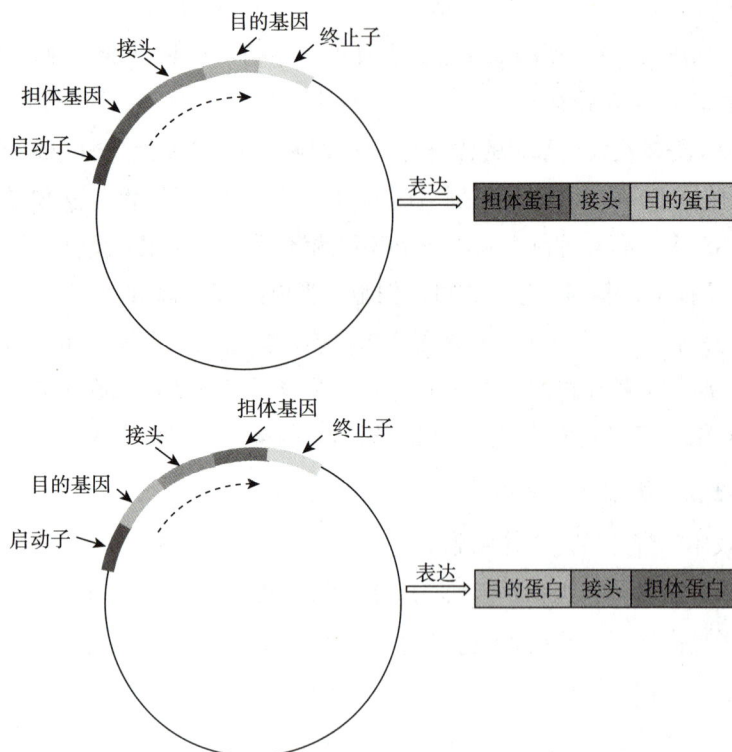

图 3 - 3　融合表达载体结构示意图
担体基因在目的基因的 5′端或 3′端均可

　　融合蛋白表达载体是目前应用最广泛的表达载体。融合表达载体的担体蛋白有时也被称为标签蛋白或标签多肽（Tag），常用的有谷胱甘肽 - S - 转移酶（GST）、六聚组氨酸肽（polyHis - 6）标签、Flag 标签、Myc 标签、蛋白质 A（protein A）、LacZ 和纤维素结合域（cellulose binding domain，CBD）等。

　　担体蛋白和目的蛋白分离的基本方法有化学裂解和酶解两种。化学裂解可采用溴化氰、BNP - 3 - 甲基吲哚、羟胺等试剂或低 pH 试剂进行，方法比较便宜且有效，甚至常常可以在变性条件下裂解非变性不能溶解的蛋白质。但如果目的蛋白中存在裂解位点，或者因为发生了副反应而导致对蛋白质进行了不需要的修饰，则会影响目的蛋白的活性或产量。酶解的方法相对来说反应条件比较温和，并且因为酶解所使用的蛋白酶多数都具有高度专一性，酶处理法可以大大降低发生意外切割的可能性。其中常用的酶有凝血酶、肠激酶、Ⅹa 因子、凝乳酶、胶原酶等。所有这些酶都具有较长的底物识别序列（如凝乳酶为 7 个氨基酸），从而降低了蛋白质中其他无关部位发生断裂的可能性。在上面所提及的各种酶中，肠激酶和凝血酶应用最多，因为它们切割各自的识别序列的羧基端，就能使带有天然氨基端的被融合部分得以释放。

　　融合表达系统的优点有：①与高表达的担体蛋白共同表达，可以保证目的蛋白的表达率高、稳定性好；②担体蛋白常常是结构和功能研究得比较清楚的蛋白质，担体蛋白的分离和纯化较为简单，从而可将融合在一起的目的蛋白也有效分离出来；③还有一些担体蛋白能帮助目的蛋白生成折叠正确、有生物活性的蛋白质，形成正确的空间结构；④通过化学裂解或蛋白酶可将担体蛋白和目的蛋白分开，有利于对目的蛋白进行生物化学研究及功能分析。

　　构建融合蛋白表达载体在基因工程中十分常见，在构建融合蛋白表达载体时需要注意以下 5 点。

　　1. 目的基因片段的插入方向　要保证目的片段正向插入载体的多克隆位点。必要时需要对载体中目的基因的插入方向做进一步的鉴定，保证目的基因是正向插入载体，而不是反向。

2. 目的基因的移码问题 融合蛋白的表达就是由担体蛋白基因和目的蛋白基因共同组成一个开放阅读框（ORF）来表达。如果融合蛋白表达载体上的基因顺序为启动子—担体蛋白基因—目的基因，表达融合蛋白的 ORF 的起始密码子必须在担体基因上，与载体连接之后目的基因自身的 ORF 可能会存在移码的问题。如果融合蛋白表达载体上的基因顺序为启动子—目的基因—担体蛋白基因，那么表达融合蛋白的 ORF 的起始密码子在目的基因上，与载体连接之后目的基因自身的 ORF 不存在移码的问题；但需要对目的基因 3′ 端的终止密码子进行点突变，且同样需要考虑担体蛋白基因的 ORF 移码问题。如 pET28 载体有 a、b、c 三种，当使用 pET28b 或 pET28c 载体时，有时需要在目的基因片段的下游引物上加上或减去一个碱基，以保证 C 端的 6 个 His 标签能完整表达；当使用 pET28a 时，只要目的基因正常读码，C 端的 His 标签就能完整表达。在实际操作中，可以通过软件分析连接后的载体的读码情况，判断融合标签及目的基因能否正常表达。

3. 终止密码子问题 当融合蛋白载体的结构是启动子—担体基因—目的基因这种类型时，担体蛋白一般带有起始密码子，但不会带终止密码子；在载体的多克隆位点后面可含有终止密码子，以保证空载体担体蛋白的表达。但如果载体的结构是启动子—目的基因—担体基因这种类型，要求目的基因必须带起始密码子，但一定不能含有终止密码子，否则担体蛋白不能表达。

4. IRES 序列的引入 IRES 序列是指内部核糖体进入位点（internal ribosome entry site，IRES）。IRES 序列来源于脑心肌炎病毒，它可翻译一条 mRNA 上的两个 ORF，由其连接的两个基因的表达率相同。在构建融合蛋白表达载体时，一般都是将担体基因与目的基因共同构建一个 ORF；但是某些情况下，融合蛋白的表达形式可能会对目的蛋白的生物活性产生影响，因此需要将担体基因与目的基因分别作为独立的 ORF 共同表达。IRES 序列的引入可以很好地解决这个问题。例如将绿色荧光蛋白报告基因 *GFP* 与目的基因构建融合蛋白表达载体，如果在两个基因之间加入 IRES 序列，目的基因和 *GFP* 基因各自拥有自己的起始密码子和终止密码子，两者都可以表达，通过检测 *GFP* 可以推知目的基因的表达情况，但是目的蛋白又是独立存在发挥活性的。许多真核细胞的融合表达载体都以这种方式表达目的蛋白。

5. 2A 序列的引入 2A 是一种具有自我加工能力的蛋白酶，在不同病毒中它的长度、作用位点各不相同。如在口蹄疫病毒中的 2A 序列有长、短两种类型，分别为 201bp 和 96bp。两者作用相似，均可独立用于构建双基因或多基因表达载体。构建载体时，将两个目的基因分别克隆到 2A 序列的两侧，去除上游基因的终止密码子形成单一的 ORF，翻译出的多聚蛋白可在编码 2A 区域的 C 末端被切割为两个蛋白，上游蛋白融合了 2A 的 C 端多肽，并释放出完整的下游蛋白。2A 的切割位点在自身 C 端最末位的两个氨基酸之间（甘—脯），切割作用伴随翻译过程的完成，切割活性高达 85%～99%，因此可用于与 IRES 序列一起构建多顺反子表达载体。研究表明，两个近邻的 IRES 序列可能会降低基因的表达。因此，2A 序列在构建多顺反子时是 IRES 序列的有益补充。

（五）大肠埃希菌分泌表达载体

将目的蛋白的基因置于原核蛋白信号肽序列的下游能够实现分泌表达。信号肽通常是由 15～30 个疏水氨基酸残基组成的，在其 N 端的小段肽链是以带正电荷的赖氨酸（Lys）和精氨酸（Arg）为特征，随后是一段以疏水氨基酸为主的肽段，在邻近切割位点处常有几个侧链很短的氨基酸，如甘氨酸（Gly）、丙氨酸（Ala）等。其中 N 端带正电荷的一段有助于新生肽链与带负电荷的细胞膜结合；信号肽中的疏水肽段能够形成 α 螺旋结构，信号肽序列之后的一段氨基酸残基也能形成一段 α 螺旋，这两段螺旋以反向平行的方式形成发夹结构之后,容易进入内膜的脂双层;邻近切割位点的氨基酸倾向于形成β折叠,这可能是信号肽酶所识别的结构。除此之外,信号肽后面的氨基酸也影响蛋白质的穿膜和随后的切割。

周质蛋白、细胞内膜蛋白和外膜蛋白以带有 N 端信号肽的前体形式在细胞质中合成,随后穿膜运送到周质或定位到内、外膜上。在穿膜的过程中,信号肽被信号肽酶切除。实现蛋白质的分泌表达有许多优点:①在分泌过程中,蛋白质前面的信号肽被切除后生成的蛋白质的 N 末端氨基酸残基与天然的产物是一致的;②周质空间中的蛋白酶的活性要比胞质中的低,这使所表达的蛋白能稳定地存在于周质中;③周质中只有少量的细菌蛋白,有利于重组蛋白的纯化;④周质空间提供了一个氧化的环境,更有利于二硫键的正确形成。基于这四个优点,对于许多难以纯化的蛋白可以通过构建分泌型表达载体来实现分泌表达。

利用信号肽序列作为融合标签可将融合蛋白分泌到细胞外,可利用的信号肽包括碱性磷酸酶的信号肽和蛋白质 A 的信号肽。如分泌表达载体 pEZZ18 就是利用了蛋白质 A 的信号肽,其表达调控元件包括 lac 启动子、蛋白质 A 的信号肽序列(S)和两个合成的 Z 结构域。来自金黄色葡萄球菌的蛋白质 A 的 B 结构域具有与抗体 IgG 结合的能力,Z 片段就来源于蛋白质 A 的 B 结构域。融合蛋白表达后,在信号肽序列的指导下分泌到培养基中。然后利用固定了 IgG 的琼脂糖色谱柱,通过与 ZZ 结构域结合而得到纯化的融合蛋白。而 ZZ 结构域对融合蛋白的正确折叠几乎没有影响。

二、真核表达载体

当需要原核细胞表达真核生物基因对应的蛋白质时,原核系统会有一些难以解决的缺陷。①缺少真核生物基因转录后加工的功能,不能进行 mRNA 的剪接,所以只能表达 cDNA 而不能表达真核生物的基因组基因。②缺少真核生物蛋白质翻译后加工的功能,表达产生的蛋白质不能进行糖基化、磷酸化等修饰,难以形成正确的二硫键配对和空间折叠构象,因而该蛋白质通常没有足够的生物学活性。③表达的蛋白质经常是不溶的,会在细菌内聚集成包涵体(inclusion body),尤其是当表达的目的蛋白量超过细菌体总蛋白量的 10% 时,就很容易形成包涵体。生成包涵体的原因可能是蛋白质合成速度太快、多肽链相互缠绕、缺乏使多肽链正确折叠的因素、导致疏水基团外露等。细菌裂解后,包涵体能够被离心沉淀下来,无生物活性的不溶性蛋白需要经过复性(renaturation),使其重新散开、重新折叠成具有天然蛋白构象和良好生物活性的蛋白质。也可以设计载体使大肠埃希菌分泌表达出可溶性目的蛋白,但表达量往往不高。

要表达真核生物的蛋白质,采用真核表达系统会比采用原核系统更有优越性,常用的真核表达系统有酵母、昆虫、动物和哺乳动物细胞等。真核表达载体至少要包含两类序列:①原核质粒的序列,包括在大肠埃希菌中起作用的复制起始序列、能用在细菌中筛选转化子克隆的抗药性标记基因等,以便能先在大肠埃希菌系统中筛选获得目的 DNA 重组克隆并复制繁殖得到足够使用的数量。②在真核宿主细胞中表达目的基因所需要的元件,包括启动子、增强子、转录终止子和加 poly(A)信号序列、mRNA 剪接信号序列、能在真核细胞中复制或增殖的序列、真核细胞中筛选的标记基因以及供外源基因插入的单一限制性酶切位点等。

(一)真核表达载体的组成成分

真核表达载体的组成成分有原核 DNA 序列、启动子、增强子、剪切信号、终止信号和多聚腺苷化的信号以及遗传标记等。

1. 原核 DNA 序列 哺乳动物表达载体中通常有一段原核序列，包括一个能在大肠埃希菌中自我复制的复制子、便于在细菌中挑选重组子的筛选标记基因以及便于把真核序列插入载体的多克隆位点。当具备这些序列以后，外源的真核基因序列可插入载体的多克隆位点，形成的重组 DNA 可在大肠埃希菌中增殖，经标记基因筛选后进行 DNA 提取、酶切或测序检测，这样既可以保证目的序列的正确性，又可以增殖得到大量的目的基因的 DNA 序列。所以，真核表达载体往往是"穿梭载体"，即能够在两种或两种以上的不同宿主细胞中复制和增殖的载体。

2. 启动子 真核生物的启动子区域位于 TATA 区上游 100~230bp，TATA 区位于转录起始点上游 25~30bp 处。细胞不同，启动子的转录效率也不同，因此需要根据宿主细胞类型选择不同的启动子。如 PCMV 是真核表达载体常用的强启动子。另外也有许多组织和器官特异性的启动子，如心脏特异启动子——CMLC 启动子等。

3. 增强子 增强子是能显著提高启动子的基因转录效率的一类顺式作用元件，由多个独立的核苷酸序列组成。它们的作用通常不具有方向性，在位于转录起始点的下游或离启动子很远的地方仍有活性。许多增强子只能在特定的组织或细胞中起作用，即具有组织表达的特异性，因此，在构建真核表达载体时，应根据宿主细胞来选择特异性表达的增强子。

4. 剪接信号 真核生物基因往往由许多内含子和外显子组成。基因组基因被转录成 mRNA 前体以后，需通过剪除内含子、连接外显子才能成为成熟的 mRNA。一般 mRNA 拼接需要的基本序列位于内含子的 5′和 3′末端，因此，在替换外显子时应注意，改变拼接位点 5′和 3′末端两侧的外显子序列可能会影响邻近拼接位点的使用效率。

5. 终止信号和多聚腺苷化的信号 转录的终止信号常常位于多聚腺苷化位点下游的一段长度为几百个核苷酸的 DNA 区域内。多聚腺苷化需要两种序列：位于腺苷化位点下游的 GU 丰富区或 U 丰富区和位于腺苷化位点上游 11~30 个核苷酸处的一个由 6 个碱基组成并高度保守的 AAUAAA 序列。为了保证目的基因的 mRNA 能有效地多聚腺苷化，真核表达载体上必须包括多聚腺苷化下游的一段序列。最常用的方法是用 SV40 的一段 237bp 长的 *Bam*H I – *Bcl* I 限制性片段，含有多聚腺苷化的信号。另一种方法是将全长 cDNA 与已组装在表达载体上的一个顺式作用因子的部分片段融合，提供多聚腺苷化的信号。

6. 遗传标记 哺乳动物细胞载体常用的标记基因有胸苷激酶（thymidine kinase，*tk*）基因、二氢叶酸还原酶（dihydrofolate reductase，*dhfr*）基因、氯霉素乙酰转移酶（chloramphenicol acetyltransferase，*cat*）基因、新霉素抗性（neomycin resistance，*Neo*）基因等。酵母菌表达载体所采用的选择标记则常用营养缺陷型选择标记，如氨基酸和核苷酸生物合成基因 *LEU*、*TRP*、*HIS*、*LYS*、*URA*、*ADE* 等。

（二）酵母细胞表达载体

酵母表达系统能够克服大肠埃希菌表达系统的不足，可以进行蛋白质翻译后的修饰和加工。并且酵母细胞全基因组测序也已经完成，基因表达调控机制比较清楚，遗传操作简便；酵母细胞能将外源基因表达产物分泌至培养基中，不含有特异性的病毒，不产生内毒素，被认定为是安全的受体细胞。所以酵母表达系统也是基因工程广泛应用的表达系统之一。

酵母的表达载体主要有两类。一是自主复制型质粒载体（YRp），含有酵母基因组的 DNA 复制起始区、选择标记基因和基因克隆位点等元件，能够在酵母细胞中进行自我复制；在酵母细胞中的转化效率较高，每个细胞中的拷贝数可达 200 个，但经过多代培养后，子细胞中的拷贝数会迅速减少。二是整合型质粒载体（YIp），不含酵母 DNA 复制起始区，不能在酵母中进行自主复制，但含有整合介导区，可通过 DNA 的同源重组将外源基因和部分载体片段整合到酵母染色体上，并随染色体一起进行复制。

酿酒酵母表达系统是早期应用较多的酵母表达系统，但也有其局限性，如缺乏强有力的启动子、分泌效率差、表达菌株不够稳定、表达质粒易于丢失等。因此，人们发展了新一代的酵母表达系统——巴斯德毕赤酵母（*Pichia pastoris*）表达系统。巴斯德毕赤酵母能利用甲醇作为唯一碳源提供能量，故又称它们为嗜甲醇酵母或甲醇酵母。

甲醇酵母之所以能利用甲醇作为碳源，是因为甲醇酵母含有乙醇氧化酶基因。乙醇氧化酶能通过将甲醇氧化成甲醛，为酵母生长提供能量。甲醇酵母中有两个乙醇氧化酶基因：*AOX1* 和 *AOX2*，其中 *AOX1* 表达的乙醇氧化酶活力很强。调控乙醇氧化酶基因表达的启动子是强启动子，可用来调控异源蛋白的表达。当以甲醇为唯一的生长碳源时，*AOX1* 基因的表达受甲醇严格调控，并被诱导到相当高的水平，表达的乙醇氧化酶可占整个细胞可溶蛋白的 30% 以上。

甲醇酵母中没有稳定的质粒，所以其表达载体采用整合型质粒，如胞内表达的 pPIC3.5K 及分泌表达的 pPIC9K 载体等。

（三）哺乳动物细胞系表达载体

采用某种方式将外源基因导入细胞，在哺乳动物细胞中表达获得具有一定功能的蛋白质，这一类真核基因的表达系统称为哺乳动物细胞表达系统。哺乳动物细胞可以表达克隆的 cDNA 基因和真核基因组的 DNA 基因。哺乳动物细胞表达的蛋白质通常可以被适当修饰，而且表达的蛋白质会恰当地分布在细胞的一定区域并积累。哺乳动物细胞系可以悬浮培养、生长快，能够连续传代，而且能够精确地糖基化，又能实现胞外表达，尤其是对于人类基因来说，人本身的细胞系就是人自身的表达系统，因此比其他真核生物更能反映人类自身活性蛋白的真实表达、加工、定位和精确修饰情况。目前已建立了许多哺乳动物和人细胞系，如 HeLa 细胞系、HEK293 细胞系、COS 细胞系、CHO 细胞系等。

哺乳动物细胞系的表达载体有两种，瞬时转染载体和稳定转染（永久转染）载体。瞬时转染载体所携带的外源 DNA/RNA 不整合到宿主染色体中，因此一个宿主细胞中可存在多个拷贝数，产生高水平的表达，但通常只持续几天，多用于启动子和其他调控元件的分析。稳定转染载体的外源 DNA 既可以整合到宿主染色体中，也可作为一种附加体（episome）而稳定存在于细胞中。外源 DNA 整合到染色体中的概率很低，大约 $1/10^4$ 转染细胞能整合，所以通常需要通过一些选择性标记如潮霉素 B 磷酸转移酶（HPH）、胸苷激酶（TK）等基因反复筛选，得到稳定转染的同源细胞系。

pEGFP - N1 是一种 pEGFP 载体，即增强型绿色荧光蛋白表达载体（enhanced green fluorescent protein expression vector）。该载体的特点是：含有增强型绿色荧光蛋白基因 *EGFP*，在 PCMV 启动子的驱动下能在真核细胞中高水平表达绿色荧光蛋白。载体骨架中的 SV40 *ori* 使该载体可以在任何表达 SV40 T 抗原的真核细胞内进行复制。载体中的 pUC *ori* 能保证该载体在大肠埃希菌中的复制，而位于此表达盒上游的细菌启动子能驱动卡那霉素抗性基因（*Kan*^R）在大肠埃希菌中的表达。pEGFP - N1 表达载体的应用主要是利用 *EGFP* 基因上游有多克隆位点，将外源基因插入后，能表达外源基因与 *EGFP* 的融合蛋白。根据绿色荧光蛋白的定位和强弱可确定外源基因在细胞内的表达或亚细胞定位情况。

哺乳动物表达载体还有 SV40 病毒表达载体、逆转录病毒表达载体、腺病毒表达载体、疱疹病毒表达载体等。

思考题

本章小结

答案解析

1. 质粒的生物学特性有哪些？

2. 原核细胞的表达盒包括哪几部分？这几部分各自在表达载体中的作用是什么？

3. 酵母表达系统相较于原核表达载体具有哪些优势？

4. 简述 YAC 克隆载体的主要优缺点。

5. 简述 T_7 启动子表达系统在基因工程中的优势。

6. 简述哺乳动物细胞表达系统的优点。

第四章　目的基因的制备

学习目标

【知识要求】

1. **掌握**　从基因组文库中筛选目的基因的方法；PCR 反应体系的基因原理和克隆策略；DNA 诱变的基本原理和类型。

2. **熟悉**　cDNA 文库构建和筛选的方法。

3. **了解**　DNA 诱变技术的最新进展和发展趋势。

【技能要求】

能够独立完成 PCR 扩增实验，包括引物设计、反应体系配制、扩增条件优化和产物检测等。

【素质要求】

1. 培养科学素养，能够通过各种生物信息数据库和工具，检索目的基因的序列信息、结构和功能等相关数据。

2. 注重培养实验设计能力，能够根据目的基因的特点和实验要求，设计合理的目的基因制备方法，如 PCR 扩增、基因合成、cDNA 文库筛选等。

基因工程技术旨在通过适宜的载体，把目的基因导入新的受体细胞，从而让受体细胞获得目的基因的表达产物或者产生受目的基因控制的新遗传性状。所以，目的基因的制备是基因工程操作的首要环节，而目的基因能否成功导入受体细胞则是基因工程成败的关键制约因素。

基因工程操作中涉及的目的基因通常是指来源和供体已知的基因，或者目的基因的序列和结构是清楚的，通过基因工程的操作可以研究该基因的功能和调控方式；若目的基因的主要功能是确定的，可通过基因工程操作将该基因导入某些特定的受体细胞去表达一个已知的产物（多肽、酶、抗体、大分子蛋白质甚至 RNA）或者使受体获得一个预期的新遗传性状。在这种前提下，获取目的基因的途径通常有化学合成法、基因文库法、PCR 技术法、电子克隆法、定点突变改造法等。

第一节　化学合成法

1977 年，Itakura 和 Riggs 利用化学合成法人工合成了一个生长激素释放抑制因子基因并在大肠埃希菌中表达成功。1978 年，他们用同样的方法合成了人胰岛素 DNA 序列，也在大肠埃希菌细胞中表达成功，且该药物于 1982 年成为第一个上市的基因工程药物。

DNA 的化学合成是在 DNA 合成仪上进行的。首先在没有 DNA 聚合酶和模板参与的情况下，将已经被二甲氧基三苯甲基（DMT）等保护基团保护了 5′-OH 的单脱氧核苷酸在固相载体上按照预先设计好的顺序，利用化学反应方法合成短的寡核苷酸片段，再利用 DNA 连接酶将各种序列不同但相互有重叠的短的寡核苷酸片段连接起来，从而获得一个完整的 DNA 片段。

利用化学合成法获取目的基因的优点是时间短、基因序列可靠、基因分离纯化简单、价格低廉。但是用它只能合成序列不超过 200bp 的短基因，而且基因的全序列必须完全已知，因此适合小分子多肽类的基因。对于某些来源特异的小分子蛋白质，其氨基酸序列和功能已被研究清楚，而基因定位和基因序列尚不可知时，也可以采用简并密码子的方法设计一系列可能的基因序列，通过化学合成法合成后，分别作为探针与原蛋白质来源物种的基因组 DNA 杂交，进而确定正确的基因序列。

目前，化学合成法的实际用途主要包括用于体外 DNA 合成反应以及合成 PCR 扩增反应的引物、核酸分子杂交的探针、重组 DNA 所需的各种人工接头（polylinker）和基因定点突变之盒式突变中带有预定突变序列的寡核苷酸片段等。化学合成法在基因工程领域的发展也面临着一些挑战。例如，随着基因序列长度的增加，合成的准确性会逐渐降低，虽然在合成短基因方面有着诸多优势，但对于较长基因序列的合成，目前还需要进一步探索更有效的技术手段。

此外，采用化学合成法在合成一些结构复杂的基因时，可能会受到化学反应本身的限制。比如某些特殊的碱基组合或者二级结构的形成可能会干扰合成过程，导致合成失败或者得到的产物不符合预期。

然而，随着科学技术的不断发展，新的化学试剂和合成策略不断涌现。研究人员正在努力克服这些问题，扩大化学合成法的应用范围。例如，通过改进保护基团的化学结构，可以提高反应的选择性和效率。同时，新的合成仪器也在不断研发中，这些仪器具有更高的自动化程度和更精确的合成控制能力，有助于提高合成基因的质量和长度。相信在不久的将来，化学合成法将在基因工程中发挥更为重要的作用，不仅能够更高效地合成小分子多肽类基因，还能够突破现有局限，应用于更多类型基因的合成和研究工作。

第二节　基因文库获取法

对于复杂的染色体 DNA 分子来说，单个基因所占比例极低，如果想从庞大的基因组中将目的基因分离出来，一般需要先进行扩增，建立基因文库。用重组 DNA 技术将某种生物细胞的总 DNA 或 mRNA 的所有片段随机地连接到基因载体上，然后转移到适当的宿主细胞中，通过细胞增殖构成各个片段的克隆，若制备的克隆数目多到可以把某种生物的全部基因都包含在内，这一组克隆的总体就被称为基因文库（gene bank/gene library）。

基因文库包括基因组文库（genomic library）和 cDNA 文库（cDNA library）。基因组文库是把某种生物的基因组 DNA 全部提取出来，切成适当大小的片段，分别与载体连接构建成重组 DNA 分子后，再导入适宜的宿主细胞，形成克隆的集合。cDNA 文库是将生物某一组织细胞中的全部 mRNA 分离出来作为模板，在体外用逆转录酶合成与之互补的 cDNA 第一链，再经 DNA 聚合酶 I 的作用合成 cDNA 第二链，然后将双链 cDNA 分子连接到合适的载体上，转入宿主细胞后形成的克隆的集合体。

一、基因组文库的构建与筛选

基因组文库的构建一般包括下列基本步骤：①细胞染色体大分子 DNA 的提取和大片段 DNA 的制备；②载体 DNA 的准备；③载体与基因组大片段 DNA 的连接；④体外包装及基因组 DNA 文库的扩增；⑤重组 DNA 的筛选和鉴定等（图 4 - 1）。

（一）细胞染色体大分子 DNA 的提取和大片段 DNA 的制备

构建基因组 DNA 文库的关键是制备高分子量的基因组 DNA。为了最大限度地保证基因组 DNA 文库的完整性，在提取和制备构建基因组文库的基因组 DNA 时，应尽量减少提取过程中 DNA 的丢失。为了

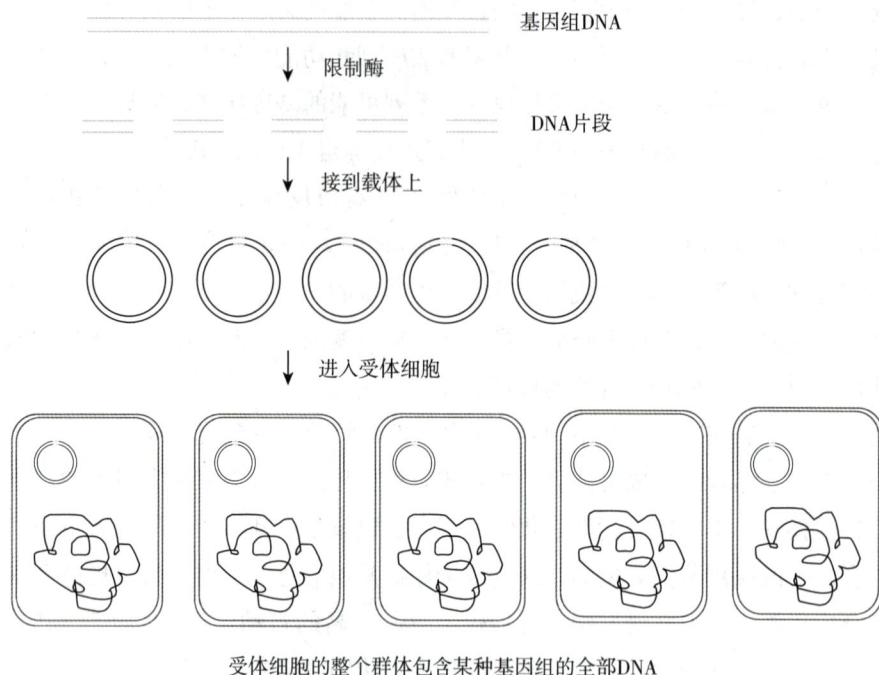

受体细胞的整个群体包含某种基因组的全部DNA

图 4-1   基因组文库构建过程示意图

保证基因组 DNA 与载体连接时片段大小是均一的并且长度符合载体的要求，制备 DNA 时还要尽量保证 DNA 有足够的长度。如果构建 λ 噬菌体基因组文库，可采用经典的 DNA 制备方法：在 EDTA 和 SDS 存在下，用蛋白酶 K 消化细胞，然后用苯酚 – 三氯甲烷混合液抽提蛋白质，再用透析法去除低分子量杂质，获得的基因组 DNA 通常在 100 ~ 150kb，再通过机械剪切法或限制酶消化法，可以得到长度约 20kb 的 DNA 片段，符合载体的要求。如果用人工染色体作载体构建基因组文库，通常采用低熔点琼脂糖包埋固定法：首先将真核细胞包埋在低熔点琼脂糖凝胶块内，直接在凝胶块内完成细胞的裂解和蛋白质的消化等步骤，这样制备的染色体 DNA 为大分子量 DNA，长度可达 500kb，符合载体的要求。

（二）载体 DNA 的准备

构建基因组文库所用的载体通常有三种：λ 噬菌体、柯斯质粒及人工染色体 YAC 和 BAC。除 YAC 作载体必须用酵母细胞作为受体细胞外，其余载体都以大肠埃希菌作为受体细胞。

1. λ 噬菌体   采用 λ 噬菌体作载体时，由于在载体左臂、右臂和中央片段的连接处通常有一个连接头（polylinker），该连接头上有多种限制酶的识别序列，如 *Sal* I、*Bam*H I、*Eco*R I 等，如果用这些酶酶切载体，λ 噬菌体载体会被切割成左、右两臂和中央片段三个部分，经过密度梯度离心或凝胶电泳将两臂与中央片段分离开来，回收两臂，除去中央片段。再将载体两臂与消化好的基因组 DNA 片段连接重组。

2. 柯斯质粒   比 λ 噬菌体能容纳更大的外源 DNA 片段（30 ~ 45kb），将其用于构建基因组文库时，也必须尽可能保证基因组 DNA 片段有足够的大小。载体重组时，只需用限制酶将柯斯质粒的载体切成线性 DNA 分子，无须像 λ 噬菌体那样进一步分离酶解产物，除去中央片段。但是，为了防止柯斯质粒的自身连接，酶切后的柯斯质粒须用碱性磷酸酶处理，去除 5′- 磷酸基团。此外，连接重组时，为了保证较好的连接效率，柯斯质粒的 DNA 量要比插入片段的 DNA 量高 10 倍以上。

3. 人工染色体 YAC 和 BAC   真核生物有不少长度超过 1000kb 的大基因，如果利用前述两个载体，就只会克隆到一组彼此重叠的基因片段，而不可能将一个完整的基因包含在一个克隆中。并且基因组越大，载体的装载能力越小，基因组文库所需的克隆数就越多，因此从文库中筛选目的基因的工作量也就越大。为了克服这些问题，需要引入装载量很大的人工染色体载体 YAC 和 BAC。例如 YAC 载体中最常用的 pYAC4，可先选用 *Bam*H Ⅰ 和 *Eco*R Ⅰ 进行双酶切消化，产生具有 *Eco*R Ⅰ 黏性末端的两条载体臂和一段很短的端粒序列片段，每一条臂分子中都带有一段端粒序列和一个选择标记。去除两条端粒序列间的 DNA 片段，分离回收 YAC 双臂，就可用于与基因组 DNA 片段的重组连接了。

（三）载体与基因组大片段 DNA 的连接

DNA 片段与载体的连接主要是插入片段与经过特定限制酶处理的载体的连接，从而产生重组 DNA 分子的过程。DNA 插入片段与载体之间的连接效率主要受两种因素影响：一是插入片段与载体 DNA 的物质的量比，二是反应体系中的 DNA 总浓度。

（四）体外包装及基因组 DNA 文库的扩增

当基因组 DNA 片段与载体连接后，对于 λ 噬菌体载体和柯斯质粒，还需要完成体外包装的过程，形成噬菌体颗粒，再以细菌感染的方式将重组 DNA 分子导入大肠埃希菌。具体步骤如下：首先将噬菌体头部包装蛋白的全部基因和尾部包装蛋白的全部基因分别在体外表达，然后将表达后的头部蛋白、尾部蛋白及重组载体 DNA 在试管中完成组装过程，形成完整的噬菌体颗粒。噬菌体颗粒感染细菌的转导效率相较于重组 DNA 直接转化细菌的效率可提高 100～1000 倍。

重组 DNA 转化细菌后，菌落克隆经过储藏，细菌的成活率会剧烈下降，而且菌落克隆群体在增殖过程中，并不是所有重组子都是等速增殖的。而噬菌体感染细菌后涂布平板会产生噬菌斑形成的克隆，这种噬菌斑几乎可以无限期地储藏，比以细菌菌落形式保存的克隆要稳定许多。以噬菌体或其衍生载体构建的 DNA 文库还可以收集噬菌体液，分装成小份，加入 2%～3% 的三氯甲烷后可在 4℃ 下保存数月，添加 7% 的二甲基亚砜（DMSO）后可在 -80℃ 保存数年。对 BAC 文库来说，保存时先将重组克隆挑至含抗冻液和抗生素的液体培养基的 384 孔板或 96 孔板培养过夜，待培养液浑浊后，用 384 针或 96 针复制器制备多个拷贝，按编号保存于 -80℃ 超低温冰箱。由于文库反复冻融会影响细菌的活性，一般文库的原始拷贝留在 -80℃ 内不让其发生冻融。

（五）基因组文库质量的评价

基因组文库构建好后，文库是不是可用和有效，要看这个文库是不是完整的。基因组文库的完整性包括两层含义：一是文库具有代表性，即文库中所有克隆所携带的 DNA 片段重新组合起来可以覆盖整个基因组，或者说基因组中的任何一段 DNA 都可以从文库中分离得到；二是具有随机性，即基因组每段 DNA 在文库中出现的频率都应该是均等的。

在正常情况下，质量优良的基因文库的代表性与基因文库的大小（即克隆数多少）呈正相关。Clack - Carbor 计算公式如下：

$$N = \ln(1 - P)/\ln(1 - F)$$

式中　N 为重组子（空斑或菌落）的数量；

P 为所需要的概率；

F 为某一插入片段与相应生物基因组大小的比值。

例如，人的基因组总长度为 3×10^9 bp，P 为 99%，假如以噬菌体作载体构建基因组文库，插入片段平均长度为 1.7×10^4 bp，代入上述公式，算出：

$$N = \ln(1 - 0.99)/\ln[1 - 1.7 \times 10^4/(3 \times 10^9)] = 8.1 \times 10^5$$

即用噬菌体作载体构建人的基因组文库，至少需要 81 万个克隆数目才能有 99% 的概率从文库中筛选到任何一个目的 DNA 片段。

从上述公式也可以看出，载体容纳外源片段的能力越强，完整文库所需的克隆数越小，从文库中筛选到目的 DNA 片段的工作量越小；反之，载体容纳外源片段的能力越弱，完整文库所需的克隆数目越大，从文库筛选到目的 DNA 片段的工作量就越大。

（六）基因组文库的应用

构建基因组文库除了方便获取目的基因外，还可以分析特定基因的结构，如编码区和非编码区的组成、内含子和外显子的信息、调控序列的信息等；通过比较不同物种或近缘种的基因组序列，基因组文库也可用于研究基因的起源与进化；基因组文库还可以用于研究基因的表达调控、构建基因组物理图谱和大规模基因组测序等。

二、cDNA 基因文库的构建与筛选

真核生物基因组 DNA 十分庞大，其复杂程度约为蛋白质和 mRNA 的 100 倍，还含有大量的重复序列和非编码序列，因此，真核生物基因组文库所包含的克隆数目是十分庞大的，从中筛选目的基因的工作量巨大。但是，在不同的组织中基因的表达却是有选择性的，通常表达的基因只占总基因数的 15% 左右，每种特定组织中大约只有 15000 种不同的 mRNA 分子。如果从 mRNA 出发分离目的基因，将可以大大缩小搜寻目的基因的范围，降低分离目的基因的难度。

cDNA 文库的构建共分四步：①细胞总 RNA 的提取和 mRNA 的分离；②cDNA 第一链的合成；③cDNA 第二链的合成；④双链 cDNA 克隆进入质粒或噬菌体载体并导入宿主细胞繁殖。

（一）总 RNA 的提取与 mRNA 的分离

细胞中总 RNA 包括 mRNA、tRNA、rRNA 和其他各种非编码 RNA。构建 cDNA 文库的第一个步骤是分离细胞总 RNA，然后将 mRNA 从各种 RNA 的混合物中分离出来。利用真核 mRNA 分子的 3′端有 poly（A）尾结构，根据碱基 A 和 T 配对原理，人工合成互补的寡脱氧胸苷酸 [oligo（dT）] 杂交，可以方便地从大量的 RNA 混合物中分离出 mRNA。目前常用的分离 mRNA 的标准方法为寡脱氧胸苷酸亲和色谱法，是将一个一般为 12～18 个碱基的寡脱氧胸苷酸连接到纤维素的亲和色谱柱上，不具有 poly（A）尾巴的 RNA 不能结合，最后用低盐缓冲液将已结合的 mRNA 从柱上洗脱下来。

（二）cDNA 第一链的合成

从 mRNA 到合成 cDNA 的过程称为逆转录，是由逆转录酶（reverse transcriptase）催化的。常用的逆转录酶有两种，即 AMV（禽源）和 MLV（鼠源），二者都是依赖于 RNA 的 DNA 聚合酶。逆转录酶具有 5′→3′ DNA 聚合酶活性，但不具有 3′→5′ DNA 外切酶活性，因此，它缺乏错配碱基修复的能力，在高浓度 dNTP 和 Mn^{2+} 存在时，每 500 个碱基就会有一个错误碱基掺入。逆转录酶合成 DNA 时需要引物引导，目前常用的引物主要有两种，即 oligo（dT）和随机引物，有时候也会用到某个基因的特定序列作引物。Oligo（dT）引物一般由 10～20 个脱氧胸腺嘧啶核苷和一段带有稀有酶切位点的引物共同组成，随机引物一般是包含 6～10 个碱基的寡核苷酸短片段。

以 oligo（dT）作引物合成 cDNA 第一链时，oligo（dT）结合在 mRNA 的 3′端，因此得到的 cDNA 第一链的 5′端是完整的。但是合成全长的 cDNA 需要逆转录酶从 mRNA 分子的 3′端慢慢移动到 5′端，有时逆转录酶容易从 mRNA 分子上脱离，这就导致全长 cDNA 的合成难以实现，特别是 mRNA 链很长时，可能会导致 cDNA 第一链的 3′端不一定是完整的。

随机引物引导的 cDNA 合成法（randomly primed cDNA synthesis）的基本原理是根据各种可能的序

列，合成 6 ~ 10 个碱基长度的寡核苷酸片段作为随机引物，这种随机短片段的混合物往往可以同时与 mRNA 模板上的许多位点结合，而不仅仅从 3′末端的 poly（A）处开始合成，因此，这种方法对于长的 mRNA 分子来说，容易获得靠近 mRNA 5′端的比较完整的序列。

（三）cDNA 第二链的合成

逆转录酶虽然没有 3′→5′ DNA 外切酶活性，但是它具有 5′→3′以及 3′→5′ RNA 外切酶活性（即 RNase H 的活性），可以从两端降解 DNA - RNA 杂交双链中的 RNA 链。DNA - mRNA 杂交双链中的 mRNA 降解后，再在 DNA 聚合酶Ⅰ或其大片段 Klenow 片段的作用下合成 cDNA 第二链。

1. 自身引导法　是合成 cDNA 第二链的传统方法，主要源于合成的单链 cDNA 分子的 3′末端发生自身环化，形成发卡结构，这就为第二链的合成提供了现成的引物，在 DNA 聚合酶的作用下则可以合成第二链。

2. 置换合成法　是利用大肠埃希菌的 RNase H 识别 DNA - mRNA 杂交双链，并消化杂交双链的 mRNA 链，形成切口和缺口，在此过程中，mRNA 被切割成短的片段，成为合成第二链的引物，再在大肠埃希菌 DNA 聚合酶Ⅰ的作用下合成第二链。

3. 随机引物法　是用六核苷酸在 DNA 链上随机引发合成第二链，这样可以合成全长 cDNA，mRNA 的 5′端不丢失。

4. 均聚物引发法　是用末端脱氧核苷酸转移酶，加入一种 dNTP，在 cDNA 第一链 3′端形成均聚物尾巴，然后以配对的寡聚物作为引物合成第二链。

5. 序列已知　可用特定引物来合成第二链。

（四）双链 cDNA 克隆进入质粒或噬菌体载体并导入宿主细胞扩增

得到双链 cDNA 分子之后，还需要将双链 cDNA 分子与适当的载体连接形成重组载体分子，再导入宿主细胞扩增形成克隆。

构建 cDNA 基因文库的载体通常有三种：质粒、λ 噬菌体和噬菌粒。第一代载体质粒具有易于操作、重组效率高、可直接进行功能表达筛选等优点，但重组质粒转化效率低，致使一些低丰度 mRNA 对应的 cDNA 难以包含到所构建的文库中，因此一般仅在构建较高丰度 cDNA 文库和次级 cDNA 文库时使用。第二代 λ 噬菌体载体目前应用最广泛，它具备可构建低丰度 cDNA 文库、重复性高、构建文库的克隆效率比质粒载体构建文库要高 10 ~ 50 倍等优点。用 λ 噬菌体载体构建 cDNA 文库时，虽然在重组子鉴定及文库扩增等操作方面较为烦琐，但其克隆效率高，可达 10^7 克隆子/μg cDNA。目前通常用 λgt10/λgt11 及与其相似的载体来构建 cDNA 文库。

（五）cDNA 基因文库的完整性

一个细胞中往往有上万种 mRNA，但是各种 mRNA 的拷贝数是不同的，也就是丰度不同。一般可以将细胞内的 mRNA 分为高丰度、中丰度和低丰度三种类型。1 个正常细胞含 10000 ~ 30000 种不同的 mRNA，当某一种 mRNA 在细胞总计数群中所占比例低于 0.5% 时，称为低丰度 mRNA。

cDNA 文库的完整性也可以通过 Clack - Carbor 公式来计算：

$$N = \ln(1-p)/\ln(1-1/n)$$

式中　N 为完整文库所需的克隆数；

　　　p 为得到完整文库的概率，比如 0.99 或 99%；

　　　$1/n$ 为某一种低丰度 mRNA（拷贝数不超过 14）占总 mRNA 的比例。

例如，人的成纤维细胞大约含有 12000 种 mRNA 分子，每个细胞内不到 14 份拷贝的低丰度 mRNA

分子约占所有 mRNA 的 30%，这种 mRNA 大约有 11000 种。因此，如要包含所有这类低丰度 mRNA 分子在内，克隆数至少应有 11000/30% ≈ 37000 个。1/n 即是 1/37000，代入公式：

$$N = \ln(1-0.99)/\ln(1-1/37000) = 1.7 \times 10^5$$

这意味着要构建包含人成纤维细胞内所有丰度 mRNA 所对应的 cDNA 分子在内的完整 cDNA 文库，至少需具有 17 万个克隆数。

（六）cDNA 基因文库的应用

将 cDNA 基因文库与基因组文库相比，一个完整的 cDNA 基因文库所包含的克隆数要比一个完整的基因组文库所包含的克隆数少很多，因此大大简化了筛选特定目的基因序列克隆的工作量；真核生物 cDNA 基因文库可用于在原核细胞中表达的克隆，直接用于基因工程操作，无须经过剪切和修饰就能获得具有活性的蛋白质产物；cDNA 基因文库还可用于真核细胞 mRNA 的结构和功能研究。

值得注意的是，cDNA 文库中只包含某种生物体特定组织、特定发育阶段表达的基因，因此，不同组织、不同发育阶段的 cDNA 文库是有所差异的。而基因组文库则不同，它的初始材料是完整的生物基因组 DNA，每一个基因都存在于完全的基因组文库中，并不受生物组织或发育阶段不同的影响。

第三节　PCR 技术法

聚合酶链反应（polymerase chain reaction，PCR）作为一种体外快速扩增目的 DNA 片段的技术，因灵敏、快速、自动化等特点而广泛应用于基因工程及分子生物学研究。目前 PCR 技术已经成为基因操作中获取目的基因的主要手段。

在实际应用中，待分离的目的基因一般有两种情况，一种是已知基因全长序列，另外一种是只知道基因部分序列，针对两种情况采用的 PCR 技术不同。

一、已知基因全长序列

根据目的基因编码区的两侧序列设计上、下游引物，两个引物必须保证能扩增出基因的编码序列。在 PCR 之前，提取材料的总 RNA，通过逆转录酶的作用合成 cDNA 第一链，这种方法称为逆转录 PCR，即 RT - PCR（reverse transcription PCR）。

（一）一步法 RT - PCR

RT - PCR 一般分两个步骤，第一步是在 42℃以 mRNA 为模板经逆转录酶作用合成 cDNA 第一链，第二步再以 cDNA 第一链为模板进行常规 PCR，从而获得双链 cDNA 分子。RT - PCR 是获得特异双链 cDNA 分子的有效方法。在进行逆转录反应时，引物可用 poly（T），也可用目的基因 3'端特异序列。如果逆转录引物仅采用目的基因 3'端的特异序列，通常逆转录只会得到目的基因的 cDNA 第一链，该引物随即用于第二步 PCR 的特异扩增，称为一步法 RT - PCR。

（二）两步法 RT - PCR

两步法 RT - PCR 首先用逆转录酶合成 cDNA，然后以 cDNA 为模板进行 PCR，即 RNA 逆转录与 PCR 扩增分两步进行。该方法必须用目的基因的一对特异引物才能将目的基因特异扩增出来。不管逆转录采用哪种方式，在 PCR 反应的初期，只有一条模板链，所以是不对称扩增。但是经过几轮反应之后，两条模板链都起作用，最终得到双链 cDNA 分子。

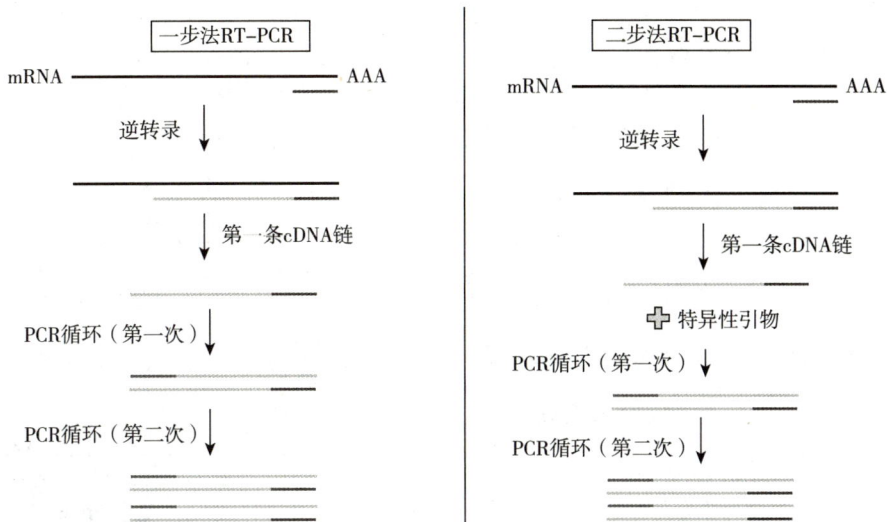

图 4 - 2　一步法 RT - PCR 和两步法 RT - PCR 比较

二、已知基因部分序列

在实际工作中获得的目的基因 DNA 片段是不完整的，若仅知道基因上一小段序列信息，在这种情况下通过 RT - PCR 技术很难获得目的基因的完整序列。随着 PCR 技术的发展，出现了反向 PCR（reverse PCR）、锚定 PCR（anchored PCR）、连接介导 PCR（ligation - mediated PCR，LM - PCR）、盒式 PCR（cassette PCR）和 cDNA 末端快速扩增技术（rapid amplification of cDNA ends，RACE），通过这些技术可以快速获得目的基因的全长序列，大大节约人力和物力。

（一）锚定 PCR

锚定 PCR 也被称为单侧特异引物 PCR（single - specific sequence primer PCR，SSP - PCR），是一种根据已知目的基因的一小段序列信息来快速扩增已知序列上游或下游片段的技术。锚定 PCR 的一条引物是根据已知序列设计的基因特异引物（gene specific primer，GSP），而该已知序列通常是由纯化蛋白的部分氨基酸序列推测出来或从其他材料中获得的部分 mRNA 序列；另一条引物是根据序列的共同特征设计的非特异性引物，非特异性引物所起的作用是在其中一端附着，故被称为锚定引物，与锚定引物结合的序列称为锚定序列。具体分为以下两种情况。

1. 目的基因已知序列下游 3′端未知序列的扩增方法　操作相对较为简单，原理如图 4 - 3 所示。同聚物是锚定 PCR 中常用的锚定引物，由于大多数真核 mRNA 的 3′端具有 poly（A）尾，可以利用这一序列特征设计 oligo（dT）作为锚定引物，以 cDNA 为模板进行扩增。扩增目的基因已知序列下游 3′端未知序列的基本步骤是：首先，分离细胞总 RNA 或 mRNA；再在逆转录酶的作用下合成 cDNA；最后，以基因特异引物和锚定引物 oligo（dT）扩增得到特定序列。

2. 目的基因已知序列上游 5′端未知序列的扩增方法　可概括为：以分离到的总 RNA 或 mRNA 为模板，在逆转录酶的作用下，以基因特异引物引导合成 cDNA；利用 DNA 末端转移酶，在 cDNA 的 3′末端加上 poly（dA）尾，与此 poly（dA）相对应的 poly（dT）即为锚定引物（anchoring primer，AP）；最后以基因特异引物和锚定引物 poly（dT）扩增得到 5′端未知序列。为保证扩增的特异性，锚定引物长度通常都在 12 个碱基以上，其 5′端可带上限制酶序列或其他序列信息。

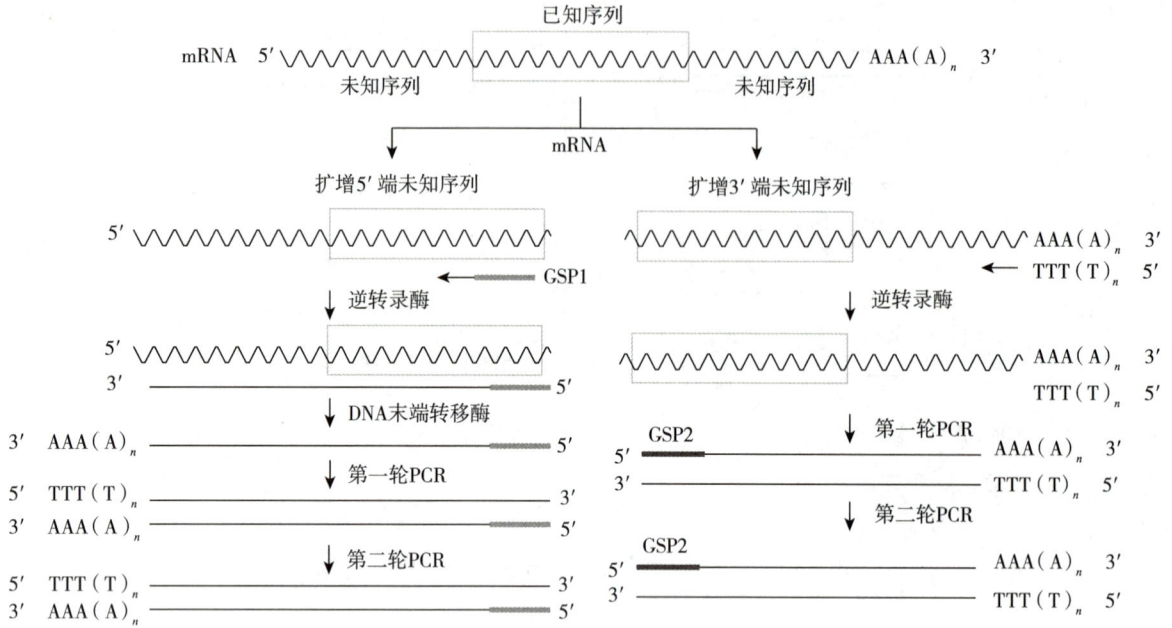

图4-3　锚定 PCR 原理示意图

（二）连接介导的 PCR

只知道 DNA 一端序列又要对未知的一端进行测序，或对体内甲基化图谱或 DNA 印迹进行分析，此时就需要用到连接介导的 PCR。连接介导的 PCR 是在普通 PCR 过程中增加了连接的步骤，即通过连接反应加上一个公共接头，这样，在 PCR 中使用的引物中一个是通过目的基因的已知序列设计的基因特异引物，另一个是接头引物。实验操作步骤见图4-4。第一步，通过特异性的酶或化学方法随机切割基因组 DNA。第二步，利用根据基因已知序列设计的 GSP1，对切割中产生的单链损伤 DNA 进行退火和延伸，得到大量一端为平端的 DNA 片段的测序梯或印迹梯，这些片段的其中一端是相同的，因为是由 GSP1 决定的；而片段的另一端则是随不同的酶或化学切割部位的不同而异，因而得到的每个片段是不同的。第三步，通过 DNA 连接酶，在 DNA 片段碱基组成不同的那一端加上一个相同的核苷酸序列，即公共接头。第四步，根据公共接头的核苷酸序列设计公共接头引物，并根据基因已知序列再设计一个 GSP2，并满足 GSP2 在 GSP1 的 3′端的条件，以测序梯或印迹梯为模板，用公共接头引物和 GSP2 进行 PCR 扩增。第五步，根据基因已知序列设计末

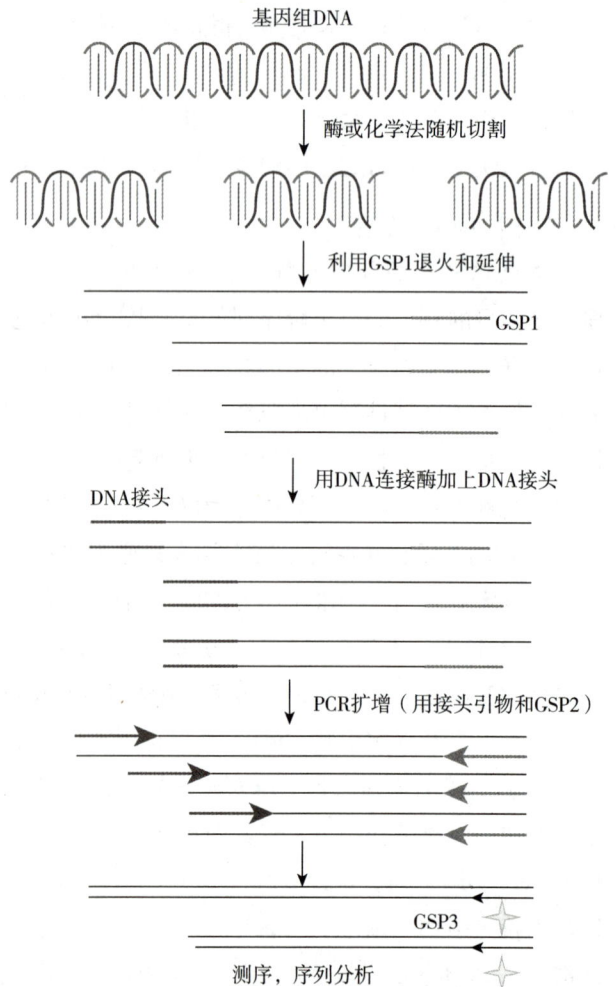

图4-4　连接介导的 PCR 原理示意图

端标记的 GSP3，GSP3 须在 GSP2 的 3′端，而且 GSP3 还必须与 GSP2 重叠，以第四步的 PCR 产物为模板，利用末端标记的 GSP3 进行两轮 PCR 标记 DNA。最后，对标记的 DNA 进行变性聚丙烯酰胺测序凝胶电泳，从而进行序列分析。当然，也可以采用其他方法对 PCR 产物进行测序。

（三）盒式 PCR

盒式 PCR 是在普通 PCR 过程中加入了一个 Cassette（盒），即人工合成的带有限制酶的黏性末端的双链 DNA 分子，利用 Cassette 以及 Cassette 引物，盒式 PCR 可特异性地扩增 cDNA 或基因组 DNA 上的未知区域。具体步骤（图 4-5）如下：用适当的限制酶将待克隆的目的 DNA 完全分解，所使用的限制酶必须满足在目的基因已知序列中没有识别位点，这样就可产生含有上、下游未知序列的 DNA 片段。然后，利用 DNA 连接酶，将酶切产生的 DNA 片段与具有对应的限制性酶切位点的 Cassette 进行连接。接着，根据目的基因已知序列设计两条基因特异引物 GSP1 和 GSP2（正义引物）以及两条基因特异引物 AGSP1 和 AGSP2（反义引物），设计方向分别为需要扩增的已知序列的上游未知区域的方向和下游未知区域的方向，而且 GSP2 的位置应设计在 GSP1 的内侧，AGSP2 的位置设计在 AGSP1 的外侧，但两个引物间的距离没有严格的规定，同时，还必须合成两条 Cassette 引物——CP1 和 CP2。这时开始进行第一次 PCR 扩增，扩增基因的上游未知区域时用引物 CP1 和引物 GSP1，扩增基因的下游未知区域时则用引物 CP1 和引物 AGSP1。随后进行第二次 PCR 反应，特异性地扩增目的 DNA 片段，即取第一次 PCR 反应产物的一部分作模板，分别使用内侧引物 CP2 和 GSP2 扩增基因的上游未知区域，使用 CP2 和 AGSP2 扩增基因的下游未知区域。最后，对 PCR 产物进行序列分析，得到目的基因已知序列上、下游的未知序列。

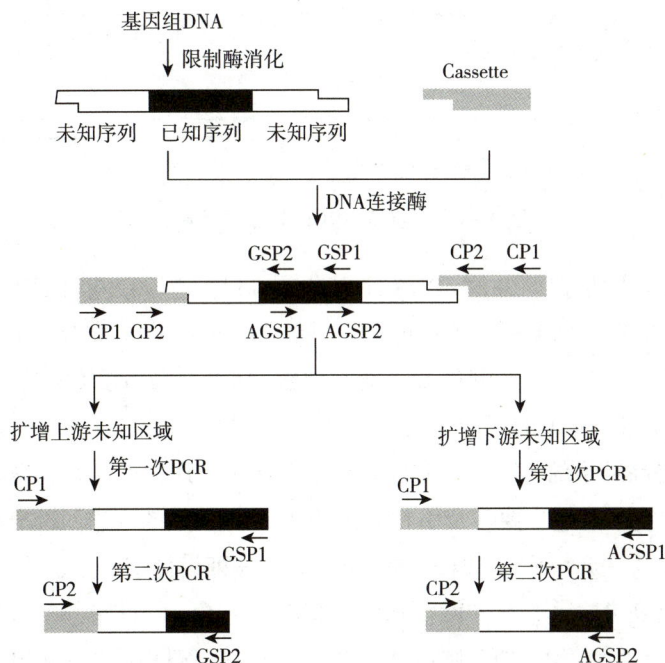

图 4-5 盒式 PCR 原理示意图

（四）cDNA 末端快速扩增技术

普通 RT-PCR 很难获得基因全长的 cDNA 片段，但在基因工程研究中，分析基因的全长 cDNA 序列是十分重要的。cDNA 末端快速扩增技术（rapid amplification of cDNA ends，RACE）是一种基于逆转录 PCR 从样本中快速扩增 cDNA 的 5′端及 3′端的技术，因此也称为单侧 PCR 技术。若已知单侧序列可供设计特异性引物，应用 RACE 仍能完成扩增。利用 RACE 可以通过已知的部分 cDNA 序列来得到完整的 cDNA 的 5′和 3′端。

首先以 mRNA 为模板逆转录成 cDNA 第一链，然后用 PCR 扩增出 cDNA 内某一已知序列位点到其 3′端或 5′端之间的未知序列，分别称为 3′-RACE 和 5′-RACE。RACE 可应用于 mRNA 不同剪接体和基因的不同转录起始位点的研究，可同时对含有已知序列的所有 mRNA 进行扩增和分析。

3′-RACE（图 4-6）首先根据 mRNA 3′末端天然存在的 poly（A）尾部设计逆转录引物，逆转录获得 cDNA 第一链。根据已知的 cDNA 序列设计 GSP，合成 cDNA 第二链。随后以基因特异性引物及正义链 3′末端引物作为一对引物，对得到的 cDNA 链进行 PCR 扩增，从而得到 cDNA 的 3′端序列（GSP→3′末端）。

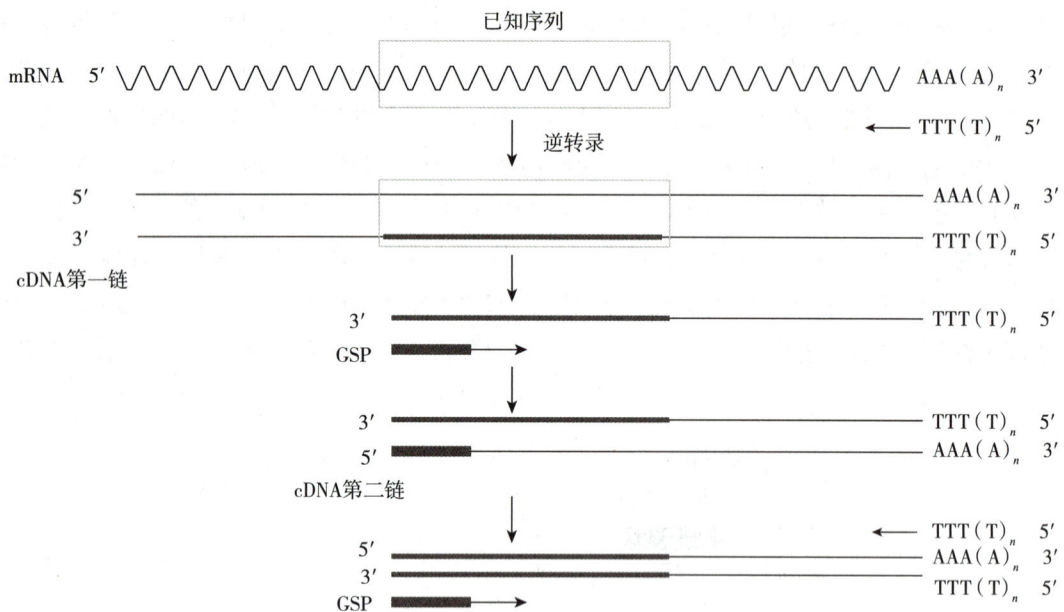

图 4-6　经典 3′-RACE 原理示意图

5′-RACE（图 4-7）中根据已知的 cDNA 序列设计 GSP，逆转录获得 cDNA 第一链，同时用末端脱氧核苷酸转移酶（TdT）在 cDNA 3′端加 poly（C）尾。依据 poly（C）尾设计特定引物，合成 cDNA 第二链。随后以 cDNA 第二链为模板，利用 GSP 合成双链 cDNA。最后以 GSP 及反义链 3′末端引物为一对引物进行 PCR 扩增，获得 cDNA 的 5′端序列（GSP→5′末端）。

在实际操作中，为提高结果的特异性，实际操作步骤会比上述原理复杂，需要在传统 RACE 技术基础上进行改进。RACE 的技术改进主要涉及引物的设计和 PCR 技术的改进两部分。

1. 引物设计的改进　3′-RACE 以 3′末端的 poly（A）序列设计逆转录引物时，使用 oligo（dT）和一段接头序列作为引物（图 4-6），这样就在 cDNA 末端接上了一段特殊的接头序列，在得到 cDNA 第一链之后，依据接头序列设计 GSP，如此则后续的 PCR 扩增中一对引物均为 GSP，可以有效提高扩增的特异性。5′-RACE 在以 cDNA 第一链 3′末端的 poly（C）设计扩增引物时，使用 poly（G）和一段接头序列作为引物（图 4-7），在 cDNA 第二链后接入一段特殊的接头序列。依据接头序列设计 GSP，并以此引物与根据已知 cDNA 序列设计的 GSP 作为一对引物进行 PCR 扩增。

2. PCR 技术的改进　①提高逆转录的温度：mRNA 逆转录成 cDNA 第一链决定 5′-RACE 的成败，由于靠近 mRNA 的 5′端 GC/AU 比率较高，可能形成稳定的二级结构从而导致在逆转录时产生切短的 cDNA 片段。这些片段不但可以与完整的 cDNA 片段进行同样的加尾反应，而且在后续的 PCR 中还会被

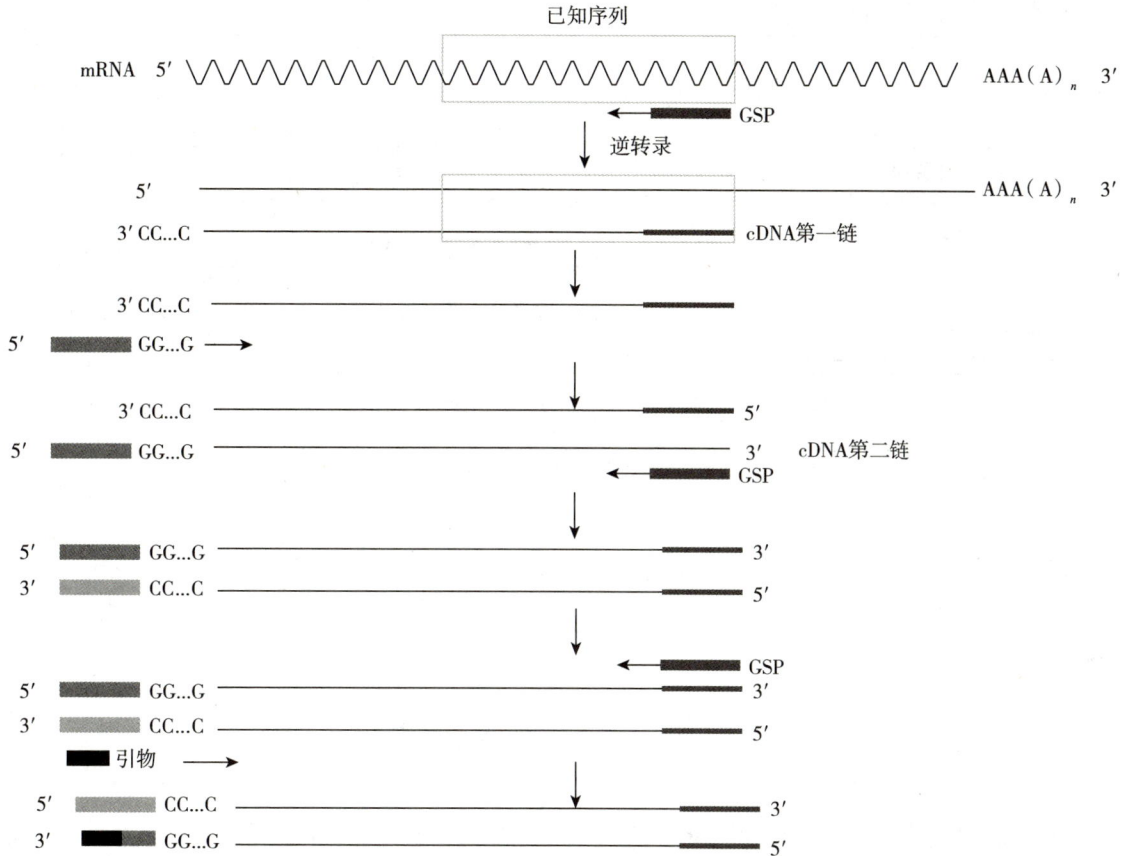

图 4 – 7　5′–RACE 原理示意图

优先扩增，从而产生大量的非特异性产物。因此，可以采用提高逆转录温度的方式降低逆转录过程中 mRNA 二级结构的稳定性。②采用巢式 PCR：巢式 PCR 是指使用两对或两对以上的引物进行 DNA 扩增的技术，即先设计一对特异性引物（GSP1、GSP2）进行第一轮扩增，随后使用在第一对引物内部的第二对特异性基因（GSP3、GSP4）进行第二轮扩增，也可根据需要设计第三对引物（GSP5、GSP6）进行第三轮扩增。利用巢式 PCR 可提高 PCR 扩增的特异性。

（五）Bubble – PCR

要获得与已知序列相邻的未知序列，可采用连接介导的 PCR，但得到的产物是一个带有确定的已知序列的复杂 DNA 群体，不能特异性地扩增单一的目标条带，对这一方法进行改进，就产生了 Bubble – PCR，也称为 Vectorette – PCR，其特点是用到一段由不配对的序列形成的一个"泡"形接头。具体原理（图 4 –8）如下：首先选择一种限制酶切割基因组 DNA（图中用 HindⅢ示例），得到 5′突出末端的 DNA 片段（HindⅢ酶切后得到带有 AGCT 黏性末端的片段）。然后，两条不完全互补的 DNA 退火形成一个"泡"型接头，接头的一端设计为带有上述限制酶的酶切位点，通过 DNA 连接酶将其与酶切好的基因组 DNA 进行连接，这样就在其两端连接上了"泡"型接头。接着，根据基因已知序列的相对保守部位设计一条 GSP，根据上游"泡"型接头的中间部分设计一条 Bubble 引物，这样，两个接头中间的未知序列使用 GSP 和 Bubble 引物可扩增得到。只有用 GSP 引导合成了"泡"型接头的互补序列后，Bubble 引物才能退火参与扩增，因此，Bubble 引物只能参与第二轮的 PCR 反应，这样就可在很大程度上避免接头引物的单引物扩增。最后，PCR 扩增产物只有单一的目的片段。

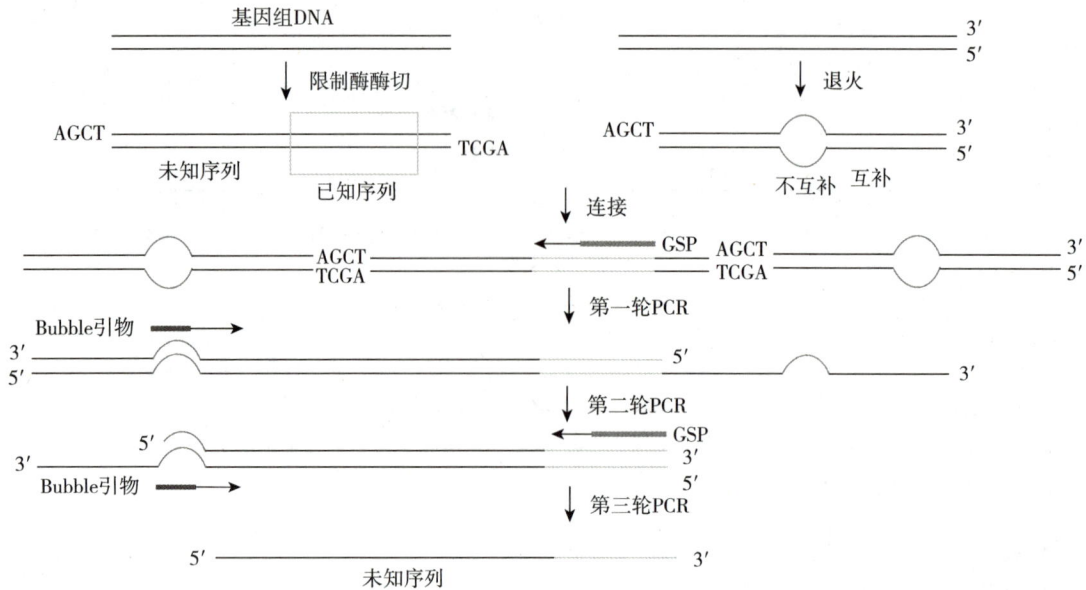

图 4 – 8   Bubble – PCR 原理示意图

第四节   电子克隆法

随着基因定位（连锁图谱、物理图谱、转录图谱）和人类基因组测序及生物信息技术的迅猛发展，特别是人类基因组计划的完成，表达序列标签（expressed sequence tag，EST）已成为人类寻找未知功能的新基因以及克隆不同时空差异表达基因和疾病相关基因的重要标志物。电子克隆（in silico cloning）是新的基因组时代基于 EST 和基因组数据库发展起来的一种快速基因克隆新技术。其技术核心是利用生物信息学技术组装延伸 EST 序列，获得基因的部分乃至全长 cDNA 序列后，进一步利用 RT – PCR 的方法进行克隆分析和验证，具有效率高、成本低、针对性强等特点。

电子克隆目的基因的原理主要是借助计算机和 EST 来克隆基因。EST 是从 cDNA 克隆中随机挑选出来进行一次性测序获得的结果，一般长约 20500bp，通常作为基因的标志。由于 EST 数据库中有大量来源于各种生物、各种不同发育阶段和不同组织的 ESTs，同一个基因会有许多相互重叠的 EST 序列，因此可以采用头尾相接的方法不断延伸从而用它们来构建重叠克隆群（contig），再以该重叠克隆群产生的新生序列为种子，重复上述过程，直至不能延伸，最后生成的新生序列便是种子序列的延伸产物。在如此多的 EST 中，通过仔细的筛选，有可能找出一个基因的大部分序列甚至 cDNA 全长序列的信息。

一、利用 EST 数据库进行电子克隆

由于新的基因组时代 EST 数据库容量扩增迅速，在 EST 数据库的基础上，通过生物信息学的方法由一个已知的基因进行功能基因的电子克隆已经成为目前最常用的基因克隆手段，许多新基因就是通过 EST 序列的拼接发现的。

基于 EST 数据库进行电子克隆的大致步骤如下。第一步，选择其他物种尤其是亲缘关系较近的物种某基因全长 cDNA 序列查询探针，或者以该物种某基因 EST 为查询探针，搜索 EST 数据库进行 Blast 比对，得到许多 EST 序列，从中寻找感兴趣的 EST（通常为：同源长度≥100bp，同源性 50% 以上、85%以下）。第二步，将感兴趣的 EST 基于基因银行（Genbank）中的非冗余数据库进行 Blast 分析，判断其

是否是已知基因的一部分，筛选出新的 EST。第三步，将筛选出的 EST 在该物种的 EST 数据库中进行搜索，找到部分重叠的 EST 进行拼接。经严格分析，尽量避免含有旁系同源基因，拼接后产生序列重叠群，相当于实验中的一部分 cDNA 步移工作。第四步，以新获得的重叠群为新的查询探针，继续搜索 EST 数据库，直到没有新的 EST 可供拼接为止。将拼接得到的序列在非冗余数据库中进行搜索，以证明这是一个全新的序列。这种策略也存在一定的局限性，许多拷贝数较低的基因很难被涵盖在 EST 数据库中，这些基因只能通过分析基因组序列才能被发现。

EST 序列的拼接是电子克隆中非常重要的环节，得到 EST 相应的同源序列后，就需要把它们拼接起来。常用的拼接软件有很多，表 4-1 列出了一些比较常用的拼接软件和网址，研究者可根据具体情况选择不同的拼接软件以得到最好的结果。

表 4-1 常用 EST 拼接软件

程序名称	用途
Phrap	常用于基因组序列拼接
TIGR	常用于基因组序列拼接
CAP	专门针对 EST 序列的拼接
BioEclone	用于 EST 序列匹配和拼接
zEST assembler	专门针对 EST 序列的拼接
ESTBLAST	用于 EST 序列拼接并对结果进行检测

二、利用基因组数据库进行电子克隆

Genbank 始建于 1988 年，是由美国国立卫生研究院（NIH）和美国国立生物技术信息中心（NCBI）建立和维护的基因序列数据库，它是一个综合性的公共核苷酸和蛋白质序列数据库，包含所有已知的核酸序列和蛋白质序列，并提供相关的文献目录和生物学注释。Genbank 与日本 DNA 数据库（DNA Data Bank of Japan，DDBJ）以及欧洲生物信息研究所的欧洲分子生物学实验室（European Molecular Biology Laboratory，EMBL）核苷酸数据库都是国际核苷酸序列数据库合作的成员，三者数据同步。

基于基因组数据库的电子克隆大致步骤如下。第一步，选择其他物种尤其是亲缘关系较近的物种某基因全长 cDNA 序列或 EST 序列作为查询探针，或者以该物种某基因 EST 为查询探针，基于 GenBank 中的非冗余数据库 nr（核酸）进行 Blast 分析，从结果中筛选出同源性较高、含外显子的该物种基因组重叠群或 BAC 克隆，并通过超级链接获得其所在的基因组序列，同时根据比对的结果对基因组序列可能造成的移码测序错误进行修正。第二步，将这些序列根据内含子和外显子的剪切特征"GT…AG"，通过人工拼接，或者通过基因预测软件预测，得到可能的新基因序列。第三步，将可能的新基因序列基于非冗余数据库进行 Blast 分析，检验其新颖性。第四步，把筛选后的新基因序列提交到 dbEST 数据库进行 Blast 分析并延伸，进一步确认其真实度。

三、全长 cDNA 的判断

运用上述方法得到的 cDNA 序列还不能确定其为全长的 cDNA 序列，需要进行判断。直接根据序列可以从以下几个方面进行判断。

5′端：①有同源全长基因的比较，通过与其他生物已有的对应基因末端进行 Blast 来判断。②无同源基因的新基因。第一步，判断编码框架是否完整。首先，看起始密码子。在开放阅读框的第一个 ATG

上游有同框架的终止密码，需要注意的是，有时真正的翻译起始密码子并非出现在 mRNA 中的第一个 ATG，在有的真核细胞中，起始密码子 ATG 的上游非编码区有可能出现一至多个 ATG，称为非编码的 5′ – ATG。这种 5′ – ATG 并不是真实的起始密码子，以其开始的开放阅读框通常很快遇到终止密码子。其次，看终止密码子，无终止密码的则考虑是否有保守的 Kozak 序列。第二步，判断是否有转录起始位点。在 5′ – 帽结构之后一般都有一段富含嘧啶的区域，另外，如果 cDNA 的 5′ – 序列与基因组序列中经 S1 酶切保护的部分相同，则可以确定得到的 cDNA 是全长的。

3′端：①有同源全长基因的比较，方法同 5′端；②编码框架的下游有终止密码子；③有一个以上的 poly（A）加尾信号；④无明显加尾信号，则也有 poly（A）尾。

通过电子克隆确定得到的全长 cDNA 序列还只是在计算机上的"虚拟克隆"，最终还必须通过 RT – RCR、RACE – PCR、序列测定、Northern 杂交等方法进行实验验证，以保证序列的准确性。

四、电子克隆基因的生物信息学分析

通过电子克隆获得一个基因的序列后，还需要对其进行生物信息学分析，从中尽量发掘信息，从而进一步指导分子克隆和基因功能研究。比如通过染色体定位分析、内含子/外显子分析、开放阅读框分析以及基因表达谱分析等，能够阐明基因的基本信息。通过启动子预测、CpG 岛分析和转录因子分析等，识别调控区的顺式作用元件，可以为基因的表达调控研究提供线索。通过蛋白质基本性质分析，如亲水性分析、跨膜区预测、信号肽预测、亚细胞定位预测、抗原性位点预测等，可以对基因编码的蛋白质的性质和功能做出初步预测等。综合来讲，对一个新基因进行生物信息学分析，基本内容通常包括：①基因的开放阅读框分析；②基因的数字化表达图谱分析；③基因的染色体定位分析；④基因的酶切位点图谱分析；⑤基因的 CpG 岛的计算机分析；⑥基因的启动子预测分析；⑦基因表达蛋白质序列的计算机分析，包括蛋白质的理化特征、蛋白基序分析、蛋白质的跨膜区分析、蛋白质的疏水性分析、蛋白质的同源性分析、蛋白质的细胞内定位预测等。

第五节　DNA 诱变

在研究基因功能时，有时需要利用特定的方法对基因的序列进行诱变，以达到优化基因表达、破坏或增强基因功能等目的。目前用来进行 DNA 诱变的方法可以概括为两类：定点突变和随机突变。

一、定点突变

取代、插入或者缺失克隆基因或 DNA 序列中的任何一个特定的碱基，这种在体外特异性改变某个碱基的技术称为定点诱变（site – directed mutagenesis），现已发展成为基因操作的一种基本技术。

（一）基于 PCR 的定点诱变

目前，PCR 介导的定点诱变方法已成为定点突变的主要技术。

1. 重叠延伸 PCR 法（over – lap extension PCR）　在头两轮 PCR 反应中，应用两个互补的并在相同部位具有相同碱基突变的内侧引物，扩增形成两条有一端彼此重叠的双链 DNA 片段，两者在其重叠区段具有同样的突变。这两条双链 DNA 片段经变性和退火，形成两种异源双链分子，其中具有 3′ – 末端的双链分子，在用两个外侧寡核苷酸引物进行第三轮 PCR 扩增时，可产生一种突变位点远离片段末端的突变体 DNA。其原理如图 4-9 所示。此法突变效率高，但需要两个诱变引物、三次 PCR 反应才能构建突变。

后来出现了改进方法。1997 年，Urban 等提出一步重叠延伸 PCR 法，使得三个 PCR 反应得以在一个试管中进行，并省略了中间产物的纯化过程。其原理是：首先将待突变的 DNA 以相反的方向克隆到两个载体中，这两个载体（例如 pUC18/19）除了多克隆位点相反外其余均相同，这样便得到了两个模板。将这两个模板、两个突变引物及一个与载体互补的通用引物置于一个试管中进行一次 PCR 反应，即可得到含突变的目的基因。

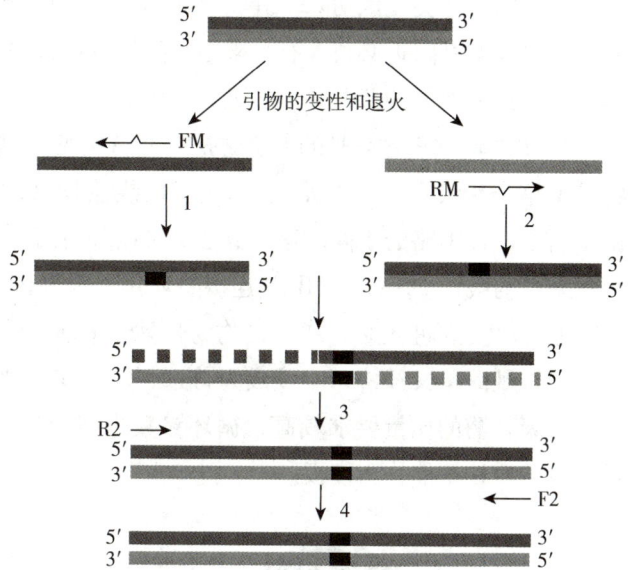

图 4-9　重叠延伸 PCR 法介导的定点突变原理图

2. 大引物 PCR（megaprimer PCR）　该方法包括两轮 PCR，需要两个外侧引物、一个包含预设碱基替换的内部诱变引物。模板通常是克隆到载体中的待诱变的野生型目的基因。首先，由诱变引物和相应的外侧引物引发第一轮 PCR 扩增，这一轮 PCR 扩增所得到的突变体分子经纯化后作为大引物（Megaprimer）又与另一外侧引物用于第二轮 PCR 反应，最后扩增出含突变的终产物。所得产物为包含突变的双链 DNA，大小为两个外侧引物（引物 1 和引物 3）的距离（图 4-10）。

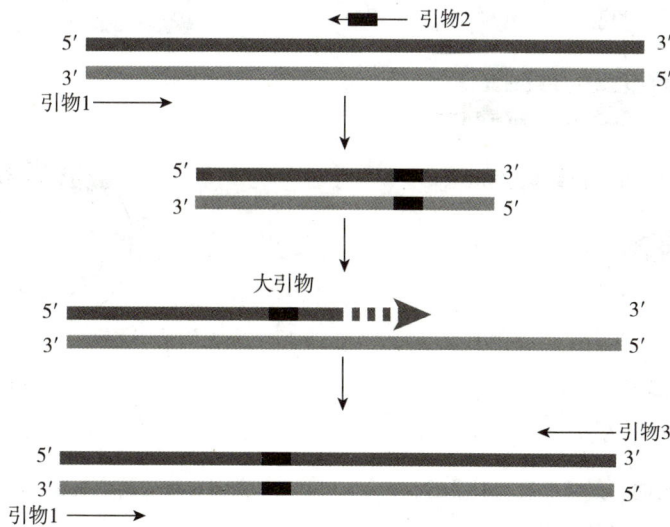

图 4-10　大引物 PCR 法流程示意图

3. 特殊位置碱基的定点突变　当需突变的碱基位于某些特殊位置时，就可以简单地运用一次 PCR 实现定点突变。若需突变碱基位于基因的末端，定点突变便非常简单易行。只需设计一对引物，其中一个为突变引物，含有待突变的碱基，另一个引物则完全与模板互补。2 个引物在 5′端均含有适宜的限制性酶切位点，经过多轮退火、延伸，得到含突变位点及两个限制性酶切位点的 PCR 产物，扩增产物经酶切后便可克隆入载体。若需突变的碱基附近含唯一的限制性酶切位点，可以设计一对引物，其中突变引物含有上述限制性酶切位点及待突变的碱基。以野生型基因为模板进行 PCR 扩增，随后用限制酶将野生型基因的待突变区切除，并将 PCR 扩增产物与野生型基因的残留片段连接，就得到完整的含突变基因。突变碱基附近必须含有一限制性酶切位点，并且这一位点在整个基因的其他位置不存在。实际运用中符合这一条件的情况并不多见，因此这一方法受到很大限制。

4. 扩增环状质粒全长的突变方法　当待突变的基因已经克隆入环状质粒时，利用一对含突变的引物扩增整个环状质粒，从而得到含突变的线性 DNA，随后将线性 DNA 环化便得到完整的含突变的质粒。由于引物设计策略的不同，这一方法又可以分为两种：①两个引物反向、紧邻但没有重叠区，扩增产物是平末端的线性 DNA，需用 T₄ 连接酶环化处理（图 4 - 11）；②两个引物同样是反向的并且其 5′端有 15 个碱基以上的重叠区，扩增产物为带黏性末端的线性 DNA，可自行环化（图 4 - 12）。上述两种方法理论上看既简单又经济，应该成为首选，但事实上要扩增出完整的质粒并非易事，尤其是当质粒较大时，对聚合酶的质量要求较高，循环参数也需精确调节，而且模板质粒要求有 80% 以上是超螺旋的，带切口的质粒不能作为模板。

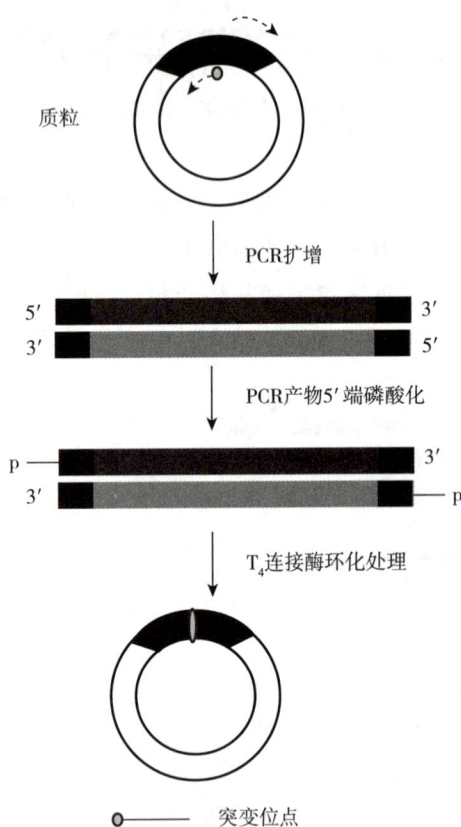

图 4 - 11　两个引物反向、紧邻但没有重叠区
的扩增环状质粒全长的突变方法

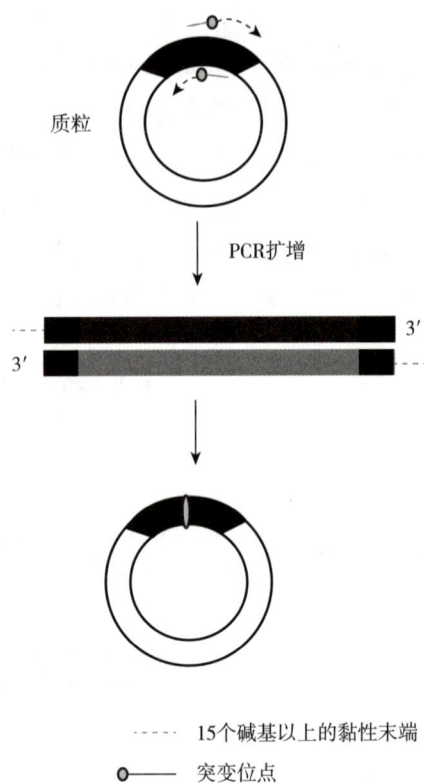

图 4 - 12　两个引物反向、有重叠区的扩增
环状质粒全长的突变方法

以上始终方法，统称为 PCR 介导的定点诱变。PCR 介导定点诱变的主要优点有：①突变体回收率高；②能以双链 DNA 为模板，几乎可在任何位点引入突变；③高温度的利用，可降低模板 DNA 形成二级结构的能力，这些结构会使单链 DNA 模板的延伸反应效率降低；④快速简便。

PCR 介导定点诱变也存在不足之处：①PCR 产物有相对高的错误率，需要通过限制扩增的循环数、应用更好的热稳定 DNA 聚合酶来改善；②在扩增 DNA 的 3′末端引入非预设的核苷酸，这可通过用 *Pfu* DNA 聚合酶代替 *Taq* 酶来解决；③一些以 PCR 为基础的方法，每个诱变实验均需大量的引物和扩增反应；④进行 PCR 反应的每套引物和模板的条件都需要优化；⑤以亲本野生型 DNA 为模板的 PCR 反应中，污染可导致高比例的非突变的克隆；⑥标准 PCR 反应不能有效扩增大于 3kb 的片段。

（二）不依赖 PCR 的定点诱变方法

不依赖 PCR 的定点诱变方法包括盒式诱变、寡核苷酸介导的诱变、Kunkel 法等。

1. 盒式诱变（cassette mutagenesis）　盒式诱变是利用一段人工合成的具有突变序列的寡核苷酸片段，即所谓的寡核苷酸盒取代野生型基因中的相应序列。首先将目的基因克隆到适当的载体上，接着用定向诱变的方法在准备诱变的目的位点两侧各引入一个单酶切位点，再连到同一载体上，然后将此载体用新引进的两个酶切位点切开成线形，最后将人工合成的只有目的密码子发生了变化的双链 DNA 诱变盒和线型载体酶促连接，转化筛选所需的突变子。相较于 PCR 法，盒式诱变简单易行，因为指定的突变区域 DNA 是合成的，可以得到任何可能的突变，而又不会产生任何混合的或非目的位点的突变，所以对于蛋白质功能的研究尤为有利。但是盒式诱变要求在突变位点两侧具有唯一的限制性酶切位点，大多数情况下这一条件很难满足，因此这种方法不具有通用性。

2. 寡核苷酸介导的诱变（oligonucleotide‐directed mutagenesis）　寡核苷酸介导的诱变是通过人工合成的少量密码子发生变化的寡核苷酸介导得到诱变目的基因的一种诱变方式。首先将待突变基因克隆到 M13 噬菌体上，将 5′ 端磷酸化的带突变碱基的寡核苷酸引物与含目的基因的 M13 单链 DNA 混合，退火形成一小段碱基错配的异源双链 DNA，在 DNA 聚合酶的催化下，引物链以 M13 单链 DNA 为模板合成全长的互补链，而后由连接酶封闭缺口，产生 M13 闭环的异源双链 DNA 分子。然后，转化和初步筛选异源双链 DNA 分子，产生野生型、突变型的同源双链 DNA 分子，可以用限制性内切法、斑点杂交法和生物学法来初步筛选突变的基因。

该方法产生突变效率低，其主要原因是大肠埃希菌中存在甲基介导的碱基错配修复系统。针对这一问题，又发展出硫代磷酸诱变法及 Kunkel 定点诱变法，即利用尿嘧啶取代 DNA 的选择作用提高突变效率。

3. Kunkel 定点诱变法　在带有 *dut* 突变而引起 dUTP 酶缺陷的大肠埃希菌菌株中，由于细胞不能把 dUTP 转变为 dUMP，细胞内 dUTP 的含量大大增加，其中一些 dUTP 可掺入 DNA 中在正常情况下由胸苷嘧啶占据的位置。在正常情况下，大肠埃希菌可合成尿嘧啶‐N‐糖基化酶，以除去掺入 DNA 的尿嘧啶残基；而在 *ung*⁻ 菌株，尿嘧啶不能被去除。Kunkel 定点诱变法正是利用了这样一种对尿嘧啶取代的 DNA 的选择作用。首先在 *dut*⁻ *ung*⁻ F′ 的大肠埃希菌菌株中培养适当重组的 M13 噬菌体，制备模板 DNA。然后以所得的带尿嘧啶的单链 DNA 作模板，按照标准诱变方案产生杂交体分子，其中模板链含尿嘧啶，而在体外反应中合成的链则含胸腺嘧啶，用该 DNA 转化 *ung*⁺ 菌株，结果为模板链被破坏，野生型噬菌体的产生受到抑制。因此，大部分（可达 80%）的后代噬菌体是由所转染的不带尿嘧啶的负链复制而来的。由于该链的合成引物是诱变寡核苷酸，后代噬菌体多带有目标突变。在此基础上，Perlak 又发明了在一个反应中引入多个寡核苷酸诱变引物以实现大规模定点诱变的方法，使诱变率进一步提高。

二、随机突变

一般来说，只有对某段序列的功能有确切了解，已知改变某个或某几个碱基可能会产生明显的效果时才采用定点突变法。然而在很多情况下，研究者对目的序列的了解是有限的，这时为了研究目的序列的功能往往需要引入大量的随机突变，构建突变库，再逐个筛选和鉴定。

（一）PCR 介导的随机突变

PCR 介导随机突变主要有两种策略。一种是利用简并引物，简并引物的特点是其 5′ 端有十几个碱基是随机组合的。这一方法除引物特殊外,其余均与定点突变技术完全一样。利用简并引物可以产生大量随机突变,并且这些突变都集中在很窄的一段区域内。另一种方法即易错 PCR 技术,其原理在于,如 Taq 酶这样忠实性较低的聚合酶在特定措施下很容易向扩增产物中掺入随机突变,为增加错配率,一般采取的措施包括:使用低保真度的 DNA 聚合酶;加入 $MnCl_2$,降低聚合酶对模板的特异性;增加 $MgCl_2$ 浓度,稳定非互补的碱基对;增加某些 dNTP 的浓度,促进错误掺入;加入 dITP 配以某种 dNTP 的减少(dITP 掺入后可被任何一种 dNTP 取代而造成突变);用 5 - 溴脱氧尿苷三磷酸(BrdUTP)部分取代 dTTP(BrdUTP 是 dTTP 的类似物,以酮式状态存在时与腺嘌呤配对,以烯醇式状态存在时则与鸟嘌呤配对而造成突变,可引起 $A - T \rightarrow G - C$ 的复制错误)等。

(二) DNA 改组

1994 年,美国的 Stemmer 首先提出 DNA 改组,该技术现已发展成为比较完善的体系。DNA 改组是依赖 PCR 的体外诱变技术。它是将单个基因或相关基因家族的靶序列通过物理或化学方法随机片段化,由于这些小片段之间具有一定的同源性,可通过无引物 PCR 和有引物 PCR 组装成全长的嵌合体基因即嵌合体文库。然后对嵌合体文库进行高通量或超高通量的筛选,选择具有改进功能或全新功能的突变体作为下轮 DNA 改组的模板。重复上述步骤进行多轮改组和高通量的筛选,直到获得理想的突变体。作为一种高通量的突变和筛选技术,DNA 改组不仅可以实现基因序列的点突变,还可以实现其他突变技术不能实现的基因片段插入、缺失、倒转和整合等,而且可以反复改组,实现突变的优势积累效应。

(三) StEP 重组

StEP (staggered extension process) 重组的原理为:在 PCR 反应中,将两个以上相关的含不同点突变的单模板相混合,引物先在一个模板上延伸,随之进行多轮变性和短暂的退火/延伸反应。在每一轮 PCR 反应中,那些部分延伸的 DNA 小片段可以随机结合到其他模板上继续延伸,由于模板转换而实现不同模板间的重组,这种交错延伸过程继续进行,直到获得全长的基因。该技术应用于随机诱变产生或自然发生的同源基因(大约 80% 的同源性)变种间的重组。

(四) RAISE 重组

RAISE (random insertional - deletional strand exchange mutagenesis) 方法通常由三步组成:①利用物理或化学方法将目的基因片段化;②利用末端脱氧核苷酸转移酶(TdT)在基因片段的 3′端引入大约 5bp 的随机序列;③通过无引物和有引物 PCR 聚合成原长的基因。此种方法与 DNA 改组相似,只是增加了利用 TdT 在基因片段的 3′端加尾这一步骤,是 DNA 改组的又一创新,通过增加这个步骤,能够将各种长度的随机插入、缺失和替代引入整个目的基因。由于此技术可以引入大量的突变,通常将它与高通量的筛选方法相结合。

(五) 随机引导重组

随机引导重组 (random - priming recombination, RPR) 的原理是:用随机序列引物来产生互补于模板序列不同部分的大量的 DNA 小片段。由于碱基的错误掺入和错误引导,这些 DNA 的小片段中也含有少量的点突变。DNA 小片段之间可以相互同源引导和重组。在 DNA 聚合酶的作用下,经反复的热循环可重新组装成全长的基因。与 DNA 改组相比,RPR 技术具有以下优点:①可直接利用单链 DNA 或 mRNA 作模板;② DNA 改组利用 DNase I 随机切割双链 DNA 模板,在 DNA 片段重新组装成全长序列之前,DNase I 必须去除干净,一般说来,RPR 技术使基因的重新组装更容易;③合成的随机引物长度一致并缺乏序列的偏向性,保证了点突变和交换在全长的后代基因中的随机性;④随机引导的 DNA 合成不受 DNA 模板长度的影响,这给小肽的改造提供了机会;⑤所需亲代 DNA 比 DNA 改组所需的量少 10 ~ 20 倍。

　　DNA 诱变的方法很多，在具体运用时需充分考虑现有条件及各种方法的优缺点，从而选择最适宜的方法，达到最佳的效果。某些情况下，综合利用两种或几种不同的方法可能会取得更好的效果。

思考题

本章小结

答案解析

1. 什么是基因组文库？其构建方法是怎样的？
2. 什么是 cDNA 文库？它的构建流程是什么？
3. PCR 介导的定点突变是如何实现的？
4. DNA 诱变的方法有哪些？
5. 对一个新基因进行生物信息学分析的基本步骤有哪些？

第五章　重组子克隆的筛选和鉴定

PPT

学习目标

【知识要求】

1. 掌握　载体表型选择法的原理。

2. 熟悉　核酸分子杂交的原理，以及如何利用这些技术检测重组子中是否含有特定的核酸序列。

3. 了解　其他期望重组子的筛选和鉴定方法。

【技能要求】

1. 能够根据不同的克隆载体和宿主系统选择适合的筛选和鉴定方法。

2. 能够应用载体表型选择法进行重组子克隆的筛选和鉴定。

3. 能够进行 DNA 电泳检测，准确解读电泳图谱。

【素质要求】

1. 培养对实验结果的批判性分析能力，能够识别重组子克隆筛选和鉴定过程中可能出现的假阳性、假阴性结果，并分析产生的原因。

2. 具备精细的实验操作能力，如细菌培养、平板划线、挑单菌落等操作，以及对实验现象的细致观察能力；准确识别重组子和非重组子的差异。

当重组 DNA 分子通过转化或转导等手段导入宿主细胞后，必须从大量宿主细胞中筛选出人们所需要的阳性克隆子，并对其进行进一步鉴定与分析。

通常我们将导入外源 DNA 分子后能够稳定存在的受体细胞称为转化子（transformant），将含有重组 DNA 分子的转化子称为重组子（recombinant），若重组子中含有外源目的基因，则称为阳性克隆子或期望重组子。在重组 DNA 分子的转化、转染或转导过程中，并非所有受体细胞都能被转入重组 DNA 分子。相较于数量极大的受体细胞而言，仅有少数能被导入外源 DNA 分子成为转化子。然而，转化子相对于某种特定重组子又成为数量巨大的群体。大量的转化子会接纳多种类型的 DNA 分子，包括：①不带任何外源 DNA 插入片段，仅由线性载体分子自身连接形成的环状 DNA 分子；②由一个载体分子和一个或数个外源 DNA 片段构成的重组 DNA 分子，也就是我们需要的重组 DNA 分子；③单纯由数个外源 DNA 片段彼此连接形成的多聚 DNA 分子，当然这类多聚 DNA 分子不具备复制基因和复制起点，也不能在转化子中长期存留，最终由于细胞分裂被消耗掉，成为无用分子。因此，面对这种混合的 DNA 制剂转化来的大量克隆群体，需要采取行之有效的方法，筛选出可能含有外源 DNA 片段的重组子克隆，然后用特殊的方法鉴定出含有目的基因的期望重组子。

对不同的克隆载体及其相应的宿主系统，重组子的筛选和鉴定方法都不尽相同，概括起来主要有以下几种：载体表型选择法、插入基因表型选择法、电泳检测法、核酸分子杂交检测法、免疫化学检测法、转译筛选法。

第一节　载体表型选择法

载体表型选择法是根据载体分子所提供的表型特征，直接选择重组 DNA 分子的方法，主要包括抗药性标记插入失活选择法和 β - 半乳糖苷酶显色反应选择法。

一、抗药性标记插入失活选择法

pBR322 质粒是分子克隆中最常用的一种载体分子，编码有四环素抗性（Tet^R）和氨苄青霉素抗性（Amp^R），可使带有该质粒的宿主细胞能在含有四环素或氨苄青霉素的培养基中生长。

插入失活（insertional inactivation）选择法是检测外源 DNA 分子插入的一种方法。在 pBR322 质粒的 Tet^R 基因内有 BamH I 和 Sal I 两种限制酶的单一识别位点，均可供外源 DNA 插入。这两个位点中的任何一个，一旦有外源 DNA 的插入，都会导致 Tet^R 基因出现功能性失活，于是形成的重组体转化子都将具有 $Amp^R\ Tet^S$ 的表型。将此转化子先涂布在含有氨苄青霉素的平板上，并将存活的菌落原位影印到另一个含有四环素的平板上，凡是在氨苄青霉素平板上生长而在四环素平板上不生长的菌落，就可能是已经获得了这种重组体质粒的期望重组子。

同样，在 pBR322 质粒的 Amp^R 序列中，可以利用 Pst I 的识别位点，插入外源 DNA 片段，也能利用插入失活作用检测重组质粒。当然，此时所挑选的菌落应该具有 $Amp^S\ Tet^R$ 的表型。

二、β - 半乳糖苷酶显色反应选择法

除抗生素抗性筛选之外，质粒等载体上常用的另一种筛选标记是 β - 半乳糖苷酶显色反应。当外源 DNA 插入载体 lacZ 标记基因，导致 β - 半乳糖苷酶基因失活，我们就可通过大肠埃希菌转化子菌落在添加有 X - gal - IPTG 培养基中的颜色变化直接观察出来。

β - 半乳糖苷酶可以把乳糖水解成半乳糖和葡萄糖，将宿主细胞培养在补加有 X - gal（5 - 溴 - 4 - 氯 - 3 - 吲哚 - D - 半乳糖苷）和乳糖诱导物 IPTG（异丙基 - β - D - 硫代半乳糖苷）的培养基中。由于基因互补作用，宿主细胞可形成有功能的半乳糖苷酶，可将培养基中无色的 X - gal 切割成半乳糖和深蓝色的底物 5 - 溴 - 4 - 氯 - 靛蓝（5 - bromo - 4 - chloro - indigo），使菌落呈现蓝色反应。但当外源 DNA 插入载体 lacZ 标记基因内部的多克隆位点时，该基因的读码结构被阻断，其编码的 α 肽失去活性，从而产生白色菌落。因此，根据这种半乳糖苷酶的显色反应，便可以检测出含有外源 DNA 插入序列的期望重组体。

第二节　插入基因表型选择法

将重组体 DNA 分子转化到大肠埃希菌宿主细胞后，若在载体分子上插入的外源基因能够实现其功能表达，那么根据表型特征的直接选择法，就是分离带有此种目的基因的期望重组子最简便的途径。

插入基因表型选择法基本原理是：通过转化进入宿主细胞的外源 DNA 所编码的蛋白，能够对大肠埃希菌宿主菌株所具有的突变产生体内抑制或互补效应，从而使被转化的宿主细胞表现出外源基因编码的表型特征。例如，已知亮氨酸（Leu）是 Leu 菌的必需氨基酸，当外源目的基因可表达产生亮氨酸，将含该基因的重组子转入 Leu 缺陷菌，在不含亮氨酸的基本培养基平板中，只有重组子表达的亮氨酸才

能被 Leu 缺陷菌所利用，从而使其能生长繁殖，形成菌落。因此，能生长的细菌菌落均为阳性的重组子克隆；相反，无该重组子的 Leu 缺陷菌在不含亮氨酸的平板上则不能生长，不能形成菌落。

目前，已拥有相当数量的、对其突变已做了详尽研究的大肠埃希菌实用菌株，而且其中包含许多种类型的突变，只要克隆的外源基因产物获得低水平的表达，相应的突变便会被抑制或发生互补作用。研究表明，一些真核生物的基因也能够在大肠埃希菌中表达，并且还能与宿主细胞的营养缺陷突变发生互补作用。小鼠的二氢叶酸还原酶（dihydrofolate reductase，DHFR）基因便是利用类似方法实现成功分离的。

然而，插入基因的表型选择法受到一定的条件限制，它不但要求克隆的 DNA 片段必须大到足以包含一个完整的基因序列，而且还要求目的基因能够在大肠埃希菌宿主细胞中实现功能表达。无疑，真核生物基因比较难以满足这些要求，其主要原因是许多真核基因是不能对大肠埃希菌的突变产生抑制作用或起互补效应的。此外，大多数的真核基因内部都存在着间隔序列，而大肠埃希菌又不存在真核基因转录加工过程中所需要的剪接机制，这样便阻碍了它们在大肠埃希菌宿主细胞中实现基因产物表达。当然，在有些情况下可以通过使用 mRNA 的 cDNA 拷贝来构建重组体 DNA 的办法来克服这类问题。

第三节　电泳检测法

分离质粒 DNA 并测定其分子长度是证明重组体质粒分子质量增加的直接方法。对此，电子显微镜测定无疑是有效的方法，但对于以筛选为目的的实验来说，则显得过于烦琐，因此通常用操作程序比较简单的凝胶电泳测定来代替。由于质粒 DNA 的电泳迁移率是与其分子质量大小成比例的，那些带有外源 DNA 插入序列、分子质量较大的重组体 DNA 在凝胶中的迁移率比不具有外源 DNA 插入序列、分子质量较小的质粒 DNA 要小。根据这种差别，就可鉴定出哪些菌落的载体中含有外源 DNA 片段。

在进行凝胶电泳测定时，首先要制备合适的琼脂糖凝胶。将琼脂糖粉末加入电泳缓冲液，加热使其完全溶解，然后倒入制胶模具，待其冷却凝固形成凝胶。在凝胶上制备加样孔，将含有不同质粒 DNA 的样品与上样缓冲液混合后，小心加到加样孔中。

电泳时，在电泳槽中加入电泳缓冲液，使凝胶浸没其中。接通电源，设置合适的电压和时间。在电场的作用下，质粒 DNA 会向正极方向迁移。由于重组体 DNA 分子质量较大，其在凝胶中的迁移速度较慢；而普通质粒 DNA 分子质量小，迁移速度相对较快。

经过一段时间的电泳后，通过溴化乙锭（EB）染色或其他合适的染色方法使 DNA 条带可视化。在紫外灯下观察凝胶，可以看到不同迁移距离的 DNA 条带。那些迁移距离较短的条带很可能就是含有外源 DNA 插入序列的重组体 DNA，而迁移距离较长的则可能是未重组的质粒 DNA。这样就可以从众多的菌落样品中筛选出含有外源 DNA 片段的菌落，为进一步的基因工程研究和操作奠定基础。

第四节　核酸分子杂交检测法

1968 年由 Britten 及其同事创建了核酸分子杂交技术。其基本原理是：具有一定同源性的两条核酸（DNA 或 RNA）单链在适宜的温度、离子强度等条件下，可按碱基互补配对原则高度特异地复性形成双链。该技术也可用于重组子的筛选鉴定，杂交的双方是待测的核酸序列和用于检测的已知核酸片段（称为探针）。这也是目前应用最为广泛的一种重组子的筛选方法，只要有现成可用的 DNA 探针或 RNA 探针，就可以检测克隆子中是否含有目的基因。基本做法是将待测核酸变性后，用一定的方法将其固定在硝酸纤维素滤膜（或尼龙膜）上，这个过程也称为核酸印迹（nucleic acid blotting）转移，然后用经标记示踪的特异性核酸探针与之杂交结合，洗去其他的非特异性结合核酸分子后，示踪标记将指示待测核酸中能与探针互补的特异性 DNA 片段所在的位置。

一、杂交方法

根据待测核酸的来源以及将其分子结合到固相支持物上的方法的不同，核酸分子杂交检测法可分为 Southern 印迹杂交、Northern 印迹杂交、斑点印迹杂交和狭线印迹杂交、菌落（或噬菌斑）原位杂交四类。

（一）Southern 印迹杂交

Southern 印迹杂交是由 Southern 于 1975 年首先建立并使用的。它是根据毛细管作用的原理，使在电泳凝胶中分离的 DNA 片段转移并结合在适当的滤膜上，然后通过与已标记的单链 DNA 或 RNA 探针的杂交作用来检测这些被转移的 DNA 片段。Southern 印迹杂交是针对 DNA 分子进行的印迹杂交技术，又称为 DNA 印迹杂交或 Southern DNA 印迹杂交等。

传统 Southern 印迹杂交的操作步骤（图 5-1）如下。将进行 DNA 电泳分离的琼脂糖凝胶经过碱变性等预处理之后，平铺在用电泳缓冲液饱和了的两张滤纸上，在凝胶上部覆盖一张硝酸纤维素滤膜，接着加上一叠干燥滤纸或吸水纸，最后再压上一重物。由于干燥滤纸或吸水纸的虹吸作用，凝胶中的单链 DNA 便随着电泳缓冲液一起转移，一旦同硝酸纤维素滤膜接触，就会牢固地结合在它的上面，这样在凝胶中的 DNA 片段就会按原谱带模式吸印到滤膜上（图 5-2）。在 80℃ 下烘烤 1~2 小时，或采用短波紫外线交联法使 DNA 片段稳定地固定在硝酸纤维素滤膜上。然后，将此滤膜移放在加有放射性同位素标记探针的溶液中进行核酸杂交。这些探针是与被吸印的 DNA 序列互补的 RNA 或单链 DNA，一旦与滤膜上的单链 DNA 杂交之后，就可以牢固结合。漂洗去除游离的、没有杂交的探针分子，经放射自显影后，便可鉴定出与探针的核苷酸序列同源的待测 DNA 片段。据此可以将含有外源 DNA 片段的期望重组子筛选出来。

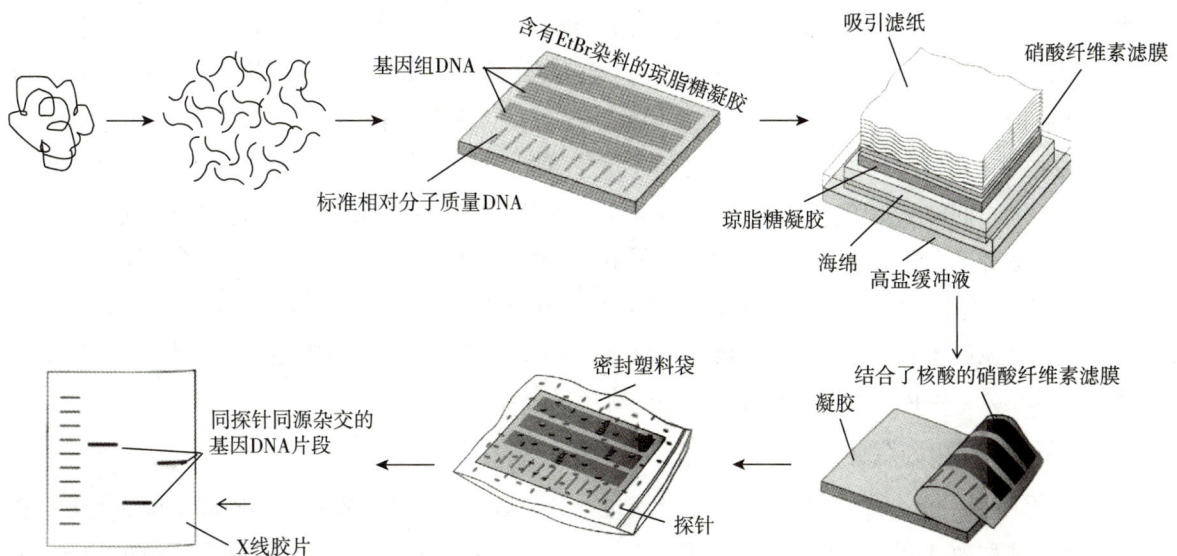

图 5-1　Southern 印迹杂交法示意图

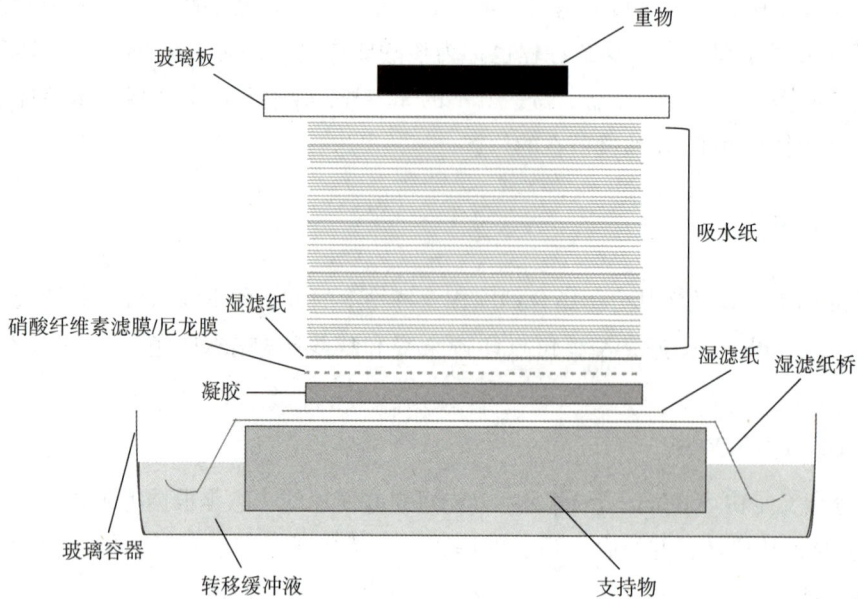

图 5 - 2　Southern 印迹杂交中的转膜

Southern 印迹转移的时间取决于酶切片段的大小。小于 1.0kb 的片段，1 小时即可基本完成转移过程；大于 15kb 的 DNA 片段需要 18 小时以上，而且转移并不完全。为了进行有效的 Southern 印迹转移，使不同大小的 DNA 片段能够同步地从电泳凝胶转移到硝酸纤维素滤膜上，须对电泳凝胶做适当的预处理。通常的做法是将电泳凝胶浸泡在 0.2 ~ 0.25mol/L 的稀 HCl 溶液中，做短暂的脱嘌呤处理之后，再行碱变性处理。由于在脱嘌呤位点发生了碱水解作用，DNA 分子断裂成短片段，从而提高了转移效率。但是这种做法必须保持一定的限度，因为片段过小可能产生两个问题：一是不能与膜有效地结合；二是扩散作用增大。这种预处理一般只在 DNA 片段大于 15kb 时使用。

在印迹技术中，硝酸纤维素滤膜是目前应用最广的一种固相支持物，但它也存在一些不足之处：①硝酸纤维素滤膜是依赖疏水性相互作用结合 DNA 的，这种结合并不十分牢固，随着杂交及洗膜进程，DNA 会慢慢脱离硝酸纤维素滤膜，从而使杂交效率下降；②硝酸纤维素滤膜质地较脆弱，容易碎裂，因此操作须小心谨慎（特别是经烘烤后）；③硝酸纤维素滤膜与核酸的结合有赖于高盐浓度，在低盐浓度时结合 DNA 效果不佳，不适用于电转印迹法；④硝酸纤维素滤膜对于小分子质量的 DNA 片段（特别是小于 200bp 的 DNA 片段）结合能力不强。因此，现在人们更倾向于使用尼龙膜。尼龙膜结合 DNA 和 RNA 的能力强于硝酸纤维素滤膜，对小分子质量的核酸也能较好地结合，经烘烤或紫外线照射后，这种结合更加牢固。同时尼龙膜韧性强，操作较方便，对离子浓度要求不高，可重复用于杂交。但其杂交信号本底较硝酸纤维素滤膜高，可以通过增加预杂交液中的非特异性封闭试剂用量的方法加以克服。

Southern 印迹杂交方法操作简单，结果十分灵敏，在理想的条件下，应用放射性同位素标记的特异性探针和放射自显影技术，即使每带电泳条带仅含有 2ng 的 DNA 也能被清晰地检测出来，因此 Southern 印迹杂交技术在分子生物学及基因克隆实验中的应用极为普遍。

（二）Norhern 印迹杂交

Northern 印迹杂交是指将 RNA 分子变性并经电泳分离后，从电泳凝胶转移到固相支持物上进行核酸杂交的方法，又称为 Northern RNA 印迹杂交等。该方法是在 Southern 印迹杂交基础上发展起来的，主要针对 RNA 分子进行检测，基本步骤与 Southern 印迹杂交相似。但 RNA 分子与 DNA 分子有所不同，一般不能采用碱变性处理，同时在 RNA 电泳时必须解决两个问题：一是防止单链 RNA 形成高级结构，故必须采用变性凝胶电泳；二是电泳过程中始终要有效抑制 RNase 的作用，防止 RNA 分子被降解破坏。

RNA 变性凝胶电泳中常用的变性剂有甲醛、乙二醛、羟甲基汞、尿素和甲酰胺等。尿素和甲酰胺会引起琼脂糖固化，故仅限用于 RNA 的聚丙烯酰胺凝胶电泳。羟甲基汞对 RNA 的变性作用效果好，但由于毒性大而不宜采用。乙二醛变性效果较甲醛好一些，杂交后的条带也较甲醛变性电泳清晰，但在操作上不如甲醛变性凝胶电泳简便。因此，应用最多的还是甲醛变性凝胶电泳。

甲醛变性凝胶电泳的原理是它能与 RNA 分子上的碱基结合形成具有一定稳定性的化合物，以阻止碱基间的配对。同时甲醛对蛋白质分子中的亲核基团如 ε - 氨基、胍基、疏水基等具一定反应性，可使酶分子失活，防止其对 RNA 分子的降解破坏。

RNA 变性凝胶电泳时一般要求电压较低，通常以 3 ~ 4V/cm 为宜。电泳过程中要注意监测电极液的 pH，电极缓冲液的缓冲容量有限，因而电泳一段时间后电极槽中缓冲液的 pH 会发生变化，而 pH 超过 8 小时就会引起甲醛 - RNA、乙二醛 - RNA 复合物解离。增加缓冲液的离子强度，虽然可以增大缓冲容量，但会使泳动速度下降，故不宜采用。因此在 RNA 变性电泳过程中，缓冲液要不断循环，无循环设备时，每隔 30 分钟左右更换一次缓冲液，或将两槽的缓冲液混合后再分配到两槽中（注意：操作时要关闭电源）。

甲醛变性凝胶电泳时可在上样缓冲液中加入 1μg 的 EB，电泳后凝胶可以直接置于紫外线下观察、照相。如果条带不清晰，可先将凝胶浸泡在 0.1×SSC 溶液中约 20 分钟，以除去甲醛，然后再将凝胶置于含 0.5μg/ml EB 的 0.01×SSC 溶液中染色 20 分钟。对于丰度低的 RNA 及乙二醛变性时，因 RNA 与 EB 结合后转移效率下降，宜采用电泳后染色。

Northern 印迹转移完毕，取下的固相膜无须漂洗，应立即在室温条件下进行干燥处理，然后于 80℃ 真空烘烤 2 小时以上，使 RNA 固定。经固定结合在膜上的 RNA 不再对 RNase 敏感，可长时间保存。变性剂的存在会干扰杂交灵敏度，因此在与探针进行杂交前，可以将真空干燥后的固相膜转至 20mmol/L、pH 8.0 的 Tris - HCl 缓冲液或 NH_4Ac 中，95℃ 放置 5 ~ 10 分钟，洗脱与 RNA 结合的甲醛或乙二醛，极大提高杂交灵敏度。

（三）斑点印迹杂交和狭线印迹杂交

如果只需检测克隆菌株、动植物细胞株或转基因个体、器官、组织提取的总 DNA 或 RNA 样品中是否含有目的基因，则可采用斑点印迹杂交（dot blotting）或狭线印迹杂交（slot blotting）进行，它们是在 Southern 印迹杂交的基础上发展的两种相似的快速检测特异核酸（DNA 或 RNA）分子的核酸杂交技术。两种方法的基本原理和操作步骤相同，即通过特殊的加样装置将变性的 DNA 或 RNA 核酸样品直接转移到适当的杂交滤膜上，然后与核酸探针分子进行杂交以检测核酸样品中是否存在特异性 DNA 或 RNA。两者的区别仅在于呈现在杂交滤膜上的核酸样品分别为圆斑状和狭线状。斑点杂交法主要用于基因组中特定基因及其表达情况的定性和定量研究。与其他核酸分子杂交法相比，斑点杂交法具有简单、快速、经济等特点，一张滤膜上可以进行多个样品的检测，同时也适用于粗提核酸样品的检测；但该法不能用于鉴定所测基因的分子质量，且特异性不高，有一定比例的假阳性。

如果没有特殊的加样装备，也可采用手工直接点样。将核酸样品变性后，用微量进样器直接点在干燥的硝酸纤维素滤膜上，点样时应避免样斑过大，一般采用少量多次法加样，待第一次样品完全干燥后，再在原位置第二次点样。如核酸样品为 RNA，可采用甲醛变性后点膜，有时 RNA 样品亦可不经变性处理，直接于 10×SSC 液中点膜；对于 DNA 样品而言，可采用碱性缓冲液或煮沸方法变性。

（四）菌落（或噬菌斑）原位杂交

1975 年，Grunstein 和 Hosness 根据检测重组子 DNA 分子的核酸杂交技术原理，对 Southern 印迹技术做了一些修改，提出了菌落原位杂交技术。1977年，Benton和Davis又建立了与此类似的筛选含有克隆DNA的噬菌斑的杂交技术。与其他分子杂交技术不同，这类技术是直接将菌落或噬菌斑印迹转移到硝酸纤维素滤膜上，不必进行核酸分离纯化、限制酶酶解及凝胶电泳分离等操作，而是经溶菌和变性处理后使DNA暴露出来，与滤膜原位结合，再与特异性DNA或RNA探针杂交，筛选出含有插入序列的菌落或噬菌斑。生长在培养基平板上的菌落或噬菌斑是按照其原来的位置转移到滤膜上，然后在原位发生溶菌、DNA变性和杂交作用，所以菌落杂交或噬菌斑杂交属于原位杂交（*in situ* hybridization）范畴。以菌落原位杂交为例，其操作步骤如图5-3所示。

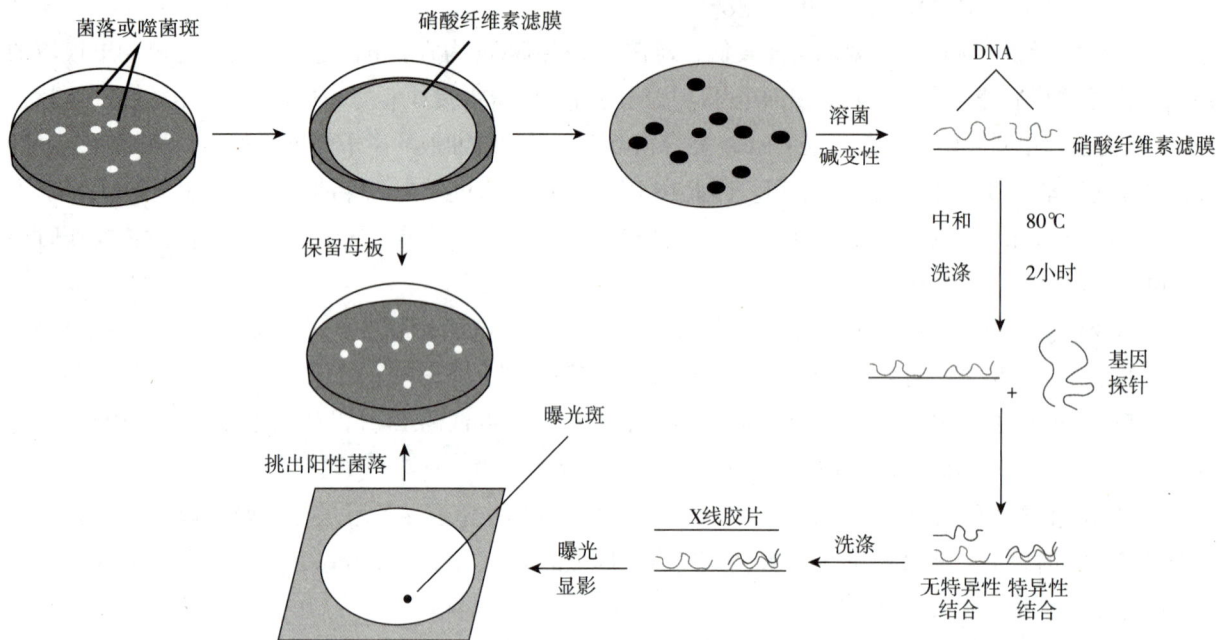

图5-3　菌落（噬菌斑）原位杂交过程

第一步，将大小适宜的硝酸纤维素滤膜铺放在生长着转化菌落的平板表面，使其中的质粒DNA转移到滤膜上。

第二步，做好标记，小心取出滤膜，将吸附菌体的一面朝上，放置在预先被强碱溶液浸湿的普通滤纸上进行溶菌和碱变性处理。强碱可以裂解细菌，释放细胞内含物，降解RNA，并使蛋白质和DNA变性。

第三步，10分钟后，将滤膜转移至预先被中性缓冲液浸湿的普通滤纸上，中和NaOH。

第四步，将滤膜转移到清洗缓冲液中短暂浸泡3分钟，洗去菌体碎片和蛋白质。

第五步，取出滤膜，在普通滤纸上晾干，置于80℃下干燥1~2小时，使单链DNA牢固地结合在硝酸纤维素滤膜上。

第六步，将滤膜转入探针溶液，在合适的温度和离子强度条件下进行杂交反应。离子强度和温度的选择取决于探针的长度以及与目的基因的同源程度，一般温度越高、离子强度越大，杂交反应越不易进行。因此对于同源性高且具有足够长度的探针，通常在高离子强度和高温度的条件下进行杂交，这样可以大幅度降低非特异性杂交的本底。

第七步，杂交反应结束后，清洗滤膜，除去未特异性杂交的探针，然后晾干。

第八步，将滤膜与X线胶片压紧置于暗箱内曝光，根据胶片上感光斑点的位置，在原始平板上挑出相应的阳性重组子菌落。

一般情况下，在直径为 85mm 的平皿上长有 100 ~ 200 个转化菌落时进行原位杂交效果较理想。菌落太多，容易混杂，导致杂交信号弥散，难以区分菌落位置。可用无菌牙签将相应位置上的菌落挑至少量的液体培养基中，经悬浮稀释后涂板培养，待长出菌落后再进行一轮杂交，即可获得阳性重组子。如果平皿上菌落太过稀少，也可用无菌牙签将各平皿菌落转至一个平皿上，适当培养后再进行实验。

1980 年，Hanahan 和 Meselsoh 又将上述方法加以改进，用于高密度菌落的检测。通过大规模操作，一次可同时筛选数十万个细菌菌落，大大提高了检测效率。原位杂交也随之成为有效的手段，广泛地用于筛选基因组 DNA 文库和 cDNA 文库等。

上述程序用于噬菌斑筛选则更为简单，因为每个噬菌斑含有足够数量的噬菌体颗粒，可以免去 37℃扩增培养；同时由于噬菌体结构简单，不会产生菌体碎片干扰杂交效果，检测灵敏度高于菌落原位杂交。噬菌斑杂交法的另一个优越性是：从一个母板上很容易得到几张含有同样 DNA 印迹的滤膜，不仅可以进行重复筛选，增加筛选的可靠性，同时也可使用一系列不同的探针对一批重组子进行多轮筛选。

二、核酸杂交探针

所谓杂交探针，是指具有一定序列的核苷酸片段，它能与互补的核酸序列复性杂交，并且可通过适当标记进行检测。

（一）探针的种类

1. 同源或部分同源探针　是指与目的基因的部分序列完全互补的核酸探针，长度为 19 ~ 24 个核苷酸。该长度足以保证同源探针能够以杂交方式将靶序列与其他序列区分开来。

2. 总 cDNA 探针　是利用逆转录酶的作用，对生物细胞总的或经分离的 poly（A）mRNA 进行示踪标记制备的。一般用于对应于高丰度的 mRNA 的 cDNA 克隆的筛选。

3. 特异性 cDNA 探针　通过差示筛选法、减法杂交法或 mRNA 差别显示法等从目的细胞中筛选获得某些特异性的 cDNA 片段。对这些 cDNA 片段进行示踪标记后即可作为探针使用。这类探针一般用于筛选 cDNA 文库中那些对应于低丰度的 mRNA 的目的克隆。

4. 人工合成的寡核苷酸探针　寡核苷酸探针的核苷酸序列是根据目的蛋白的一小段已知氨基酸序列推导合成出来的，长度一般为 10 ~ 30bp，甚至可达 50bp。由于遗传密码子的简并性，已知的氨基酸序列往往对应于多种不同的核苷酸序列，要精确推测其真正的目的序列极为困难。一般应选用简并度低的密码子以缩小可能的核苷酸范围，也可以采用中性核苷酸，如次黄嘌呤等代替简并度高的密码子以增加杂交体的稳定性，但通常使用一组寡核苷酸的混合物作为探针，用于基因组 DNA 文库或 cDNA 文库的筛选。

（二）探针标记物

常用于分子杂交的探针标记物可分为放射性及非放射性两大类。

1. 放射性标记物　放射性标记物是指以放射性同位素对核苷酸等进行标记后的产物，常见的放射性同位素有 ^{32}P、^{3}H、^{35}S、^{14}C、^{125}I 等，其中以 ^{32}P、^{3}H、^{35}S 最为常用。^{32}P 标记的核苷酸具有高放射性，放射自显影检测灵敏度高，但其分辨力低，半衰期短（14.3 天），探针不能长期保存。与 ^{32}P 标记物相比，^{35}S 的放射性较弱，检测灵敏度低于 ^{32}P，但其分辨力高，放射自显影的本底低，适用于细胞原位杂交等。此外，^{35}S 的半衰期较长（87.1 天），辐射危害较小，使用较为方便安全。^{3}H 主要用于制备高分辨力的原位杂交探针，因其释放的放射能很低，放射自显影的本底也不高，但却需较长的曝光时间。^{3}H 的半衰期长（12.3 年），标记探针可较长时间保存。

标记物放射性的检测主要使用盖革计数器和液体闪烁计数器等射线探测仪来完成。

2. 非放射性标记物　非放射性标记物的最大优势是无放射性污染，分辨力高，稳定性好，可以较长时间保存使用，但与放射性探针相比，多数非放射性探针的敏感性及特异性较差。目前已广泛应用的非放射性标记物有生物素（biotin）标记的核苷酸、地高辛（digoxigenin）标记的核苷酸和荧光素（fluorescein）标记的核苷酸等。此外，乙酰基氨基苏（AAF）或乙酰基氨基碘芬（AAIF）、汞离子、金颗粒、银颗粒及磺基等标记的核苷酸也能作为标记物使用。

生物素是一种水溶性维生素，又称为维生素H。其分子中的戊酸羟基经化学修饰活化后可携带多种活性基团，能与核苷酸或核酸等多种物质发生偶联，从而使这些物质带上生物素标记。如生物素与dUTP分子中嘧啶碱基的第5位碳原子通过一个碳链连接臂共价结合，形成biotin-11-dUTP及biotin-16-dUTP（结构见图5-4），这是最为常用的生物素标记物。如果生物素偶联上某种光敏的芳香基团，即可成为光敏生物素，也较为常用。生物素标记的探针可通过生物素-抗生物素蛋白的亲和系统检出，也可以通过生物素-抗生物素抗体的免疫系统检出。抗生物素蛋白（avidin），又称亲和素、卵白素等，是一种从卵清中提取的碱性的四聚体糖蛋白，与生物素分子有极高的亲和力，具有专一、迅速及稳定的特点。同时，抗生物素蛋白还可与酶、荧光素等检测标记物结合，利用这些检测标记物即可确定生物素标记探针或与靶DNA形成的杂交复合体的位置信息等。使用生物素标记的核酸探针时，需注意不能用酚法纯化探针，因为结合在探针上的生物素能使DNA进入酚相。

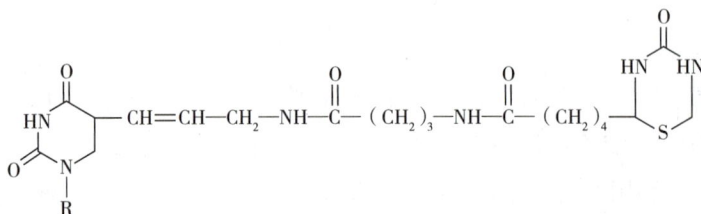

图5-4　biotin-16-dUTP 结构图

地高辛（DIG）是一种类固醇类的半抗原，又称为异羟基洋地黄毒苷配基，自然界中仅在植物毛地黄中发现，即其他生物体不含有抗地高辛的抗体，避免了采用其他半抗原作标记可能带来的背景问题。该配基通过一个由11个碳原子组成的连接臂与尿嘧啶核苷酸嘧啶环上的第5个碳原子相连，形成地高辛标记的尿嘧啶核苷酸。地高辛与抗地高辛抗体能发生免疫结合，利用抗地高辛抗体上带有的酶标记就可进行探针的检测（图5-5）。

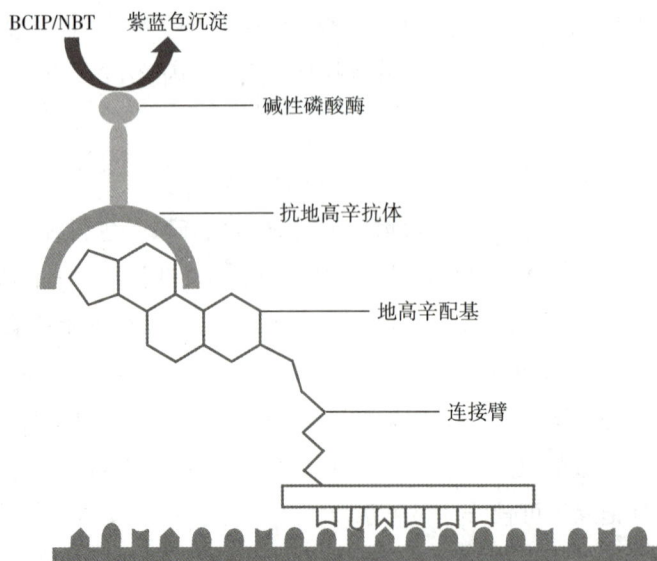

图5-5　地高辛的酶标检测

荧光素是一类能在激发光作用下发射出荧光的物质，包括异硫氰酸荧光素、羟基香豆素、罗达明等。荧光素与核苷酸结合后即可作为探针标记物，主要用于原位杂交检测。荧光素标记探针可通过荧光显微镜观察检出，或通过免疫组织化学法来检测。

（三）探针的标记方法

1. 切口平移标记法　切口平移标记法涉及 DNase Ⅰ 和 DNA 聚合酶 Ⅰ 这两种酶的作用。DNA 酶 Ⅰ 是核酸内切酶，它能在双链 DNA 分子的单链上随机产生切口，但不破坏双链结构。DNA 聚合酶 Ⅰ 则是一种多功能酶，除具有 $5'→3'$ 聚合作用外，还具有 $5'→3'$ 外切作用及 $3'→5'$ 外切作用。在 Mg^{2+} 存在的条件下，微量的 DNA 酶 Ⅰ 在待标记的双链 DNA 分子上随机产生若干单链切口，然后利用 *E. coli* DNA 聚合酶 Ⅰ 的 $5'→3'$ 外切作用在切口的 5′端将脱氧核苷酸逐个切除，同时在 DNA 聚合酶 Ⅰ 的 $5'→3'$ 聚合作用下，将反应体系中的核苷酸底物依次连接到切口的 3′羟基上，以互补的 DNA 单链为模板合成新的 DNA 单链，这个过程即为切口平移作用。若反应体系中含有某种放射性的核苷酸底物，则该标记物将取代原来的核苷酸残基，从而形成高放射性标记的 DNA 探针（图 5-6）。

切口平移标记是一种快速、简便、成本较低、高效率的 DNA 标记法，可以用来制备专一序列的探针，进行基因文库的筛选、基因组 DNA 印迹分析等。切口平移标记产生的均一性标记探针平均长度为 600 个核苷酸。

DNA 酶 Ⅰ 的活性高低对能否产生理想的切口平移标记至关重要。切口太少则难以有效地掺入标记物，而缺口太多则将导致标记的 DNA 太短而无法使用。通常标记 $0.5 \sim 1\mu g$ 的 DNA 样品时，仅需加入 $20 \sim 100pg$ 的 DNA 酶 Ⅰ，反应时间一般为 $1 \sim 2$ 小时。

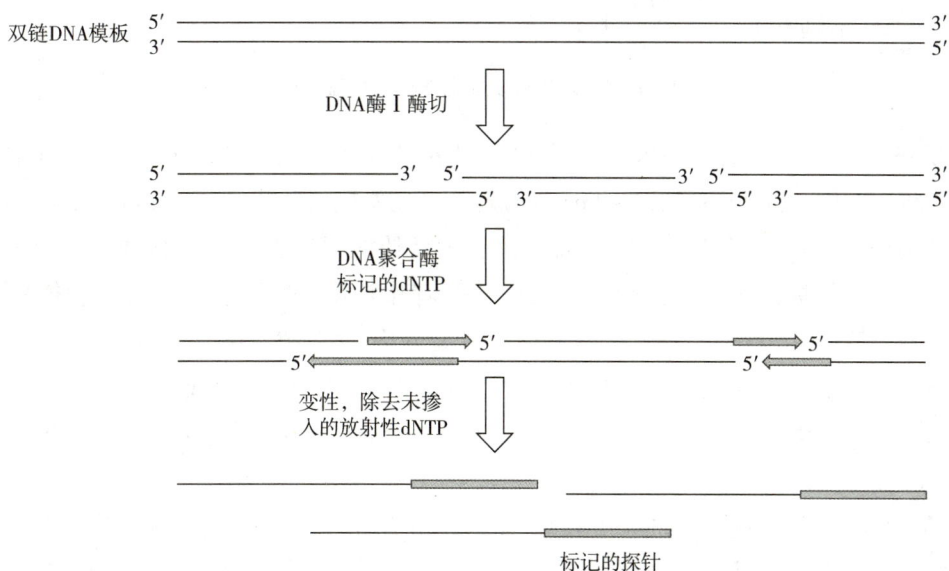

图 5-6　切口平移法标记核酸探针

2. 随机引物标记法　随机引物标记法是近年来发展起来的一种较理想的核酸探针标记方法，具有操作简便、标记活性高、适用范围广等特点。随机引物一般指含有各种可能排列的寡核苷酸片段的混合物，此混合物可人工合成，一般长度为 6 个核苷酸残基，有 4096（4^6）种可能的排列顺序，也可用 DNaseⅠ酶解小牛胸腺 DNA 或鲑精 DNA，产生大量长 $6 \sim 12$ 个核苷酸的单链 DNA 片段。将待标记的 DNA 模板与过量的随机引物相混合，经煮沸变性和冷却复性处理后，在大肠埃希菌 DNA 聚合酶 Ⅰ 的 Klenow 片段催化下，以杂交结合的寡核苷酸为引物合成与模板 DNA 互补的 DNA 链，同时将反应液中的

$[\alpha - ^{32}P]$ dNTP（如 $[\alpha - ^{32}P]$ dCTP）掺入 DNA，形成放射性标记的 DNA 探针（图 5 − 7）。

使用随机引物标记的探针一般长 400 ~ 600 个核苷酸，具多种序列，但都与模板互补。与切口平移法不同的是，该方法标记的是模板互补链，而非模板本身。在随机引物标记过程中，标记物的掺入率可达 50% 以上，标记的探针可直接使用，不必去除未掺入的核苷酸。

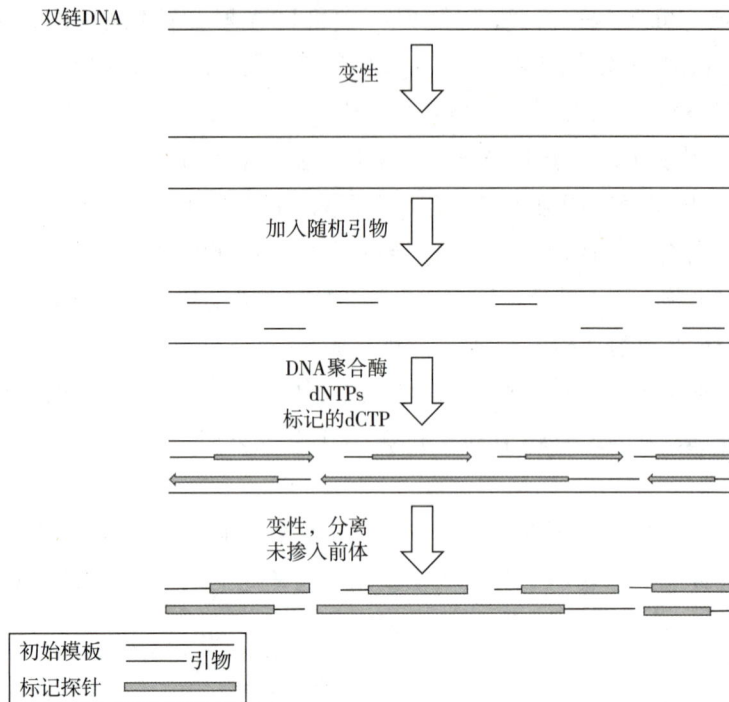

双链DNA

变性

加入随机引物

DNA聚合酶
dNTPs
标记的dCTP

变性，分离
未掺入前体

初始模板 ——— 引物
标记探针

图 5 − 7　随机引物标记法标记核酸探针

3. 末端标记法　末端标记法标记的是线性 DNA 或 RNA 的 5′端或 3′端，属非均一性标记。

（1）3′ − 凸出末端的加尾标记法（tailing labeling）　末端脱氧核苷酸转移酶可将三磷酸脱氧核糖核苷加到 DNA 分子游离的 3′ − OH 端，使 3′端形成一个延伸的"尾巴"。若加入的是带有标记的某种 dNTP，则成为一种末端标记探针。这种探针适用于基因库中克隆序列的鉴定、基因组 DNA 样品的点突变检测和原位杂交等。该法一般不用 dTTP 和 dATP 加尾，因为 dTTP "尾巴"能与 mRNA 的 poly（A）序列杂交，dATP "尾巴"也可能与基因组 DNA 中的 poly（dT）区域杂交，这样会产生高的本底。如果使用具 dTTP 或 dATP "尾巴"的探针，为减少杂交干扰，应先将靶样品在过量未标记 poly（dT）或 poly（dA）存在下预杂交。

（2）双链 DNA 的 3′ − 隐蔽末端的填充标记　以双链 DNA 的凸出序列为模板，若反应系统中含有全部与模板序列互补的 dNTP，则在 Klenow 酶或 T_4 DNA 聚合酶的催化下可使 3′ − OH 隐蔽末端延伸，直至与 5′ − 凸出末端补齐。如果其中有一种是标记的 dNTP，则产生末端标记的探针，反应过程可参照随机引物标记法，只是不需要加引物。

（3）5′ − 末端标记　T_4 多聚核苷酸激酶可将 $\gamma - ^{32}P$ 标记的 ATP 的磷酸基团转移到游离的 5′ − OH 上，产生 5′端标记的探针。此方法适用于 5′端脱磷酸化的双链或单链 DNA 的标记。

4. PCR 标记法　PCR 可用于 DNA 片段的大量扩增，如果 PCR 反应系统中使用一种标记的 dNTP，则 PCR 扩增片段成为一种探针。这种探针适用于探测被克隆的扩增片段。

5. 光敏标记法　光敏标记法是一种常用的核酸探针的化学标记法，主要用于生物素和地高辛等非放射性标记物的探针的制备。以生物素标记探针的制备为例，具体做法是：先将一光敏基团（多为芳香叠氮化合物）连接到生物素分子上，制备出光敏生物素，然后将光敏生物素与待标记的核酸混合，在一定条件下强光照射约 15 分钟，使光敏生物素与核酸间形成牢固共价结合，从而得到生物素标记的核酸探针。

第五节　免疫化学检测法

免疫化学检测法的基本过程与前述菌落分子杂交法相似，不同的是，该法使用抗体探针而非 DNA 探针来鉴定目的基因表达产物。免疫化学检测法具有专一性强、灵敏度高的特点，只要有一个拷贝的目的基因在克隆子细胞内表达合成蛋白质，就可以检测出来。但使用这种方法的前提条件是克隆基因可在宿主细胞内表达，并且有目的蛋白的抗体。

根据实验手段的不同，免疫化学检测法可分为抗体测定法（antibody test）和免疫沉淀测定法（immuno-precipitation test）等类型。

一、抗体测定法

（一）放射性抗体测定法

1978 年，Broome 和 Gilbert 设计了一种免疫学筛选方法，现已发展成为常规的放射性抗体测定法之一，其基本依据有以下三种：第一种，一种免疫血清中含有多种类型的免疫球蛋白 IgG 分子，这些 IgG 分子分别与同一抗原分子上不同的抗原决定簇特异性结合；第二种，抗体分子或其某部分可牢固地吸附在固体支持物（如聚乙烯塑料制品）的表面，因此不会被洗脱掉；第三种，通过体外碘化作用，IgG 会迅速地被放射性 ^{125}I 标记上。

具体的操作过程是：首先将转化的菌体涂布在琼脂平板培养基上，长出菌落后，再影印到另一块琼脂平板上培养。待影印琼脂平板上的菌落长好后，用氯仿饱和气体裂解菌落，使阳性菌落产生的抗原释放出来。将吸附了未经标记的 IgG 的聚乙烯薄膜覆盖在琼脂平板表面，如释放抗原和抗体具有对应关系，则在薄膜上形成抗原-抗体复合物。小心取下薄膜，再用 ^{125}I 标记的 IgG 处理，^{125}I-IgG 便会与结合在聚乙烯薄膜上的抗原决定簇结合。漂洗聚乙烯薄膜，去除过剩的 ^{125}I-IgG，然后于空气中干燥薄膜，经放射自显影后，即可从母板上获得所需的重组克隆。这种方法十分灵敏。抗原含量低至 5pg 时仍然可被检测出来。

在上述方法中，首先吸附到固体支持物上的是抗体，相应的抗原与之反应后在固体支持物表面形成抗原-抗体复合物，再用同位素标记的抗体检测该复合物，并通过放射自显影鉴定重组克隆子。而目前所采用的免疫学检测方法中，更多的是先将待检测的菌落或噬菌斑按原位影印到硝酸纤维素滤膜等固相支持物上，然后裂解细胞，使目的蛋白抗原结合到硝酸纤维素滤膜上，进一步与相应的抗体（即第一抗体）反应，形成抗原-抗体复合物。对抗原-抗体复合物的检测，既可采用放射性 ^{125}I 标记的第二抗体（抗第一抗体种特异性抗原决定簇的抗体）直接检测，也可采用放射性 ^{125}I 标记的 A 蛋白进行间接分析。在直接检测法中，针对不同的第一抗体，应分别标记相应的第二抗体进行检测；而在间接分析法中，只需标记一种 A 蛋白分子便可检测多种不同的第一抗体。A 蛋白是金黄色葡萄球菌细胞壁的一种组分，它可以牢固地结合到多种免疫球蛋白分子的 Fc 段，形成多分子复合物。因此，用一种碘化标记试剂可以检测筛选产生不同抗原的重组克隆子，而不必每次标记不同的抗体（第二抗体）。

另一种放射性抗体测定法是由 Broome 和 Gilbert 等建立的双位点检测法（two site detection method），该法主要针对含有杂种多肽或表达融合蛋白的菌落的鉴定而设计。例如含有重组质粒 DNA 的菌落，可以产生由蛋白质 A 和蛋白质 B 融合形成的杂种蛋白（A－B）。如要从转化子菌落群体中检测出合成这种杂种蛋白的克隆，可以把抗杂种蛋白（A－B）中蛋白质 A 部分的抗体固定在支持物上，再将抗蛋白质 B 的抗体在体外用 ^{125}I 标记上，作为检测抗体使用。第一种抗体只同 A 部分的蛋白结合，标记的第二种抗体只同 B 部分的蛋白结合，所以，只有含杂种蛋白（A－B）的克隆才能呈现阳性反应，这样便可以十分准确地检测出重组 DNA 分子。

（二）非放射性抗体测定法

非放射性抗体分析技术的发展得益于非放射性标记物的广泛、成功的应用。例如，可以采用直接与辣根过氧化物酶（HRP）或碱性磷酸酶（AP）偶合的第二抗体来检测目的蛋白抗原－抗体复合物，也可采用与 HRP 偶联的抗生物素蛋白来检测与生物素偶联的第二抗体等。这些方法也称为酶联免疫吸附分析法（ELISA），具有较高的灵敏度和特异性，也没有使用放射性核素标记物带来的半衰期短和安全防护等问题，是一类很有发展前途的检测方法。

二、免疫沉淀测定法

免疫沉淀测定法也可用于筛选含目的基因的克隆子。在生长有转化子菌落的培养基中，加入与目的基因产物相对应的标记抗体。如果菌落会产生与抗体相对应的抗原蛋白（目的基因产物），则其周围就会出现一种称为沉淀素（precipitin）的抗体－抗原沉淀物形成的白色圆圈。该方法操作简便，但灵敏度不高，实用性较差。

第六节　转译筛选法

转译筛选法可以分为杂交抑制转译（hybrid arrested translation）和杂交选择转译（hybrid selected translation）两种不同的检测策略，其突出优点在于可将克隆的 DNA 同所编码的蛋白质产物之间的关系对应起来。

一、杂交抑制转译检测法

杂交抑制的转译检测法所依据的原理是，在体外无细胞的转译体系中，目的基因的转录产物 mRNA 一旦同 DNA 分子杂交之后，就不能再指导蛋白质多肽的合成。从转化子菌落或噬菌体群体中制备质粒 DNA，变性后选择有利于形成 DNA－RNA 杂种分子，但不利于形成 DNA－DNA 杂种分子，同时又能阻止线性质粒 DNA 再环化的反应条件，与原菌落或噬菌体群体的总 mRNA 进行杂交。从杂交混合物中回收核酸，加到无细胞转译体系中进行体外转译。由于在无细胞转译体系加入了有 ^{35}S 标记的甲硫氨酸，由此转译合成的多肽蛋白质可以通过聚丙烯酰胺凝胶电泳和放射自显影进行分析。把其结果同未经杂交处理的 mRNA 的转译产物进行比较，找出两者间的差别。若杂交组缺少某种蛋白质（被杂交抑制了的 mRNA 的产物），表明供杂交用的那部分克隆子群体中含有目的基因。然后，将这个群体分成若干较小的群体，并重复上述实验程序，直至最后鉴定出含目的基因的单一克隆子。

如果被研究的目的基因能编码丰富的 mRNA，采用杂交抑制转译检测法筛选阳性克隆子尤为适合。常用的无细胞转译体系包括麦胚提取物和网织红细胞提取物等，系统中包含基因表达所需要的所有因子，如 RNA 聚合酶、核糖体、tRNA、核苷酸、氨基酸以及合适的缓冲液组成成分。

二、杂交选择转译检测法

杂交选择转译检测法，有时也称杂交释放转译法（hybrid released translation），是一种比杂交抑制转译检测法灵敏度更高的阳性重组子检测法，可适用于低丰度 mRNA（仅占总 mRNA 的 0.1% 左右）产物的 cDNA 重组分子的检测。与杂交抑制转译检测法有所不同，杂交选择转译检测法是通过杂交手段选择目的 mRNA 进行体外转译，而非抑制目的 mRNA 的体外转译。基本做法是从克隆文库中挑取转化菌落或噬菌体群体，分离制备其质粒 DNA 分子，经适当处理后牢固结合在硝酸纤维素滤膜上。然后用同一菌落或噬菌体群体的 mRNA（甚至是总的细胞 RNA）进行杂交，通过洗脱作用，分离出能与结合的 DNA 分子杂交的 mRNA。如果用于杂交的 DNA 分子并非固定在固相支持物上，而是处于溶液状态，则可通过柱色谱从总 mRNA 中分离出杂种分子。回收杂交的 mRNA，加到无细胞体系中进行体外转译，通过凝胶电泳分析或根据生物活性鉴定出转译合成的带放射性标记的多肽产物。一旦获得某种呈阳性反应的克隆群体，可将它分成许多小库，直到用划线培养法获得一个或数个呈阳性反应的单菌落重组子为止。

应用杂交选择转译检测法，曾成功地从白细胞提取的总 mRNA 中分离到干扰素基因。在这个检测流程中，采用非洲爪蟾（Xenopus laevis）的卵母细胞体系进行 mRNA 的体外转译。基本检测步骤是，将待测 DNA 固定在固相支持物上，与同一材料的 mRNA 进行杂交，从 DNA – mRNA 杂交分子中洗脱出 mRNA，再以微量注射法注入非洲爪蟾卵母细胞进行体外转译。最后通过聚丙烯酰胺凝胶电泳技术分析转译产物，并用免疫沉淀技术进行最后鉴定。转译合成的蛋白质中，干扰素能被细胞分泌到周围的培养基环境中，因而可以根据其抗病毒活性予以检测。干扰素的 mRNA 占总 mRNA 的 0.01% ~ 0.1%，理论上必须筛选约 10000 个转化子克隆才能获得含干扰素基因的阳性克隆子，但要逐个地筛选这些菌落既费时又费力。因此实际操作中，最初用的 DNA 是从总数为 512 个菌落的 12 个菌落群体（或称菌落库）中分离出来的。其中有 4 个菌落群体呈阳性反应，于是对这 4 个群体进行再分离、再检测，重复此过程，直到鉴定出单克隆为止。

思考题

本章小结

答案解析

1. 重组子筛选主要有哪些方法？
2. 简述 Southern 印迹杂交的原理。
3. 简述菌落原位杂交的操作步骤。
4. 什么是探针？探针的种类有哪些？
5. 简述放射性抗体测定法的操作过程。
6. 为什么 pUC 系列的载体与外源基因形成的重组体可用蓝白斑实验进行筛选？

第六章 大肠埃希菌基因工程

学习目标

【知识要求】

1. **掌握** 基因表达调控机制，包括启动子、终止子、核糖体结合位点等元件的作用。
2. **熟悉** 大肠埃希菌的遗传背景，特别是其基因表达调控的分子机制。
3. **了解** 大肠埃希菌作为表达外源基因的受体菌的优势和劣势。

【技能要求】

1. 能够采取有效措施提高基因工程菌的稳定性。
2. 具有基因工程菌培养能力，能够独立进行大肠埃希菌基因工程相关的实验操作，包括基因克隆、载体构建、转化、筛选等。

【素质要求】

1. 培养对大肠埃希菌基因工程实验的优化能力，通过调整实验参数、改进实验方法等手段，提高重组大肠埃希菌的构建效率以及表达产物的产量和质量。
2. 培养解决大肠埃希菌基因工程实验中遇到的各种问题的能力，如重组蛋白的溶解性差、表达不稳定等问题；能够分析问题产生的原因并提出有效的解决方案。

大肠埃希菌是迄今为止研究得最为透彻的细菌，其中染色体长约 4000kb 的 K－12 MG1655 株已测序完毕，全基因组共含有 4405 个开放阅读框，其中大部分基因的生物功能已被鉴定。作为一种成熟的基因克隆表达受体细胞，大肠埃希菌广泛用于分子生物学研究的各个领域，如基因分离扩增、DNA 序列分析、基因表达产物功能鉴定等。大肠埃希菌繁殖迅速，培养代谢易于控制，利用 DNA 重组技术构建大肠埃希菌工程菌以大规模生产真核生物基因尤其是人类基因的表达产物，具有重大经济价值。目前已经实现商品化的数十种基因工程产品中，大部分是由重组大肠埃希菌生产的。

然而，正是由于大肠埃希菌是原核细胞，有为数不少的真核生物基因不能在大肠埃希菌中表达出具有生物活性的功能蛋白，其原因如下：第一，大肠埃希菌细胞内不具备真核生物的蛋白质复性系统，许多真核生物基因仅在大肠埃希菌中合成无特异性空间结构的多肽链；第二，与其他细菌一样，大肠埃希菌缺乏真核生物的蛋白质加工系统，而许多真核生物蛋白质的生物活性恰恰依赖于其侧链的糖基化或磷酸化等修饰作用；第三，大肠埃希菌内源性蛋白酶会降解空间构象不正确的异源蛋白，造成表达产物不稳定；第四，大肠埃希菌细胞膜间隙中含有大量的内毒素，痕量的内毒素即可导致人体热原反应。上述缺陷在一定程度上制约了大肠埃希菌作为微型生物反应器在重组蛋白类药物大规模生产中的应用。

第一节 外源基因在大肠埃希菌中高效表达的原理

细菌高效表达真核基因主要涉及强化蛋白质生物合成、抑制蛋白产物降解及恢复蛋白质特异性空间构象三个方面的因素。强化异源蛋白的生物合成主要依赖于外源基因剂量（拷贝数）、基因转录水平和 mRNA

翻译速率的时序性控制，而这种控制措施是通过重组子构建过程中表达调控元件的精确组装来实现的。

一、启动子

大肠埃希菌及其噬菌体的启动子是控制外源基因转录的关键顺式调控元件。在一定条件下，mRNA的生成速率与启动子的强度密切相关，而转录过程对基因表达又有显著影响。大肠埃希菌启动子的强度由启动子本身的序列决定，尤其是 −10 区和 −35 区两个六聚体盒的碱基组成及其间隔长度，还与启动子和外源基因转录起始位点之间的距离有关。某些大肠埃希菌启动子的转录活性还会受到基因内部序列的影响，这部分序列可被视为启动子的一部分。这类启动子通常特异性启动所属基因的转录，缺乏通用性。目前几种广泛用于表达外源基因的大肠埃希菌启动子，其促进转录启动的活性几乎不受外源基因性质的影响。

（一）启动子最佳作用距离的筛选

在大肠埃希菌细胞内，大多数启动子与所属基因转录起始位点的距离为 6～9bp，但对外源基因来说，这一距离可能不是最佳的。一种筛选启动子最佳作用距离的重组克隆方法如图 6−1 所示：目的基因被克隆到质粒的 *Eco*R I 和 *Bam*H I 双酶切位点上，在距离目的基因 5′ 端 100～200bp 的上游区域选择一个唯一的限制酶（A），酶切重组质粒呈线性化。随后，在严格控制反应速率的情况下，利用 Bal31 外切核酸酶处理线性 DNA 重组分子。当酶切反应到达目的基因转录起始位点时，迅速灭活 Bal31。最后，将启动子片段与上述处理的 DNA 重组分子连接并克隆。由于 Bal31 酶解速率在不同重组 DNA 分子间存在差异，获得的重组克隆会包含一系列不同长度的"启动子−目的基因"间隔区域。其中，目的基因表达最高的克隆即具有最佳的启动子作用距离。

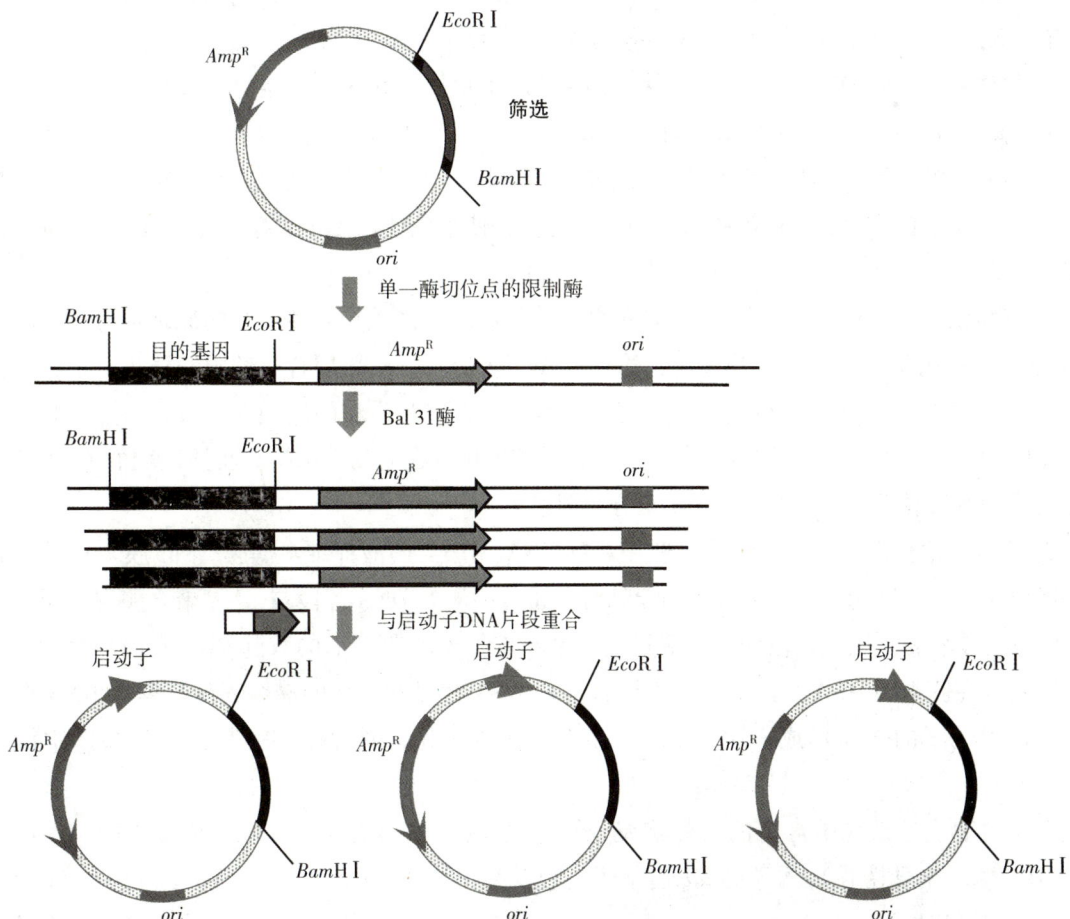

图 6−1　基于重组质粒构建的启动子最佳作用距离筛选方法

上述重组分子的线性化位点选择对实验成功至关重要。如果该位点距离目的基因太远，Bal31 需要切除较长的片段，可能会破坏载体质粒上的功能区，导致无法克隆；若线性化位点距离目的基因太近，难以精确控制 Bal31 的酶切长度，容易破坏目的基因的编码序列。在目的基因与强启动子重组时，如果克隆菌细胞内未检测到相应的 mRNA，应考虑调整启动子与基因之间的距离。

（二）启动子的筛选与构建

大肠埃希菌及其噬菌体的基因组 DNA 中含有数千个启动子，若能建立一个快速、准确评估启动子转录效率的检测系统，便可以从这些启动子中筛选出强启动子。这种检测系统通常使用启动子探针质粒，其中的报告基因多编码催化定量反应的酶（如大肠埃希菌的半乳糖激酶基因 galk）或为抗生素抗性基因。半乳糖激酶（GalK）使放射性同位素 ^{32}P 从 ATP 转移到半乳糖，形成放射性半乳糖 – 1 – 磷酸产物，通过灵敏地定量分析产物的量来判断半乳糖激酶活性的高低，进而反映 galk 基因的表达效率，从而比较不同启动子片段的强弱。抗生素抗性基因的表达效率可以通过测定相应抗生素对克隆菌的最小抑制浓度来评估。然而，由于抗生素可能诱导受体细胞产生抗性，在实际操作中，克隆菌往往需要进一步鉴定。

pKO1（ATCC 37126）是一个典型的大肠埃希菌启动子探针质粒，它含有无启动子的 galk 报告基因、氨苄西林抗性基因（Amp^R）、几个位于 galk 基因上游的单一克隆位点（Pst I、EcoR I、Sma I 和 Hind III），以及位于克隆位点与 galk 基因之间的三个阅读框的终止密码子。终止密码子可以有效防止外源 DNA 片段和载体上其他基因所属启动子可能导致的 mRNA 翻译过长，进而激活 galk 基因的间接表达。如果没有这些终止密码子，半乳糖激酶阳性重组子中的外源 DNA 片段极有可能除了启动子结构外，还携带一段结构基因的 5′ 端序列，而这种具有启动子活性的 DNA 片段一般不能表达目的基因。

含有启动子活性的 DNA 片段的分离主要有以下三种方法。

1. 鸟枪法克隆 将 DNA 随机片段直接克隆到 pKO1 探针质粒中，重组分子转化至含有半乳糖表面异构酶基因（$gale^+$）和半乳糖转移酶基因（$galt^+$）但缺少半乳糖激酶基因（$galk^-$）的大肠埃希菌受体细胞。将转化物涂布在以半乳糖为唯一碳源的 McConkey 选择性培养基上进行筛选。只有具有启动子活性的插入片段才有可能启动 galk 报告基因的表达，并使半乳糖在受体细胞中发生糖酵解反应，重组克隆分泌红色素；而缺乏 GalK 活性的转化细胞则呈乳白色。

2. 酶保护法分离 这种方法是基于 RNA 聚合酶与启动子区域特异性结合的原理设计的。将大肠埃希菌基因组文库中的重组质粒与 RNA 聚合酶在体外短暂孵育，然后用合适的限制酶进行消化，同时用未与 RNA 聚合酶孵育的相同重组质粒作为酶切对照。如果实验质粒的限制性片段比对照质粒少，则表明被钝化的酶切位点位于 RNA 聚合酶保护区内，即该区域存在启动子结构。将该区域的 DNA 片段再克隆到启动子探针质粒上，测定其启动子的转录活性。

3. 滤膜结合法分离 这种方法的原理是双链 DNA 无法与硝酸纤维素滤膜（NC 膜）有效结合，而 DNA – 蛋白质复合物则能在一定条件下与膜结合。将待检测的 DNA 片段与 RNA 聚合酶混合孵育，并将保温后的混合物转移到膜上，温和漂洗薄膜，去除未结合 RNA 聚合酶的双链 DNA 片段，然后再用高盐溶液洗脱结合在膜上的 DNA 片段。一般来说，这种 DNA 片段在膜上的滞留程度与其对 RNA 聚合酶的亲和力（即启动子的强弱）成正比，但这种亲和力难以量化，通常仍需将其克隆到探针质粒上进行检测。

大肠埃希菌表达系统中常用的天然启动子大多是诱导型启动子，主要包括乳糖或 IPTG（异丙基 – β – D – 硫代半乳糖苷）诱导的 lac 启动子、色氨酸诱导的 trp 启动子、IPTG 诱导的 T_7 噬菌体启动子、L – 阿拉伯糖诱导的 BAD（araB）启动子和四环素诱导的 tetA 启动子等。在特定的合成途径中，不同基因需进行不同程度的表达，以实现各代谢支路的平衡，最终提高目标产物的产量。然而，大多数天然启动子无论强度还是灵活性都难以满足需求，主要原因包括：①许多细胞内源基因的启动子受自身复杂代谢网络调控，表达效率难以提升，而外源基因的启动子因遗传背景限制，在异源宿主中活性低且通用性差；②天然启动子只能对特定基因进行固定强度的表达，但在合成途径改造中，不同基因需要进行不同程度的表达，以达到代谢平衡，减少或避免中间产物及毒性物质的积累；③尽管诱导型启动子可通过添加不同浓度的诱导剂实现基因不同程度的表达，但其调节范围有限，多数诱导型启动子仅能实现简单的开闭控制，无法满足精细调控的需求。此外，使用诱导剂可能对细胞产生毒性，并增加实验成本。因此，鉴于天然启动子的应用限制，为了获得更强的启动子，除了从基因组 DNA 上进行筛选甄别外，还可利用已知的启动子重新构建新的杂合启动子，以满足不同外源基因的表达需要。

（三）启动子的可控性

理论上讲，将外源基因置于一个强启动子控制下，持续激活转录是高效表达的理想方法，然而这种外源基因的高水平全程表达往往会对大肠埃希菌细胞的生理生化过程造成不利影响，会消耗能量直至耗竭，从而抑制受体细胞正常必需的代谢途径。此外，携带这种持续高效表达外源基因的重组质粒在细胞经历若干次分裂循环之后，往往会部分甚至全部丢失；而不含质粒的受体细胞因生长迅速，最终在培养物中占据绝对优势。在利用重组大肠埃希菌大规模生产重组质粒上的外源基因产物过程中，质粒的不稳定性始终是一个难题。利用可控制的强启动子调整外源基因的表达时序，即通过启动子活性的定时诱导，将外源基因的转录启动限制在受体细胞生长循环的某一特定阶段，是克服上述困难的有效方法。

目前在外源基因表达中最广泛使用的大肠埃希菌启动子大多来自相应的操纵子，它们都带有可与阻遏蛋白特异性结合的操纵基因区域，换言之，与这些启动子拼接的外源基因在大肠埃希菌受体细胞内通常是以极低的基础水平表达的。如在不含乳糖的生长培养基中，重组大肠埃希菌的 *lac* 启动子处于阻遏状态，此时外源基因痕量表达甚至不表达。当重组大肠埃希菌生长到某一阶段，向培养物中加入乳糖或 IPTG，它们与阻遏蛋白特异性结合，并使其从操纵基因上脱落下来，启动子打开并启动转录，外源基因随即被诱导表达。野生型大肠埃希菌的启动子除可被乳糖或 IPTG 诱导外，同时又能被葡萄糖及代谢产物所抑制，而在大规模培养重组大肠埃希菌时，培养基中必须加入葡萄糖，因此在实际操作中通常使用的是野生型 *lac* 启动子的突变体 *lacUV5* 启动子。它含有一个突变碱基对，其活性比野生型启动子更强，而且对葡萄糖及分解代谢产物的阻遏作用不敏感，但仍会被受体细胞中的 Lac 阻遏蛋白阻遏，因此可以用乳糖或 IPTG 进行有效诱导。人工构建的 *tac* 启动子由于含有 *lac* 操纵基因区域，其阻遏诱导性质与 *lacUV5* 相同。

trp 是一种负调控启动子，其阻遏作用的产生依赖于色氨酸（Trp）- 阻遏蛋白复合物与 *trp* 操纵基因的特异性结合。因此启动子的激活可以采取两种方法，即从培养基中除去 Trp 或者加入 3 - 吲哚丙烯酸（IAA），后者与阻遏蛋白特异性结合，从而解除阻遏作用。

噬菌体的 PL 启动子（promoter left，λ 噬菌体的左向启动子）在大肠埃希菌中是由噬菌体 DNA 编码的 cI 阻遏蛋白控制的，其去阻遏途径与几个宿主、噬菌体蛋白产物的功能有关，很难直接进行人为诱导，在实际操作中常使用 cI 阻遏基因的温度敏感型突变体 cI_{857} 基因控制 PL 启动子介导的外源基因转录启动。将染色体 DNA 上携带 cI_{857} 突变基因的特殊大肠埃希菌工程菌首先置于 28 ~ 30℃进行培养，在此温度范围内，由大肠埃希菌合成的 cI_{857} 阻遏蛋白与 PL 操纵基因区域结合，关闭外源基因的转录。当工程菌培养到合适的生长阶段（一般为对数生长中期），迅速将培养温度升至 42℃，此时 cI_{857} 阻遏蛋白失活，并从操纵基因上脱落下来，PL 启动子启动外源基因转录。

上述阻遏蛋白灭活以及外源基因转录激活（诱导作用）的效率很大程度上取决于工程菌细胞内阻

遏蛋白的分子数与相应启动子的拷贝数之比，后者又等于重组质粒的拷贝数。这一比值过高，诱导作用的效果并不理想；相反，如果阻遏蛋白分子数过少，则重组大肠埃希菌不经诱导就能全程持续表达外源基因，启动的可控制性便失去了意义。能够有效避免上述两种情况发生进而严格控制阻遏诱导过程的方法很多，例如，可将阻遏蛋白基因及其对应的启动子分别克隆在拷贝数不同的两种质粒上，从而确保阻遏蛋白分子数和启动子拷贝数维持在一个合适的比例。通常将阻遏蛋白编码基因置于低拷贝质粒上，使每个工程菌细胞只含有 1~8 个阻遏蛋白基因拷贝；而启动子和外源基因则克隆在一个高拷贝质粒上，其拷贝数控制在每个细胞 30~100 的范围内。在阻遏蛋白基因单拷贝整合入工程菌染色体 DNA 的情况下，其表达水平通常较低，此时重组质粒拷贝数过高是一个限制性因素，很容易造成阻遏不力的后果。

可控性启动子的温度诱导和 IPTG 诱导在容积较小（1~5L）的培养器中通常很容易做到，但对于 20L 以上的发酵罐而言，因为温度从 28℃ 升到 42℃ 往往需要几十分钟，诱导效果并不理想。对于这些工程菌大规模培养过程中出现的新问题，应从工程菌的构建方案方面来考虑解决方案。例如，涉及 PL 启动子的大肠埃希菌工程菌的构建可采用双质粒表达系统：将 cI 阻遏蛋白基因置于 trp 启动子控制之下，并克隆在一个低拷贝质粒上，从而保证 cI 阻遏蛋白表达不至于过量；另一重组质粒则含有 PL 启动子控制的外源基因。当培养基中缺少 Trp 时，trp 启动子打开，cI 阻遏蛋白合成，由 PL 启动子介导的外源基因转录关闭［图6-2（a）］；相反，当 Trp 大量存在时，trp 启动子关闭，cI 阻遏蛋白不再合成，PL 启动子开放并激活外源基因表达［图6-2（b）］。从整体上来看，外源基因虽然处于启动子控制之下，但却可用 Trp 取代了温度进行诱导表达。由此构建的重组大肠埃希菌可以使用仅由糖蜜和酪蛋白水解物组成的廉价培养基进行发酵，这种培养基含有微量的 Trp，而外源基因表达则通过加入富含 Trp 的胰蛋白胨进行诱导。

（a）培养基中不存在Trp

trp　合成cI阻遏蛋白　　　　　　结合cI阻遏蛋白　　外源基因转录关闭

cI　　　　　　　　　　　　　　　　PL

（b）培养基中存在大量的Trp

trp　无法合成cI阻遏蛋白　　　　　　　激活外源基因表达

cI　　　　　　　　　　　　　　　　PL

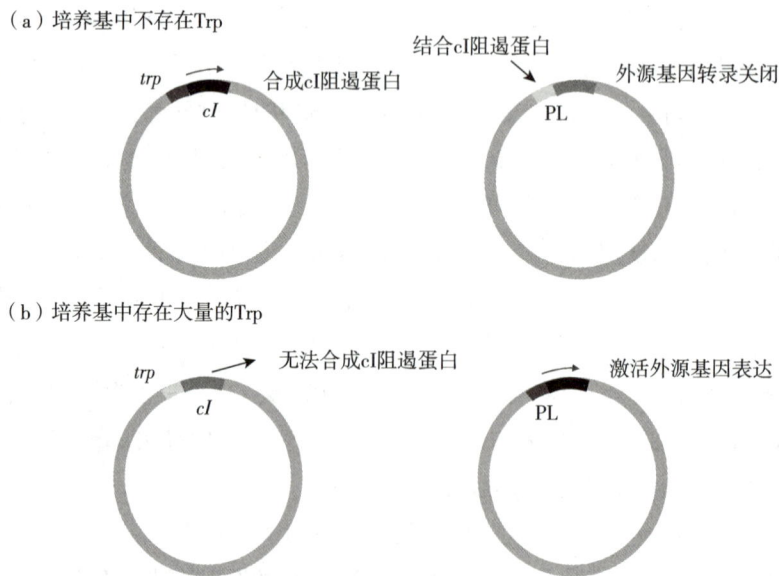

图6-2　基于双质粒表达系统构建涉及 PL 启动子的大肠埃希菌工程菌

（四）基于光的启动子系统

对于许多细菌来说，光是一种正交的信号介质。利用光调控启动子，既可以降低小分子诱导剂的使用成本，又可减少产品污染的风险。在光的调控系统中，最常见的蓝光调控系统主要是 pDawn 系统，系统来源于蓝光响应性光感应组氨酸激酶 YF1 及其同源响应调节剂 FixJ。在黑暗中，YF1 使 FixJ 磷酸化，

随后激活 *FixK2* 启动子表达 λ 噬菌体阻遏蛋白 cI。cI 可以阻止其同源 PL 启动子控制的转录；相反，蓝光抑制 YF1 磷酸酶活性，使 FixJ 失去磷酸基团，无法激活 *FixK2* 启动子，进而抑制 cI 表达，从而解除 cI 对 PR 启动子的抑制。通过这种设计，由 PR 启动子控制的基因在黑暗中被 cI 抑制，在蓝光中表达（图 6 - 3）。

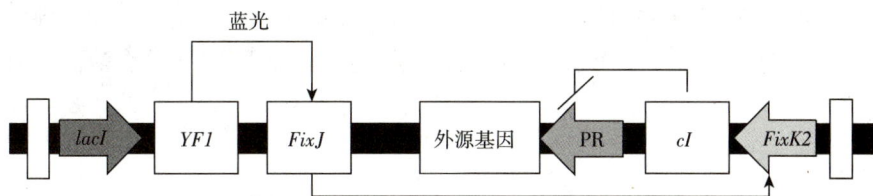

图 6 - 3 pDawn 系统对蓝光的响应原理图

（五）依赖于噬菌体 RNA 聚合酶的启动子系统

lac、*trp*、*tac* 和 PL 启动子都是大肠埃希菌 RNA 聚合酶特异性的识别和作用元件，外源基因转录的启动效率取决于 RNA 聚合酶与这些启动子的作用强度。然而转录效率不仅与外源基因在单位时间内的转录次数有关，还受到转录启动后 RNA 聚合酶沿 DNA 模板链移动速度的影响，两者缺一不可。T_7 表达系统就是利用 T_7 噬菌体 DNA 编码的 RNA 聚合酶来表达大肠埃希菌工程菌中的外源基因。这种 RNA 聚合酶选择性地与 T_7 噬菌体 DNA 的启动子结合，在不降低转录启动效率的前提下，沿 DNA 模板链聚合 mRNA 的速度比大肠埃希菌的 RNA 聚合酶快 5 倍。装配 T_7 启动子并在 T_7 RNA 聚合酶驱动下表达外源基因的大肠埃希菌质粒统称为 pET 载体家族。

T_7 表达系统实质上是一种基因表达的级联反应。克隆在 pET 质粒上的外源基因通过 T_7 RNA 聚合酶在细胞中的诱导表达而启动转录。大多数的 pET 质粒不再加装其他的外源基因转录调控元件，T_7 RNA 聚合酶基因的表达由大肠埃希菌 *lacUV5* 启动子控制。即使不诱导，T_7 RNA 聚合酶基因仍能合成少量的 RNA 聚合酶。在这种情况下，外源基因的转录实质上已由 T_7 启动子单独控制。另一些 pET 质粒则使用 T_7/lac 杂合启动子（图 6 - 4），它含有 T_7 启动子的 RNA 聚合酶识别和结合位点，同时在其上游携带 25bp 长的 *lacO* 操纵基因序列。因此，克隆在这种 pET 质粒上的外源基因，其表达同时受到 T_7 RNA 聚合酶基因所属的 *lacUV5* 启动子以及质粒上 T_7/lac 杂合启动子的双重控制，两者均可用乳糖或 IPTG 诱导。

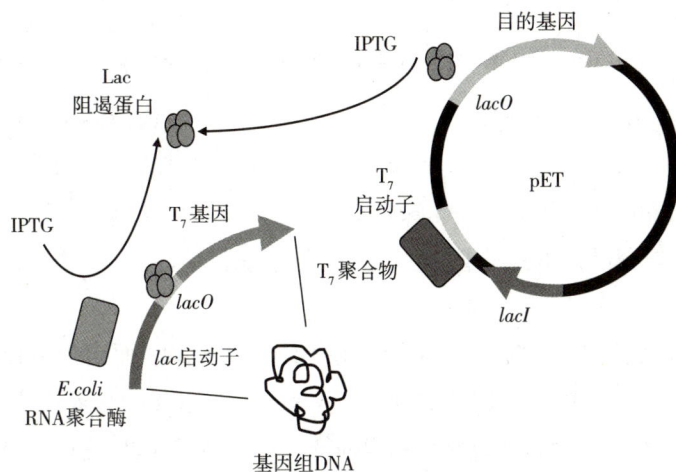

图 6 - 4 pET 载体中的 T_7/lac 杂合启动子

pET 质粒上的 T₇ 启动子通常选用 T₇ 噬菌体 DNA 6 个启动子中的 φ_{10} 启动子，与之相匹配的转录翻译元件还包括相应的 SD 序列以及转录终止子 $T\varphi$。在大多数情况下，利用 T₇ 表达系统合成异源重组蛋白必须使用特殊的大肠埃希菌受体菌，如 BL21（DE3）和 HNS174（DE3）等。大肠埃希菌 DE3 株是 λ 噬菌体的溶原性衍生菌，其染色体 DNA 上含有由 lacUV5 启动子控制的 T₇ RNA 聚合酶基因。由于 T₇ RNA 聚合酶具有显著的 mRNA 聚合活性，目前该表达系统更多地应用在重组基因的体外高效表达（即无细胞转录系统）中，在此情况下，重组基因的转录直接通过补加 T₇ RNA 聚合酶而启动。

二、终止子

外源基因在强启动子的控制下表达，容易发生转录过头现象，即 RNA 聚合酶滑过终止子结构继续转录质粒上的邻近 DNA 序列，形成长短不一的 mRNA 混合物，这种情况的发生在 T₇ 表达系统中尤为明显。过长转录物的产生不仅影响 mRNA 的翻译效率，同时也使外源基因的转录速度大幅度降低。①转录产物越长，RNA 聚合酶转录一分子 mRNA 所需的时间就相应增加，外源基因本身的转录效率下降。②如果外源基因下游紧邻载体质粒上的其他重要基因或 DNA 功能区域，如选择性标记基因和复制子结构等，则 RNA 聚合酶在此处的转录可能干扰质粒的复制及其他生物功能，甚至导致重组质粒的不稳定性；再次，转录过长的 mRNA 往往会产生大量无用的蛋白质，增加工程菌无谓的能量消耗。③最为严重的是，过长的转录物往往不能形成理想的二级结构，反而大大降低外源基因编码产物的翻译效率。因此，重组表达质粒的构建除了要安装强的启动子以外，还必须注意强终止子的合理设置。目前在外源基因表达质粒中常用的终止子是来自大肠埃希菌 rRNA 操纵子上的 $rrnT_1T_2$ 以及 T₇ 噬菌体 DNA 上的 $T\varphi$，对于一些终止作用较弱的终止子，往往采用二聚体终止子的特殊结构。

终止子也可像启动子那样，通过特殊的探针质粒从细菌或噬菌体基因组 DNA 中克隆筛选。在这种终止子探测质粒上，唯一的克隆位点处于启动子和报告基因的翻译起始密码子之间。当含有终止子序列的 DNA 片段插入该位点时，由启动子介导的报告基因转录被封闭，从而减少或阻断报告基因的表达。

三、核糖体结合位点

外源基因在大肠埃希菌中的高效表达不仅取决于转录启动频率，而且在很大程度上还与 mRNA 的翻译起始效率密切相关。大肠埃希菌细胞中结构不同的 mRNA 分子具有不同的翻译效率，它们之间的差别有时可高达数百倍。mRNA 的翻译起始效率主要由其 5′ 端的结构序列所决定，该序列称为核糖体结合位点（RBS），它包括下列四个特征结构要素：①位于翻译起始密码子上游的 6~8 个核苷酸序列 5′ UAAGGAGG 3′，即 Shine – Dalgarno（SD）序列，它通过识别大肠埃希菌核糖体小亚基中的 16S rRNA 3′ 端区域 3′ AUUCCUCC 5′ 并与之专一性结合，将 RNA 定位于核糖体上，从而启动翻译；②翻译起始密码子，大肠埃希菌绝大部分基因以 AUG 作为阅读框架的起始位点，但有些基因也使用 GUG 或 UUG 作为翻译起始密码子；③SD 序列与翻译起始密码子之间的距离及碱基组成；④基因编码 5′ 端若干密码子的碱基序列。

通常 mRNA 与核糖体的结合程度越高，翻译的起始效率就越高，而这种结合程度主要取决于 SD 序列与 16S rRNA 的碱基互补性，其中以 GGAG 四个碱基序列尤为重要。对多数基因而言，上述四个碱基中任何一个换成 C 或 T，均会导致翻译效率大幅度降低。SD 序列与起始密码子 AUG 之间的序列对翻译起始效率的影响则表现在碱基组成和间隔长度两个方面。实验结果表明，SD 序列后面的碱基若为 AAAA 或 UUUU，翻译效率最高；若为 CCCC 或 GGGG，则翻译效率分别是最高值的 50% 和 25%。紧邻

AUG 的前三个碱基成分对翻译起始也有影响，对于大肠埃希菌 β-半乳糖苷酶的 mRNA 而言，在这个位置上最佳的碱基组合是 UAU 或 CUU，如果被 UUC、UCA 或 AGG 取代，酶的表达水平低至 1/20。

SD 序列与起始密码子之间的精确距离保证了 mRNA 在核糖体上定位后，翻译起始密码子 AUG 正好处于核糖体复合物结构中的 P 位，这是翻译启动的前提条件。在很多情况下，SD 序列位于 AUG 之前大约 7bp 处，在此间隔中，少一个碱基或多一个碱基均会导致翻译起始效率不同程度的降低。大肠埃希菌中的起始 tRNA 分子可以同时识别 AUG、GUG 和 UUG 三种起始密码子，但其识别频率并不相同，通常 GUG 为 AUG 的 50%，而 UUG 仅为 AUG 的 25%。此外，从 AUG 开始的前几个密码子碱基序列也至关重要，至少这段序列不能与 mRNA 的 5′端非编码区形成茎环结构，否则会严重干扰 mRNA 在核糖体上的准确定位。mRNA 5′端非编码区自身形成的特定二级结构能协助 SD 序列与核糖体结合，任何错误的空间结构均会不同程度地削弱 mRNA 与核糖体的结合强度。真核生物和原核生物的 mRNA 5′端非编码区结构序列存在很大差异，因此，要使真核生物基因在大肠埃希菌中高效表达，应尽量避免基因编码区内前几个密码子碱基序列与大肠埃希菌核糖体结合位点之间可能存在的互补作用。

目前广泛用于外源基因表达的大肠埃希菌表达型质粒，均含有与启动子来源相同的核糖体结合位点序列。例如，所有含 lac 启动子以及由其构建的杂合启动子的质粒，均使用 lacZ 基因的 RBS，一般情况下，这一序列能够高效表达多数真核生物基因，但如果在排除了转录效率低下和表达产物不稳定等因素之后，某些克隆在上述质粒上的外源基因的表达效果仍不理想，可以考虑修改或更换 RBS 序列，其中 SD 序列及其与起始密码子之间的间隔长度最需关注。

四、密码子

在组成蛋白质的 20 种氨基酸中，只有甲硫氨酸（Met）和色氨酸（Try）仅对应唯一的密码子（分别为 AUG 和 UGG），其他 18 种氨基酸均对应 2~6 种不同的密码子，这些编码相同氨基酸的不同密码子称为简并密码子。在大肠埃希菌中，并非每一种密码子都拥有自己的 tRNA，同一种 tRNA 分子往往可以识别多种简并密码子（最多为 3 种）。然而，有的密码子却又同时被多种含有相同反密码子但结构不同的 tRNA 所识别。tRNA 本身不具备氨基酸的识别作用，它与相应氨基酸的特异性结合是由氨酰基 tRNA 合成酶催化完成的，一种氨酰基 tRNA 合成酶识别一种氨基酸及对应的所有 tRNA 分子，因此大肠埃希菌共有 20 种不同的氨酰基 tRNA 合成酶。

不同的生物，甚至同种生物不同的蛋白质编码基因，对于同一氨基酸所对应的简并密码子，使用频率并不相同，也就是说生物体基因对简并密码子的选择具有一定的偏爱性。决定这种偏爱性的因素有以下 3 个。

（一）生物基因组中的碱基含量

编码 20 种氨基酸的 61 个密码子按其简并性可分成四个家族（表 6-1）。第一个家族共由 8 组简并密码子组成，每组中的 4 个密码子编码相同的氨基酸，它们之间的碱基组成仅表现为第三位的差异，第一位碱基无论是什么都不影响其所编码氨基酸的性质。第二个家族含有 12 组简并密码子，其中 7 组共 14 个密码子的第三位碱基可在 U 和 C 之间互换，另外 5 组共 10 个密码子的第三位碱基可在 A 和 G 之间互换，不影响密码子的含义。第三个家族只包括 3 个编码异亮氨酸（Ile）的简并密码子，其第三位碱基分别为 A、C 和 U。第四个家族中分别是编码亮氨酸（Leu）、精氨酸（Arg）以及丝氨酸（Ser）的 3 组简并密码子，它们不仅在第三位碱基上有所不同，在第一或第二位碱基上的变化也不影响编码氨基酸的性质，其中 Leu 的 6 个简并密码子在第一位上 U 与 C 等价，Arg 的 6 个简并密码子在第一位上 A 与

C 等价，而 Ser 的 6 个密码子的前两位碱基必须同时变化，即 AG 与 UC 互换不影响密码子含义。

表 6-1　大肠埃希菌核糖体蛋白质中密码子的使用频率

第一碱基	第二碱基				第三碱基
	U	C	A	G	
U	UUU（Phe） UUC UUA（Leu） UUG	UCU（Ser） UCC UCA UCG	UAU（Tyr） UAC UAA（Stop） UAG	UGU（Cys） UGC UGA（Stop） UGG（Trp）	U C A G
C	CUU（Leu） CUC CUA CUG	CCU（Pro） CCC CCA CCG	CAU（His） CAC CAA（Gln） CAG	CGU（Arg） CGC CGA CGG	U C A G
A	AUU（Ile） AUC AUA AUG（Met）	ACU（Thr） ACC ACA ACG	AAU（Asn） AAC AAA（Lys） AAG	AGU（Ser） AGC AGA（Arg） AGG	U C A G
G	GUU（Val） GUC GUA GUG	GCU（Ala） GCC GCA GCG	GAU（Asp） GAC GAA（Glu） GAG	GGU（Gly） GGC GGA GGG	U C A G

（二）密码子与反密码子相互作用的自由能

在碱基含量没有显著差异的生物基因组中，简并密码子的使用频率却不是平均的，有些密码子出现频率很高，有些则几乎不使用，这可能是由密码子与反密码子的作用强度所决定的。适中的作用强度最有利于蛋白质生物合成的迅速进行，弱配对作用可能使氨酰基 tRNA 分子进入核糖体 A 位需要花费更多的时间，而强配对作用则可能使转肽后核糖体在 P 位逐出空载 tRNA 分子耗费更多的时间。利用这一理论可以解释大肠埃希菌基因组中密码子使用的偏爱性，现以大肠埃希菌中含量最丰富的核糖体蛋白质基因为例：密码子 GGG（Gly）、CCC（Pro）和 AUA（Ile）的使用频率几乎都为零；在前两位碱基由 A 和 U 组成的简并密码子中，第三位碱基为 C 的密码子的使用频率要高于第三位碱基为 U 或 A，即 UUC ＞ UUU，UAC ＞ UAU，AUC ＞ AUU，AAC ＞ AAU。此外，tRNA 上反密码子的第三位碱基如果是修饰的 U，则它与 A 配对的机会多于 G；如果是 I（次黄嘌呤，hypoxanthine），则与 U 和 C 配对的频率高于 A。

（三）细胞内 tRNA 的含量

无论是在细菌还是在真核生物体内，简并密码子的使用频率与相应 tRNA 的丰度呈正相关，尤其是那些表达水平较高的蛋白质编码基因。一般而言，表达量较大的基因含有较少种类的密码子，并且这些密码子又对应含量高的 tRNA 分子，这样细胞便能以更快的速度合成需求量大的蛋白质；反之，对于需求量少的蛋白质，其基因中含有较多与低丰度 tRNA 相对应的密码子，限制了该蛋白质的合成速度。

由于基因组中密码子的使用频率具有不同程度的差异性，密码子的正确选择就是外源基因尤其是哺乳动物基因在大肠埃希菌中高效翻译的一个重要因素。使外源基因上的密码子在大肠埃希菌细胞中获得最佳表达的策略有：①采用外源基因全合成的方法，按照大肠埃希菌密码子的偏爱性规律，设计更换外源基因中不适宜的相应简并密码子；②对于本身分子量又较大的外源基因，含有种类单一、出现频率较高的密码子时，可选择相关 tRNA 编码基因同步克隆表达。例如，在人尿激酶原 cDNA 的 412 个密码子中，共含有 22 个 Arg 密码子，其中 AGG 7 个，AGA 2 个，而大肠埃希菌受体细胞中 tRNA$_{AGG}$ 和 tRNA$_{AGA}$ 的丰度较低。为了确保人尿激酶原 cDNA 在大肠埃希菌中的高效表达，可将大肠埃希菌的这两个 tRNA 编码基因克隆在另一个高表达的质粒上。由此构建的大肠埃希菌双质粒系统有效地解除了受体细胞由于

$tRNA_{AGG}$ 和 $tRNA_{AGA}$ 分子匮乏而导致的对外源基因高效表达的制约。

五、质粒拷贝数

在蛋白质的生物合成过程中，限制合成速度的主要因素是核糖体与 mRNA 结合的速度。在生长旺盛的大肠埃希菌细胞内大约有 2×10^4 个核糖体单位，而 600 种 mRNA 总共只有 1500 个分子，核糖体的数目远远超过任何一种 mRNA 的分子数。因此，外源基因在大肠埃希菌中高效表达的关键是提高 mRNA 的产量，可通过两种途径来实现：①组装强启动子以提高转录效率；②将外源基因克隆在高拷贝载体上以增加基因的剂量。

目前实验室中广泛使用的表达型质粒在每个大肠埃希菌细胞中可达数百甚至数千个拷贝。质粒的扩增过程通常发生在受体细胞的对数生长期内，此时细菌正是生理代谢最为旺盛的时期，质粒分子的过度增殖势必会影响受体细胞的生长与代谢，进而导致质粒的不稳定性以及外源基因宏观表达水平的下降。解决这一难题的有效策略是在细菌生长周期的最适阶段将重组质粒扩增到最佳程度。

采用温度敏感型复制子控制重组质粒的复制水平，可将重组质粒的扩增纳入可控轨道。pCP3 拥有一个温度可诱导型的复制子，28℃时，每个细胞的质粒拷贝数为 60；42℃时，拷贝数迅速提高 5～10 倍，在此温度下，由于受体细胞染色体 DNA 上 *cI* 基因合成的温度敏感型阻遏蛋白失活，PL 启动子开放并启动外源基因的转录。pCP3 集基因扩增和转录控制于一身，使之成为稳定高效表达外源基因的理想载体。

第二节　大肠埃希菌工程菌的构建策略

依据基因的表达调控原理，可采用多种手段提高外源基因在大肠埃希菌中合成相应蛋白的速率，然而大量积累的异源蛋白极易发生降解，严重影响目标产物的最终收率。导致异源重组蛋白在大肠埃希菌细胞中不稳定性的主要原因是：①大肠埃希菌缺乏针对异源重组蛋白的折叠复性和翻译后加工系统；②大肠埃希菌不具备真核生物细胞完善的亚细胞结构以及众多基因表达产物的稳定因子；③高效表达的异源重组蛋白在大肠埃希菌细胞中形成高浓度微环境，致使蛋白分子间的相互作用增强。上述三种因素均使得异源重组蛋白对受体细胞内源性蛋白酶的降解作用大为敏感，这是外源基因尤其是真核生物基因表达产物在大肠埃希菌中不稳定性的基本机制。因此，在不影响外源基因表达效率的前提下，如何规避上述三方面不利因素，提高异源重组蛋白的稳定性，是大肠埃希菌工程菌构建过程中应考虑的主要问题。

一、包涵体异源蛋白的表达

在某些生长条件下，大肠埃希菌能积累某种特殊的生物大分子，它们致密地聚集在细胞内，或被膜包裹或形成无膜裸露结构，这种结构称为包涵体（inclusion body，IB）。大肠埃希菌细胞中富含包涵体的情况多见于培养基中含有氨基酸类似物，由这些氨基酸类似物所合成的蛋白质往往会丧失其理化特性和生物功能，从而聚结形成包涵体。由高效表达质粒构建的大肠埃希菌工程菌大量可合成非天然性的同源或异源蛋白质，后者在一般情况下都以包涵体的形式存在于细菌细胞内。

（一）包涵体的性质

大肠埃希菌所形成的包涵体大部分存在于细胞质中，在某些条件下，包涵体也能在细胞间质中形成。包涵体基本上由蛋白质组成，其中大部分（占50%以上）是克隆外源基因的表达产物，它们具有正确的氨基酸序列，但因空间构象错误，没有生物活性。此外，包涵体中还含有受体细胞本身高表达的蛋白产物（如RNA聚合酶、核糖体和外膜蛋白等）以及质粒的编码蛋白（主要是标记基因表达产物）。包涵体中还含有DNA、RNA和脂多糖等非蛋白分子。包涵体中的蛋白组分大部分都失去了天然的空间构象，且所有分子紧密积聚成颗粒状，因此在水溶液中很难溶解，只有在高浓度的变性剂（如盐酸胍和尿素等）溶液中才能形成均相。很多包涵体在生长的大肠埃希菌细胞中可直接用相差显微镜或电子显微镜观察到，因此包涵体也称为光折射体。某些情况下，高效表达的重组异源蛋白与天然裂解的细菌细胞碎片结合在一起，这种形式的包涵体通常不易用相差显微镜观察，用表面活性剂清洗即可获得可溶性蛋白。

重组异源蛋白以包涵体的形式表达，简化了外源基因表达产物在大肠埃希菌细胞内的分离纯化程序，通过高速离心即可将重组异源蛋白从细菌裂解物中分离出来。异源重组蛋白在大肠埃希菌细胞内的稳定性主要取决于形成包涵体的速度，在形成包涵体之前，由于随机形成二硫键的以及肽链旁侧基团缺乏修饰，异源重组蛋白尤其是真核生物蛋白产物的蛋白酶作用位点往往裸露在外，从而具有对酶解作用的敏感性；但形成包涵体后，异源重组蛋白的稳定性不再受细胞内蛋白酶的降解威胁。

从包涵体中回收异源重组蛋白的缺点主要表现在以下两个方面：①在离心洗涤分离包涵体的过程中，包涵体会部分流失，导致收率下降；②包涵体的溶解需要使用高浓度的变性剂，在无活性异源蛋白的复性之前，必须通过透析超滤或稀释等方法大幅度降低变性剂的浓度，在重组异源蛋白的大规模生产过程中，这会增加操作难度。

（二）包涵体的作用机制

包涵体的形成本质上是细胞内蛋白质的聚集过程，其机制包括以下三个方面。

1. 折叠状态的蛋白质聚集　在某些情况下，具有折叠结构的蛋白质会聚集，蛋白质的较低水溶性和细胞内的高浓度均能促进这一聚集过程。例如，大肠埃希菌自身正常表达的膜结合蛋白具有良好的天然折叠构象，但由于其较低的水溶性，倾向于聚集形成疏水颗粒。对于外源基因表达的异源蛋白，尽管它们能通过自身的二硫键进行体内折叠，但在大肠埃希菌中这种折叠是随机发生的。异源多肽链中半胱氨酸残基含量越高，二硫键错配的概率就越大。这种错误折叠的蛋白质通常表现出较低的水溶性，再加上高效表达导致高浓度蛋白分子之间的相互作用概率增加，最终形成多分子聚集物。

2. 非折叠状态的蛋白质聚集　对于那些热稳定性差的重组异源蛋白，在较高生长温度的细菌中表达时，蛋白产物在细胞质内主要以还原状态存在，内部二硫键难以形成，因此大多处于非折叠状态。高浓度或高比例的游离巯基非折叠多肽，会显著提高多肽分子间二硫键形成的概率，导致高分子量的蛋白多聚体生成，降低其水溶性并形成包涵体颗粒。

3. 蛋白质折叠中间体的聚集　某些细菌或噬菌体合成的天然蛋白质虽然可溶，但其折叠中间体的半衰期较长且溶解度较低。当这些细菌或噬菌体在非生理条件下生长（如高温培养等）时，任何减缓蛋白质折叠速度的环境因素都可能不同程度地导致折叠中间体的积累，并在完全折叠成天然蛋白质前聚集成包涵体。例如，在42℃下，沙门菌噬菌体P22的一个编码尾部蛋白的基因突变株，因尾部蛋白折叠时间延长，导致折叠中间体聚集形成包涵体，进而影响噬菌体感染颗粒的组装。

根据上述包涵体形成的机制，可以将重组异源蛋白在大肠埃希菌中高效表达并形成包涵体的影响因素总结为以下几个方面。①温度：尽管温度对包涵体形成的影响并非普遍现象，但较低的培养温度通常有利于某些重组异源蛋白的可溶性表达，例如β干扰素、γ干扰素、肌酸激酶、免疫球蛋白Fab片段、β-半乳糖苷酶融合蛋白、枯草杆菌蛋白酶E和糖原磷酸化酶等。然而，许多重组蛋白的可溶性表达并不会因培养温度降低而改善，高温本身不利于蛋白质的正确折叠。②表达水平：无论包涵体的形成机制如何，重组异源蛋白的过量表达都有利于包涵体的形成。然而，通过降低表达量来提高异源蛋白的可溶性效果并不显著。③细菌遗传特性：相同的重组质粒在不同的大肠埃希菌菌株中表达时，异源蛋白的可溶性和不溶性部分的比例可能会有所不同，有时甚至差异很大。一般来说，大肠埃希菌染色体 DNA 上的热休克基因表达产物（如 Hsp、GroEL 和 PPIase 等）有助于重组异源蛋白的正确折叠，从而提升可溶性部分所占比例；反之，灭活这些基因则可能促进包涵体的形成。④异源蛋白氨基酸序列：天然的人 γ 干扰素在大肠埃希菌中通常以包涵体形式表达，但通过基因人工合成或定点突变技术改变其天然氨基酸序列后，可以获得较高比例的可溶性蛋白；相反，对于某些异源蛋白而言，在大肠埃希菌中，突变体比天然分子更容易形成包涵体。

（三）包涵体的分离检测

包涵体的分离主要涉及菌体破碎、离心收集和清洗三个步骤。菌体破碎常用的方法有高压匀浆、高速珠磨、低温反复冻融等物理手段。细胞破碎物通过差速离心先去除未完全破碎的菌体和大细胞碎片，再以较高转速回收包涵体颗粒，并去除可溶性杂蛋白、核酸、热原和内毒素等杂质。这样得到的包涵体粗品中仍含有较多的大肠埃希菌膜结合蛋白和多种脂多糖化合物，这些成分通常可以通过表面活性剂清洗去除。常用的表面活性剂有 Triton X – 100、SDS 和脱氧胆酸盐等。其中，Triton X – 100 能以较高的回收率获得包涵体重组蛋白，但去除杂蛋白不彻底；而脱氧胆酸盐清洗的纯度虽然较高，但会导致部分重组异源蛋白溶解并损失，降低回收率。由于表面活性剂的效果与包涵体中重组异源蛋白的性质有关，优化包涵体清洗条件非常重要。

（四）重组异源蛋白表达的构建

将启动子和 SD 序列安装在外源基因的 5′端是构建表达质粒的关键步骤。由于可用的大肠埃希菌强启动子和 SD 序列种类有限，通常采用一般重组、PCR 扩增或化学合成等方法，将两者按最佳间隔和碱基序列组合，组成大肠埃希菌表达复合元件。接下来需要解决的是如何将外源基因与这种表达复合元件拼接克隆，以尽量减少 SD 序列与外源基因起始密码子 ATG 或 GTG 之间的额外碱基对，确保外源基因高效表达出正确的天然蛋白质。因此，最直接的克隆方案（图 6 – 5）是将启动子 – SD 序列表达元件与外源基因编码区同时重组到质粒中，其中复合表达元件的 5′端上游有一个酶切位点，3′端为平末端，而外源基因的 5′端为 ATG 或 GTG 密码子的平末端，3′端则含有另一个酶切位点。复合表达元件与外源基因编码序列通过平末端连接并插入质粒的相应克隆位点，这样构建的重组分子在 SD 序列与外源基因之间不会引入额外碱基，SD 序列与起始密码子之间的距离最佳。然而，这种方法的实际可操作性较低，因为复合表达元件和外源基因难以单独克隆扩增，外源基因也无法完整地从重组分子中分离出来，且三片段连接较为复杂。

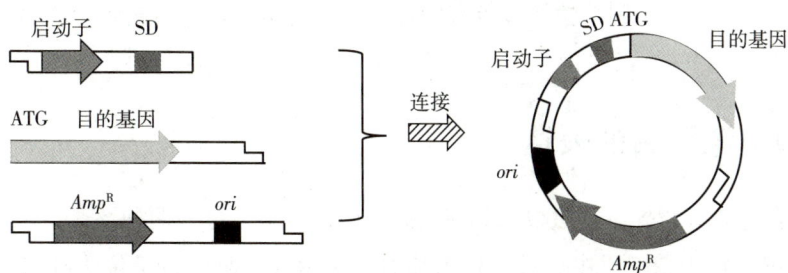

图 6 – 5　目的基因与表达复合元件在编码序列上游拼接

另一种方法是在复合表达元件的 3′端下游组装一个特定的酶切克隆位点，并将此位点克隆到质粒上。当外源基因插入时，首先在这个位点进行酶切，S1 核酸酶消化单链末端，使其成为平末端。接着，5′端具有相同或不同酶切位点的外源基因经过相同处理后，可以直接与载体分子的平末端连接（图 6-6）。这种方法可以避免三片段连接，且复合表达元件和外源基因可以分别克隆和扩增，但外源基因仍无法完全移除。

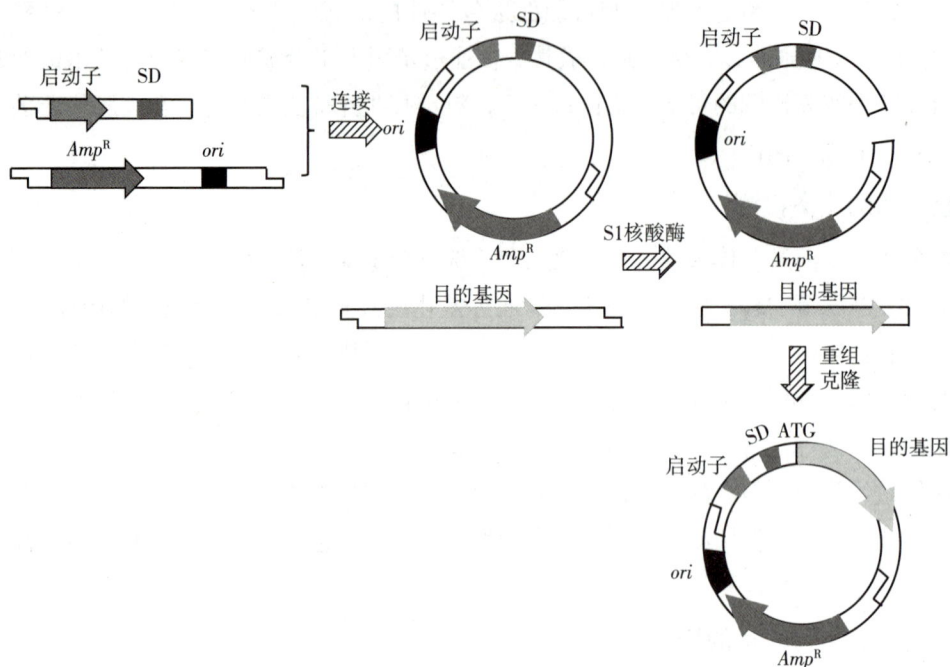

图 6-6　目的基因与表达复合元件通过加装合适的酶切位点拼接

第三种方法与第二种方法类似，不同之处在于，在复合表达元件 3′端下游组装了酶切位点，如果外源基因 5′端也具有相同的酶切位点，就可以直接与表达质粒连接，且不破坏多克隆位点，方便后续从重组分子中回收外源基因。使用这种方法构建的重组分子，在 SD 序列与起始密码子之间最多引入三个碱基对，通常不会显著影响外源基因的表达。如果外源基因 5′端需要特定的酶切位点，可以在 PCR 扩增或人工合成外源基因编码序列时预先设计加入。

通过 cDNA 法克隆的真核生物蛋白编码序列，其翻译起始密码子附近通常缺乏与表达质粒克隆位点相匹配的酶切位点，因此无法直接与载体分子连接。此外，这些真核生物结构基因大多包含特定的信号肽编码序列和 5′端非编码区，在构建重组分子时必须将其删除，才能在大肠埃希菌中表达。这一过程可能导致外源编码序列中缺失翻译起始密码子，因此需要在载体复合表达元件的 3′端下游合适位置引入 ATG，这可以通过设计特定的限制性酶切位点来实现，经过特殊处理后，酶解片段会形成以 ATG 结尾的平头末端。

二、分泌型异源蛋白的表达

大肠埃希菌中表达的重组异源蛋白根据其在细胞内的位置可以分为两种形式：一种是以可溶性或不溶性（包涵体）状态存在于细胞质中；另一种则是通过转运或分泌途径定位于细胞周质（即细胞膜与外膜之间的一个特殊空间区域），甚至穿过外膜进入培养基。蛋白产物的 N 端信号肽序列是蛋白质分泌的必要条件。

（一）分泌型异源蛋白表达的特性

在大肠埃希菌中表达的重组异源蛋白的稳定性通常与其在细胞内的位置有关。例如，重组人胰岛素原如果被分泌到细胞周质，其稳定性大约是细胞质中的 10 倍。无论异源蛋白是分泌到细胞周质还是直接进入培养基，都能显著简化后续的分离纯化步骤。

大多数哺乳动物蛋白质在合成过程中需要跨膜运输（如内质网膜、高尔基体膜、线粒体膜和细胞膜等），并经历复杂的翻译后修饰，最终才能具备活性，许多成熟蛋白的 N 端不含甲硫氨酸残基。这些哺乳动物基因在大肠埃希菌中表达时，重组蛋白 N 端的甲硫氨酸残基通常不会被去除。但如果将外源基因与大肠埃希菌的信号肽编码序列连接，蛋白分泌表达时 N 端的甲硫氨酸残基则会在信号肽的特异性切割过程中被有效去除。

然而，与其他生物细胞相比，大肠埃希菌的蛋白分泌机制不够完善。大多数外源真核生物基因难以在大肠埃希菌中实现分泌表达，即使少数能够分泌表达，其表达量也通常低于包涵体形式。因此，目前用于产业化的分泌型重组大肠埃希菌虽然存在，但并不常见。

（二）蛋白质传输分泌机制

细菌蛋白质分泌机制与真核生物非常相似，蛋白质从细菌胞质穿过内膜进入周质，有时还可透过外膜。无论是真核生物还是原核生物，蛋白质分泌都有两种主要机制：共翻译传递和翻译后运输。在大肠埃希菌中，共翻译传递更为常见，但并非唯一途径，某些蛋白质可以通过两种方式分泌。细菌的分泌蛋白在其 N 端有 15～30 个氨基酸残基组成的信号肽序列，其 N 端前几个残基为极性氨基酸，中间和后部则为连续的疏水氨基酸，这对蛋白质穿透疏水性膜至关重要。此外，蛋白质进入膜结构后要正确定位还需要第二个信号序列，例如，大肠埃希菌 β-内酰胺酶的 C 末端区域对于该蛋白从内膜进入周质是必需的。在蛋白质穿膜分泌过程中，其 N 端的信号肽会被内膜上的膜蛋白信号肽酶特异性识别和切除，因此分泌后的蛋白质 N 端第一个氨基酸残基通常不是甲硫氨酸。

真核生物蛋白质跨内质网膜通常采用共翻译转运机制。当蛋白质的信号肽序列刚从核糖体合成出来，会被位于核糖体上的信号识别颗粒（signal recognition particle，SRP）特异性结合。通过与 SRP 受体的相互作用，SRP 将正在进行翻译的核糖体固定在膜的内侧。SRP 由 6 种蛋白质和一个 305bp 的小分子 7S RNA 组成，其中一个 54kDa 的蛋白负责识别信号肽。大肠埃希菌也有一个类似 SRP 的复合物，由一个 4.5S RNA 和一个 48kDa 的蛋白质组成，4.5S RNA 与 SRP 中的 7S RNA 同源，48kDa 的蛋白与 SRP 中 54kDa 的蛋白类似。该复合物可能参与大肠埃希菌信号肽的识别、新生肽链的构象维持及蛋白质合成与分泌之间的偶联。

在翻译后运输机制分泌蛋白质过程中，控制蛋白质折叠至关重要，构象变化发生在跨膜期间。例如，大肠埃希菌的 β-内酰胺酶在跨膜前和跨膜期间的空间结构对胰蛋白酶敏感，但一旦从内膜进入周质，就会转变为胰蛋白酶抗性的构象。细菌蛋白质翻译后分泌的过程如下：分子伴侣 SecB 与新合成的蛋白前体结合，并控制其折叠构象；随后，SecB 将蛋白前体转移给固定在内膜内侧的 SecA，后者与膜蛋白 SecE 和 SecY 的复合物相连；ATP 供能，SecA 将蛋白前体推入内膜，同时释放 SecB；最后，内膜分泌系统中的信号肽酶切除蛋白前体的信号肽序列，蛋白质被分泌到细胞周质中。细菌体内有多种分子伴侣通过防止蛋白前体的随机折叠来提高分泌效率，这些分子伴侣包括分泌触发因子、GroEL 以及 SecB等。虽然 SecB 在细胞内的含量低于前两种蛋白，但它对蛋白分泌的促进作用最大，因为它不仅具有分子伴侣的功能，还与 SecA 有亲和力。作为分子伴侣时，SecB 仅能阻止蛋白前体的错误折叠，无法改变已经折叠的蛋白质构象。

由此可见，在大肠埃希菌中表达的可分泌型内源或异源蛋白，无论采用何种转膜分泌机制，都需在分子伴侣的协助下维持合适的构象。这意味着，分泌到细胞周质或培养基中的蛋白质很少会形成分子间二硫键交联。然而，对于富含半胱氨酸残基的真核生物异源蛋白，即使能够在大肠埃希菌中以分泌形式表达，其产物仍可能因大肠埃希菌分子伴侣的特异性差异而发生分子内二硫键错配。

（三）分泌型异源蛋白表达系统的构建

理论上，将大肠埃希菌分泌型蛋白的信号肽编码序列与外源基因拼接，可以实现异源蛋白在大肠埃希菌中的表达和分泌。但实际上，信号肽的存在并不一定能确保高效分泌。此外，由于革兰阴性菌（如大肠埃希菌）具有外膜结构，它们通常无法直接将蛋白质分泌到培养基中。而革兰阳性菌和真核细胞没有外膜，可以直接从培养基中获取重组异源蛋白。

一些革兰阴性菌能够将极少数的细菌抗菌蛋白（细菌素）分泌到培养基中，这一过程依赖于细菌素释放蛋白。该蛋白激活内膜上的磷酸酯酶 A，增加内、外膜的通透性。因此，只要将细菌素释放蛋白基因克隆到质粒上，并置于强启动子的控制下，就可以使大肠埃希菌细胞成为可分泌型受体细胞。此时，将另一个携带大肠埃希菌信号肽编码序列和外源基因的重组质粒转入上述构建的可分泌型受体细胞，并使用相同的启动子驱动外源基因的转录，则实现两个基因的高效表达同时被诱导，最终在培养基中获得重组异源蛋白。

三、融合型异源蛋白的表达

除了在大肠埃希菌中直接表达重组异源蛋白，还可以将外源基因与宿主菌的蛋白质编码基因连接，作为一个阅读框共同表达。这样产生的蛋白质称为融合蛋白，通常宿主菌蛋白位于 N 端，而异源蛋白位于 C 端。通过在 DNA 水平设计引入蛋白酶切割位点或化学试剂特异性断裂位点，可以在体外从纯化的融合蛋白中释放并回收异源蛋白。

（一）融合型异源蛋白表达的特性

异源蛋白与受体细菌自身蛋白以融合形式共表达的第一个显著特点是其稳定性显著提高。重组异源蛋白，特别是小分子多肽，在大肠埃希菌中容易被蛋白酶系统降解，主要原因是它们无法形成有效的空间构象，导致多肽链上的蛋白酶切割位点暴露在外。而在融合蛋白中，受体细菌蛋白能够与异源蛋白部分形成稳定的杂合构象，虽然这种结构与两种蛋白质单独存在时的天然构象不同，但能有效封闭异源蛋白部分的蛋白酶水解位点，从而增强其稳定性。此外，许多融合蛋白还表现出较高的水溶性，甚至某些异源蛋白在融合状态下本身就具有相应的生物活性。

融合蛋白的第二个特点在于其简单的分离纯化过程。由于与异源蛋白融合的宿主细菌蛋白的结构与功能通常已知，可以通过使用宿主蛋白的特异性抗体、配体或底物进行亲和色谱，快速纯化融合蛋白。当异源蛋白与宿主细菌蛋白在分子量和氨基酸组成上有显著差异时，可通过酶法或化学法特异性水解，进一步纯化异源蛋白。若这样得到的异源蛋白存在错误配对的二硫键，需要进行体外复性。

融合蛋白的第三个特点是表达率较高。在构建融合蛋白表达系统时，所选的受体菌基因通常是高效表达的，其 SD 序列的碱基组成及与起始密码子的距离为融合蛋白的高效表达提供了有利条件。目前常用的外源基因融合表达系统，如谷胱甘肽转移酶（GST）、麦芽糖结合蛋白（MBP）、金黄色葡萄球菌蛋白 A 和硫氧还蛋白（TrxA）等，通常能在大肠埃希菌中高效表达出可溶性的融合蛋白。例如 TrxA 与 11 种不同的细胞因子异源蛋白融合后，在低温下诱导均能高效表达，并且大多数具有水溶性。

（二）融合型异源蛋白表达系统的构建

将外源基因的编码序列与大肠埃希菌特定结构基因重组来构建融合蛋白表达质粒需遵循三个原则：①受体细菌结构基因应高效表达，且表达产物可通过亲和色谱特异性地纯化；②外源基因应插入受体菌结构基因的下游，并提供融合蛋白的终止密码子；③应避免受体菌结构基因与融合蛋白基因两部分分子量过于接近，以便于异源蛋白的分离回收。此外，两个结构基因拼接位点的设计直接影响融合蛋白的裂解方法。最后，当两个蛋白编码序列融合时，外源基因的正确翻译阅读框决定其表达。

融合蛋白中的大肠埃希菌蛋白或多肽部分，除了高效表达的基本条件外，还具备以下一种或多种特性：保持融合蛋白分子的理想空间构象，提高其水溶性；促进融合蛋白定位到细胞周质或外膜，增强其可分泌性；提供用于亲和色谱分离的靶多肽序列，简化异源蛋白的纯化过程。为了使融合蛋白分子具备多重特性，有时会选用两种受体菌功能多肽编码序列。例如，一个实用的融合蛋白表达系统包含大肠埃希菌编码外膜蛋白的 *ompF* 基因 5′末端序列和编码 β-半乳糖苷酶的 *lacZ* 基因。前者提供转录翻译表达元件及分泌信号肽序列，后者作为融合蛋白亲和色谱分离的抗原靶多肽。值得注意的是，即使 β-半乳糖苷酶缺失了 N 端的前 8 个氨基酸残基，仍具有酶活性和抗原活性，因此在其 N 端连接异源蛋白或多肽时，融合蛋白通常能保持 β-半乳糖苷酶的各种性质。此外，在 *lacZ* 基因与 *ompF* 编码序列的交界处加入一个不含终止密码子的限制性酶切位点（如 *Abc* I），使得下游的 *lacZ* 基因相对于 *ompF* 编码序列具有错误的阅读框架，此时表达出的 OmpF－LacZ 二元融合蛋白不具有 β-半乳糖苷酶活性。当外源基因插入 *Abc* I 克隆位点时，不仅保持了自身的正确阅读框，还纠正了 *lacZ* 编码序列的错误阅读框，重组子将表达出一个三元融合蛋白。由于其 N 端为 OmpF 序列，C 端为具有抗原性的 β-半乳糖苷酶，该融合蛋白既具有可分泌性，又可以通过 β-半乳糖苷酶抗体亲和色谱技术快速纯化。

大肠埃希菌稳定高效表达异源蛋白特别是小分子短肽的理想方法，是将外源基因与泛素编码序列融合。由此获得的异源蛋白多肽通常呈天然构象并具有生物活性，具体机制尚不明确，可能与其类似分子伴侣的功能有关。由于大肠埃希菌细胞内缺乏泛素特异性蛋白酶系统，通常需要在体外使用泛素 C 端水解酶从融合蛋白中回收异源蛋白。泛素 C 端水解酶种类繁多，不同酶对融合蛋白的降解特异性存在较大差异。

（三）从融合蛋白中回收异源蛋白

融合蛋白中包含的大肠埃希菌蛋白或多肽可能影响异源蛋白的生物活性，并可能在人体内引发免疫反应。因此，在制备或生产药用异源蛋白时，必须彻底去除融合蛋白中的受体菌蛋白部分。融合蛋白的位点特异性断裂方法有两类：化学断裂法和蛋白酶分解法（也称为酶促裂解法）。

用于蛋白质位点特异性化学断裂的最佳试剂是溴化氰（CNBr）。它与多肽链中甲硫氨酸残基的硫醚基团反应，生成不稳定的溴化亚氨内酯，在水的作用下，肽键断裂形成两个多肽片段。上游肽段的甲硫氨酸残基转化为高丝氨酸残基，而下游肽段的 N 端氨基酸残基保持不变。这种方法的优点是产率高（可达 85% 以上），专一性强，并且产生的异源蛋白或多肽分子 N 端不含甲硫氨酸，其氨基酸序列与真核生物细胞中的成熟表达产物相似。然而，如果异源蛋白分子内部含有甲硫氨酸残基，则不能使用此方法。

蛋白酶酶促裂解法的特点是断裂效率更高，同时每种蛋白酶均具有相应的断裂位点决定簇，因此可供选择的专一性断裂位点范围较广。几种断裂位点专一性最强的商品化蛋白酶列于表 6－2，它们分别在多肽链中的精氨酸、谷氨酸和赖氨酸残基处切开酰胺键，形成不含上述残基的断裂位点下游肽段，与溴化氰化学断裂法相同。用上述蛋白酶裂解融合蛋白的前提条件是外源蛋白分子内部不能含有精氨酸、谷氨酸或赖氨酸残基，如果外源基因表达产物为小分子多肽，这一限制条件并不苛刻；但对于大分子量的异源蛋白来说，上述三种氨基酸残基的出现频率是相当高的。

表 6 - 2　几种常见的蛋白质内切酶

名称	来源	作用位点
梭菌蛋白酶（Arg - C 内切蛋白酶）	溶组织梭菌 *Clostridium histolytium*	Arg - C
V8 蛋白酶（Glu - C 内切蛋白酶）	金黄色葡萄球菌 *Staphylococcus aureus*	Glu - C
Lys - C 内切蛋白酶	铜绿假单胞菌 *Pseudomonas aeruginosa*	Lys - C
修饰胰蛋白酶	猪 *Sus scrofa*	Arg - C、Lys - C

　　为了克服这些仅识别并作用于单一氨基酸残基的蛋白酶所带来的应用局限性，可在受体菌蛋白质编码序列与不含起始密码子的外源基因之间加装一段编码 Ile - Glu - Gly - Arg 寡肽序列的人工接头片段，该寡肽为具有蛋白酶活性的凝血因子 Xa 的识别和作用序列，其断裂位点在 Arg 的 C 末端。纯化后的融合蛋白用 Xa 处理，即可获得不含上述寡肽序列的异源蛋白。由于 Xa 的识别作用序列由 4 个氨基酸残基组成，天然异源蛋白中出现这种寡肽序列的概率极低，因此这种方法可广泛用于从融合蛋白中回收不同大小的外源蛋白产物。

　　新近发展起来并商业化的 PinPoint™ Xa 蛋白纯化系统被设计用于制备和纯化体内表达的生物素化的融合蛋白。将编码目的蛋白的 DNA 克隆到 PinPoint™ 载体的下游，该位置编码的肽段在体内可被生物素化。生物素化融合蛋白在大肠埃希菌内生成，然后用 SoftLink™ Soft Release Avidin Resin 进行亲和纯化，该树脂可将融合蛋白以非变性形式洗脱出来。PinPoint™ 载体的另一特点是含有编码内源蛋白酶因子 Xa 的蛋白水解位点，可使纯化标签从目的蛋白上分离。

四、寡聚型异源蛋白的表达

　　理论上讲，外源基因的表达水平与受体菌中可转录基因的拷贝数（即基因剂量）呈正相关，重组质粒拷贝数的增加，在一定程度上可以提高异源蛋白的产量。然而重组质粒除了含有外源基因外，还携带像抗生素抗性基因等其他可转录基因。随着重组质粒拷贝数的不断增加，受体细胞内的大部分能量被用于合成所有的重组质粒编码蛋白，而细胞的正常生长代谢却因能量不足受到影响。可是除了外源基因表达产物外，质粒编码的其他蛋白合成并没有任何价值，因此通过增加质粒拷贝数提高外源基因表达产物的产量往往不能获得满意的效果。另一种通过增加外源基因剂量来提高蛋白产物产量的有效方法是构建寡聚型异源蛋白表达载体，即将多拷贝的外源基因克隆在一个低拷贝质粒上，以取代单拷贝外源基因在高拷贝载体上表达的策略，这种方法对于那些分子量较小的异源蛋白或多肽的高效表达具有很强的实用性。

　　外源基因多分子线性重组是寡聚型异源蛋白表达系统构建的关键技术，它包括三种不同的重组策略，其构建方法、表达产物的后加工程序以及适用范围各不相同（图 6 - 7）。

（一）多表达单元型重组

　　如图 6 - 7（a）所示，外源基因拷贝均携带各自的启动子、终止子、SD 序列以及起始和终止密码子，形成相互独立的转录与翻译串联表达单元，其中单元与单元之间的连接方向可正可反，一般与表达效率无关，因此多拷贝连接较为简单。表达出的异源蛋白无须进行裂解处理，但每个产物分子的 N 端含有甲硫氨酸残基。这个策略特别适用于表达分子量较大的异源蛋白。

（二）多顺反子型重组

如图6-7（b）所示，外源基因拷贝含有各自的SD序列以及翻译起始和终止信号，将它们串联起来后，克隆在一个公用的启动子-转录起始位点下游。为了防止转录过头，通常在最后一个基因拷贝的下游组装一个较强的转录终止子，使得多个异源蛋白编码序列转录在一个mRNA分子中，但最终翻译出的异源蛋白分子却是相互独立的，其表达机制与细菌中的操纵子极为相似。这种方法对中等分子量的异源蛋白表达较为有利，使用一套启动子和终止子转录调控元件，可以在外源DNA插入片段大小不变的前提下，克隆更多拷贝的外源基因。但是在体外拼接组装时，各顺反子的极性必须与启动子保持一致，有时在技术上很难满足这种要求。

（三）多编码序列型重组

如图6-7（c）所示，将多个外源基因编码序列串联在一起，使用一套转录调控元件和翻译起始与终止密码子，各编码序列在接口处设计引入溴化氰断裂位点甲硫氨酸密码子或蛋白酶酶切位点序列。由这种重组分子表达出的多肽链上包含多个由酰胺键相连的目的产物分子，经纯化，多肽分子用溴化氰或相应的蛋白酶进行位点专一性裂解，形成产物的单体分子。这种方法特别适用于小分子多肽（通常小于50个氨基酸残基）的高效表达。前已述及，小分子多肽由于缺乏有效的空间结构，在大肠埃希菌细胞中的半衰期很短。多拷贝串联多肽的合成弥补了上述缺陷，在提高表达率的同时，也增加了对受体菌蛋白酶系统的抗性，可谓一箭双雕。然而这种策略在实际操作中困难很大，其焦点是裂解后多肽单体分子的序列不均一性或不正确性。①各编码序列的分子间重组需要特殊的酶切位点，这些位点的引入必将导致氨基酸残基的增加；非限制性内切酶产生的平末端连接虽然可以避免这种缺陷，但很难保证各编码序列的极性一致排列。②用溴化氰断裂多肽链会使单体产物分子C端多出一个高丝氨酸残基，虽然这个多余的残基可用化学方法切除，但在大规模生产中往往难以实现。③若用蛋白酶系统释放单体分子，则产物中至少有一部分单体分子的N端带有甲硫氨酸残基，除非每个编码序列均含有甲硫氨酸密码子，才能保证单体分子序列的均一性。

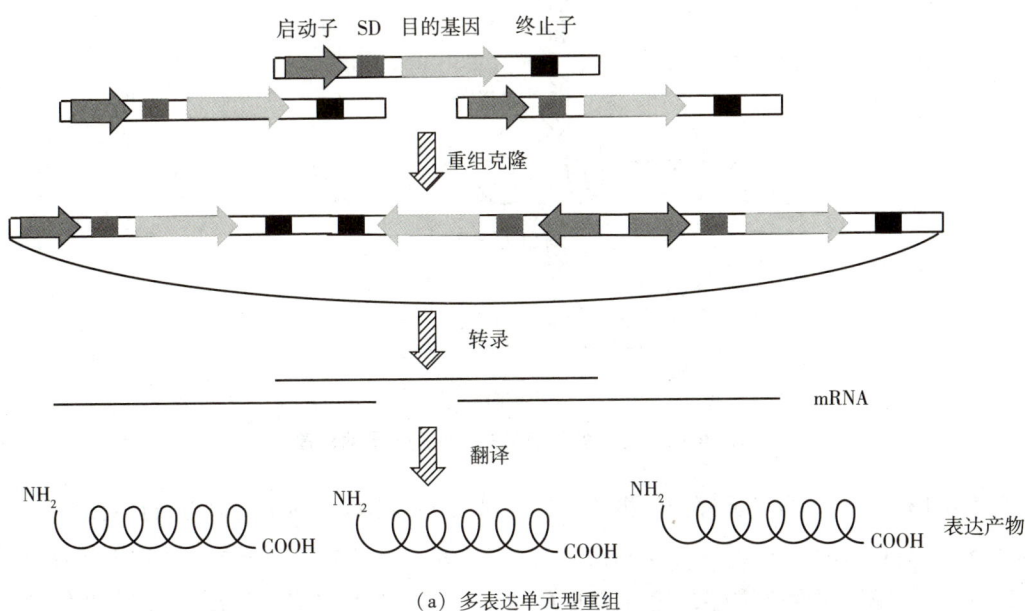

（a）多表达单元型重组

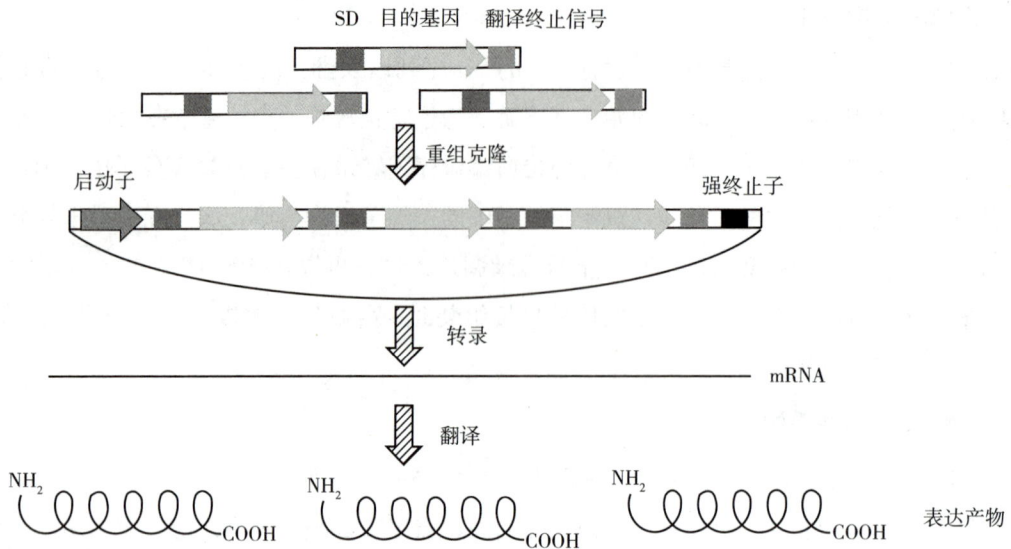

（b）多顺反子型重组

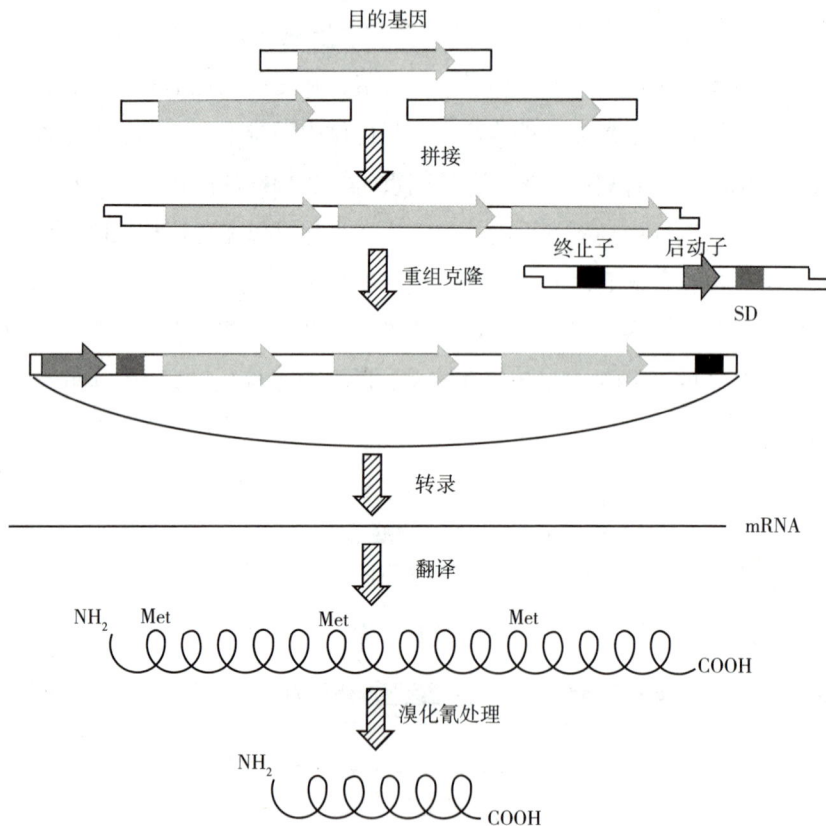

（c）多编码序列型重组

图 6 - 7　寡聚型异源蛋白表达重组子的构建

后两种重组形式均要求各单元序列的极性一致排列,借助限制酶 *Ava* I 可以有效达到此目的。该酶的识别序列为 5′ C(T/C)CG(A/G)G 3′,切割位点在 T 的 5′ 端一侧。含有唯一 5′ CTCGGG 3′ 序列的质粒用 *Ava* I 切开, Klenow 酶填平黏性末端,然后接上 *EcoR* I 人工接头（5′ GAATTC 3′）,由此修饰的质粒含有两个 *Ava* I 位点,它们通过部分重叠的形式左右各包裹一个 *EcoR* I 位点。外源基因的转录元件和翻译

元件克隆在 *EcoR* I 处。从另一个重组质粒中切开两端含有 *EcoR* I 黏性末端的编码序列，由于每个单体分子上的黏性末端并不对称，在体外连接时，各单体的极性是一致的。将这一线性串联的 DNA 分子克隆在经 *Ava* I 部分酶解的线性化表达载体上，所形成的转化子中 50% 的重组克隆能够进行表达。

寡聚型外源基因表达策略曾成功用于重组人干扰素基因的高效表达，每个重组质粒分子携带 4 个外源基因拷贝，能大幅度提高干扰素的产率。然而在某些情况下，串联的外源基因拷贝并不稳定。在大肠埃希菌生长过程中，重组分子中的一部分甚至全部外源基因拷贝会从质粒上脱落。这种现象与串联拷贝的数目、编码序列单体的大小及其产物性质、受体菌的遗传特性和培养条件等有着密切的关系。

在大肠埃希菌中表达寡聚异源蛋白，还可用于同源或异源多亚基蛋白质的体内组装，这方面成功的例子包括 4 亚基的血红蛋白和丙酮酸脱氢酶、3 亚基的复制蛋白 A 以及 2 亚基的肌球蛋白和肌酸激酶等。

五、整合型异源蛋白的表达

受体菌中重组质粒的自主复制以及编码基因的高效表达消耗大量能量，会给细胞造成沉重的代谢负担，而且高拷贝质粒造成的这种负担比低拷贝质粒更大。为针对这种不利影响，一部分细菌往往在其生长期间将重组质粒逐出胞外。不含质粒的这部分细菌的生长速度远比含质粒的细菌要快，经过若干代繁殖之后，培养基中不含质粒的细菌最终占有绝对优势，从而导致异源蛋白的宏观产量急剧下降。至少有两种方法可以阻止重组质粒的丢失。对于实验规模而言，将克隆菌置于含有筛选试剂（药物或生长必需因子）的培养基中生长，可以有效控制丢失质粒的细菌的繁殖速度，维持培养物中克隆菌的绝对优势；在大规模产业化过程中，向发酵罐中加入抗生素或氨基酸等筛选试剂很不经济，且易造成环境污染，可以将外源基因直接整合在受体细胞染色体 DNA 的特定位置上，使之成为染色体 DNA 的一个组成部分，从而增加其稳定性。

当一个克隆基因与受体细胞染色体 DNA 进行整合时，其整合位点必须在染色体 DNA 的必需编码区之外，否则会严重干扰受体菌的正常生长与代谢过程，因此外源基因的染色体整合必须是位点特异性的。为了达到此目的，根据同源重组交换的原理，通常在待整合基因附近或两侧加装一段受体菌染色体 DNA 的同源序列（一般至少 50bp）。此外，为了保证异源蛋白的高效表达，含质粒的细胞便占绝对优势，此时，通过检测外源基因的表达产物即可分离出整合型工程菌。如果染色体 DNA 整合位点的同源序列位于外源基因的一侧，则重组质粒通常以整个分子的方式进入染色体 DNA。在这种情况下，整合型工程菌的筛选标记既可使用外源基因，也可使用原质粒所携带的可表达性基因，如抗生素的抗性基因等。

一般情况下，整合型的外源基因或重组质粒随克隆菌染色体 DNA 的复制而复制，因此受体细胞通常只含有一个拷贝的外源基因。但如果使用的质粒是温度敏感型复制的，而且整合时质粒同时进入染色体 DNA，那么当整合型工程菌在含有高浓度抗生素（其抗性基因定位于质粒上）的培养基中生长时，整合在染色体 DNA 上的质粒仍有可能进行自主复制，从而导致外源基因形成多拷贝。有趣的是，尽管整合型质粒在染色体上的自主复制程度非常有限（通常不及游离型质粒的 25%），但外源基因的宏观表达总量却远远高于游离型重组质粒上外源基因的数倍，而且定位于染色体 DNA 上的外源基因相当稳定。

六、蛋白酶抗性或缺陷型表达系统的构建

蛋白质降解是生物细胞必备的一种生物活性。很多情况下，蛋白质降解可以调控，即通过降低代谢途径关键酶的存量和灭活细胞调控因子，尤其是一些在细胞内半衰期较短的重要基因的表达调控因子，如转录调控因子及细胞循环调控因子等。细胞内蛋白质降解的另一个生理功能是清除代谢过程中产生的

错误折叠、错误装配、错误定位、毒性大或其他形式的异常蛋白质。各种蛋白质在体内的半衰期相差很大，从数分钟到数小时不等，取决于细胞的种类、培养条件以及细胞周期等诸多因素，但其中最基本的影响因素是细胞内蛋白酶系统的性质和蛋白质结构对蛋白酶降解作用的敏感性。

（一）细胞内蛋白质降解的基本特征

细胞内蛋白质降解的一个重要特征是其显著的选择性。底物特异性的蛋白质降解作用需要特定的多肽结构序列，它或者被专一性的蛋白酶直接识别，或者与蛋白降解复合物系统中某些特异性识别组分相互作用，进而定位在蛋白水解组分的作用区域内。因此，在特定的细胞内部环境，一个特定蛋白质的半衰期是识别组分对蛋白质有效靶序列的亲和性以及蛋白降解系统各成分在细胞内的浓度两者的函数。实验证据表明，许多蛋白质拥有几种不同的降解序列决定簇，它们分别为不同的蛋白水解系统所识别，同时以不同的途径和机制降解。在某些条件下，半衰期长的蛋白质由于其隐蔽的降解作用位点暴露，它对蛋白酶的敏感性大大增加，这实际上是细胞蛋白质降解的一种调控方式。例如，底物经磷酸化等特异性修饰后，空间结构改变，从而缩短半衰期。另一方面，蛋白质中的有些序列，尤其是 C 端和 N 端的某些序列却对蛋白质的稳定性起着重要作用，它们或者影响降解靶序列的形成，或者直接抑制某些蛋白酶的外切活性。

无论是在真核细胞还是原核细胞中，重组异源蛋白表达后均会被迅速降解，其稳定性甚至还不如半衰期较短的细胞内源性蛋白质。大多数情况下，重组异源蛋白的不稳定性可归结为对受体细胞蛋白酶系统的敏感性。越来越多的实验结果揭示，重组异源蛋白在受体细胞内的半衰期可以通过蛋白序列的人工设计以及受体细胞的改造加以调整和控制。

（二）蛋白酶缺陷型受体细胞的改造

在大肠埃希菌中，蛋白质的选择性降解由一整套庞大的蛋白酶系统所介导。绝大多数不稳定的重组异源蛋白是被蛋白酶 La 和 Ti 降解的，两者分别由 *lon* 和 *clp* 基因编码，其蛋白水解活性都依赖于 ATP。*lon* 基因由热休克与其他环境压力激活，细胞内异常蛋白或重组异源蛋白的过量表达也可作为一种环境压力诱导 *lon* 基因的表达。一种 *lon⁻* 的大肠埃希菌突变株可使原来半衰期较短的细菌调控蛋白（如 SulA、RscA 和 λN）等稳定性大增，因此被广泛用于基因表达研究及工程菌的构建。然而这种突变株并非对所有蛋白质的稳定表达均有效，有些蛋白质（如 λ 噬菌体的 cⅡ）在 *lon⁻* 的突变株中并不稳定，可能是因为其他底物特异性的蛋白酶在起作用。

很多异常或异源蛋白在大肠埃希菌中的降解还直接与庞大的热休克蛋白家族的生物活性有关。这些蛋白质在没有环境压力存在的大肠埃希菌细胞中通常以基底水平痕量表达。它们参与天然蛋白质的折叠，并胁迫异常或异源蛋白形成一种对蛋白酶识别和降解较为有利的空间构象，从而提高其对降解的敏感性。热休克基因 *dnaK*、*dnaJ*、*groEL*、*grpE* 以及环境压力特异性因子 σ 编码基因 *htpR* 的突变株均呈现出对异源蛋白降解作用的严重缺陷，特别是 *lon⁻htpR⁻* 的双突变株，非常适用于各种不稳定蛋白质的高效表达。大肠埃希菌 *hflA* 基因的编码产物是 λ 噬菌体 cⅡ 蛋白降解所必需的，在 *hflA⁻* 的突变株中，cⅡ 蛋白的半衰期显著延长，而 *degP⁻* 的突变株则可以增加某些定位在大肠埃希菌细胞周质中的融合蛋白的稳定性。因此，构建多种蛋白酶单一或多重缺陷的大肠埃希菌突变株，并将其用于重组异源蛋白的稳定性表达比较，这是基因工程菌构建的一项重要内容。

（三）抗蛋白酶的重组异源蛋白序列设计

系统研究蛋白质的降解敏感性决定簇序列，有助于了解大肠埃希菌控制蛋白质稳定性的机制，并可通过人工序列设计与修饰达到稳定表达重组异源蛋白的目的。利用缺失分析和随机突变技术对 λ 噬菌体阻遏蛋白降解敏感序列的研究结果表明，存在于该蛋白质近 C 端的 5 个非极性氨基酸残基是提高对蛋白酶降解敏感性的重要因素。有趣的是，含有非极性 C 末端的蛋白质的降解作用也发生在 lon^- 和 $htpR^-$ 的突变株中，而且是 ATP 非依赖性的，说明这种降解作用与大肠埃希菌降解异常蛋白质的机制并不相同。由此可以推测，C 端中极性氨基酸残基的存在可能会提高蛋白质的稳定性。进一步的实验结果证实了这一点：在所有的极性氨基酸中，天冬氨酸（Asp）的存在对提高蛋白质稳定性的效应最大，而且 Asp 残基距 C 末端越近，蛋白质的稳定性就越强。更为重要的是，在多种结构与功能相互独立的蛋白质 C 端中引入 Asp 残基，都能显著延长这些蛋白质的半衰期。

蛋白质 N 末端的氨基酸序列对稳定性的影响同样显著。将某些氨基酸加到大肠埃希菌 β - 半乳糖苷酶的 N 末端，经改造的蛋白质在体外的半衰期差别很大，从两分钟到 20 小时以上不等。重组异源蛋白 N 末端的序列改造可以在外源基因克隆时方便地进行，通常在 N 末端接上一个特殊的氨基酸残基就足以使异源蛋白在大肠埃希菌中的稳定性大增，长半衰期的异源蛋白可在细胞中积累，从而提高产量，这种方法在原核生物和真核生物中均通用。例如，有关实验结果表明，在胰岛素原的 N 端加装一段由 6~7 个氨基酸残基组成的同聚寡肽，也能明显改善该蛋白在大肠埃希菌细胞中的稳定性。具有这种效应的氨基酸包括 Ala、Asn、Cys、Gln 和 His。

与此相反，N 端富含 Pro、Glu、Ser 和 Thr 的真核生物蛋白质在真核或原核细胞中的半衰期通常都很短，至少 E1A、c - Myc、c - Fos 和 P53 等蛋白都有这种特性。这一序列的存在显示出对细胞内蛋白酶系统的超敏感性，称为 PEST 序列。在大多数情况下，PEST 序列的两侧拥有一些带正电荷的极性氨基酸残基。据推测，PEST 序列实质上是一个钙结合位点，它能促进那些钙依赖性蛋白酶系统对蛋白质的降解作用。尽管有些实验结果并不能证实 PEST 序列对蛋白质稳定性的负面影响，但当某一真核生物基因在大肠埃希菌中不能稳定表达时，注意 PEST 序列是否存在，并在不影响异源蛋白生物功能的前提下对其进行适当的改造，仍不失为一种提高表达产物稳定性的尝试。

第三节　将外源基因导入大肠埃希菌的方法

大肠埃希菌是使用最多、最方便和成熟的原核表达系统，生长迅速，遗传背景清楚，异源蛋白能实现高效表达；此外，任何重组 DNA 分子的扩增和检测都要依赖大肠埃希菌细胞，在大肠埃希菌细胞中克隆后再进行重组子的检测和鉴定。

大肠埃希菌属革兰阴性菌，具有繁殖迅速、培养简便、代谢易于控制等优点。在自然界，外源 DNA 进入大肠埃希菌细胞的方法主要有 3 种：①转化（transformation），即 DNA 分子直接从培养基中进入细菌细胞的现象，细菌转化的本质是受体细胞直接摄取供体细胞的遗传物质（DNA 片段），将其同源部分进行碱基配对，组合到自己的基因中，从而获得供体细胞的某些遗传性状；②接合（conjugation），即两个细菌细胞借助接合管通道直接接触传递 DNA 的现象；③转导（transduction），即外源 DNA 被噬菌体携带并被注入细菌细胞的现象。

一、转化作用

转化是指微生物细胞直接吸收外源 DNA 的过程。通过转化接受了外源 DNA 的细胞称为转化子。原核细菌的转化是一种较为普遍的遗传变异现象，但是只有部分细菌的种属容易实现天然的转化过程，如芽孢杆菌、链球菌、假单胞菌以及放线菌等。而在大肠埃希菌等肠杆菌科的细菌却很难实现天然的转化事件，其原因可能一方面是转化因子难以被吸收，另一方面是受体细胞内往往存在着降解线状转化因子的核酸酶系统。

　　基因工程技术中提到的转化是指将重组 DNA 分子人工导入受体细胞的方法，包括转化、转染、接合和其他物理手段等，导入的外源基因一般不整合到细菌细胞的基因组中去，而且受体细胞也经过了特殊的遗传变异处理，丧失了对外源 DNA 分子的降解作用，才能保证较高的转化率。

（一）Ca^{2+} 诱导的大肠埃希菌转化法

　　1970 年，Mandel 和 Higa 发现用 $CaCl_2$ 处理过的大肠埃希菌能够吸收 λ 噬菌体 DNA。1972 年，Stanley Cohen 团队发现用 $CaCl_2$ 处理大肠埃希菌也能促进 R 质粒 DNA 转化。该法重复性好，操作简便快捷，适用于成批制备感受态细胞。感受态细胞是指用理化方法诱导细胞，使其吸收周围环境中的 DNA 分子，处于最适摄取和容纳外来 DNA 的生理状态。

　　Ca^{2+} 诱导的大肠埃希菌转化法的整个操作程序为：①将处于对数生长期的细菌细胞置于 0℃ 的 $CaCl_2$ 低渗溶液中，使细胞膨胀，同时 Ca^{2+} 使细胞膜磷脂层形成半晶格状态，使得位于外膜与内膜间隙中的部分核酸酶离开所在区域，构成大肠埃希菌人工诱导的感受态；②此时加入 DNA，Ca^{2+} 又与 DNA 结合形成抗脱氧核糖核酸酶（DNase）的羟基磷酸钙复合物，并黏附在细菌细胞膜的外表面上；③经短暂的 42℃ 热激处理后，细菌细胞膜由半晶格状态变成流动状态，并出现许多间隙，致使膜通透性增加，DNA 分子便趁机进入细胞（图 6 - 8）。

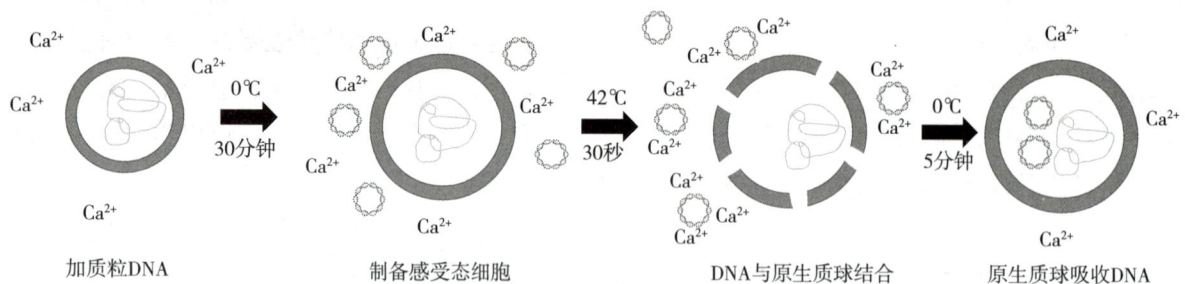

图 6 - 8　Ca^{2+} 诱导的大肠埃希菌转化法

　　用二价阳离子（Ca^{2+}）处理大肠埃希菌能增加大肠埃希菌吸收外源 DNA 的详细分子机制仍不清楚。推测可能是阳离子中和了大肠埃希菌外膜表面的负电荷。大肠埃希菌的外膜与内膜之间有由多种脂蛋白组成的通道，穿过由肽聚糖（peptidoglycan）组成的细胞壁，这些通道可能成为外源 DNA 进入大肠埃希菌细胞的途径。外膜表面有很多脂多糖（lipopolysaccharide），含有大量带负电的基团。如果带负电的 DNA 分子靠近这些脂多糖，就会受到脂多糖的负电荷排斥。当大肠埃希菌细胞受到 $CaCl_2$ 处理，其外膜表面的脂多糖的负电荷被 Ca^{2+} 中和，同时冰点的温度使大肠埃希菌细胞膜的磷脂双分子层成为半晶格状态，维持脂多糖的电中性状态和膜结构。此时外源 DNA 分子能进入脂多糖内并贴附在磷脂双分子层外侧，当温度突然升至 42℃，半晶格的磷脂双分子层变为液态流动状态，DNA 分子趁机穿过细胞膜上的通道进入细胞。

　　转化处理过程中可能感染杂菌，导致假阳性转化子的出现，因此须设以下几种对照处理。①DNA 对照处理：转化处理液中用 0.2ml 无菌水代替 0.2ml 感受态细胞，检验 DNA 溶液是否染菌。②感受态细胞对照处理：转化处理液中用 0.1ml NTE 缓冲液代替 0.1ml DNA 溶液，检验感受态细胞是否染菌。③感受态细胞有效性对照处理：在 0.2ml 感受态细胞中加入 0.1ml 已知容易转化这种感受态细胞的质粒 DNA。

（二）电穿孔转化法

电穿孔（electroporation）是一种电场介导的细胞膜可渗透化处理技术。受体细胞在电场脉冲的作用下，细胞壁和细胞膜上瞬间形成一些可逆的微孔通道，使得 DNA 分子直接与裸露的细胞膜磷脂双分子结构接触，并引发吸收过程。

由于电穿孔转化法是利用瞬间高压和电脉冲在细胞壁和细胞膜上打孔，使 DNA 在电场力的作用下进入细胞，随后细胞复苏和弥合，从而实现质粒 DNA 的物理转移。为避免电击时出现"击穿"产生电流的情况，细胞悬浮液中应含有尽量少的导电离子。为此，处于对数生长期的细胞在制备感受态细胞时要用 10% 甘油重悬。

电穿孔转化法也是分两步进行的。①制备感受态细胞：选取对数生长期的大肠埃希菌细胞低温离心，弃上清液。用 ddH_2O 或低盐缓冲液充分清洗，降低细胞悬浮液的离子强度。并用 10% 甘油重悬细胞，使其细胞浓度为 3×10^{10} 个/ml。分装，在干冰上速冻后置于 $-70 \sim -80\,^\circ\mathrm{C}$ 储存。这样，每小份细胞溶解后即可用于转化，有效期达 6 个月以上。②在低温下（$0 \sim 4\,^\circ\mathrm{C}$）进行电场转化：从 $-80\,^\circ\mathrm{C}$ 冰箱中取出感受态细胞，置于冰上解冻，加入待转化的质粒 DNA，冰浴。同时将电转化杯进行冰浴。将冰浴后的感受态细胞和质粒 DNA 转移至电转化杯室，轻轻混匀，推入电转仪。打开电转仪，调节至合适的电转参数（如 $25\,\mu\mathrm{F}$、$2.5\mathrm{kV}$、$200\,\Omega$ 的电场处理 4.6 毫秒），即可获得理想的电场转化效率。

电穿孔转化法的效率受电场强度、电脉冲时间、外源 DNA 浓度、DNA 的拓扑结构、温度、宿主细胞的生长状态等参数的影响，通过优化这些参数，每微克 DNA 可以得到 $10^9 \sim 10^{10}$ 个转化子。与 $CaCl_2$ 转化法相比，电穿孔的转化效率较高，尤其是能转化近 1000kb 的大分子 DNA，适合于大分子克隆，其转化 240kb 的大分子 DNA 的效率能达到 $10^6\mathrm{CFU}/\mu\mathrm{g}$ DNA（CFU：colony forming units，即克隆数）。

二、外源基因通过噬菌体转导进入受体细胞

噬菌体感染细菌后把噬菌体基因组注入受体细菌内进行复制和表达，在细菌细胞内包装成子代噬菌体颗粒，裂解细菌细胞后继续感染其他细菌。如果子代噬菌体基因组中重组了供体细菌 DNA 裂解片段，并在感染其他溶原性细菌细胞时把所携带的供体菌 DNA 片段带入受体菌细胞，整合到受体细菌染色体上，这个过程被称为噬菌体介导的基因转导（transduction）。

在基因工程操作中，基因转导常用的噬菌体是 λ 噬菌体。λ 噬菌体是大肠埃希菌的一种双链 DNA 噬菌体，其分子量为 3.1×10^6，基因组 DNA 分子的长度为 48.5kb，是一种中等大小的温和噬菌体。λ 噬菌体感染大肠埃希菌的过程也是先通过噬菌体侵染细菌，注入自身 DNA，降解细菌的染色体，在细菌细胞内复制噬菌体 DNA。包装成子代噬菌体颗粒后溶解细菌，释放出子代噬菌体。因此，λ 噬菌体是常用的一种噬菌体载体，具有很高的感染效率，在构建基因组文库时有广泛的用途。用 λ 噬菌体作载体时，要通过 λ 噬菌体的包装蛋白包装重组 DNA 分子，因此，重组 DNA 分子上要有 λ 噬菌体包装蛋白的包装识别信号（cos 序列），还要求重组 DNA 的长度必须在 λ 噬菌体野生型基因组的 75% ~ 105% 范围内（38 ~ 50kb）。用重组 λ 噬菌体颗粒感染受体细胞，需要将重组 λ 噬菌体 DNA 分子进行体外包装（in vitro packaging）。所谓体外包装，是指在体外模拟 λ 噬菌体 DNA 分子在受体细胞内发生的一系列特殊的包装反应过程，将重组 λ 噬菌体 DNA 分子包装为成熟的具有感染能力的 λ 噬菌体颗粒的技术，其感染受体细菌的转导效率提高 100 ~ 1000 倍，具有扩增的效应。

λ 噬菌体的体外包装过程是根据 λ 噬菌体 DNA 体内包装的途径，分别获得缺失 D 包装蛋白的 λ 噬菌体突变株和缺失 E 包装蛋白的 λ 噬菌体突变株。由于不具备完整的包装蛋白，这两种突变株在细菌内

均不能单独地包装入噬菌体 DNA，但将两种突变株分别感染大肠埃希菌，分别提取缺失 D 蛋白的包装物（含有正常 E 蛋白）和缺失 E 蛋白的包装物（含有正常 D 蛋白），两者混合后就能包装重组 λ 噬菌体 DNA。经过体外包装的噬菌体颗粒可以感染适当的受体菌细胞，并将重组 λ 噬菌体 DNA 分子高效导入细胞。在良好的体外包装反应条件下，每微克野生型的 λ 噬菌体 DNA 可形成 $10^8 \sim 10^9$ PFU （plaque - forming units，噬菌斑克隆数）。而对于重组的 λ 噬菌体 DNA，其包装后的成斑率要比野生型的有所下降，但仍可达到 $10^6 \sim 10^7$ PFU，完全可以满足构建真核基因组文库的要求。

第四节　重组异源蛋白的体外复性活化

在受体细胞中过量表达的重组异源蛋白往往聚集在一起，形成非天然空间构象、无生物活性的不溶性包涵体。除了大肠埃希菌外，这种现象还发生在其他受体系统中，如芽孢杆菌、酵母菌、家蚕以及某些猴细胞系。从包涵体中回收活性蛋白实质上可归结为蛋白质的体外复性这一基本命题，它不仅具有重要的蛋白质生物化学理论学术价值，而且也是基因工程产品产业化过程中的重大技术难题。蛋白质的体外复性主要包括包涵体的溶解变性与蛋白质重折叠（refolding）两大基本操作，后者是个十分复杂的过程，受诸多因素的制约，而且操作程序因包涵体的性质而异。在由大肠埃希菌产生的包涵体中，重组异源蛋白的复性率除极个别例子可高达 34% 外，一般不超过 20%。

一、包涵体的溶解与变性

包涵体中的重组异源蛋白大部分以分子间或（和）分子内的错配二硫键形成可逆性聚结体，因此从包涵体中回收具有生物活性的异源蛋白，必须首先使包涵体全部溶解并变性，只有在此基础上才能进行异源蛋白的重新折叠。变性溶剂的选择不仅影响后续重折叠工序的设计与操作，同时也是变性过程成败的关键。理想的变性剂应具备如下性质：①变性溶解速度快；②对包涵体中残留细胞碎片的分离没有干扰；③无温度依赖性；④对蛋白酶有抑制作用；⑤对蛋白质中的氨基酸侧链基团无化学反应活性。目前广泛使用的变性剂为促溶剂（chaotropic）和表面活性剂，促溶剂最早用于天然蛋白颗粒的溶解，而像 SDS 等离子型表面活性剂则通常用于溶解膜蛋白颗粒。包涵体一旦溶解，多肽链中的巯基会迅速氧化形成折叠中间体和共价聚结物，它们通常难以进行重折叠，因此必须除去。为了防止这种自发氧化反应的发生，还必须在溶解缓冲液中加入低分子量的巯基试剂，或者通过 S - 碘酸盐的形成来保护还原性的巯基基团。

（一）表面活性剂的溶解变性作用

使用表面活性剂是溶解包涵体最价廉的一种方法，其溶解液在稀释后的蛋白质聚结作用要比用其他溶解方法减少许多，而且阳离子、阴离子以及两性离子型的表面活性剂均可使用。但必须注意，在包涵体的溶解过程中，表面活性剂的使用浓度必须远高于其临界胶束浓度（CMC），通常在 0.5% ~5% 的范围内。表面活性剂使用的最大缺陷是给下游蛋白质复性和纯化工序增添了不少麻烦，它能不同程度地与蛋白质结合，很难除去，因此干扰复性蛋白质的离子交换色谱及疏水分离，甚至以足可使蛋白质重新变性的浓度残留在超滤膜上。SDS 已广泛用于牛生长激素、β 干扰素和白细胞介素 -2 的大规模纯化，其缺点是 CMC 值低，除去它极其困难。值得推荐的是正十二醇基肌氨酸，它的 CMC 值可达 0.4%，远远高于 SDS。用它溶解包涵体可直接通过稀释的方法进行复性操作，残留的表面活性剂可采用阴离子交换色谱或超滤除去。此外，正十二醇基肌氨酸还是一种温和的表面活性剂，它能选择性地溶解许多包涵体，但不溶解不可逆的蛋白聚结体和大肠埃希菌的内膜蛋白。

使用表面活性剂溶解包涵体的一个难以解决的问题是几乎所有的表面活性剂均能同时溶解任何污染的细胞膜蛋白酶，并且其蛋白质水解活性被表面活性剂激活，从而导致溶解和折叠过程中异源蛋白的大量损失。可防止这种现象发生的改进方法是：①在包涵体溶解之前，先用一种能抽提大肠埃希菌膜蛋白但不溶解包涵体的溶剂预洗包涵体；②通过离心尽可能多地除去包涵体制备物中的固体细胞碎片；③在包涵体溶解液中加入适量的蛋白酶抑制剂，如 EDTA、苯基脒或 PMSF 等。

其实表面活性剂的存在并非总是对蛋白质折叠工序不利，至少对于某些蛋白质，非变性的表面活性剂在重折叠混合物中能维持折叠产物的稳定性；而对于另一些蛋白质，表面活性剂也许能屏蔽折叠中间产物的疏水表面，阻止其聚结和沉淀，有利于提高正确折叠率。例如，硫氰酸合成酶由于其折叠中间产物的聚结作用而有效折叠率很低，但表面活性剂的存在能显著改善其体外折叠效果，这是一个典型的表面活性剂辅助重折叠的例子。

（二）促溶剂的溶解变性作用

可用于溶解包涵体的促溶剂有很多，但主要有盐酸胍（Gdm）和尿素这两种。以色氨酸合成酶 A 和 α_2 干扰素为例，阳离子和阴离子促溶剂对包涵体的相对溶解能力大小次序分别为：$Gdm^+ > Li^+ > K^+ > Na^+$ 以及 $SCN^- > F^- > Br^- > Cl^-$。然而，在实际操作中，有些盐并不适用，原因是其溶液的密度比盐酸胍和尿素溶液的高，黏度也较大，这使得后续的离心和色谱操作难以进行。盐酸胍或尿素用于溶解包涵体的浓度主要取决于异源蛋白自身的性质，在低浓度的上述溶液中就能使非折叠状态的蛋白质保持稳定，通常其包涵体在相似的溶液浓度下能够被溶解。

一般来讲，6mol/L 的盐酸胍溶液属于一种强变性溶解剂，不过其过高的离子强度会给溶解蛋白的离子交换色谱操作带来困难。5mol/L 的硫氰酸胍溶液在溶解变性方面明显比盐酸胍更具优势，但这种溶液对于后续的蛋白质重折叠会产生怎样的影响，目前尚不很清楚。盐酸胍的价格较为昂贵，所以仅仅适用于生产具有高附加值的蛋白产物或药品。尿素虽然价格便宜，但是常常会被自发形成的氰酸盐所污染，而氰酸盐很容易与蛋白质多肽侧链中的氨基基团发生反应，从而导致产物出现异质性。为了避免这种情况的发生，在使用尿素溶液之前，可以用阴离子交换树脂对其进行预处理，并且在包涵体溶解及重折叠操作中使用氨基类缓冲液，比如 Tris – HCl 等。

（三）极端 pH 的溶解变性作用

酸性或碱性的缓冲液能够以低廉且有效的方式溶解包涵体。然而，许多蛋白质在极端的 pH 条件下会发生不可逆转的修饰反应，正因如此，这种方法的应用范围相较于上述两种（盐酸胍和尿素等）方法而言并不广泛。其中，最有效的酸溶解剂是有机酸，其使用的浓度范围在 5%~80%。像重组异源蛋白白介素 – 1β 和 β 干扰素的包涵体，都可以用醋酸或丁酸进行溶解。而高 pH（>11）的碱溶剂则可用于溶解牛生长激素和凝乳酶原包涵体，但这种情况并不常见，这是因为大部分蛋白质在强碱溶液中会发生脱氨反应以及半胱氨酸的脱硫反应，进而导致蛋白质发生不可逆的变性。

（四）混合溶剂的溶解变性作用

通常情况下，各类促溶剂是不能联合使用的。比如，盐酸胍和尿素的混合溶液无法达到非常高的饱和浓度。然而，有一种已经商品化的促溶型生物多聚体变性剂的混合物，却能够达到 14mol/L 的饱和浓度。尿素与其他促溶剂盐类化合物的混合液可以用于使 RNase 发生变性，目前这种方法在包涵体的溶解中也较为常用。高浓度的非促溶剂盐类化合物（如氯化钠）会降低包涵体在尿素中的溶解度。将促溶剂与某些添加剂或溶解增强剂联合使用，有时能够极大地促进包涵体的溶解变性。例如，尿素分别与醋酸、二甲基砜、2 – 氨基 – 2 – 甲基 – 1 – 丙醇以及高 pH 值联合使用，就可以成功地溶解牛生长激素的包涵体。

二、异源蛋白的复性与重折叠

在重组异源蛋白的大规模生产过程中，复性与重折叠是一项极为关键的技术。其中，用于溶解变性包涵体的化学试剂的性质以及在重折叠前的残留浓度这两大要素会对折叠策略的选择产生影响。如果包涵体中的异源蛋白所含的二硫键数量较少，并且二硫键错配的比率也较低，那么从理论层面来看，选用相对较弱的表面活性剂来溶解包涵体，就能够大幅提高异源蛋白的复性率。然而，对于那些二硫键错配率较高的异源蛋白而言，只有将其二硫键彻底拆开，才能够进行有效的重折叠。

（一）重组异源蛋白纯度对重折叠的影响

在包涵体的制备环节中，即便进行了清洗操作，包涵体中始终会存在一定量的受体菌蛋白质、DNA 以及脂类杂质。实验结果显示，在含有 8mol/L 尿素的色氨酸酶变性溶液中，提升大肠埃希菌杂蛋白的浓度并不会对该酶的重折叠回收率造成影响。并且，包涵体型重组异源蛋白历经 50 多年的工业化生产经验，也极少有确凿证据表明大肠埃希菌组分会通过共聚结作用直接降低蛋白重折叠率。所以，当重组异源蛋白在包涵体中的含量达到 60% 及以上时，变性溶解后的包涵体蛋白质可以直接进行复性和重折叠操作。倘若异源蛋白的含量不足 50%，那么最好通过多次洗涤离心的方式来进一步纯化包涵体，否则大量的受体菌组分在复性之后会直接给蛋白质纯化工序带来负担。而包涵体富集纯化所需的成本远远低于大规模的色谱分离操作。

绝大部分的大肠埃希菌组分不会直接对异源蛋白的重折叠率产生影响，然而若这些杂质中有微量的蛋白酶活性，那么活性蛋白的总回收率将会大幅降低。因此，尽可能去除大肠埃希菌来源的蛋白酶也就成了包涵体纯化的一个重要目标。有许多表面活性剂处理方法可以用来除去包涵体中的大肠埃希菌结合型蛋白以及其他杂质，其中包含 Triton X – 100、脱氧胆酸以及 Nonidet 溶液等。Triton X – 100 对于包涵体蛋白的回收率较高，但对杂蛋白的清除作用并不彻底；相反，脱氧胆酸的纯化效果较好，却会部分溶解并去除重组异源蛋白。变性剂的效果与包涵体中异源蛋白的性质存在关联，所以根据不同的系统选择不同的包涵体纯化条件十分必要。

如果重组异源蛋白的表达率仅为受体细胞蛋白总量的 1% ~ 2%，那么除了包涵体需要进一步纯化之外，变性溶解后的蛋白溶液在复性之前也需要进一步的分级分离，否则复性重折叠的效果将不会理想。另外，这一步分级分离工序还能够除去共价连接的蛋白寡聚体副产物。虽然在复性操作之前，可以通过加入还原剂等方式来抑制富含半胱氨酸残基的异源蛋白形成共价寡聚体，但是对于某些重组异源蛋白而言，在变性条件下也会发生一定程度的蛋白质侧链氧化反应。如果异源蛋白的浓度足够低，二硫键的随机形成大多会发生在蛋白分子内部，寡聚体副产物的含量也会较少，这种情况下可以通过简单的凝胶过滤工序将其除去，而完全氧化的单聚体流分则能够在非变性缓冲液中实现复性。

（二）重折叠方法的选择

在绝大多数情形下，溶解变性的异源蛋白已完全丧失其四维空间构象。如果异源蛋白在溶解变性的过程中并非 100% 处于非折叠状态，抑或是还原型的蛋白质具有可溶性［例如肿瘤坏死因子（TNF）］，那么下游操作可以简单地涵盖离心、缓冲液交换、二硫键氧化，在必要时进行色谱纯化。而如果异源蛋白是完全变性的，那就必须进行重折叠操作，并且要尽可能地避免部分折叠的中间产物形成不溶性聚结物。为了达成这一目的，可以采取以下这些方法。

1. 一步稀释法　单体蛋白分子的体外重折叠属于分子内部的相互作用，其遵循一级动力学模型，与蛋白质的浓度并无关联。然而，聚结作用本身属于多级动力学反应，严格依赖于蛋白质的高浓度存在。在稀释过程中，重折叠与聚结作用的相互竞争可以通过数学模型进行关联，并且重折叠蛋白质的回收率能够由这两个反应的速率常数推算得出。显然，在重折叠操作中，降低蛋白质浓度能够在很大程度上对聚结起到抑制作用。例如，牛生长激素在重折叠反应中的浓度为 1.6mg/ml 时，可以观察到部分折叠中间产物的形成，但是将其稀释 100 倍后，折叠中间产物便不会大量形成，这种浓度恰好是牛生长激素体外折叠的最佳条件。然而，重折叠反应液高倍数的稀释不仅会增加复性缓冲液的消耗成本，还会给后续的纯化工序带来极大的麻烦。需要指出的是，由于蛋白质的性质不同，其最佳重折叠所对应的蛋白质浓度存在很大差异，有些蛋白质可以在 0.1 ~ 10mg/ml 的浓度范围内完全溶解，并足以进行有效的折叠。

2. 分段稀释法　对于那些处于非折叠和部分折叠状态且不溶于水的蛋白质，通常会采用分步稀释的方法来实现其有效的复性。胰凝乳蛋白酶原便是一种较难进行重折叠的蛋白质，其天然构象具有很大的溶解度，然而当它的 5 对二硫键打开后，变性蛋白就极难溶于水了。即便如此，还原型的胰凝乳蛋白酶原仍然可以通过分段稀释法在盐酸胍溶液中高效地重折叠。首先，将还原性胰凝乳蛋白酶原的 6mol/L 盐酸胍溶液用含有 1mmol/L 的 GSH 和 GSSG 的缓冲液进行不同倍数的稀释，保温 4 小时，然后再将该折叠系统稀释到非变性缓冲液中。实验结果显示，在第一次稀释时，若盐酸胍浓度低于 0.5mol/L 或高于 3mol/L，都会导致大量沉淀的产生；而当盐酸胍浓度为 1mol/L 时，天然氧化型的蛋白质能够完全折叠。这也就意味着，1mol/L 的盐酸胍溶液对于还原型的胰凝乳蛋白酶原及其部分重折叠中间产物具有足够强的溶解度，同时又不会对已经形成天然构象的最终折叠产物产生较强的变性作用。因此，将胰凝乳蛋白酶原在 1mol/L 的盐酸胍溶液中保温，才能够确保重折叠在没有聚结副产物出现的最佳条件下得以有效进行。

进一步的研究结果表明：用于使聚结蛋白变性的缓冲液成分并不一定需要与在中间产物重折叠步骤中所使用的溶解剂成分完全相同，交换溶剂或者将溶剂稀释成另一种变性溶液同样可以启动重折叠过程。例如，经盐酸胍变性的醛缩酶可以用 2.3mol/L 的尿素溶液进行稀释，可获得较高的重折叠产率，这一浓度的尿素溶液能够有效地防止折叠中间产物的聚结作用，直到酶的天然四级空间构象完全形成。同样，胰凝乳蛋白酶原也可以通过透析的方法将其 6mol/L 的盐酸胍溶液转变为 2mol/L 的尿素溶液，并在后者中进行有效的重折叠。

在启动体外复性和重折叠过程中，变性剂的性质及其浓度不仅对折叠率有着极大的影响，而且对其变化速度的掌控也极为重要。也就是说，变性剂的更换或稀释速度的快慢对重折叠的影响因蛋白质的不同而有所差异。稀释速度加快有利于重折叠的一个典型例子是色氨酸酶，它在 3mol/L 的尿素溶液中非常容易形成部分折叠中间产物的聚结作用。因此，从 8mol/L 尿素的变性溶液透析至低浓度时，必须加快透析速度，从而使色氨酸酶在 3mol/L 尿素溶液中存在的时间尽可能地短。反之，对于含有牛生长激素的 2.8 ~ 5mol/L 盐酸胍溶液，如果将其迅速稀释至复性重折叠所需的低浓度，会产生大量的不可逆沉淀。然而，如果先将这个溶液稀释至 2mol/L 盐酸胍浓度，并保温一段时间，此时难溶性的折叠中间产物会逐渐趋于溶解。在此基础上进一步进行稀释，就可以获得高产率的天然蛋白。

需要特别强调的是，在上述分段稀释法中，重折叠蛋白的产率与蛋白质浓度有着紧密的关联，所采用的稀释倍数也会受到缓冲液 pH、离子组成以及保温温度变化的显著作用。就像由于天然折叠蛋白的等电点沉淀性质，在重折叠过程中应避免折叠缓冲液的 pH 接近重组异源蛋白的等电点（pI）一样。此外，还需留意缓冲液离子种类的选择以及使用浓度。因为阴离子对蛋白质疏水作用强度的影响性质各

异，它们既具有稳定蛋白质折叠结构的作用，又能诱导折叠蛋白聚结。各种阴离子的作用强度顺序为
$SO_4^{2-}>HPO_4^{2-}>Ac^->Ci^{3-}>Cl^->NO_3^->I^->ClO_4^->SCN^-$（其中$Ci^{3-}$为柠檬酸根），并且多价阴离
子的这种双重功能通常比单价阴离子更强。在核糖核酸酶的巯基-二硫键交换重折叠过程中，中性盐对
重折叠速率以及最终重折叠产率的影响与它们对天然蛋白质分子溶解度的影响完全一致。然而，阴离子
对这两种相互对抗功能本身的相对强弱并非始终保持恒定。对于热变性的T_4溶菌酶和其他蛋白质的体
外重折叠反应来说，折叠效率会随着上述阴离子作用强度的增加而降低，在这种情况下，阴离子诱导的
蛋白聚结作用对重折叠产率的负面影响远远大于其稳定蛋白折叠状态对折叠产率产生的正面影响。所
以，对于一种特定的蛋白质重折叠反应，合理地确定折叠缓冲液中的盐组分是很有必要的。

　　较高的温度（但不超过40℃）对于大多数蛋白质的重折叠反应是有益的。然而，在某些情形下，
较低的反应温度能够有效地阻止聚结作用的发生，进而提高重折叠产率。温度越高，蛋白质疏水基团之
间的相互作用就越强，而疏水作用的增强会导致两种截然相反的结果，即促进I→N反应以及强化I→Ag
的转变。倘若在某一折叠过程中，聚结作用并非主要的副反应，或者疏水基团的相互作用更有利于I→N
反应，那么较高的折叠温度显然能够改善重折叠率；相反，如果聚结作用在蛋白质折叠反应中占据主导
地位，也就是I→Ag的反应速率常数大于I→N的反应速率常数，那么较低的温度对于有效折叠的蛋白
质回收率是有利的。这也是在蛋白质体外重折叠过程中对温度参数进行控制与优化的依据。

　　3. 特种试剂添加法　在复性折叠系统中，存在某些特殊化合物能够提高许多蛋白质的重折叠率。
比如，0.2mol/L的精氨酸能够显著提升重组人尿激酶原（pro-UK）的活性回收率，并且相同条件也适
用于组织型血纤维蛋白溶酶原（t-PA）以及免疫球蛋白片段的体外重折叠。0.1mol/L的甘氨酸可以提
高松弛肽激素的折叠产率，而血红素和钙离子能够促进重组马过氧化酶的重折叠反应。此外，像甘油和
蔗糖等一些中性分子，能够稳定蛋白质的天然构象。在某些情况下，将这些中性物质添加到折叠缓冲液
中，能够改善蛋白质的体外重折叠产率。例如，在牛碳酸酐酶的重折叠反应中，聚乙二醇被用于抑制折
叠中间产物的聚结与沉淀。上述化合物的作用机制都是通过降低聚结反应的速率常数，使折叠反应在竞
争中占据优势。

　　4. 蛋白化学修饰法　胰蛋白酶原的重折叠很难通过上述的缓冲液交换方法来达成。然而，在变性
条件下，如果对这个蛋白质的游离巯基进行特异性保护，接着将蛋白分子进行柠檬酸酐酰化修饰，那么
经过修饰的胰蛋白酶原便可溶于非变性的缓冲液中，进而促使重折叠反应能够顺利进行。在上述修饰反
应中所运用的酸酐活性试剂能够可逆性地修饰多肽链上的游离氨基，并且将其正电荷转变为负电荷，如
此一来，蛋白质便会形成多聚阴离子状态，后者凭借分子间的斥力来阻止聚结作用的发生。一旦修饰蛋
白发生氧化并转入非变性溶液，将pH调低至5.0，就可以通过脱酰基反应回收具有天然折叠构象的蛋
白产物。这一方法的效果已经被后续的多次实验所证实，尤其适用于包涵体型重组蛋白的活性回收。蛋
白质的化学修饰还可以用于防止因二硫键错配而产生的共价聚结作用。在变性溶解的状态下，将多肽链
上的所有游离巯基全部进行烷基化封闭，然后开展复性重折叠操作，最终脱去烷基并在氧化条件下修复
二硫键。

　　5. 重折叠分子隔离法　蛋白质及其折叠中间产物的聚结作用是以分子之间的碰撞与接触为基础的，
所以将非折叠蛋白分子进行固定化从理论层面来看能够从根本上消除聚结作用的出现，而实验结果也证
实了这一思路具有实用价值。例如，把处于非折叠状态的胰蛋白酶原固定在琼脂糖球状颗粒上，接着用
一种复性缓冲液对色谱柱进行平衡，这样就能回收71%的酶活性。倘若对固定在色谱介质上的蛋白质
能够便捷地进行可逆性回收，那么就可以实现蛋白的原位重折叠，最终通过特定的解离溶剂从重折叠色
谱柱上洗脱具有天然构象的活性蛋白产物。这项技术已经成功地应用于包涵体型重组蛋白的重折叠领

域，只是精细的操作条件，尤其是色谱介质对蛋白质的亲和性，还需要逐一进行建立。

可逆性胶束技术为分离溶液中的单个非折叠蛋白分子提供了另一种途径。在表面活性剂［如双（2－乙基己基）硫代琥珀酸盐］的存在下，单个蛋白分子能够被包裹在水相球体胶束中，当遇到有机溶剂时，这种胶束结构会立即破碎并释放出其中的内含物。因为胶束与胶束之间通常不会发生融合，所以这种方法能够防止蛋白分子之间的聚结。从理论上讲，只要有选择性地更换可逆胶束中的缓冲液，被隔离的蛋白分子就可以在没有聚结现象伴随的情况下进行重折叠，并且这一技术既经济实惠又可以进行规模化放大。

（三）二硫键的形成

由二硫键错配所导致的聚结作用，在重组异源蛋白的体外重折叠过程中是一个较为普遍的问题。当蛋白质处于变性状态时，由于在极强的变性条件下，蛋白质难以维持二硫键正确配对所需要的空间构象，所以这种二硫键介导的聚结现象很容易发生。对于那些含有半胱氨酸残基，但在天然状态下并不形成二硫键的蛋白质而言，在其溶解变性以及复性折叠的操作过程中，必须加入还原剂和 EDTA，并且适当地调低缓冲液的 pH，以使蛋白质始终保持在还原状态。而对于大多数蛋白质来说，它们的天然构象以及生物活性需要正确的二硫键存在，这些蛋白质在变性溶解的过程中也应该让半胱氨酸残基保持还原游离的状态。只有在蛋白质复性的过程中或者复性之后，才进行体外二硫键的复原反应。

从化学角度进行分析，蛋白质分子的二硫键形成存在两种机制。在生物体内，当新生多肽链进入内质网膜腔之后，相应的半胱氨酸残基会通过二硫键交换机制而形成共价交联结构。催化该反应的酶是二硫键异构酶（PDI），它在很多真核生物细胞内都存在。尽管目前对于该酶的详细作用机制尚未完全明晰，但它对于含有二硫键的蛋白质装配而言是必不可少的。细菌缺乏内质网膜结构这样的胞内氧化空间，其表达的蛋白质通常难以在细胞质中形成二硫键。因此，在大肠埃希菌中表达的重组异源蛋白大多需要进行体外二硫键修复操作。分泌型的重组异源蛋白往往会定位于大肠埃希菌细胞的周质中，而周质是一个氧化微环境。即便异源蛋白的分泌速度足够快，能够使表达产物在周质中形成包涵体，蛋白质仍然可以在这个环境中形成二硫键。大肠埃希菌细胞的周质中同样存在着 PDI 酶活性，不过这个蛋白质在结构上与真核生物的 PDI 并不具有同源性。缺失这种重折叠酶的大肠埃希菌突变株无法使碱性磷酸酶正确折叠。然而，即便该酶功能正常，在大肠埃希菌中以分泌形式表达的可溶性异源蛋白仍然会产生错配的二硫键，所以对这种分泌型异源蛋白也需要进行重折叠处理。

1. 化学氧化法形成二硫键　进行化学氧化法的重要前提条件是必须存在电子受体。其中最为价廉的电子受体为空气，空气接受电子的反应能够由重金属、碘基苯甲酸以及过氧化氢来催化。如果还原状态的蛋白质在氧化之前能够被诱导形成准空间构象，那么通过化学氧化法来恢复二硫键是可行的；如果还原型蛋白无法形成稳定的中间构象，那么空气氧化往往就会产生二硫键错配的平衡反应混合物。空气的氧化反应通常进行得较为缓慢，例如在 Cu^{2+} 的催化作用下，经肌氨酸类表面活性剂变性的粒细胞集落刺激因子（G－CSF）用空气氧化法来修复二硫键，需要 0.5～4.5 小时的时间。此外，低分子量巯基化合物的缺乏也会致使错配二硫键转变为天然结构的反应速率变得缓慢。另外，空气氧化法并不适用于含有多个半胱氨酸残基的蛋白质重折叠，尤其是那些在天然构象中存在一个或多个游离半胱氨酸残基的蛋白质。空气氧化极易引发二硫键错配、二聚体聚结或者将半胱氨酸残基直接氧化成磺基丙氨酸和半胱氨酸亚砜。尽管如此，空气氧化法还是在几种不含游离半胱氨酸残基的蛋白质重折叠操作中取得了成功。除了空气中的氧之外，还有许多反应动力学性能更为优良的氧化剂，然而这些氧化剂大部分都会导致半胱氨酸残基的过度氧化以及包括甲硫氨酸在内的其他残基的非特异性氧化，所以很难在实际操作中得到应用。

2. 二硫键交换法形成二硫键　二硫键交换法能够规避空气氧化法的诸多缺点。其反应条件需重点把握两点：其一，反应缓冲液系统必须同时包含低分子量的氧化剂与还原剂；其二，还原型巯基与氧化型巯基的分子比例应在 5∶1 至 10∶1 之间，此比例与体内的天然条件相似。在众多重组异源蛋白的体外重折叠过程中，通常会运用还原型谷胱甘肽（GSH）和氧化型谷胱甘肽（GSSG），二者的物质的量浓度分别为 1mmol/L 和 0.2mmol/L。谷胱甘肽能够为二硫键的正确形成提供一定程度的空间特异性，故而上述以还原性为主体的氧化还原反应系统能够最大限度地降低蛋白质分子内以及分子间二硫键的随机配对情况，进而确保体外重折叠的高效性。然而，作为氧化还原生理系统中的重要成分，GSH 对于大规模工业化生产来说，是极其昂贵的，所以在重组异源蛋白的大规模生产过程中，通常会使用相对较为价廉的还原剂，例如半胱氨酸、二巯基苏糖醇、2-巯基乙醇以及半胱胺等。

如前文所述，溶剂以及环境条件的选择对于抑制非共价型蛋白质分子的聚结而言具有极为重要的意义。通常情况下，较低的温度（5~10℃）以及在能够维持变性蛋白质水溶性的前提条件下尽量降低变性剂的含量，是促进二硫键正确配对的两个关键要素。上述的蛋白重折叠方法在某些特定情况下会产生令人意想不到的效果。例如，巨噬细胞集落刺激因子（M-CSF）是一个二聚体蛋白质，每个亚基由218 个氨基酸残基所组成，各含有 9 个半胱氨酸残基，所以两个亚基之间能够形成多种随机的二硫键。从理论层面来讲，这个蛋白质并不适合在大肠埃希菌细胞内进行表达，可实际上，人们却能够从大肠埃希菌包涵体中高效地回收具有天然构象的 M-CSF，经体外重折叠后的 M-CSF 蛋白浓度相当于每毫升细菌发酵液中有 0.7mg。

为了能最大限度地降低蛋白质分子间以及分子内二硫键的随机形成，还可以在将变性溶解的蛋白溶液更换为复性折叠缓冲液之前，先对蛋白质进行预处理。具体做法是向还原型的蛋白溶液中加入过量的高氧化型缓冲液。在此情况下，蛋白质上所有的游离巯基都会被低分子量的氧化型巯基化合物以共价的方式进行封闭，这样就能有效地阻止蛋白质分子在转换缓冲液的过程中出现二硫键错配的现象。接着，把蛋白质转移到复性缓冲液中，并在低分子量还原型巯基化合物的存在下，逐步进行二硫键的重排，以此来提高重折叠的正确率。作为对这一方法的一种改进措施，也可以将氧化型谷胱甘肽（GSSG）固定在色谱介质上，处于完全变性状态的蛋白溶液通过色谱柱后，会与 GSSG 发生二硫键交换反应。经过多次清洗之后，再用还原型谷胱甘肽（GSH）复性折叠溶液进行梯度洗脱，最终能够从色谱流出液中回收高产率的正确氧化型蛋白质。利用这一改良方法，成功地制备出了具有生物活性的细胞毒素。

3. 二硫键介导的聚结物检测　在蛋白质的重折叠过程中，因二硫键错配而产生的聚结蛋白质通常难以回归到正确的折叠途径当中，所以这种不可逆聚结作用的检测对于有效控制重折叠反应是非常有用的。其检测方法主要采用 SDS 非还原性聚丙烯酰胺凝胶电泳（SDS-PAGE）。在实际操作过程中，为了确保检测的准确性，必须要注意以下两个方面：其一，在将重折叠反应物添加到 SDS 凝胶电泳缓冲液之前，必须把样品中痕量的游离巯基去除掉，这里的游离巯基包括小分子还原剂以及蛋白质自身所存在的活性基团，倘若这些游离的巯基与聚结体中的二硫键发生交换反应，就会致使检测结果偏低。对于样品中的所有游离巯基基团，可以使用过量的碘乙酸胺或者碘乙酸盐进行封闭灭活；其二，在电泳的过程中，通常需要以还原型样品作为对照，如果对照样品与检测样品是相邻的，那么还原型样品中的 2-巯基乙醇就会扩散到待测样品的孔内，从而导致之前被封闭的样品重新被还原，此时寡聚型的聚结体样品在电泳过程中就会出现单体多肽链的条带，因此对照样品与待测样品之间应该留出足够的空间。

（四）折叠辅助蛋白因子的应用

在蛋白质的重折叠反应中，二硫键的正确配对在很大程度上是由蛋白质复性的准确性所决定的。按照传统的蛋白质化学理论，复性的准确性完全来源于多肽链的氨基酸序列所蕴含的结构信息。然而，历经 40 多年的相关研究，结果表明，有相当数量的蛋白质在体内折叠过程中必须依赖某些其他的蛋白因子来提供辅助作用。这类被称作分子伴侣的蛋白质，通过与部分折叠的中间产物分子相互作用，促进蛋白质的准确复性与折叠。已经证实，在大肠埃希菌中有 50% 的可溶性蛋白在其处于变性状态时会与分子伴侣 GroEL 蛋白相结合。分子伴侣以及其他一些重折叠酶，不仅能够协助蛋白质进行特异性折叠、分泌运输以及亚基装配，而且在所有蛋白质的代谢周期中都发挥着极为重要的作用。

分子伴侣在体外对变性蛋白的重折叠起到的促进作用，不仅进一步证实了它们本身的生理作用，还展现出了其极为良好的应用前景。例如，大肠埃希菌来源的分子伴侣 GroEL 和 GroES 至少能够促进以下蛋白质的体外折叠：1,5 - 二磷酸核酮糖羧化酶、柠檬酸合成酶、二氢叶酸还原酶以及硫氧还蛋白。DnaK 是另一种形式的分子伴侣蛋白，它具有能够阻止热变性 RNA 聚合酶聚结物形成的作用，同时还可以将不溶性的聚结蛋白转化为可溶性状态。倘若将 DnaK 与 GroEL 和 GroES 等分子进行混合，那么这种混合蛋白溶液能够使免疫毒素蛋白的体外重折叠率提高 5 倍以上。在上述的实验过程中，要想实现其最佳效应，分子伴侣相对于待折叠蛋白必须过量，而这将会对分子伴侣在大规模重组异源蛋白生产中的应用产生限制。

然而，有两项颇具意义的尝试或许能够打破这种限制。其一，是分子伴侣的固定化策略。未来在重组异源蛋白的重折叠过程中，将会按照以下工艺进行操作：①将包涵体制备物溶解在含有弱变性剂、低浓度 PDI 和旋转酶的溶剂中；②让变性蛋白溶液在固定了分子伴侣的色谱柱上进行分离；③用 ATP 溶液洗脱得到纯的重折叠蛋白产物。其二，是分子伴侣或（和）折叠酶编码基因与外源基因共表达策略。大量的实验结果显示，分子伴侣基因与外源基因共表达，能够在不同程度上提高异源蛋白的可溶性及其重折叠率。

第五节　基因工程菌的不稳定性及对策

克隆有外源基因的质粒载体转移到受体细胞后，会产生一系列的生理效应，影响自身的稳定性。基因工程菌至少应维持 25 代稳定。基因工程菌在传代过程中经常出现质粒不稳定现象，质粒不稳定分为分裂不稳定和结构不稳定。

一、质粒不稳定性的表现

质粒的分裂不稳定是指细胞分裂过程中，有一个子细胞没有获得质粒 DNA 拷贝，并最终增殖为无质粒的优势群体。它主要与两个因素有关：①含质粒菌产生不含质粒子代菌的频率、质粒丢失率，与宿主菌、质粒特性和培养条件有关；②这两种菌比生长速率差异的大小。由于丢失质粒的菌体在非选择性培养基中一般具有生长的优势，一旦发生质粒丢失，基因工程菌在培养液中的比例会随时间快速下降，因此丢失质粒的菌能在培养中逐渐取代含质粒菌而成为优势菌，从而严重影响外源基因产物的表达。

质粒的结构不稳定是指质粒结构（序列）不稳定性，即重组质粒上某一区域的 DNA 序列发生插入、缺失、重排和修饰等现象，导致其表观生物学功能的丧失。质粒自发缺失与质粒中短的正向重复序列之间的同源重组有关，具有两个串联启动子的质粒更容易发生缺失；在无同源性的两个位点之间也会发生缺失；培养条件同样对质粒结构不稳定性产生影响。

一般情况下，质粒的结构不稳定性可以通过选用合适的宿主菌株来消除。因此在质粒不稳定的研究过程中，人们更关注质粒的分裂不稳定性。

质粒稳定性的分析方法如下：将基因工程菌培养液样品适当稀释后，均匀涂布于不含抗性标记抗生素的平板培养基上，置37℃培养过夜。随机挑取不少于100个单菌落，分别接种到含抗性标记抗生素和不含抗生素的培养皿中，置37℃培养过夜，统计长出的菌落数。通过比较在含有或不含抗生素培养基上的菌体存活数，可以检测质粒的丢失率，考查质粒稳定性。一般应重复2次以上，计算质粒丢失率。

二、提高质粒稳定性的方法

由于基因工程菌的培养与发酵受诸多因素与条件的影响，而且随机性和可变性大，要使基因工程菌的质粒保持稳定的遗传性状，仍存在很多亟待解决的工程问题。基因工程菌具有多样性，采用的手段常缺乏通用性，需要采取具有针对性的措施，才能获得较好的效果。为了提高基因工程菌的稳定性，可以进行以下操作。

（一）选择合适的宿主菌

重组质粒的稳定性在很大程度上受宿主菌遗传特性的影响，宿主菌的比生长速率、基因重组系统的特性、染色体上是否有与质粒和外源基因同源的序列等都会影响质粒的稳定性。一般质粒的结构不稳定性可以通过选用宿主菌来消除。同一宿主菌对不同质粒的稳定性不同，而同一质粒在不同宿主菌中的稳定性也有差别。因此，不同的表达系统、外源基因表达产物的性质、表达产物是否需要进行后加工及其复杂程度将决定宿主菌的选择，如真核或原核生物、蛋白酶缺陷型或营养缺陷型等的宿主菌。一般而言，重组质粒在大肠埃希菌中比较稳定，在枯草芽孢杆菌和酵母中较不稳定。

（二）选择合适的载体

质粒载体的大小与拷贝数是影响质粒分离不稳定性的重要因素。插入DNA片段的大小及特性与质粒分裂不稳定性有关。为了构建稳定的重组体，最好利用小质粒，小的质粒在高密度发酵中遗传性状比较稳定；而大的质粒由于发酵环境中各种因素的影响，往往出现变异的概率较高。

对于松弛型质粒载体，伴随着细胞分裂，质粒以随机方式分配到子细胞中，而质粒载体的寡聚化效应会导致质粒载体拷贝数大大降低，从而加重质粒的分裂不稳定性，含低拷贝数质粒的基因工程菌产生不含质粒的子代菌的概率较高。因此，增加这类基因工程菌的质粒拷贝数能提高质粒的稳定性，质粒拷贝数越高，出现无质粒子代菌的概率就越低，质粒就越稳定。但是由于大量外源质粒的存在使含质粒菌的比生长速率明显低于不含质粒菌，一旦产生不含质粒的菌，后者能较快地取代含质粒菌而成为优势菌，因此对这类菌，进一步提高质粒拷贝数反而会抑制含质粒菌的生长，对质粒的稳定性不利。对同一基因工程菌来说，通过控制比生长速率可以改变质粒的拷贝数。

（三）选择压力

在基因工程菌培养过程中，通常采用增加选择压力的方式来提高基因工程菌的稳定性。选择压力通常包括如下。①在质粒构建时加入抗生素抗性基因，在生物反应器的培养基中加入抗生素以抑制无质粒菌的生长和繁殖；在培养基中加选择压力（如抗生素），是基因工程菌培养中提高质粒稳定性常用的方法。含有抗性基因的重组质粒转入宿主菌，基因工程菌获得了抗药性，发酵时在培养基中加入适量的相应抗生素可以抑制质粒丢失菌的生长，消除了重组质粒分裂不稳定的影响，从而提高发酵生产率。但应尽量避免使用抗生素，必须使用时应选择安全、风险相对较低的抗生素品种，且产品的后续纯化工艺应保证可有效去除制品中的抗生素；如后续工艺不能有效去除，则不得添加。严禁使用青霉素或其他β-内酰胺类抗生素。②利用营养缺陷型细胞作为宿主菌，构建营养缺陷型互补质粒，设计营养缺陷型培养基以抑制无质粒菌的生长和繁殖。

选择压力对于质粒或宿主细胞本身发生了突变（虽保留了选择性标记，但不能表达目的产物）的细胞无效。

（四）分阶段控制培养

为了提高基因工程菌培养中质粒的稳定性，工程菌的培养一般采用两阶段培养法，第一阶段先使菌体生长至一定密度，第二阶段诱导外源基因的表达。由于第一阶段外源基因未表达，重组菌与质粒丢失菌的比生长速率的差别缩小，可增加质粒的稳定性。

（五）控制培养条件

基因工程菌的培养条件对其质粒的稳定性和表达效率影响很大。培养条件的变化对大肠埃希菌的比生长速率有很大的影响，而基因工程菌的比生长速率对质粒稳定性也有很大影响，提高比生长速率有助于提高质粒稳定性。基因工程菌的比生长速率与培养环境有关，如温度、溶氧、pH、限制性营养物质浓度、有害代谢产物浓度等。由于含质粒的基因工程菌对发酵环境改变的反应比不含质粒的宿主菌慢，可以采用改变培养条件的方法来改变这两种菌的比生长速率，从而改善质粒的稳定性。

某些基因工程菌在复合培养基中具有较高的质粒稳定性，含有机氮源如酵母抽提物、蛋白胨等营养丰富的复合培养基提供了生长必需的氨基酸和其他物质，微生物的生长较在基础培养基中快。在基础培养基中造成携带质粒的基因工程菌比例下降的主要原因是基因工程菌和宿主菌比生长速率的差异，而在复合培养基中则是由于比生长速率的差异以及质粒丢失的概率二者共同起作用。当采用大肠埃希菌温度敏感型启动子，例如 PL、PR 和 PRPL 等，温度诱导模式的选择对外源蛋白表达量的高低至关重要。常规诱导模式将大肠埃希菌的培养温度由 30℃ 升到 42℃，启动子开始启动外源基因表达。培养基因工程菌需要维持一定的 pH 和溶氧水平，基因工程菌在低溶氧环境下稳定性差的原因是氧限制了能量的提供，因而在发酵过程中需要保持较高的溶氧，通过间隙供氧和改变稀释速率的方法都可提高质粒的稳定性。

（六）固定化基因工程菌

固定化可以提高基因工程菌的稳定性、生物量和基因产物的产量。基因重组大肠埃希菌进行固定化后，质粒的稳定性及目的产物的表达率都有了很大提高。在游离基因工程菌系统中常用的抗生素、氨基酸等选择压力稳定质粒，在大规模生产中却难以应用。而采用固定化方法后，这种选择压力可被省去。不同的宿主菌及质粒在固定化系统中均表现出良好的稳定性。大肠埃希菌 B（pTG201）质粒稳定性较差，游离细胞经 85 代连续培养，丢失质粒的细胞占 60% 以上；而固定化细胞在 10~20 代培养后丢失质粒的细胞只有 9%，以后维持该水平不变。

第六节　基因工程菌的高密度发酵

高密度发酵又称高密度培养，一般指微生物在液体培养中细胞群体密度超过常规培养 10 倍时的生长状态或培养技术。现代高密度培养技术主要是在用基因工程菌生产多肽类药物的实践中逐步发展起来的。若能提高菌体培养密度，提高产物的比生产速率（单位体积单位时间内产物的产量），不仅可减少培养容器的体积、培养基的消耗和提高下游工程中分离、提取的效率，还可缩短生产周期、减少设备投入和降低生产成本，从而大大提高产品竞争力。

但高密度发酵的工艺是比较复杂的，仅仅对营养物质、溶氧浓度、pH、温度等影响因素单独地加以考虑是远远不够的，因为各因素之间有协同和（或）抵消作用，需要对它们进行综合考虑，对发酵条件进行全面的优化，才可以尽可能地提高菌体密度和基因产物的生成。

一、高效表达系统的构建

为了获得高效表达的重组菌株，表达系统的构建是成功的关键。在构建重组菌时，宿主菌和载体的选择、偏爱密码子和启动子的选择和诱导等都需全面考虑。

（一）宿主菌和载体的选择

工业应用较成熟的大肠埃希菌宿主菌有 BL21 系列、K802 系列和 JM109 系列等。目前，高密度发酵广泛应用的 BL21（DE3）plysS，因其自身携带有编码 T_7 溶菌酶的小质粒，能保持较高的目的蛋白的表达水平，还能抑制宿主蛋白的表达，从而作为宿主被广泛应用。重组大肠埃希菌中质粒载体的构建对外源基因的表达起着关键作用，常用的基因表达载体如 pET、pUC、pSC、pPBB 系列及其衍生的系列载体，在构建过程中要重点考虑宿主菌与质粒载体相兼容的问题，质粒与宿主菌相互作用、培养环境等都会影响质粒在不同宿主菌中的稳定性，质粒的不稳定将直接影响目的蛋白的产量，例如 BL21（DE3）plysS 适用于与基于 T_7 启动子的表达系统（例如 pRSET、pCR™T7 和 pET）配合使用。

（二）偏爱密码子和启动子的选择和诱导

每个物种对密码子的利用都有一定的差异或偏爱，在蛋白质合成过程中，同义密码子的使用频次也不尽相同。因此在进行目的基因设计时应选择最优密码子。通过优化表达系统，能实现目的蛋白的高表达。目前最成功的重组大肠埃希菌诱导系统是受 *lacI* 阻遏蛋白所调控的 *tac* 启动子（*trp - lac* 杂合启动子）。该系统需利用异丙基硫代半乳糖苷（IPTG）进行诱导，目的蛋白能快速、高效表达且专一性高，但 IPTG 价格昂贵并有一定毒性。另外，λ 噬菌体 PL 启动子、T_7 噬菌体启动子和 *tac* 启动子等也是常用的诱导系统。λ 噬菌体 PL 启动子受温敏 *cI857* 突变等位基因的调控，培养的温度改变即可调控 PL 启动子的诱导或关闭。应用较多的含 PL 启动子的质粒载体有 pPLC24、pRE1、pG408N 等，但该系统能耗过大，并易诱发热激蛋白的产生。T_7 噬菌体启动子系统可使克隆化基因独立表达，并且某些在其他表达系统中不能有效表达的基因也能实现高效表达，因而备受关注。pET、pTO - N、pGEM3Z 等是目前常用的 T_7 启动子质粒载体。pMALc、pCW、pGEX - 4T - 1 等是目前常用的含 *tac* 启动子的质粒载体。

二、培养环境的选择

要实现高密度发酵，除了基于工程菌自身的表达特性外，还必须筛选出适宜其生长和目的蛋白表达的最适环境条件，包括适宜的培养基组分、发酵控制条件、补料策略等。

（一）培养基的选择

高密度发酵过程中基因工程菌在短时间内迅速分裂增殖，使菌体浓度迅速升高，而基因工程菌提高分裂速度的基本条件是必须满足其生长所需的营养物质。因此，在培养基成分的选择上，要尽量选择容易被基因工程菌利用的营养物质。如以葡萄糖为碳源，葡萄糖需经氧化和磷酸化作用生成 1,3 - 二磷酸甘油醛，才能被微生物利用。如以甘油作为碳源，它可以直接被磷酸化，从而被微生物利用，即利用甘油作为碳源可缩短基因工程菌的利用时间，提升分裂繁殖的速度。目前，普遍采用浓度达 6g/L 的甘油作为高密度发酵培养基的碳源。另外，高密度发酵培养基中各组分的浓度也要比普通培养基高 2 ~ 3 倍，才能满足高密度发酵中基因工程菌对营养物质的需求。

（二）补料策略的制定

结合重组大肠埃希菌各阶段的比生长速率、养料消耗速率、产物生成速率、有害代谢产物的积累、质粒稳定性等动力学规律及其相互关系，选择合理的补料策略，是重组大肠埃希菌发酵过程优化的关键。由于基础培养基养料浓度受限，要实现重组菌的高密度发酵，只能通过分批补料来维持工程菌的正常生长与表达。在过高的葡萄糖浓度或过低的溶氧状况下重组大肠埃希菌会产生"葡萄糖效应"，累积大量有害物质（主要为乙酸）而影响重组菌的生长和异源蛋白的高效表达。因此在不同的时期应制定合理的补料策略，降低葡萄糖效应，维持有害物质的低含量。发酵补料可简单分为非反馈补料和反馈补料两种方式。非反馈补料有恒速流加、梯度流加和指数流加三种方式。恒速流加培养是以恒定的速率流加限制性的碳源，该方法简单易行，常用于培养周期较短的低密度发酵。该补料策略的缺点在于补料前期能满足菌体生长的需要，但随着菌体密度的增大，发酵后期会存在养料供应不足而菌体生长受抑制的问题。梯度流加可有效避免恒速流加后期养料匮乏的缺陷，根据发酵不同生长阶段的密度情况设置不同的补料流速梯度，以满足菌体对养料的需求。指数流加补料相对来说是最具优势的补料策略，补料速度与工程菌培养密度的指数增加相吻合，有利于获得更高的发酵密度，但该补料方法需要补料软硬件支持，需按照指数曲线精确控制各阶段的补料速率，对设备自动化要求较高。大量的研究表明，指数流加策略是大肠埃希菌高密度发酵最常选用的补料策略。反馈补料是根据发酵过程中 pH、溶解氧（DO）等参数发生变化来判断工程菌的代谢状态，从而进行针对性补料的方法。反馈补料法在高密度发酵领域应用广泛，该补料法可根据所反馈的信息及时调整补料策略，从而高效调控营养物质浓度。恒溶解氧补料法、恒 pH 值补料法和 CRE（Carbon dioxide excretion rate，CER）法是最常见的三种反馈补料策略（表 6 - 3）。

表 6 - 3　*E. coli* 菌株高密度发酵中反馈补料法策略

流加技术	说明
恒 pH 法	在线检测葡萄糖或甘油浓度，控制碳源的浓度；通过 pH 的变化，推测细菌的生长状态；调节流加葡萄糖速率，调节 pH 为恒定值
恒溶解氧法	以溶解氧为反馈指标，根据溶解氧的变化曲线来调整碳源的流加量
菌体浓度反馈法	通过检测菌体的浓度，拟合营养的利用情况，调整碳源的加入量
CER 法	通过检测二氧化碳释放率，估计碳源的利用情况，控制营养的流加
DO - stat 法	通过控制溶解氧、搅拌和补料速率，维持恒定的溶解氧，减少有机酸的生产

（三）提高供氧能力

溶解氧浓度是高密度发酵过程中影响菌体生长的重要因素之一。为了在发酵过程中保持一定的溶氧浓度，可适当提高搅拌转速，但过高的转速会产生大量的泡沫，反而会导致溶氧浓度的降低。现在有的小型发酵罐采用通纯氧来提高氧分压，但使用纯氧不安全、不经济，同时在大发酵罐中可能局部混合不均，易使细菌产生氧中毒，反而抑制会菌体的生长。生产中经常采用在发酵液中流加过氧化氢，在细胞过氧化氢酶的作用下，释放出氧气供菌体利用。

（四）诱导剂的使用

重组大肠埃希菌培养过程由细菌生长和目的蛋白表达两个阶段构成。发酵过程中加入诱导剂会显著影响工程菌的生长和目的蛋白表达，诱导剂对蛋白影响较大，因此需要选择合适的诱导剂，摸索诱导剂浓度、诱导时机和诱导时间等。常用的诱导剂有 IPTG、乳糖、半乳糖，以 IPTG 最为常用。但因乳糖无毒、价廉且能被大肠埃希菌当作碳源利用，可取代 IPTG 作为诱导剂，对于工业发酵生产重组蛋白具有重要意义。

三、构建产乙酸能力低的工程化宿主菌

高密度发酵后期由于菌体的生长密度较高，培养基中的溶氧饱和度往往比较低，氧气不足导致菌体

生长速率降低和乙酸的累积，乙酸的存在对目的基因的高效表达有明显的阻抑作用。这是高密度发酵工艺研究中最迫切需要解决的问题。虽然在发酵过程中可采取通氧气、提高搅拌速率、控制补料速率等措施来控制溶氧饱和度，减少乙酸的生成，但从实际应用上看，这些措施都有一定的滞后效应，难以做到比较精确地控制。通过切断细胞代谢网络上产生乙酸的生物合成途径，构建出产乙酸能力低的工程化宿主菌，是从根本上解决问题的途径之一。

目前已知的大肠埃希菌产生乙酸的途径有两条：一是丙酮酸在丙酮酸氧化酶的作用下直接产生乙酸，二是乙酰辅酶A在磷酸转乙酰基酶（PTA）和乙酸激酶（ACK）的作用下转化为乙酸，后者是大肠埃希菌产生乙酸的主要途径。根据大肠埃希菌葡萄糖的代谢途径，目前应用的代谢工程策略主要如下。

（一）阻断乙酸产生的主要途径

用基因敲除技术（使缺失）或基因突变技术（使失活）针对大肠埃希菌的磷酸转乙酰酶基因 *ptal* 和乙酸激酶基因 *ackA* 进行处理，使从丙酮酸到乙酸的合成途径被阻断。

（二）对碳代谢流进行分流

丙酮酸脱羧酶和乙醇脱氢酶Ⅱ可将丙酮酸转化为乙醇。改变代谢流的方向，把假单胞菌的丙酮酸脱羧酶基因 *pdcl* 和乙醇脱氢酶基因 *adh2* 导入大肠埃希菌，使丙酮酸的代谢有选择地向生成乙醇的方向进行，结果是使转化子不积累乙酸而产生乙醇，乙醇对宿主细胞的毒性远小于乙酸。

（三）限制进入糖酵解途径的碳代谢流

大肠埃希菌对葡萄糖的摄取是在磷酸转移酶系统（PTS）的作用下通过基团转位的方式进行的，该系统系由磷酸转移酶Ⅰ（酶Ⅰ）、HPr和磷酸转移酶Ⅱ（酶Ⅱ）组成。其中酶Ⅰ和HPr对所有糖类都是通用的，通常为可溶性蛋白，存在于细胞质中；酶Ⅱ对葡萄糖具有特异性。对葡萄糖转运有贡献的酶Ⅱ由酶ⅡA^{Gle}和酶ⅡCB^{Gle}组成，其中由 *crr* 基因编码的酶ⅡA^{Gle}存在于细胞质，由 *ptsG* 基因编码的酶ⅡCB^{Gle}位于细胞膜上。采用基因敲除方法破坏 *ptsG* 基因，*ptsG* 基因缺陷能在很大程度上降低葡萄糖的摄取速率，可望由此降低乙酸的累积。

（四）引入血红蛋白基因

透明颤菌血红蛋白能提高大肠埃希菌在贫氧条件下对氧的利用率，利用生物学性质，把透明颤菌血红蛋白基因 *vgb* 导入大肠埃希菌细胞内，以提高其对缺氧环境的耐受力，减少供氧这一限制因素的影响，从而降低菌体产生乙酸所要求的溶氧饱和度阈值。

已有一些目的基因在产乙酸能力低的工程化宿主菌中获得了比较理想的表达，一般可以使表达水平在原有基础上提高 10% ~ 15%。

四、构建蛋白水解酶活力低的工程化宿主菌

可溶性或以分泌形式表达的目的蛋白，随着发酵后期各种蛋白水解酶的累积，目的蛋白会被降解。为了使对蛋白水解酶比较敏感的目的蛋白获得较高水平的表达，需要构建蛋白水解酶活力低的工程化宿主菌。

rpoH 基因编码大肠埃希菌RNA聚合酶的r32亚基，r32亚基对大肠埃希菌中多种蛋白水解酶的活力有正调控作用。*rpoH* 基因缺陷的突变株已经被构建，研究结果表明它能明显提高目的基因的表达水平。到目前为止，已知的大肠埃希菌蛋白水解酶基因缺陷的突变株都已获得，其中一部分具有实际应用的潜力。

第七节　基因工程药物的质量控制

重组 DNA 蛋白制品的质量控制与分子大小、结构特征、质量属性复杂程度以及生产工艺相关。质量控制体系主要包括原辅料质量控制、包材、生产工艺和过程控制及制品检定等。应通过终产品检测、过程控制和工艺验证结合的方法，确保各类杂质已去除或降低至可接受水平。制品质量控制包括采用标准物质和经验证的方法评估已知和（或）潜在制品相关物质和工艺相关物质，以及采用适宜的方法对制品鉴别、生物学活性、纯度和杂质等检测结果进行分析。

一、生物材料的质量控制

生物材料的质量控制是要确保编码药品的 DNA 序列的正确性，重组微生物来自单一克隆，所用质粒纯而稳定，以保证产品质量的安全性和一致性。所以原材料的质量控制主要是对目的基因、表达载体以及宿主细胞的检查。

（一）目的基因

根据质控要求，需明确目的基因的来源、克隆经过；被修改过的密码子，应说明被切除的肽段及拼接的方法；使用 PCR 技术扩增得到的基因，应说明扩增的模板、引物及酶反应条件等情况；以限制酶酶切图谱和核苷酸序列等分析方法确证基因结构的正确无误。

（二）表达载体

应提供表达载体的名称、结构、遗传特性及其各组成部分（如复制子、启动子）的来源与功能，构建中所用位点的酶切图谱，抗生素抗性标志物。

（三）宿主细胞

应提供宿主细胞的名称、来源、传代历史、检定结果及其生物学特性等；需阐明载体引入宿主细胞的方法及载体在宿主细胞内的状态，是否整合到染色体内及拷贝数，并证明宿主细胞与载体结合后的遗传稳定性；提供插入基因与表达载体两侧端控制区内的核苷酸序列；详细叙述在生产过程中，启动与控制克隆基因在宿主细胞中表达的方法及水平。

二、培养过程的质量控制

在贮存中，要求种子克隆纯而稳定；在培养过程中，要求质粒稳定，始终无突变；重复生产发酵过程中，基因工程菌表达稳定；始终能排除外源微生物污染。

（一）生产用细胞库

基因工程产品的生产采用种子批系统。需证明种子批不含致癌因子，无细菌、病毒、霉菌和支原体等污染，由原始种子批建立生产用工作细胞库。在此过程中，在同一实验室工作区内，不得同时操作两种不同的细胞或菌种，一个工作人员亦不得同时操作两种不同的细胞或菌种。建立原始种子批须确证克隆基因 DNA 序列，详细叙述种子批来源、方式、保存及预计使用期，保存与复苏时宿主载体表达系统的稳定性。对生产种子，应详细叙述细胞生长与产品生成的方法和材料，并控制微生物污染；提供培养生产浓度与产量恒定性数据，依据宿主细胞或载体系统稳定性确定最高允许传种代数。

（二）培养过程

培养过程中应测定被表达基因分子的完整性及宿主细胞长期培养后的基因型特征；依据宿主细胞或载体稳定性与产品恒定性，规定持续培养时间，并定期评价细胞系统和产品。培养周期结束时，应监测宿主细胞或载体系统的特性，如质粒拷贝数、宿主细胞中表达载体存留程度或含插入基因的载体的酶切图谱等。

三、纯化过程的质量控制

产品应有足够的生理学和生物学试验数据资料，以确证提纯物分子批间保持一致性。分离纯化过程常用分级沉淀、超滤、电泳、色谱等技术，其质量控制要求能保证去除微量 DNA、糖类、残余宿主蛋白质、纯化过程带入的有害化学物质、热原，或者将这类杂质都控制在规定限度以下。

纯化工艺的每一步完成后均应测定收获物纯度，计算提纯倍数、收获率等，要对每一步的纯化效率、活性回收率和蛋白回收率进行检测，只有当这两种回收率呈正相关时，纯化过程才是有效和可行的。要明确使用的纯化方法的原理、目的以及预达到期的去除杂质的效果，在不同纯化步骤中能去除不同性质的杂质，并进行相应的工艺验证。工艺验证的内容应包括分离度、目的蛋白回收率、活性回收率、每一步纯度变化情况等，也需要包括色谱柱使用的寿命、保存条件等。纯化方法的设计应考虑尽量去除病毒、核酸、宿主细胞杂蛋白、糖以及纯化过程带入的其他有害物质。纯化工艺过程中应尽量不加入对人体有害的物质，若不得不加，应设法除去，并在最终产品中检测残留量并保证远远低于有害剂量，还要考虑到多次使用的积蓄作用。

如用柱色谱技术应提供所用填料的质量认证证明，并证实从柱上不会掉下有害物质，上样前应清洗除去热原。若用亲和色谱技术纯化单克隆抗体，应建立检测以排查可能污染的外源性物质，不应含有可测出的异种免疫球蛋白。若在反相纯化步骤中用到乙腈或甲醇等有机溶剂，有机溶剂这些对人体有害的物质应加以去除和控制。

四、目标产品的质量控制

基因工程药物质量控制主要包括以下要点：产品的鉴别、纯度、活性、安全性、稳定性和一致性。任何一种单一的分析方法都已无法满足对该类产品的检测要求。它需要综合生物化学、免疫学、微生物学、细胞生物学和分子生物学等多门学科的理论与技术，才能切实保证基因工程药品的安全有效。

（一）生物活性测定

生物活性测定是保证基因工程药物产品有效性的重要手段，所以多肽或蛋白质药物的生物学活性是蛋白质药物的重要质量控制指标。效价测定必须采用国际上通用的办法，测定结果必须用国际或国家标准品进行校正，以国际单位表示或折算成国际标准单位。重组蛋白质是一种抗原，均有相应的抗体，可用放射免疫分析法或酶标法测定其免疫学活性。生物学效价的测定往往需要进行动物体内试验或通过细胞培养进行体外效价测定。体内生物活性的测定要根据目的产物的生物学特性建立适合的生物学模型。体外生物活性测定的方法有细胞培养计数法、3H－TdR 掺入法和酶法细胞计数法等。

蛋白质的比活性是指每毫克蛋白质的生物学活性，是重组蛋白质药物的一项重要的指标。它不仅是含量指标，也是纯度指标。比活性不符合规定的原料药物不允许用于生产制剂。蛋白质的空间结构不能通过常规方法测定，而蛋白质空间结构的改变，特别是二硫键的错配，可影响蛋白质的生物学活性，从而影响蛋白质药物的药效，比活性可以间接地反映这一情况。

（二）理化性质鉴定

目前有许多方法可用于对由重组技术所获得的蛋白质药物产品进行全面鉴定。

1. 非特异性鉴别　根据还原型电泳的迁移率以及高效液相色谱的保留时间和峰型来进行分析。

2. 特异性鉴别　利用免疫印迹、免疫电泳、免疫扩散等免疫学方法，确定蛋白质的抗原性。重组蛋白质产品通常用免疫印迹和斑点免疫进行鉴定，特别当电泳出现两条或两条以上区带时则应该用免疫印迹进行鉴定。

3. 相对分子质量测定　蛋白质相对分子质量测定最常用的方法有凝胶过滤法和 SDS 聚丙烯酰胺凝胶电泳（SDS – PAGE）法，凝胶过滤法可测定完整蛋白质的分子量，而 SDS – PAGE 法测定的是蛋白质亚基的分子量。同时用这两种方法测定同一蛋白质的分子量，可以方便地判断样品蛋白质是寡蛋白质还是聚蛋白质。测定结果应与理论值基本一致，但也允许有一定的误差范围，一般为 10% 左右。该法具有简便、快速、直观等特点，目前作为基因工程药物检定的常规方法。

4. 等电点测定　等电点测定是控制重组产品生产工艺稳定性的重要指标。不同蛋白质由于某些带电氨基酸（如带负电荷的 Glu、Asp 和带正电荷的 Lys、Arg、His 等）的存在，其净电荷各不相同，即等电点各不相同。均一的蛋白质只有一个等电点，有时因加工修饰等影响可出现多个等电点，但应有一定的范围。样品用等电聚焦电泳法测定等电点。重组蛋白质药物的等电点往往是不均一的，但重要的是在生产过程中，不同批次产物之间的电泳结果应该一致，以此控制生产工艺的稳定性。

5. 肽图分析　肽图分析是用酶法或化学法降解目的蛋白后，对生成的肽段进行分离分析，它是一种可检测蛋白质一级结构中细微变化的有效方法。肽图分析可作为制品与标准品进行精密比较的手段，其分析结果与氨基酸成分和序列分析结果合并，用于蛋白质的精确鉴定。对含二硫键的制品，肽图分析可确证制品中二硫键的排列。该技术灵敏、高效的特点使其成为对基因工程药物的分子结构和细胞遗传稳定性进行评价和验证的首选方法，同种产品不同批次的肽图的一致性是工艺稳定性的验证指标。大多基因工程药物都将肽图分析作为控制其一致性的重要常规指标之一，因此肽图分析在基因工程药物质量控制中尤为重要。

蛋白质降解形成的肽段的检定可以用 SDS – PAGE 电泳法、高效液相色谱法（HPLC 法）、毛细管电泳法、质谱法来测定。SDS – PAGE 电泳法分辨率较低，分子量小于 2000 的多肽不易检测，一般采用灵敏度较高的银染法显色。HPLC 主要采用反相 HPLC 法，分辨率高，根据肽的长短和疏水性大小来分离。但亲水性或疏水性很强的肽用 HPLC 法不易被分离，可用毛细管电泳法。毛细管电泳法分辨率高，小分子按荷质比大小分离。质谱法主要是液质联用，用 HPLC 法分离后，用质谱法测定各个片段的分子量。

6. 氨基酸组成分析　氨基酸组成分析采用氨基酸自动分析仪测定，包括蛋白质水解、自动进样、氨基酸分析、定量分析报告等步骤。在氨基酸组成分析中，一般含 50 个左右的氨基酸残基的蛋白质的定量分析是接近理论值的，即与序列分析结果一致。而含 100 个左右的氨基酸残基的蛋白质的成分分析与理论值会产生较大的偏差，主要原因是不同氨基酸的肽键在水解条件下，有些水解不完全，有些则被破坏，很难做出合适的校正，但氨基酸组成分析对目的产物的纯度仍可以提供重要信息。完整的氨基酸组成分析结果应包括甲硫氨酸、胱氨酸和色氨酸的准确值。氨基酸组成分析结果应为 3 次分别水解样品测定后的平均值。测定的重组蛋白质的氨基酸组成应与标准品一致。

7. 部分氨基酸序列分析　N 端氨基酸序列测定是重组蛋白质的重要鉴别指标，可以确证表达产物的编码准确性。对蛋白质的全氨基酸序列分析，难度大，耗时长，根据统计学观点，只要测定 N 端 15 个氨基酸便可保证其顺序的正确性。一般要求对中试前三批产品至少应该测定 N 端 15 个氨基酸，C 端应根据情况测定 1~3 个氨基酸。

8. 蛋白质二硫键分析　二硫键和巯基与蛋白质的生物活性密切相关，基因工程药物产品的二硫键是否正确配对是一个重要问题。测定巯基的方法有 PMCB 法、DTNB 法、NEMI 法等。

（三）蛋白质含量测定

在质量标准中设定此项目主要用于原液比活性计算和成品规格的控制。蛋白质含量可根据它们的物理化学性质采用 Folin – 酚试剂法（Lowry 法）、染色法（Bradford 法）、双缩脲法、紫外吸收法、HPLC 法和凯氏定氮法等方法。其中 Lowry 法和 Bradford 法是质量鉴定中常使用的方法。

（四）蛋白质纯度分析

纯度分析是基因工程药物质量控制的关键项目。测定蛋白质纯度可根据目的蛋白本身所具有的理化性质和生物学特性来设计。通常采用的方法有还原性及非还原性 SDS – PAGE、等电聚焦、HPLC、毛细管电泳等。应有两种以上不同机制的分析方法相互佐证，以便对目的蛋白的纯度进行综合评价。

（五）杂质检测

基因工程药物的杂质包括蛋白质和非蛋白质两类，表 6 – 4 列出了通常需要检测的杂质及其检测方法。

表 6 – 4　基因工程药物的常见杂质和污染物及其检测方法

	杂质和污染物	检测方法
杂质	内毒素	鲎试验法、家兔注射法
	宿主细胞蛋白质	免疫分析、SDS – PAGE、毛细管电泳（CE）
	其他蛋白质杂质（如培养基）	SDS – PAGE、HPLC、免疫分析、CE
	残余 DNA	DNA 杂交、紫外光谱、蛋白结合
	蛋白质变异	肽谱、HPLC、等电聚焦（IEF）、CE
	甲酰基甲硫氨酸	肽谱、氨基酸分析、HPLC、IEF、CE
	甲硫氨酸氧化	肽谱、氨基酸分析、HPLC、Edman 分析、质谱
	产物变性或聚合脱酰胺	SDS – PAGE、凝胶排阻色谱、IEF、HPLC、CE、Edman 分析、质谱
	单克隆抗体（亲和配基脱落）	SDS – PAGE、免疫分析
	氨基酸取代	氨基酸分析、肽谱、CE、Edman 分析、质谱
污染物	细菌、酵母、真菌	微生物学检查
	支原体	微生物学检查
	病毒	微生物学检查

1. 蛋白质类杂质　在蛋白质类杂质中，最主要的是纯化过程中残余的宿主细胞蛋白质。它的测定基本上采用免疫分析的方法，其灵敏度可达百万分之一，同时需辅以电泳等其他检测手段对其加以补充和验证。除宿主细胞蛋白质外，目的蛋白本身也可能发生某些变化，形成在理化性质上与原蛋白质极为相似的蛋白质杂质，如由污染的蛋白酶所造成的产物降解，冷冻过程中由于脱盐而导致的目的蛋白沉淀，冻干过程中过分处理所引发的蛋白质聚合等。这些由于降解、聚合或错误折叠而造成的目的蛋白变构体在人体内往往会导致抗体的产生，应加以严格限定。

2. 非蛋白质类杂质　具有生物学作用的非蛋白质类杂质主要有病毒和细菌等微生物、热原、内毒素、致敏原及 DNA。无菌性是基因工程药物最基本的要求之一，通过微生物学方法来检测，应证实最终制品中无外源病毒和细菌等污染。热原可用传统的家兔注射法进行检测，目前鲎试验法测定内毒素也越来越多地被引入到基因工程药物产品的质量控制中。宿主细胞 DNA 只视为一种细胞污染因素而不是一种危险因素。目前均采用 DNA 杂交实验，用固相斑点杂交法，用地高辛标记检测试剂盒或者用同位素标记 DNA 探针进行测定，必须提供相应宿主细胞 DNA 标准品。一般认为残余 DNA 含量小于每剂量 100pg 的水平是安全的，但应视制品的用途、用法和使用对象来决定可接受的程度。产品中残余 DNA 含量仍较多时，要采用核酸杂交法检测。

（六）稳定性考察

药品的稳定性是评价药品有效性和安全性的重要指标之一，也是确定药品贮藏条件和使用期限的主要依据。对于基因工程药物而言，作为其活性成分的蛋白质或多肽的分子构型和生物活性的保持都依赖于各种共价和非共价的作用力，因此它们对温度、氧化、光照、离子浓度和机械剪切等环境因素都特别敏感，这就进一步要求对其稳定性进行严格控制。没有哪一种单一的稳定性试验或参数能够完全反映基因工程药物的稳定性特征，必须对产品在一致性、纯度、分子特征和生物效价等多方面的变化情况加以综合评价，采用恰当的物理化学、生物化学和免疫化学技术对其活性成分的性质进行全面鉴定，并且要准确检测在贮藏过程中由于脱氨、氧化、磺酰化、聚合或降解等造成的分子变化。可选用电泳和高分辨率的 HPLC，以及肽图分析等方法。

由于蛋白质是一种结构十分复杂的大分子物质，可能同时存在多种降解途径，其降解过程往往不符合阿伦尼乌斯方程（Arrhenius equation），因此，通过加速降解试验来预测基因工程药物的有效期并不十分可靠。必须进行在真实条件下、真实时间的长期稳定性考察，才能确定其有效期限。

（七）产品一致性的保证

以重组 DNA 技术为主的生物技术制药是一个十分复杂的过程，生产周期可能长达一个月甚至更长，影响因素较多。只有对从原料、生产到产品的每一步骤都进行严格的条件控制和质量检定，才能确保各批最终产品都安全有效、含量和杂质限度一致并符合标准规格。

五、产品的保存

目的产物失活受多种理化因素的影响，保存时要根据其不同特性，采取不同的措施，防止变性降解，保护其活性。

（一）液态保存

1. 低温保存　蛋白质对热敏感，温度越高，稳定性越差。在绝大多数情况下可以低温保存蛋白质溶液，液态蛋白质样品在 −20 ~ −10℃ 冰冻保存比较理想。

2. 在稳定 pH 条件下保存　多数蛋白质只有在很窄的 pH 范围内才稳定，超出此范围会迅速变性。较稳定的 pH 一般在等电点，因而保存液态蛋白质样品时，应小心调到其稳定的 pH 范围内。

3. 高浓度保存　一般蛋白质在高浓度溶液中比较稳定，这是因为液态蛋白质容易受水化作用的影响。保存蛋白质时浓度不能太低，否则可能会引起亚基解离和表面变性。

4. 真空保存　蛋白质在真空状态或者在惰性气体中密闭保存，能抵抗氧化作用。

5. 加保护剂保存　多数蛋白质在疏水环境中才能长期保存，加入某些稳定剂可以降低蛋白质溶液的极性，以免变性失活。这类蛋白质的稳定剂有糖类、脂肪、蛋白质、多元醇、有机溶剂等；有些蛋白质在高离子强度的极性环境中才能保持其活性，加入中性盐可稳定这些蛋白质；某些蛋白质表面或内部含有半胱氨酸巯基，容易被空气中的氧缓慢氧化为次磺酸或二硫化物，使蛋白质的电荷或构象发生改变而失活，可加入 2 - 巯基乙醇、二硫苏糖醇（DTT）等，在真空或惰性气体中密闭保存。

（二）固态保存

固态蛋白质比液态蛋白质稳定，一般蛋白质含水量超过 10% 时容易失活。含水量降到 5% 时，在室温或冰箱中保存均比较稳定，但在 37℃ 保存时活性则明显下降。长期保存蛋白质的最好方法是把它们制成冻干粉或结晶。冻干粉或结晶都具有强抗热性和稳定性，把它们放在干燥器中并维持在 4℃ 以下可保存相当长的时间。

第八节　大肠埃希菌基因工程制药的案例

重组 DNA 技术的伟大成就之一就是能够保证目的基因编码产物的大量生产，而利用大肠埃希菌宿主－载体系统高效表达外源基因又是基因工程应用最为广泛也最成熟的一项技术。大肠埃希菌的分子生物学背景已相当明了，不断完善的基因操作可将大肠埃希菌构建成异源蛋白生产的分子工厂，而且这种工程菌在价格低廉的培养基中生长迅速、易于控制，因此重组大肠埃希菌在医用蛋白的大规模生产中具有重要的经济意义。

干扰素（interferon，IFN）是人体细胞分泌的一种活性蛋白质，具有广泛的抗病毒、抗肿瘤和免疫调节活性，是人体防御系统的重要组成部分。根据其分子结构和抗原性的差异分为 α、β、γ、ω 等 4 个类型。α 型干扰素又依据其结构的不同再分为 α1b、α2a、α2b 等亚型，其区别表现在个别氨基酸的差异上。如人干扰素 α2a 的第 23 位为赖氨酸残基，而 α2b 的第 23 位为精氨酸残基。早期，干扰素是用病毒诱导人白细胞产生的，产量低、价格昂贵，不能满足需要。现在可以利用基因工程技术在大肠埃希菌中发酵、表达来进行生产。

一、基因工程菌的组建

在干扰素重组 DNA 成功以前，人们对于干扰素的结构一无所知，因此不可能人工合成基因。人染色体上的干扰素基因拷贝数极少（大约只有 1.5%），加工上又有技术困难，所以不能直接分离干扰素基因，而是通过分离干扰素 mRNA，再以干扰素 mRNA 为模板，通过逆转录酶等使其形成 cDNA。干扰素 cDNA 的获得是将产生干扰素的白细胞的 mRNA 分级分离，然后将不同部分的 mRNA 注入蟾蜍的卵母细胞，并测定合成干扰素的抗病毒活性。结果发现 12S mRNA 的活性最高，因此用这部分 mRNA 合成 cDNA。将 cDNA 克隆到含有四环素和氨苄青霉素抗性基因的质粒 pBR322 中，转化大肠埃希菌 K12，得到几千个重组子克隆，每个克隆都用粗提的干扰素 mRNA 进行杂交，把得到的杂交阳性克隆中的重组质粒 DNA 放到一个无细胞蛋白质合成系统中进行翻译，对每一个翻译体系的产物进行抗病毒的干扰素活性检测。经过多轮筛选获得产生干扰素的 cDNA。最后将干扰素 cDNA 克隆导入大肠埃希菌表达载体中，转化大肠埃希菌进行高效表达。图 6－9 是基因工程菌的构建流程图。

二、基因工程干扰素的制备

下面以基因工程人干扰素 α2b 为例说明干扰素的生产过程。

（一）发酵

人干扰素 α2b 基因工程菌为 SW－IFNα－2b/E. coli DN5α，质粒用 PL 启动子，含氨苄青霉素抗性基因。种子培养基含 1% 蛋白胨、0.5% 酵母提取物、0.5% NaCl。分别接种人干扰素 α2b 基因工程菌到 4 个装有 250ml 种子培养基的 1000ml 三角瓶中，30℃ 摇床培养 10 小时，作为发酵罐种子使用。用 15L 发酵罐进行发酵，发酵培养基的装量为 10L，发酵培养基由 1% 蛋白胨、0.5% 酵母提取物、0.01% NH_4Cl、0.05NaCl、0.6% Na_2HPO_4、0.001% $CaCl_2$、0.3% KH_2PO_4、0.01% $MgSO_4$、0.4% 葡萄糖、50mg/ml

```
pBR322质粒                    从诱生的白细胞或成纤维细胞中提取全RNA
    │                                    │
pst I 酶切pBR322质粒           获得mRNA，提取12S mRNA
    │                                    │
酶切质粒末端加上dA或dC          从mRNA逆转录为cDNA
    │                                    │
    │                         双链cDNA用末端DNA转移酶接上dT或dG尾
    │                                    │
    └──────────────┬─────────────────────┘
                   ↓
          退火获得杂交质粒
                   ↓
          转化大肠埃希菌K12
                   ↓
          扩增杂交质粒
                   ↓
 筛选抗四环素但对氨苄青霉素敏感的细胞克隆
                   ↓
用已知干扰素的DNA片段作为探针，挑选富有干扰素cDNA的克隆
                   ↓
将干扰素cDNA克隆入表达载体在大肠埃希菌中进行高效表达
```

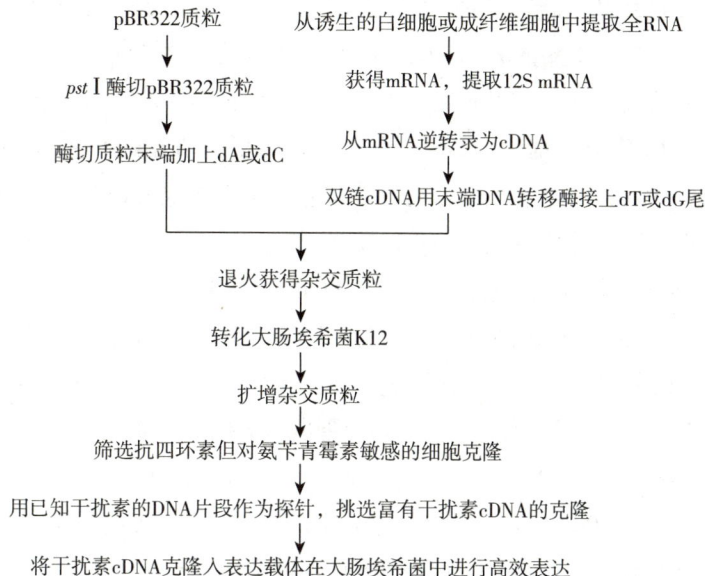

图6-9 组建干扰素工程菌流程图

氨苄青霉素、少量防泡剂组成，pH 6.8。搅拌转速 500r/min，通气量为 1.0vvm（volumetric air flow rate per unit volume of medium per minute），溶氧量为 50%。30℃发酵 8 小时，然后在 42℃诱导 2~3 小时即可完成发酵。同时每隔不同时间取 2ml 发酵液，1000r/min 离心除去上清液，称量菌体湿重。

（二）产物的提取与纯化

发酵完毕，冷却后 4000r/min 离心 30 分钟，除去上清液，得湿菌体约 1000g。取 100g 湿菌体重新悬浮于 500ml 20mmol/L 磷酸缓冲液（pH 7.0）中，于冰浴条件进行超声破碎。然后 4000r/min 离心 30 分钟。取沉淀部分，用 100ml 含 8mol/L 尿素、20mmol/L 磷酸缓冲液（pH 7.0）、0.5mmol/L 二巯基苏糖醇的溶液，室温搅拌抽提 2 小时，然后 15000r/min 离心 30 分钟。取上清液，用 20mmol 磷酸缓冲液（pH 7.0）稀释至尿素浓度为 0.5mol/L，加二巯基苏糖醇至 0.1mmol/L，4℃搅拌 15 小时，15000r/min 离心 30 分钟除去不溶物。

上清液经截流量为分子量 10000 的中空纤维超滤器浓缩，将浓缩的人干扰素 α2b 溶液经过 Sephadex G50 分离，色谱柱 2cm×100cm，先用 20mmol/L 磷酸缓冲液（pH 7.0）平衡，上柱后用同一缓冲液洗脱分离，收集人干扰素 α2b 部分，经 SDS-PAGE 检查。

将 Sephadex G50 柱分离的人干扰素 α2b 组分，再经 DE-52 柱（2cm×50cm）纯化人干扰素 α2b 组分，上柱后用含 0.05、0.1、0.15mol/L NaCl 的 20mmol/L 磷酸缓冲液（pH 7.0）分别洗涤，收集含人干扰素 α2b 的洗脱液。

全过程蛋白质回收率为 20%~25%，产品不含杂蛋白，DNA 及热原物质含量合格。

（三）质量控制标准和要求

1. 原液检定

（1）生物学活性 依现行版《中国人民共和国药典》（以下简称《中国药典》）规定方法测定，采用细胞病变抑制法或报告基因法。①细胞病变抑制法：依据干扰素保护人羊膜细胞（WISH 细胞）免受水疱性口炎病毒（VSV）破坏的作用，用结晶紫对存活的 WISH 细胞进行染色，在波长 570nm 处测定其吸光度，可得到干扰素对 WISH 细胞的保护效应曲线，以此测定干扰素生物学活性。②报告基因法：系将含有干扰素刺激反应元件和荧光素酶基因的质粒转染到 HEK293 细胞中，构建细胞系 HEK293 puro

ISRE - Luc，作为生物学活性测定细胞，当 I 型干扰素与细胞膜上的受体结合后，通过信号转导，激活干扰素刺激反应元件，启动荧光素酶的表达，表达量与干扰素的生物学活性呈正相关，加入细胞裂解液和荧光素酶底物后，测定其发光强度，以此测定 I 型干扰素生物学活性。

（2）蛋白质含量   采用 Folin - 酚法（Lowry 法）测定。蛋白质在碱性溶液中可形成铜 - 蛋白质复合物，此复合物加入酚试剂后，产生蓝色化合物，该蓝色化合物在波长 650nm 处的吸光度与蛋白质含量成正比，根据供试品的吸光度，计算供试品的蛋白质含量。

（3）比活性   为生物学活性与蛋白质含量之比。每 1mg 蛋白质应不低于 $1.0 \times 10^8 IU$。

（4）纯度   ①电泳法：采用非还原型 SDS - PAGE 法，分离胶胶浓度为 15%，加样量应不低于 10μg（考马斯亮蓝 R250 染色法）或 5μg（银染法）。经扫描仪扫描，纯度应不低于 95.0%。②高效液相色谱法：色谱柱以适合分离分子量为 $(5 \sim 60) \times 10^3$ 蛋白质的色谱用凝胶为填充剂；流动相为 0.1mol/L 磷酸盐 - 0.1mol/L 氯化钠缓冲液，pH 7.0；上样量应不低于 20μg，在波长 280nm 处检测，以干扰素色谱峰计算的理论板数应不低于 1000。按面积归一化法计算，干扰素主峰面积应不低于总面积的 95.0%。

（5）分子量   采用还原型 SDS - PAGE 法，分离胶胶浓度为 15%，加样量应不低于 1.0μg，制品的分子量应为 $(19.2 \pm 1.9) \times 10^3$。

（6）外源性 DNA 残留量   采用 DNA 探针杂交法或荧光染色法测定。每 1 支应不高于 10ng。

（7）鼠 IgG 残留量   如采用单克隆抗体亲和色谱法纯化，应进行本项检定。每 1 次人用剂量的鼠 IgG 残留量应不高于 100ng。

（8）宿主菌蛋白质残留量   应不高于蛋白质总量的 0.10%。

（9）残余抗生素活性   不应有残余氨苄西林或其他抗生素活性。

（10）细菌内毒素检查   每 300 万 IU 应小于 10EU。

（11）等电点   主区带应为 4.0 ~ 6.7，且供试品的等电点图谱应与对照品的一致。

（12）紫外光谱   用水或 0.9% 氯化钠溶液将供试品稀释至 100 ~ 500μg/ml，在光路 1cm、波长 230 ~ 360nm 下进行扫描，最大吸收峰波长应为 278nm ± 3nm。

（13）肽图分析   通过蛋白酶或化学物质裂解蛋白质后，采用适宜的分析方法鉴定蛋白质一级结构的完整性和准确性。应与对照品图形一致。

（14）N 端氨基酸序列   至少每年测定 1 次。用氨基酸序列分析仪测定，N 端序列应为 Met - Cys - Asp - Leu - Pro - Gln - Thr - His - Ser - Leu - Gly - Ser - Arg - Arg - Thr - Leu。

2. 半成品检定

（1）细菌内毒素检查   每 300 万 IU 应小于 10EU。

（2）无菌检查   依《中国药典》无菌检查法（通则 1101）测定，应符合规定。

3. 成品检定

（1）容量检查   除水分测定、装量差异检查外，应按标示量加入灭菌注射用水，复溶后进行其余各项检定。

（2）鉴别试验   依《中国药典》免疫印迹法（通则 3401）或免疫斑点法（通则 3402）测定，应为阳性。

（3）物理检查   ①外观应为白色薄壳状疏松体，按标示量加入灭菌注射用水后应迅速复溶为澄明液体。②可见异物：依《中国药典》可见异物检查法（通则 0904）测定，应符合规定。

（4）化学检定   ①水分应不高于 3.0%。如含葡萄糖，则水分应不高于 4.0%。②pH 为 6.5 ~ 7.5。③渗透压摩尔浓度：依《中国药典》渗透压摩尔浓度测定法（通则 0632）测定，应符合批准的要求。

（5）生物学活性　应为标示量的 80%～150%。

（6）残余抗生素活性　依《中国药典》抗生素残留量检查法（培养法）（通则3408）测定，不应有残余氨苄西林或其他抗生素活性。

（7）无菌检查　依《中国药典》无菌检查法（通则1101）测定，应符合规定。

（8）细菌内毒素检查　每1支应小于10EU。

（9）异常毒性检查　依《中国药典》异常毒性检查法（通则1141）测定，应符合要求。

思考题

本章小结

答案解析

1. 如何提高基因工程菌的稳定性？
2. 常用的基因工程菌发酵方式有哪几种？
3. 基因工程药物生产的主要程序有哪些？
4. 如何提高基因工程菌的高密度发酵？
5. 重组蛋白质类药物质量控制有哪些项目？
6. 简述包涵体的分离纯化过程。

第七章　酵母菌基因工程

PPT

学习目标

【知识要求】

1. 掌握 酵母菌宿主系统的特点；酵母菌载体系统的构建原理，包括复制原点、选择标记、表达元件等的设计与应用。

2. 熟悉 载体系统的选择与优化策略；针对不同表达需求（如高水平表达、分泌表达、膜定位表达）的载体类型选择。

3. 了解 酵母菌作为表达外源基因的受体菌的优势和劣势。

【技能要求】

1. 能够独立进行酵母菌基因工程实验设计。

2. 能够进行酵母菌的发酵和目的蛋白的分离、纯化、检测等操作。

【素质要求】

1. 培养对跨物种基因表达机制的理解和掌握能力，能够认识到酵母菌与原核生物在基因表达调控方面的差异。

2. 培养环境保护意识，意识到基因工程产品和发酵过程中可能产生的环境风险，采取有效措施减少对环境的污染和影响。

真核微生物基因的表达系统以真菌类研究较多。真菌是一个庞大家族，包括霉菌（又称丝状真菌）、酵母、蕈菌（俗称蘑菇）三大类群。在真核生物谱系中，真菌的形态特征（如营养体结构、繁殖方式）和生殖方式（如准性生殖、有性生殖）表现出较高的多样性，但其系统发育关系非常密切。此外，真菌细胞含有细胞核、线粒体，但缺少叶绿体，其细胞壁的主要成分为几丁质（即甲壳素或壳聚糖），有别于植物和细菌的细胞壁组成。由于真菌兼有微生物遗传学特征和动植物分子生物学机制，以真菌为受体细胞的基因工程具有重要的研究意义和应用价值。

在真菌类真核微生物中，目前已广泛用于外源基因表达的是酵母。酵母主要有酿酒酵母（*Saccharomyces cerevisiae*）、乳酸克鲁维酵母（*Kluyveromyces lactis*）、巴斯德毕赤酵母（*Pichia pastonis*）、多形汉逊酵母（*Hansenula polytnorpha*）、粟酒裂殖酵母（*Schizosaccharomyces pombe*）、解脂耶氏酵母（*Yarrowia Lipolytica*）、腺嘌呤阿氏酵母（*Arxula adeninivorans*）等，其中芽殖型酿酒酵母的遗传学和分子生物学研究得最为详尽。利用经典诱变技术对野生型酿酒酵母菌株进行多次改良后，其已成为酵母中高效表达外源基因尤其是高等真核生物基因的优良宿主系统。

酵母作为优良宿主系统的优势在于：①基因表达调控机制比较清楚，且遗传操作相对较为简单；②具有原核细菌无法比拟的真核生物蛋白翻译后修饰加工系统；③不含特异性病毒，不产内毒素，有些酵母种属（如酿酒酵母等）在食品工业中有着数百年的应用历史，属于基因工程安全受体系统；④大规模发酵工艺成熟，成本低廉；⑤能将外源基因表达产物分泌至培养基中；⑥酵母是最简单的真核模式生物，其生长代谢特征与大肠埃希菌等原核细菌有许多相似之处，但在基因表达调控模式尤其是转录水平上与原核细菌有着本质的区别，因而酵母是研究真核生物基因表达调控的理想模型。利用酵母表达动植物基因，能在相当高的程度上阐明高等真核生物乃至人类基因表达调控的基本原理以及基因编码产物结构与功能之间的关系。

酵母表达宿主也存在一些缺陷。①基因的表达量低：绝大多数的酵母基因在所有生理条件下均以基底水平转录，每个细胞或细胞核只产生 1~2 个 mRNA 分子。高丰度蛋白质中 96% 以上的氨基酸残基是由 25 个密码子编码的，它们对应异常活跃的高组分 tRNA，而为低组分 tRNA 识别的密码子基本上不被使用，这种以密码子的偏爱性控制基因表达产物丰度的模式相当普遍。②mRNA 稳定性较差：细胞中存在多种类型的结合蛋白，它们通过直接或间接的途径缩短成熟 mRNA 的 3′端 poly（A）长度，进而脱去 5′端的帽子结构，最终降解 mRNA。在重组克隆菌中，即便使用酵母自身的启动子和终止子，外源基因在酵母中的表达也相当困难。③酿酒酵母分泌效率低，几乎不分泌分子质量大于 30kDa 的外源蛋白，由于超糖基化而使所表达的外源蛋白不能正确糖基化，且所表达的蛋白 C 端往往被截短。④发酵时间长，难以高密度培养。

第一节　外源基因在酵母菌中高效表达的原理

酵母基因表达系统的载体常用的是酵母－大肠埃希菌穿梭载体，该载体可以在酵母和大肠埃希菌中进行复制，其原因是大肠埃希菌转化方法简单、转化效率高，从大肠埃希菌制备质粒 DNA 也比较方便，并且利用大肠埃希菌系统构建酵母基因表达载体可以大大简化手续，缩短时间。这种穿梭载体，除了含有酵母复制子和大肠埃希菌复制子外，还包括以下五个元件。

一、DNA 复制起始区

这是一小段具有 DNA 复制起始功能的 DNA 序列，通常来自酵母天然质粒的复制起始区及酵母基因组中的自主复制序列。DNA 复制起始区赋予酵母基因表达载体在细胞每个分裂周期的分裂前期自主复制一次的能力。

二、选择标记

用于酵母转化子筛选的标记基因主要有营养缺陷互补基因和显性基因两大类。

营养缺陷互补基因主要包括营养成分的生物合成基因，如氨基酸（Leu、Trp、His、Lys）和核苷酸（URA、ADE）等。在使用时，受体必须是相对应的营养缺陷型突变株。这些标记基因的表达虽具有一定的种属特异性，但在酿酒酵母、粟酒裂殖酵母、巴斯德毕赤酵母、白假丝酵母（*Candida albicans*）以及解脂耶氏酵母等种之间大都能交叉表达。目前用于实验室研究的几种常规酵母受体系统均已建立起相应的营养缺陷型突变株。

对大多数多倍体工业酵母而言，获得理想的营养缺陷型突变株相当困难甚至不可能，故在此基础上又发展了酵母的显性选择标记系统。显性标记基因的编码产物主要是针对干扰酵母受体细胞正常生长的毒性物质的抗性蛋白（表 7-1）。

表 7-1　用于酵母的显性选择标记

功能蛋白	显性基因（来源）	作用机制	说明
氨基糖苷磷酸转移酶	*Aph*（Tn601）	修饰灭活氨基糖苷类 G418	自身启动子（酿酒酵母）

续表

功能蛋白	显性基因（来源）	作用机制	说明
氯霉素乙酰转移酶	cat（Tn9）	修饰灭活氯霉素	需用不可发酵的碳源培养，酿酒酵母 ADC1 启动子
二氢叶酸还原酶	dhfr（小鼠）	抵消甲氨蝶呤和磺胺的抑制	酿酒酵母 CYC1 启动子
腐草霉素结合蛋白	Ble（Tn5）	灭活腐草霉素	酿酒酵母 CYC1 启动子、解脂耶氏酵母 CYC1 启动子
铜离子螯合物	CUP1（酵母）	螯合二价铜离子	巴斯德毕赤酵母 AGX1 启动子、解脂耶氏酵母启动子
乙酰乳酸合成酶	ILV2（酵母）	抗硫酰脲除草剂	自身启动子（酿酒酵母）
EPSP 合成酶	AroA（细菌）	抵消草甘膦的抑制	酿酒酵母 ADH1 启动子
DAHP 合成酶	ARO4 – OFP	抵消 O – 氟苯丙氨酸的抑制	自身启动子（酿酒酵母）
锌指转录因子	FZF1（酵母）	促进亚磷酸盐外排	自身启动子（酿酒酵母）
亚磷酸脱氢酶	ptxD（酵母）	将亚磷酸氧化为磷酸	酿酒酵母 IPC 启动子、粟酒裂殖酵母 NMT1 启动子
渗透压调节因子	SRB1（酵母）	抗低渗透压生长	自身启动子（酿酒酵母）

注：DAHP 为 3 – 脱氧 – D – 阿拉伯糖庚糖酸 – 7 – 磷酸；EPSP 为 5 – 烯醇式丙酮酰莽草酸 – 3 – 磷酸。

氯霉素能够抑制细菌 70S 核糖体以及真核生物线粒体介导的蛋白质生物合成，但对酵母菌等真核生物细胞质内由 80S 核糖体介导的 mRNA 翻译过程并无作用。若使用非发酵型碳源（如乙醇或甘油）培养酵母菌，氯霉素可抑制其生长，但筛选时所用的抗生素浓度须大于 1mg/ml，并且不同的酵母菌属对氯霉素的敏感性存在差异。氯霉素的抗性基因源自转座子 Tn9，其编码产物氯霉素乙酰转移酶（CAT）可通过使氯霉素乙酰化将其灭活。为提高 cat 标记基因在酵母受体菌中的表达水平，需把 CAT 编码序列和核糖体结合位点与酵母菌修饰过的乙醇脱氢酶基因（ADC1）启动子和酵母菌异 – 1 – 细胞色素 c（CYC1）基因终止子结构拼接起来，再导入酵母菌载体质粒。在受体细胞中，cat 标记基因的表达水平与 Trp1、Leu2 等营养缺陷型标记相同，即便 cat 基因随着整合型质粒以单拷贝形式插入受体菌染色体，也足以让受体菌产生较强的氯霉素抗性，所以它非常适用于工业酵母菌系统。

酿酒酵母的生长会被甲氨蝶呤和对氨基苯磺酰胺的混合物抑制。甲氨蝶呤会抑制二氢叶酸还原酶的活性，而对氨基苯磺酰胺则会阻止四氢叶酸的生物合成。在由多拷贝的 2μ 质粒衍生而来的载体上过量表达二氢叶酸还原酶基因（dhfr），能够有效弥补因甲氨蝶呤抑制而导致的酵母菌内源性二氢叶酸还原酶活性不足的情况。标记基因选用小鼠来源的 Mdhfr cDNA 编码序列，将其置于酵母菌细胞色素 c 基因的启动子控制下，再插入含有自主复制 DNA 序列（autonomously replicating sequence，ARS）的载体质粒。当重组质粒整合到染色体上之后，Mdhfr 表达序列可产生 6 个随机排列的拷贝，并且在受体菌分裂 30 代之后仍能保持结构稳定。

腐草霉素由轮枝链霉菌（Streptomyces verticillus）合成，是一种抗生素。低浓度的腐草霉素就能杀死细菌和真核生物，其作用机制为在体内和体外断裂 DNA。转座子 Tn5 上的 ble 基因编码产物可灭活腐草霉素，把该编码序列与 CYC1 基因的启动子和终止子重组后，克隆到一个大肠埃希菌/酵母菌自主复制的多拷贝穿梭质粒上，酿酒酵母转化子就能表达合成腐草霉素的抗性蛋白。所以，只需在复合培养基中加入适量抗生素，就能筛选得到转化子。这一筛选系统对解脂耶氏酵母尤其适用，因为它对相当多的抗生素不敏感。

Cu^{2+} 抗性基因（CUP1）编码一种 Cu^{2+} 螯合蛋白，该蛋白多肽链内 60 个半胱氨酸残基中有 10 个参与 Cu^{2+} 的整合作用。酵母菌的 Cu^{2+} 抗性突变株中，CUP1 基因的拷贝数是敏感株的 10 ~ 15 倍。把 CUP1 基因插入自主复制型酵母杂合质粒 pJDB207 后转化相应受体菌，转化子能稳定维持 100 个拷贝的 pJDB207，且高效表达 Cu^{2+} 抗性蛋白。酿酒酵母对 Cu^{2+} 极为敏感，所以是 Cu^{2+} 筛选系统的最佳受体菌。一般来说，含有 0.5 ~ 1.0mmol/L $CuSO_4$ 的培养基就能有效筛选 pJDB207 – CUP1 型转化子。

磺酰脲类（SM）除草剂可抑制多种细菌和真核生物的乙酰乳酸合成酶，从而致使细胞内 Ile 和 Val 生物合成能力缺失。酿酒酵母突变株中的 SM 脱敏性基因 ILV2 已被克隆。该基因能让转化子产生显性的 SM 抗性表型，并且较低的表达水平就足以克服 SM 对乙酰乳酸合成酶的抑制作用，所以这个选择标记系统适用于许多酵母菌属。另一种潜在的除草剂 N–磷羧甲基甘氨酸能够抑制芳香族氨基酸生物合成途径中的 EPSP 合成酶。将编码此酶的大肠埃希菌 aroA 基因置于 ADH1 启动子和 CYC1 终止子的控制下，可使 EPSP 酶在酿酒酵母中高效表达，相应的转化子也会产生较高的 N–磷羧甲基甘氨酸耐受性。

不同的酵母菌属对各种单糖或双糖的代谢利用能力差异很大，所以某些糖代谢基因也能作为选择标记来使用。例如，酿酒酵母能分泌一种可将蔗糖分解为葡萄糖和果糖的转化酶（蔗糖酶），但巴斯德毕赤酵母和解脂耶氏酵母等某些酵母菌属却不能代谢蔗糖。把转化酶基因作为选择标记克隆到上述两种酵母受体菌中，转化子就能从以蔗糖为唯一碳源的培养基中被方便地筛选出来。并且在重组菌的培养过程中，加入蔗糖还可为维持质粒提供选择压力，这种添加剂在基因工程药物生产中明显优于抗生素及其他有机化合物或重金属离子。

三、整合介导区

这是与受体菌株基因组有某种程度同源性的一段 DNA 序列，它能有效地介导载体与宿主染色体之间发生同源重组，使载体整合到宿主染色体上。根据不同的目的和要求，可通过特定的整合介导序列人为地控制载体在宿主染色体上的整合位置与拷贝数。一般来说，酵母染色体的任何片段都可作为整合介导区，但最方便、最常用的单拷贝整合介导区是营养缺陷型选择标记基因序列，基因组内的高拷贝重复序列（如 rDNA、Ty 序列等）则可作为多拷贝整合介导区。

四、有丝分裂稳定区

游离于染色体外的载体在宿主细胞有丝分裂时能否有效地分配到子细胞中是决定转化子稳定性的重要因素之一，有丝分裂稳定区（STB）的作用就是当细胞有丝分裂时能帮助载体在母细胞和子细胞之间平均分配。常用的有丝分裂稳定区是来自酵母染色体的着丝粒片段。此外，来自酵母 2μ 环状质粒的有丝分裂稳定区片段也有助于提高游离载体的有丝分裂稳定性。

五、表达盒

表达盒（expression cassette）是酵母基因表达载体最重要的构件，主要由转录启动子和终止子组成。如果需要外源基因的表达产物分泌，在表达盒的启动子下游还应包括分泌信号序列。由于酵母对异种生物的转录调控元件的识别和利用效率很低，表达盒中的转录启动子、分泌信号序列及终止子都来自酵母本身。

酵母基因表达载体启动子可分为组成型和诱导型两种（表 7–2）。启动子长度一般为 1~2kb，下游有转录起始位点和 TATA 序列；上游有各种调控序列，包括上游激活序列（upstream activating sequence，UAS）、上游阻遏序列（upstream repressing sequence，URS）和组成型启动子序列等。一组称为普遍性转录因子的蛋白质能识别转录起始位点及 TATA 序列，形成转录起始复合物。转录起始复合物决定着一个基因的基础表达水平。位于启动子上游的 UAS、URS 等序列分别与一些调控蛋白相结合，并与转录起始复合物相互作用，以激活、阻遏等方式影响基因的转录效率。此外，在酵母调节转录因子基因（AMT1）启动子中存在一个由 16 个腺苷组成的同源多聚腺苷酸序列，它在 AMT1 的快速自激活中起调节作用。

表7-2　酿酒酵母基因表达载体的启动子

启动子	表达条件	状态
酸性磷酸酶（acid phosphatase，PHO5）	磷酸缺乏培养基	可诱导
乙醇脱氢酶Ⅰ（alcohol dehydrogenase Ⅰ，ADHⅠ）	2%～5%葡萄糖	组成型
乙醇脱氢酶Ⅱ（alcohol dehydrogenase Ⅱ，ADHⅡ）	0.1%～0.2%葡萄糖	可诱导
细胞色素 c_1（cytochrome c_1，CYC1）	葡萄糖	可抑制
尿苷酰转移酶（uridyl transferase）	乳糖	可诱导
半乳糖激酶（galactokinase，GAL）	乳糖	可诱导
3-磷酸甘油醛（glyceraldehyde-3-phosphate）	2%～5%葡萄糖	组成型
金属硫蛋白1（metallothionein 1，CUP1）	0.03～0.1mmol/L硫酸铜	可诱导
磷酸甘油酯激酶（phosphoglycerate kinase，PGK）	2%～5%葡萄糖	组成型
磷酸丙糖异构酶（triose phosphate isomerase，TPI）	2%～5%葡萄糖	组成型
UDP半乳糖差相异构酶（UDP galactase，GAL）	乳糖	可诱导

外源基因在酵母中高效表达的关键是选择高强度的启动子，以改变受体细胞基因基底水平转录的控制系统，同时可控制外源基因的拷贝数。多数酿酒酵母的启动子，如酵母磷酸甘油酯激酶（PGK）基因启动子、甘油醛磷酸脱氢酶（GAPDH）基因启动子等都可用于构建载体。在大规模培养中的特定时段生产大量的重组蛋白时，一般首选调控严格、可诱导的启动子。例如，乳糖调控启动子对乳糖的反应就非常迅速，一旦加入乳糖，该启动子转录效率提高约1000倍。此外，可抑制、组成型以及综合不同启动子特点的杂合启动子也是有用的。

酵母终止子序列相对较短，是决定酵母中mRNA 3′端稳定性的重要结构。酵母中mRNA 3′末端的形成与高等真核生物相似，也经过前体-mRNA加工和多聚腺苷酸化反应，但这些反应是紧密偶联的，而且就发生在基因3′端的近距离内，所以酵母基因的终止子一般不超过500bp。

分泌信号序列是前体蛋白N端一段长为17～30个氨基酸残基的分泌信号肽编码区，主要功能是引导分泌蛋白从细胞内转移到细胞外，并对蛋白质翻译后的加工起重要作用。酵母细胞能在一定程度上识别外源分泌蛋白的信号肽从而进行蛋白质的输送和分泌表达产物，但其效率一般较低。所以，需要依赖酵母本身的分泌信号肽来指导外源基因表达产物的分泌。常用的酵母分泌信号序列有α因子的前导肽序列、蔗糖酶和酸性磷酸酶的信号肽序列。其中，α因子前导肽序列指导表达产物最为有效，在各种酵母菌中的适用范围最广。

第二节　酵母菌的宿主系统

利用经典诱变技术对野生型菌株进行多次改良之后，酿酒酵母已成为酵母菌中高效表达外源基因尤其是高等真核生物基因的优良宿主系统。

一、提高重组蛋白表达产率的突变宿主菌

能够提高重组异源蛋白分泌产率的首个经筛选鉴定的酿酒酵母突变株，携带有ssc遗传位点（超分泌性）的显性突变，以及ssc1和ssc2两个基因的隐性突变。ssc的显性突变基本上与基因的启动子以及分泌信号功能无关，而ssc1和ssc2的隐性突变则具有一定程度的累加性。这些突变株都能够显著提升凝乳酶原和牛生长因子的分泌水平。实际上，ssc突变株中的凝乳酶原基因表达水平与ssc⁺野生株是相同

的，两者的差异仅仅体现在表达产物在空泡和培养基之间的分布上，这表明 ssc 突变株的生物学效应发生在转录后加工步骤中。进一步的研究结果证实，ssc1 与 PMR1 是相同的，其编码产物是在酿酒酵母的蛋白分泌系统中起着重要作用的 Ca²⁺ 依赖型 ATP 酶。

酿酒酵母的 ose1 突变株和 rgr1 突变株能够促使由 SUC2 启动子所控制的小鼠 α-淀粉酶的合成得以增加。在 rgr1 突变株中，α-淀粉酶基因的 mRNA 是野生型亲本细胞的 5~10 倍，由此可见，此突变作用发生在基因的转录水平层面；与之相反，ose1 突变株的 α-淀粉酶基因 mRNA 与野生株是相同的，其突变作用对转录后的基因表达过程产生了影响。这两种突变株在对 α-淀粉酶的高效分泌方面并不具有特异性，它们还能够提升 β-内啡肽的分泌，其提升的幅度分别为 7 倍和 12 倍。

还有一个突变株，它不但能够高效地分泌重组人血清白蛋白，还能够极大地促进 α₁-抗胰蛋白酶和纤溶酶原激活物抑制因子的表达。许多突变株都可以提高人溶菌酶在酿酒酵母中的表达与分泌，然而其影响机制呈现出多样性。例如，ss11 突变株是通过对由羧肽酶催化的蛋白加工反应产生影响，从而提高表达产物的分泌产率；而在一个存在呼吸链缺陷的细胞质突变株（rho⁻）中，人溶菌酶的高效表达主要体现在转录水平上，并且相同的结构基因在不同启动子（如 P_{GAL10}、P_{GAPDH}、P_{PHO5} 和 P_{HIS5}）的控制下，都展现出程度各异的高效表达特征，这意味着 rho⁻ 突变株能够促使宿主染色体和质粒上的许多基因实现高效表达。

由此可见，借助经典诱变技术来筛选并分离酿酒酵母的核突变株或细胞质突变株，能够提升重组异源蛋白在酵母菌中的合成产率。鉴于呼吸链缺陷型的胞质突变株较容易进行分离筛选，其具有更大的实用性。然而，有些在表型方面能够提高某种特定异源蛋白表达的突变株，未必具备促进其他外源基因表达的能力，这是因为提高一种特定异源蛋白合成与分泌的影响因素极为复杂，其中包含表达产物自身的生物化学以及生物物理特性等。只有那些能够促进任何外源基因分泌表达的基因型稳定的突变株，才可以作为理想的基因工程受体细胞。

二、抑制超糖基化作用的突变宿主菌

与细菌相比，酿酒酵母作为外源基因表达的受体菌，其中一个显著的优点在于拥有完整且高效的异源蛋白修饰系统，尤其是糖基化系统。相当一部分真核生物蛋白质含有天冬酰胺侧链上的寡糖糖基，蛋白质的糖基化往往会对其生物活性产生影响（例如蛋白质的抗原性等）。酿酒酵母细胞内的天冬酰胺侧链糖基修饰与加工系统，对于来自高等动物和人的异源蛋白活性表达极为有利，然而，这恰恰也成了它作为受体菌的一个缺点，因为在野生型酿酒酵母中，分泌蛋白的糖基化程度难以进行有效控制。通过筛选和分离在蛋白糖基化途径中不同位点存在缺陷的突变株，能够有效地解决酿酒酵母的超糖基化问题。

在真核生物中，分泌蛋白的糖基化反应是在两种不同的细胞器中进行的：糖基核心部分在内质网膜上与蛋白质侧链相连接，而外侧糖链则在高尔基体中被加入。酿酒酵母对重组异源蛋白的糖基化作用与其他高等真核生物有所不同，但总体而言更接近哺乳动物系统。目前，已经从野生型的酿酒酵母中分离出许多类型的糖基化途径突变株，如甘露聚糖合成缺陷型的 mnn 突变株、天冬酰胺侧链糖基化缺陷的 alg 突变株以及外侧糖链缺陷型的 och 突变株等。在这些突变株中，具有重要实用价值的是 mnn9、och1、och2、alg1 和 alg2，因为它们无法在异源蛋白的天冬酰胺侧链上延长甘露多聚糖长链，而这正是酿酒酵母超糖基化的一种主要形式。含有 mnn9 突变的酵母菌细胞缺少能够聚合外侧糖链的 α-1,6-甘露糖基转移酶活性，och1 突变株则不能产生膜结合型的甘露糖基转移酶。尽管其他类型的突变株尚未进行有效的鉴定，但它们却能够使异源蛋白在天冬酰胺侧链上进行有限度的糖基化作用，从而避免糖基外链无节制延长所导致的超糖基化副反应。人 α₁-抗胰蛋白酶基因、酿酒酵母中编码一种天冬氨酸蛋白酶的基因（*BAR1*）以及人组织型纤溶酶原激活物编码基因在酿酒酵母 *mnn9* 和 *och1* 突变株中的活性表达，显示了其理想的抗超糖基化效应。

三、减少泛素依赖性蛋白降解作用的突变宿主菌

倘若重组异源蛋白的产率较低，在排除了基因表达方面的问题之后，首先应当考虑的便是表达产物的降解作用。异源蛋白在受体菌中会或多或少地表现出不稳定性，尽管目前对于重组异源蛋白在受体细胞中的降解机制还了解得不够透彻，但泛素（ubiquitin）依赖型的蛋白降解系统在真核生物的 DNA 修复、细胞循环控制、环境压力响应、核糖体降解以及染色质表达等生理过程中都起着极为重要的作用。

泛素是一种高度保守且分布广泛的真核生物多肽，由 76 个氨基酸残基构成。在泛素依赖型的蛋白质降解途径中，该蛋白因子的 C 端 Leu – Arg – Gly – Gly 序列首先会与各种靶蛋白的游离氨基基团形成共价结合物，后者具有三种不同的结构形式：①单一泛素与靶蛋白的一个或多个 Lys 残基中的 ε – 氨基相结合；②多聚泛素与靶蛋白结合，其中一个泛素单体的第 76 位 Gly 残基与另一个单体分子内部的第 48 位 Lys 残基相连接；③泛素的第 76 位 Gly 残基与靶蛋白 N 端游离的 α – 氨基发生共价结合。上述各种共价结合物在泛素激活酶 E1、泛素运载酶 E2 以及泛素连接酶 E3 的作用下，最终会降解为短小肽段直至氨基酸。

酵母菌的泛素编码基因分为两大类：第一类基因包含多个泛素编码重复序列，各重复序列首尾相连形成多拷贝结构；第二类基因为单一泛素编码序列与另一个不相关的多肽编码序列的融合基因，后者被称为羧基延伸蛋白（CEP），它也有两种大小不同的序列，其中 CEP52 由 52 个氨基酸残基组成，而 CEP76 – 80 则由 76 ~ 80 个氨基酸残基组成。在酵母菌中共有四个基因编码泛素，*UBI1* 和 *UBI2* 编码融合蛋白泛素 – CEP52，*UBI3* 编码泛素 – CEP76，而 UBI4 则编码一个五聚体泛素。*UBI1*、*UBI2* 和 *UBI3* 基因均能在酵母菌的对数生长期内进行表达，当菌体进入稳定期后便会自动关闭，*UBI4* 的表达时序与前三种基因恰好相反，这表明四种基因编码产物的生物学功能并非完全相同。酿酒酵母的 *UBI1* 和 *UBI2* 基因分别位于第 9 号和第 11 号染色体上，而 *UBI3* 和 *UBI4* 则定位于第 12 号染色体上。此外，几个编码泛素接合酶系统的酵母菌基因（*UBC*）也已被克隆和鉴定，这些基因的编码产物大多与 E2 蛋白具有同源性。根据其活性，也可将其分为两大类：第一类基因包括 *UBC4*、*UBC5* 和 *UBC7*，其编码产物仅具备相应的保守结构域，多肽序列的其他区域并无明显的同源性，这些蛋白形成泛素 – 靶蛋白共价接合物的活性严格依赖于 E3 蛋白的存在；第二类基因包括 *UBC1*、*UBC2*、*UBC3* 和 *UBC6*，它们的表达产物具有天然的 C 端延伸活性，不需要 E2 蛋白的参与便可进行泛素的接合反应。

如果外源基因的表达产物在酵母菌中对泛素依赖型降解作用具有敏感性，可以通过以下方法将这种降解作用降到最低程度。①以分泌形式来表达重组异源蛋白：异源蛋白在与泛素形成共价结合物之前，能够迅速被转位到分泌器中，这样就可以有效地避免降解作用。②将外源基因的表达置于一个可诱导的启动子的控制之下：由于异源蛋白质在短期内集中表达，分子数占绝对优势的表达产物便能够摆脱泛素的束缚，从而减少由降解效应所带来的损失。③使用泛素生物合成缺陷的突变株作为外源基因表达的受体细胞：在酿酒酵母中，泛素的主要来源是多聚泛素基因 *UBI4* 的表达。*UBI4* 突变株能够正常生长，但其细胞内游离的泛素浓度比野生型菌株要低得多，因此这种缺陷株是一个理想的外源基因表达受体。编码泛素激活酶 E1 的基因也可以作为突变的靶基因，含有该基因突变的哺乳动物细胞内几乎无法检测到泛素 – 外源蛋白的共价结合物。酿酒酵母编码 E1 蛋白的基因 *UBA1* 是一种管家基因，*UBA1* 突变株是致死性的，但编码 UBA1 蛋白的等位突变株却可以减少泛素依赖型异源蛋白的降解作用。此外，上述六个 *UBC* 基因的突变也是构建重组异源蛋白稳定表达宿主系统的可选方案，例如，一个带有 *UBC4* – *UBC5*

双重突变的酿酒酵母突变株对特异性短半衰期的宿主蛋白以及某些异常蛋白的降解活性大幅下降，如果这种突变株对重组异源蛋白具有同等功效，那么也可以用作受体细胞。

四、内源性蛋白酶缺陷型突变宿主菌

酿酒酵母拥有超过 20 种蛋白酶，然而并非所有的蛋白酶都具备降解外源基因表达产物的能力。但实验结果清晰地表明，部分蛋白酶存在缺陷时，有利于重组异源蛋白的稳定表达。举例而言，把大肠埃希菌的 lacZ 当作报告基因，分别导入两株具有相同遗传背景的酿酒酵母。其中一株是含有编码空泡蛋白酶的基因 pep4 的野生型菌株，而另一株则是 pep4 - 3 突变株，该突变株空泡中的蛋白酶活性显著降低。对这两株菌中 β - 半乳糖苷酶的活性进行比较，在同等的试验条件下，pep4 - 3 突变株中的 β - 半乳糖苷酶活性明显高于 pep4$^+$ 的野生菌。并且，在间歇式发酵罐中，pep4 - 3 突变株也能够生长至相当高的密度。

PEP4 蛋白酶除了具有降解蛋白质的功能之外，还能够对某些重组异源蛋白进行加工处理。例如，MFα$_1$ - 人神经生长因子（hNGF）的原前体融合蛋白，只有在 pep4 突变株细胞中才能够进行正确的加工剪切。这说明 PEP4 蛋白酶或者细胞内其他一些受 PEP4 蛋白酶激活和修饰的蛋白酶系统，与重组异源蛋白的正确加工剪切过程存在关联。由于 PEP4 蛋白酶定位于细胞的空泡内，上述人神经生长因子加工剪切的前提条件如下：①在 hNGF 加工剪切的内质网膜或高尔基体中，存在依赖于 PEP4 蛋白酶成熟作用的另一种蛋白酶，它直接参与融合蛋白的加工剪切；②融合蛋白首先定位于空泡中，随后进行分泌；③PEP4 蛋白酶不仅存在于空泡内，而且也存在于内质网膜和高尔基体中。尽管 PEP4 蛋白酶对 MFα$_1$ - 人神经生长因子原前体融合蛋白的加工剪切作用是否具有专一性尚属未知，但这种现象的存在，至少为理解酵母菌中重组异源蛋白正确加工剪切的分子机制提供了有益的线索。

第三节　酵母菌的载体系统

酵母中天然存在的自主复制型质粒并不多，而且相当一部分野生型质粒属于隐蔽型。因此，目前用于外源基因克隆和表达的酵母载体质粒都是由野生型质粒与宿主基因组上的自主复制序列（autonomously replicating sequence，ARS）、着丝粒（centromere）序列、端粒（telomere）序列以及用于转化子筛选鉴定的功能基因构建而成。

一、酿酒酵母的 2μ 环状质粒

几乎所有的酿酒酵母菌株细胞中都存在一个 6318bp 的野生型 2μ 双链环状质粒，它在宿主细胞核内的拷贝数可维持在 50～100 个，呈核小体结构，其复制的控制模式与染色体 DNA 完全相同。

2μ 质粒上含有两个相互分开的 599bp 反向重复序列（IRS），两者在某种条件下可发生同源重组，形成 A 和 B 两种不同的形态（图 7 - 1）。该质粒上有 FLP、REP1、REP2 和 RAF 四个基因，其中 FLP 基因的编码产物催化两个 IRS 序列之间的同源重组，使质粒在 A 与 B 两种形态之间转化；REP1、REP2 和 RAF 基因均为控制质粒稳定性的反式作用因子编码基因。2μ 质粒还含有三个顺式作用元件：单一的 ARS 位于一个 IRS 的边界上；STB（REP3）区域是 REP1 和 REP2 蛋白因子的结合位点，在细胞有丝分裂时对质粒均匀分配起着重要作用；FRT 存在于两个反向重复序列中，大小为 50bp，是 FLP 蛋白的识别位点。

2μ质粒在宿主细胞中极其稳定，只有当一个人工构建的高拷贝质粒导入宿主菌，或宿主菌长时间处于对数期生长时，2μ质粒才会以不高于10^{-4}的频率丢失。2μ质粒仅在细胞的分裂前期复制，由于其复制启动的控制与染色体DNA相同，在通常的情况下每个细胞周期它只能复制一次；但在某些环境条件下，2μ质粒也可在一个细胞周期中进行多轮复制，而且每次复制可产生二十聚体的大分子。

除了酿酒酵母外，其他几种酵母菌种属的细胞内也含有类似的野生型质粒，如接合酵母属（*Zygosaccharomyces*）的pSRI、pSB1、pSB2、pSR1以及克鲁维酵母属的pKD1质粒等，它们都具有相似的结构形态和大小，在各自的宿主细胞内也拥有较高的拷贝数。这些质粒的IRS和ARS的定位与酿酒酵母中的2μ质粒有着惊人的相似性，但其DNA序列以及编码产物的氨基酸序列却同源性不高。

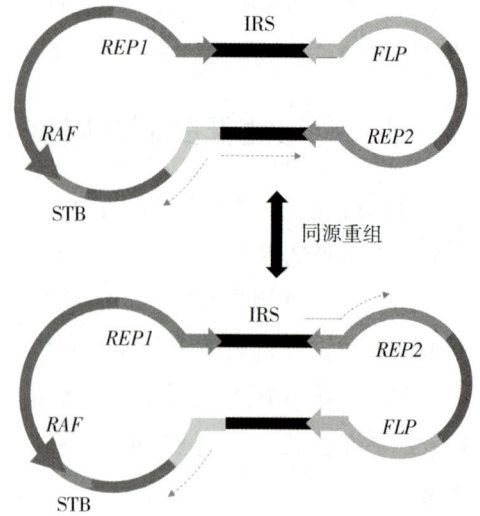

图7-1　酿酒酵母2μ质粒的两种形态

二、乳酸克鲁维酵母的线型质粒

乳酸克鲁维酵母的细胞内包含两种不同的线型双链质粒，即pGKL1（8.9kb）和pGKL2（13.4kb）。与酿酒酵母中的2μ质粒及类似家庭成员的隐蔽特征有所不同，pGKL1和pGKL2分别携带能使宿主细胞死亡的毒素蛋白基因*k1*和*k2*。这两种质粒在宿主细胞中的拷贝数处于50~100之间，其碱基对中AT碱基对的比例高达73%，在细胞内没有固定的位置，既不存在于细胞核中，也不存在于线粒体中，主要分布于胞质内，并且与乳酸克鲁维酵母的核染色体DNA以及线粒体DNA没有序列上的同源性。

杀手现象在酵母中较为普遍。杀手菌株含有M dsRNA和L dsRNA这两种分子，它们被分别包装在病毒型的颗粒（VLPs）中。M dsRNA负责编码杀手毒素蛋白（K$^+$），同时对自身的毒素蛋白产生免疫作用（R$^+$）；L dsRNA则用于编码VLPs包装蛋白。非杀手菌株（K$^-$、R$^-$）对毒素蛋白敏感，它们缺少M dsRNA，但能够维持L dsRNA的存在。还有一些非杀手型的中性菌株（K$^-$、R$^+$），含有两种类型的dsRNA，由于发生突变而无法合成毒素蛋白，但对毒素蛋白具有抗性。乳酸克鲁维酵母的杀手菌株所分泌的毒素蛋白与酿酒酵母不同，*k1*基因不仅编码毒素蛋白，还具备对该毒素的抗性功能；*k2*基因是质粒自主复制与维持所必需的。仅携带*k2*基因的菌株为K$^-$R$^-$型，而只含有*k1*的菌株并不存在，并且在乳酸克鲁维酵母中也不存在VLPs结构。*k1*和*k2*基因与酿酒酵母中的M dsRNA和L dsRNA没有任何同源关系。酿酒酵母的毒素蛋白最初以一个分子质量为42kDa的糖基化前体形式合成并分泌，经过加工后，形成非糖基化的α和β两个亚基（9.5kDa和9.0kDa），这两个亚基通过二硫键连接而成为成熟蛋白，它能够与敏感细胞的一个表面受体结合，进而干扰细胞钾离子和ATP运输系统的正常运行。乳酸克鲁维酵母的杀手毒素蛋白以糖基化的α、β和γ三亚基复合物的形式分泌，能够杀死克鲁维酵母属、假丝酵母属（*Candida*）、球拟酵母属（*Torulopsis*）以及杀手酵母属等多种酵母菌，其杀菌机制是抑制敏感细胞中的腺苷酸环化酶活性，从而使细胞循环停滞在G$_1$期，这种抑制活性与γ亚基有关。*k1*和*k2*质粒的全序列已被鉴定，两种质粒分别含有202bp和184bp的反向重复序列，但这两种反向重复序列没有明显的同源性。*k1*质粒拥有四个开放阅读框架，分别编码DNA聚合酶、毒素蛋白αβ亚基、免疫蛋白以及毒素γ亚基。*k2*质粒含有十个开放阅读框架，其中*ORF2*、*ORF4*和*ORF6*分别编码DNA聚合酶、DNA解旋酶和RNA聚合酶（图7-2）。*k1*和*k2*质粒定位于细胞质中，且缺少经典的启动子结构，所以质粒上的基因转录需要自身编码的 RNA 聚合酶。所有 k1 和 k2 质粒上的开放阅读框架上游都没有酵母菌核 RNA 聚合酶的识别位点，但在转录起始位点上游 14bp 处都含有一个 ACT（A/T）A - ATATATGA 的保守序列（UCS），这是质粒编码的 RNA 聚合酶的专一性识别结合位点，但这种质粒来源的 RNA 聚合酶基因的表达仍需借助宿主细胞的转录系统。

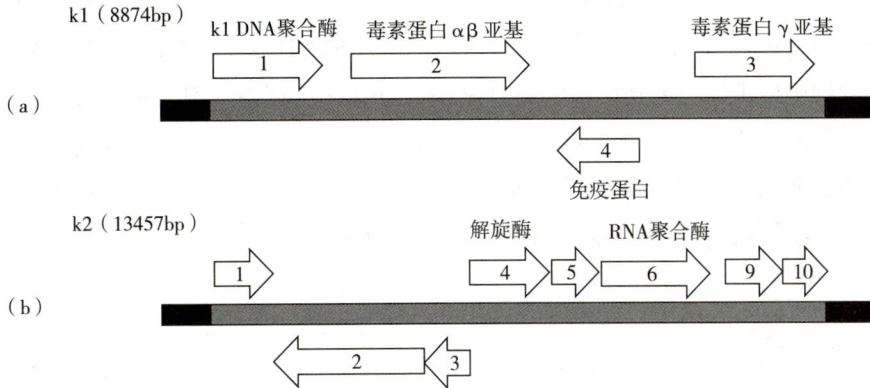

图 7 - 2　线性质粒 k1 和 k2 的基因顺序

三、果蝇克鲁维酵母的环状质粒

果蝇克鲁维酵母（*Kluyveromyces drosophilarum*）的细胞内存在一个环状的野生型质粒 pKD1，该质粒能够转化乳酸克鲁维酵母，并且在没有选择压力的情况下能够稳定复制，每个细胞中的拷贝数为 70。pKD1 的全长为 4757bp，其中包含 A、B 和 C 三个开放阅读框架以及一对 IRS，其自主复制子结构位于一个 IR 与 B 基因之间。仅含有部分 pKD1 片段的重组质粒在克鲁维酵母菌中极不稳定，然而，若用相同的重组质粒转化含有完整 pKD1 的受体细胞，转化子的稳定性会显著提高，这表明重组质粒与 pKD1 发生了同源重组。

pKD1 的 A 基因与酿酒酵母 2μ 质粒上编码重组酶的 *FLP* 基因具有相同的作用效果，而 B 基因则对应于 *REP1*。在乳酸克鲁维酵母中，最为稳定的重组质粒是 E1，它包含全部的 pKD1 序列，并且在其 B 基因上游的一个 *EcoR* I 位点处插入了无复制子结构但携带可选择标记基因的整合型质粒 YIp5。但这种重组质粒在含有 2μ 质粒的酿酒酵母中表现出极高的不稳定性。含有 pKD1 和 2μ 质粒双重复制子的穿梭质粒 pGA15，能够高频转化乳酸克鲁维酵母和酿酒酵母，如果这两种受体细胞中分别含有 pKD1 和 2μ 质粒，那么 pGA15 转化子的稳定性也会相应提高，这表明穿梭质粒能够有效地用于两种或多种酵母菌属之间的基因转移。环状质粒 pKD1 的主要应用在于构建克鲁维酵母属的高效转化系统，其转化效率可高达 $10^4 \sim 10^5$/μg DNA，与酿酒酵母的 2μ 质粒转化系统相近，但比其他酵母菌属的转化系统高 10 ~ 100 倍。

四、含 ARS 的 YRp 和 YEp

酿酒酵母基因组上每隔 30 ~ 40kb 便有一个自主复制序列（ARS），因此用不含复制子结构的整合型质粒构建酵母菌染色体 DNA 基因文库，很容易克隆到 ARS 片段。重组质粒在受体菌中的维持由整合质粒所携带的标记基因表达作为指标。ARS 能使重组质粒的转化效率大幅度提高，但提高程度差别很大，也就是说，与启动子的转录效率相似，不同结构序列的 ARS 在启动质粒自主复制的能力上有强弱之分。来自同一酵母菌菌种的绝大多数 ARS 不能进行交叉杂交，但 ARS 序列中 AT 碱基对的含量都很高

（70% ~85% ），并存在一个拷贝的核心保守序列：（A/T）TTTAT（A/G）TTT（A/T）。这个核心序列中改变任何一对碱基，均可导致复制功能丧失，但核心序列并不是进行复制功能的最小单位，其上游和下游邻近区域的存在也是必需的。在一般情况下，具有完整自主复制功能的 ARS 大小在 0.8 ~1.5kb 范围内。

酵母菌自主复制型载体质粒的构建主要包括引入复制子结构、选择标记基因以及提供克隆位点的 DNA 区域三部分。后者一般采用大肠埃希菌的质粒 DNA，如 pBR322 整合一个酵母 *URA3*⁺ 标志基因，称为酵母整合型质粒（yeast integrated plasmid，YIp），由于质粒 DNA 与酵母基因组 DNA 之间发生了同源重组，在转化的细胞中可以检测到质粒的整合复制；若直接从宿主细胞染色体 DNA 上克隆 ARS，构成的质粒称为酵母复制型质粒（yeast replicable plasmid，YRp）［图 7 - 3（a）］，这类质粒可自主复制，但稳定性差；而直接取 2μ 质粒的复制子构成酵母附加型质粒（yeast extrachromosomal plasmid，YEp）［图 7 - 3（b）］，这类质粒游离于核外存在并自主复制，稳定性好。

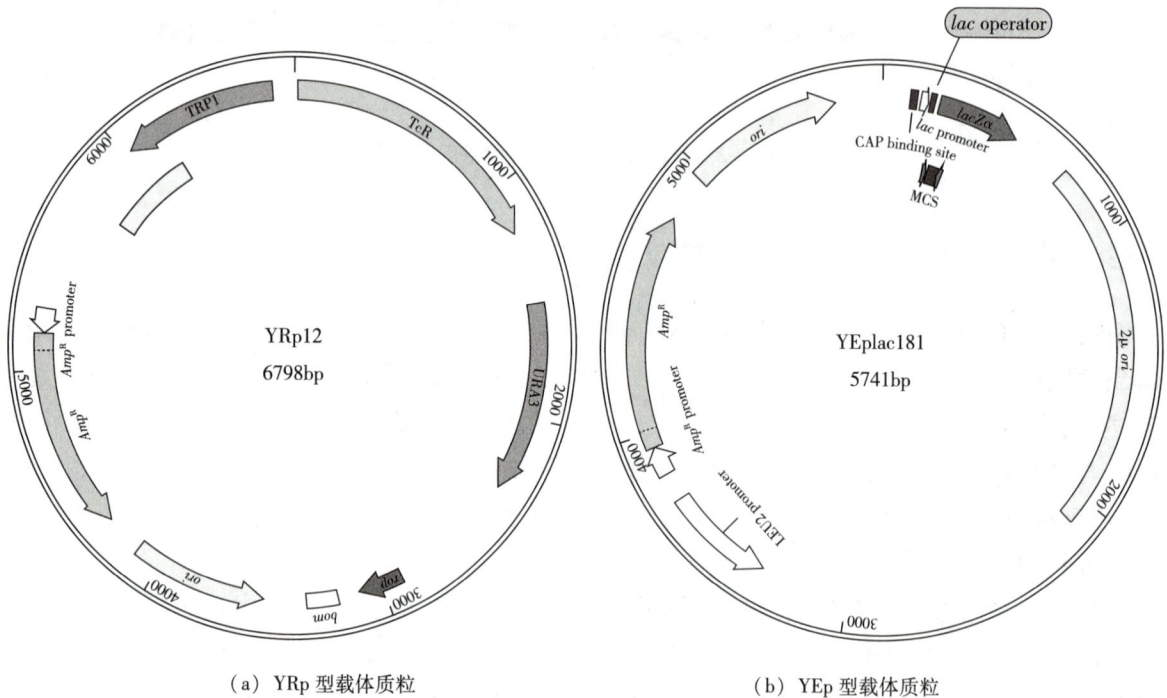

（a）YRp 型载体质粒 　　（b）YEp 型载体质粒

图 7 - 3　含 ARS 的 YRp 和 YEp 型载体质粒

五、含 CEN 的 YCp

在真核生物中，染色体在母细胞和子细胞之间的均匀正确分配是由有丝分裂纺锤体等活化的分配器进行的。从纺锤体孔中伸展出来的微管通过动粒复合物结合在染色体的特异性位点（即着丝粒或中心粒）上，将染色体组拉向正在分裂的细胞两端，最终形成各含一套完整染色体的母细胞和子细胞，因此着丝粒区域（CEN）是染色体均匀分配的重要顺式作用元件。将该区域 DNA 片段插入 ARS 型质粒，能明显促进质粒复制拷贝在母细胞和子细胞中的均匀分配，同时提高质粒在宿主细胞增殖过程中的稳定性。

将 CEN 片段与含有 ARS 的质粒重组，构建的杂合质粒称为酵母着丝粒质粒（yeast centromere plasmid，YCp）（图 7 - 4）。YCp 质粒具有较高的有丝分裂稳定性，但拷贝数通常只有 1 ~5 个，适合作为亚克隆载体和构建酵母菌基因组 DNA 文库。

YCp 质粒与 YEp 和 YRp 质粒一样，能高频转化酵母菌，也可在大肠埃希菌和酵母菌中有效地穿梭转化并维持。但 YCp 质粒比 YEp 和 YRp 质粒稳定，并且质粒的拷贝数也相对比较稳定，这在研究基因表达调控机制、合成对宿主细胞产生毒性反应的外源基因编码产物以及利用同源重组技术灭活染色体基因等方面具有较高的实用价值。

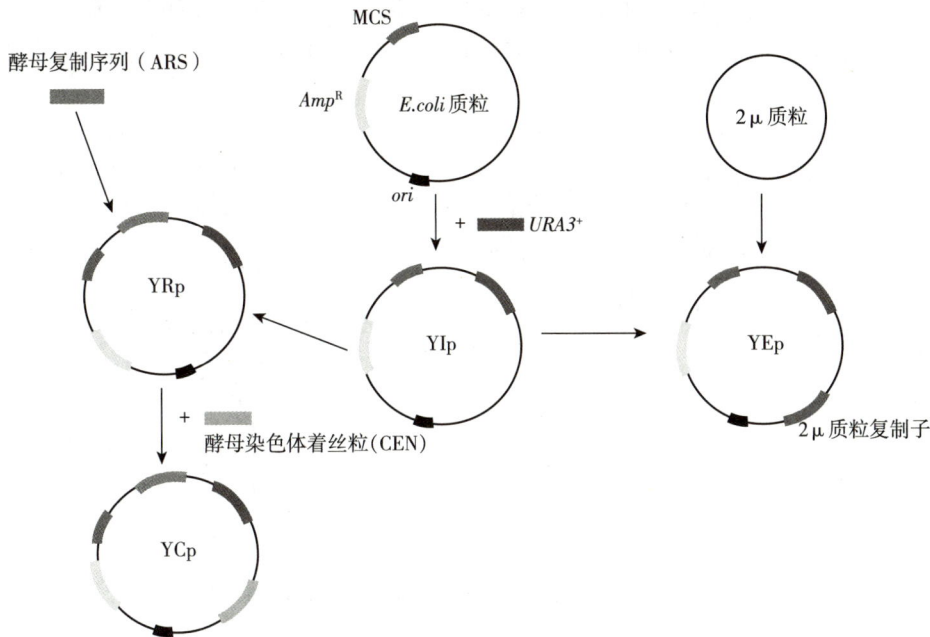

图 7-4 YCp、YRp 和 YEp 型载体质粒

六、穿梭载体

从基因操作的角度出发，任何一种表达系统的载体都需要具备一个扩增和保存体系。大肠埃希菌分子克隆系统恰好能很好地满足这一需求，所以现在几乎各类表达载体都包含大肠埃希菌的复制元件和标记基因。

因为表达载体几乎都含有在目标宿主中起作用的复制元件，所以从适应宿主的属性方面考量，这些载体也可被称为穿梭载体（shuttle vector）。

简单来讲，穿梭载体是能够在两类不同宿主中进行复制、增殖和选择的载体。比如，有些载体既能在原核细胞中复制，又能在真核细胞中复制；或者既能在大肠埃希菌中复制，也能在革兰阳性菌中复制；又或者既能在大肠埃希菌中复制，又能在古生菌中复制。这类载体主要是质粒载体。

由于复制和选择都具有宿主专一性，穿梭载体至少包含两套复制元件和两套选择标记，这相当于两个载体的组合。并且，因为在大肠埃希菌中操作质粒载体较为方便，其拷贝数高且易于保存，所以在当前涉及的大肠埃希菌以外细胞的载体中，绝大多数都配备了大肠埃希菌质粒载体的基本元件，它们都可被视作穿梭载体。基于此，穿梭载体也可被看作载体的一种呈现形式，重点在于其在非大肠埃希菌中的操作。穿梭载体通常先在大肠埃希菌中保存、扩增，然后再转入目标宿主。至于其在目标宿主中的作用，则由所携带的功能元件决定，其中表达外源基因是最为常见的。

（一）大肠埃希菌/革兰阳性菌穿梭载体

大肠埃希菌/革兰阳性菌穿梭载体属于典型的穿梭载体，主要作用是把目的基因转移至芽孢杆菌或者球菌中。枯草芽孢杆菌（*Bacillus subtilis*）是革兰阳性菌的代表种，不过在研究早期，几乎未发现其内源性质粒。所以，应用于这种细菌的穿梭载体质粒的复制区大多来源于球菌或者其他芽孢杆菌。pHT304 是用于苏云金芽孢杆菌（*Bacillus thuringiensis*，Bt）的穿梭载体，其构成是在克隆载体 pUC18 中插入苏云金芽孢杆菌质粒的复制区和金黄色葡萄球菌（*Staphylococcus aureus*）的红霉素抗性基因（图 7 - 5）。借助这一载体，很多苏云金芽孢杆菌已经能够表达杀虫晶体蛋白基因。一般而言，穿梭载体仅起到转载的作用，目的基因能否表达取决于目的基因自身的表达元件。

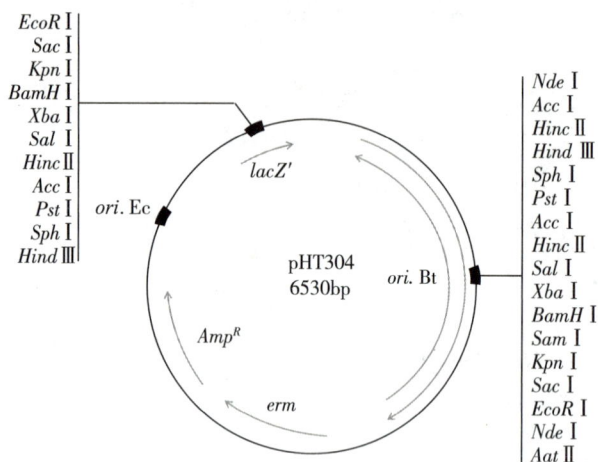

图 7 - 5　大肠埃希菌／革兰阳性菌穿梭载体 pHT304 图谱

（二）大肠埃希菌／酵母菌穿梭载体

大肠埃希菌／酿酒酵母穿梭载体包含来自大肠埃希菌和酿酒酵母的复制起始位点与选择标记，并且还有一个多克隆位点区。这种载体能够在大肠埃希菌细胞和酿酒酵母细胞中复制，所以在遗传学研究中颇受欢迎。它让研究者能够在两种不同的宿主细胞之间轻松地转移基因，还能单独或者同时在这两种宿主细胞中对目的基因的表达活性及其他调节功能进行研究。例如，可以把酵母的某个基因亚克隆到穿梭载体上，在大肠埃希菌中进行定点诱变处理后，再将突变基因放回酵母细胞，从而在天然宿主中研究这种突变的功能效应。

（三）其他穿梭载体

在哺乳动物、昆虫、植物等细胞中所使用的载体，通常也包含大肠埃希菌中复制的元件。所以，这些载体能够在大肠埃希菌中进行操作、保存与扩增。鉴于携带大肠埃希菌的复制元件已经成为一种常规设计，对于这类载体，往往会弱化其穿梭性质。这些应用于真核生物的载体，例如动物的病毒载体、植物的 Ti 质粒载体以及昆虫的杆状病毒载体，虽然一般更为复杂，不过从结构组成方面来看，同样符合载体的一般要求。

第四节　将外源基因导入酵母菌的方法

酵母菌的转化程序首先是在酿酒酵母中建立的，类似的方法也同样适用于粟酒裂殖酵母和乳酸克鲁维酵母的转化。质粒进入酵母菌细胞后，或与宿主染色体同源整合，或借助 ARS 序列进行染色体外复制。这种特征与细菌颇为相似，但与包括真菌在内的其他真核生物有明显的区别，后者中，非同源重组占主导地位。

一、聚乙二醇介导的酵母转化

酵母的细胞壁主要由多糖（polysaccharide）和糖蛋白（glycoprotein）组成，如葡聚糖、几丁质和甘露糖蛋白等。对于这类有细胞壁的生物，外源基因不容易转入。

1978 年，美国康奈尔大学的 Gerald Fink 团队首次建立利用聚乙二醇（polyethylene glycol，PEG）转化酵母球浆体的技术。他们用蜗牛酶除去 leu^- 酵母的细胞壁，把酵母球浆体放在 1mol/L 的山梨醇中，然后在 0.5ml 含有 1mol/L 山梨醇、10mmol/L Tris - HCl 和 10mmol/L $CaCl_2$ 的溶液（pH 7.5）中重悬，加入终浓度为 10 ~ 20μg/ml 的酵母质粒 DNA，室温下放置 5 分钟，再加入 5ml 含有 40% 聚乙二醇 PEG4000、10mmol/L Tris - HCl 和 10mmol/L $CaCl_2$ 的溶液（pH 7.5）处理 10 分钟，最后离心收集菌体，放至含有 3% 琼脂的基本培养基上筛选恢复野生型的酵母，并重生细胞壁。

虽然聚乙二醇介导酵母球浆体转化法应用广泛，但是聚乙二醇转化酵母细胞的转化率并不高，对酵母整合型质粒（YIp），只能获得 1 ~ 10 个转化子/μg DNA；酵母复制型质粒（YRp）的转化率能达到 $(0.5 ~ 2.0) \times 10^3$ 个转化子/μg DNA；酵母附加体质粒（YEp）的转化效率最高，但也只能达到 $(0.5 ~ 2.0) \times 10^4$ 个转化子/μg DNA。而且聚乙二醇转化法有两个缺点，一是转化后的酵母细胞需要在含琼脂的培养基中再生细胞壁；二是使用 PEG 会导致球浆体融合，得到的转化子中相同基因的二倍体甚至多倍体占很高的比例。因此，这种方法后来逐渐被其他高效转化的方法替代。

二、金属阳离子介导的酵母转化

1983 年，Kousaku Murata 团队试验了用多种金属阳离子处理酵母细胞以制备酵母感受态的方法。他们发现，Ca^{2+} 或 Zn^{2+} 虽然能诱导大肠埃希菌甚至植物细胞变为感受态，但对酵母细胞无能为力，而某些单价碱性阳离子（如 Na^+、K^+、Rb^+、Cs^+、Li^+）与 PEG 合用则能刺激完整的酿酒酵母 D13 - 1A 和 AH - 22 细胞吸收质粒 DNA。他们先用 100mmol/L 的阳离子溶液处理酵母细胞，然后加入质粒 DNA 和终浓度为 35% 的聚乙二醇 PEG4000，30℃ 孵育 1 小时，最后放入 42℃ 水浴热休克 5 分钟，立刻降至室温，直接涂板筛选。结果显示，PEG 处理和 42℃ 热休克处理是不可缺少的步骤。在 NaCl、KCl、RbCl、CsCl、LiCl、CH_3COOLi 处理过的 D13 - 1A 酵母细胞中，用 CH_3COOLi 处理得到的转化子最多，能得到 400 个转化子/μg DNA。后来经过大量的摸索和改进，逐渐把转化率提高至 10^4 个转化子/μg DNA。CH_3COOLi 与 PEG 联用转化酵母细胞的最大优点在于此法可转化完整的带细胞壁的酵母细胞，因而无需对酵母细胞进行原生质体处理。现在用 CH_3COOLi 处理已成为酵母转化的常规步骤。据分析，经 CH_3COOLi 处理，酵母细胞产生一种短暂的感受态，更容易摄取外源性 DNA。加入 PEG 处理则可在高浓度 CH_3COOLi 环境中保护酵母细胞膜，减少 CH_3COOLi 对细胞膜结构的过度损伤，同时使质粒与细胞膜接触更紧密。

三、转化质粒在酵母细胞中的命运

双链 DNA 与单链 DNA 均能高效转化酵母菌，不过单链 DNA 的转化率是双链 DNA 的 10 ~ 30 倍。单链质粒若含有酵母复制子结构，进入受体细胞后可准确转化为双链形式；不含复制子结构的单链 DNA 则能高效地同源整合到受体菌的染色体 DNA 上。另外，酵母菌细胞中的 DNA 连接酶活性极强，而 DNA 外切酶活性远低于大肠埃希菌。因此，线型质粒或者带有切口（nick）的双链 DNA 分子都能高效转化酵母菌，甚至几个独立的 DNA 片段进入受体细胞后，在复制前也可连接成一个环状分子。用 20 ~ 60bp

的人工合成寡聚脱氧核苷酸片段转化酵母菌时，这些小的 DNA 片段能够整合到受体菌染色体 DNA 的同源区域内。例如，某酵母菌突变株呈现 *cyc⁻* 遗传特性，其 *cyc1* 基因的第四位密码子突变为终止密码子，用包含 *cyc1* 一端完整编码序列的寡聚脱氧核苷酸转化该突变株，就能筛选出 *cyc⁺* 的转化子，这一技术为酵母菌基因组的体内定点突变提供了极为有利的条件。

此外，进入同一受体细胞的不同 DNA 片段，如果存在同源区域，也会发生同源重组反应并产生新的重组分子。把外源基因克隆到含有一段酵母菌质粒 DNA 的大肠埃希菌载体上，重组分子直接转化含有酵母菌质粒的受体细胞，重组分子中的外源基因就能通过体内同源整合进入酵母菌质粒。这种方法特别适用于酵母菌载体因分子过大、限制酶位点过多而难以进行体外 DNA 重组的情况。同理，含有酵母菌染色体 DNA 同源序列以及合适筛选标记基因的大肠埃希菌重组质粒转化酵母菌后，借助体内同源整合过程可稳定整合到受体菌的同源区域内，YIp 整合型质粒就是依据这一原理构建的。同源重组的频率取决于整合型质粒与受体菌基因组之间的同源程度以及同源区域的长度，一般来说，50% ~ 80% 的转化子含有稳定的整合型外源基因。

第五节　酵母菌基因工程制药的案例

乙型肝炎病毒（HBV）感染引发的急、慢性乙型肝炎，是全球范围内的严重传染病。每年约有 200 万患者死于该疾病，并且有 3 亿人成为 HBV 携带者，其中不少人可能会转化为肝硬化或者肝癌。目前，尚未有一种针对 HBV 的有效治疗药物。所以，高纯度乙肝疫苗的生产在预防病毒感染方面具有重大的社会效益。而利用重组酵母生产人乙肝疫苗，为这种疫苗的广泛使用提供了可靠保障。

一、基因工程菌的组建

HBV 是一种双链环状蛋白包裹型的 DNA 病毒，具有感染能力的病毒颗粒呈球面状，直径为 42nm（即所谓的 Dane 颗粒），基因组大小仅为 3.2kb。HBV 在体外细胞培养基中并不能生长，第一代的乙肝疫苗是从病毒携带者的肝细胞膜上提取出来的。虽然这种细胞膜来源的疫苗具有较高的免疫原性，但其大规模生产受到病毒表面抗原来源的限制，而且提取物需要高度纯化，纯化过程中往往会发生失活现象。此外，对最终产品还必须严格检验其中是否混有患者的致病病毒，所有这些工序导致制造成本居高不下，因此这种传统的乙肝疫苗生产方法不能满足几亿接种人群的需求。

（一）产乙肝表面抗原的酿酒酵母重组菌的构建

重组乙肝疫苗的开发研究始于 20 世纪 70 年代末。当时，HBV DNA 已被克隆，人们可由其序列推导出 HBsAg 完整的一级结构。在这一时期，人们针对大肠埃希菌表达病毒表面抗原多肽（HBsAg）进行了大量尝试，但结果显示细菌的表达水平极低，这可能是由于重组产物对受体菌有强烈的毒性作用。因此，20 世纪 80 年代初开始选择酿酒酵母来表达重组 HBsAg。

酿酒酵母表达重组 HBsAg 的主要工作是将 S 多肽的编码序列置于 ADH1 启动子的控制之下，转化子能够表达出具有免疫活性的重组蛋白。此重组蛋白在细胞提取物中以球形脂蛋白颗粒的形式存在，其平均颗粒直径为 22nm，结构和形态均与慢性 HBV 携带者血清中的病毒颗粒相同。另外，利用 *PGK* 启动子表达的 S 多肽也具有相似的性质。

由重组酿酒酵母合成的 HBsAg 颗粒完全由非糖基化的 S 蛋白组成，这与人体细胞膜来源的由糖基化蛋白构成的天然亚病毒颗粒存在差异。并且，重组病毒颗粒还包含酵母特异性的脂类化合物，如麦角固醇、磷脂酰胆碱、磷脂酰乙醇胺以及大量的非饱和脂肪酸等。不过，重组酵母和人体两种来源的亚病毒颗粒在与一系列由人细胞膜提取出来的 HBsAg 所产生的 HBsAg 单克隆抗体的结合活性上基本相同。这一结果表明，两种亚病毒颗粒在免疫活性方面并无区别，它们均含有相同的优势抗原决定簇。

目前，由酿酒酵母生产的重组 HBsAg 颗粒已作为乙肝疫苗被商品化（商品名为 Recombivax – B 或 Engerix – B），工程菌的高密度发酵工艺也已建立。重组细胞以间歇方式培养生长，通过控制发酵系统中葡萄糖的浓度来防止乙醇的积累，将比生长速率维持在系统处于耗氧的状态下，重组产物的最终产量可达细胞蛋白总量的 1% ~2%。发酵结束后，利用玻璃珠机械磨碎菌体，裂解物经离心分离后，对上清液依次进行离子交换色谱、超滤、等密度离心以及分子凝胶过滤等几步纯化，最终可获得纯度高达 95% 以上的抗原颗粒，将其吸附在产品佐剂上便形成乙肝疫苗制剂。

进一步的研究显示，pre – S1 和 pre – S2 抗原蛋白对 S 型重组疫苗具有显著的增效作用，这种由三种抗原组分构成的复合型乙肝疫苗能够诱导那些对 S 蛋白缺乏响应的人群的免疫反应。酵母细胞中表达的重组 M 蛋白也能形成与 S 蛋白相似的 22nm 球形颗粒，但将 pre – S1 – pre – S2 编码序列与酵母菌分泌系统识别良好的鸡溶菌酶信号肽编码序列融合在一起时，重组蛋白容易产生聚结作用，很难表达出相应的活性，不过仅 M 蛋白与 S 蛋白的复合制剂就足以使免疫原性等性能得到明显改善。

（二）产乙肝表面抗原的巴斯德毕赤酵母重组菌的构建

甲醇营养型酵母是最近十年逐渐发展起来的一类可用于表达外源基因尤其是真核生物基因的理想系统，顾名思义就是能在以甲醇为唯一碳源和能源的培养基上生长的酵母菌。这类酵母分属假丝酵母（Candida）、汉逊酵母（Hansenula）、毕赤酵母（Pichia）和球拟酵母（Torulopsis）4 个属。与酿酒酵母相比，甲醇酵母外源基因表达系统具有重组菌的遗传性质稳定、表达量高、适于大规模发酵等优点。

利用甲基营养菌巴斯德毕赤酵母作为受体细胞表达 HBsAg，相较于酿酒酵母系统具有更大的优越性。其重组菌构建过程如下：①将 HBsAg 的编码序列和用于选择标记的巴斯德毕赤酵母组氨醇脱氢酶基因 PHIS4 插入甲醇可诱导型的 AOX1 启动子和 AOX1 终止子之间，构建成环状重组质粒 pBSAG151；②用 Bgl II 打开 pBSAG115，让 AOX1 启动子和 AOX1 终止子分别位于线型 DNA 片段的两端，然后转化 his⁻ 的受体细胞；③在 his⁺ 的转化子中，重组 DNA 片段与受体染色体 DNA 上的 AOX1 基因发生同源交换，使得单拷贝的 HBsAg 编码序列稳定整合在染色体上。由于巴斯德毕赤酵母染色体 DNA 上还有表达水平较低的第二个乙醇氧化酶基因 AOX2，转化子仍能在含甲醇的培养基上生长。

重组菌的培养及表达情况如下：先在含有一定浓度甘油的培养基中培养，待甘油耗尽时，加入甲醇诱导 HBsAg 表达。最终，S 蛋白产量可达受体细胞可溶性蛋白总量的 2% ~3%，比含有多拷贝表达单元的重组酿酒酵母增加近一倍。并且，这些表达出的 S 蛋白几乎全部形成类似于病毒携带者血清中的颗粒结构，而重组酿酒酵母合成的 S 蛋白只有 2% ~5% 能转配成 22nm 颗粒，这意味着前者的单位效价是后者的数十倍。在大规模产业化试验中，巴斯德毕赤酵母工程菌在一个 240L 的发酵罐中用单一培养基培养，最终菌体量可达 60g(干重)/L，并能获得 90g 22nm 的 HBsAg 颗粒，这足以制成 900 万份乙肝疫苗。

（三）产乙肝表面抗原的汉逊酵母重组菌的构建

汉逊酵母是一种耐热酵母，其最适生长温度为 37 ~43℃（其他甲醇酵母为 30℃），最高生长温度可达 49℃。这一特性使其非常适用于生产热稳定的酶以及用于结晶学研究的蛋白质。

构建分泌表达 HBsAg 的汉逊酵母工程菌株的过程如下：在 HBsAg 基因前添加酿酒酵母 α 前导肽（MFα）基因序列作为信号肽，将整个序列优化为汉逊酵母优选密码子后，将融合基因插入汉逊酵母穿梭质粒 pDGXHP2.0 的甲醇氧化酶基因（MOX）启动子下游，从而构建多拷贝分泌型重组表达载体。接着，用该载体电转化汉逊酵母尿嘧啶缺陷型宿主菌 ATCC34438（Ura3⁻），筛选出分泌表达 HBsAg 的工程菌株。

汉逊酵母的培养温度较高，这带来了诸多优势。一方面，它生长、分裂速度较快，生存力强且易于培养，在价廉的合成或半合成培养基上就能高密度生长，菌体密度可达 100～130g/L 湿重，所以外源基因的表达水平较高。另一方面，相对高的最优生长温度有利于哺乳动物包括人类蛋白的表达，能够提高生长速度，缩短发酵时间，降低对发酵设备的制冷要求，还能减少大规模培养时污染的风险，这些都有利于大规模发酵生产。

汉逊酵母的发酵方式多样。现在一般采用二相发酵法，即先用甘油作为碳源培养使生物量达到一定值，然后在培养基中加入甲醇来诱导外源基因表达。多形汉逊酵母甲醇代谢途径酶的调节不完全等同于毕赤酵母的阻遏／诱导机制，而是表现为阻遏／解阻遏机制，在低浓度甘油和葡萄糖中也能高效表达，所以多形汉逊酵母也可采用一步法发酵，这简化了操作步骤。用葡萄糖代替甘油可节省成本，不以甲醇为碳源可降低危险性。

二、基因工程乙型肝炎疫苗的制备

下面以重组乙型肝炎疫苗（汉逊酵母）为例说明 HBsAg 的生产过程。

（一）制造

1. 生产用菌种

（1）名称及来源　以 DNA 重组技术构建的表达 HBsAg 并经批准的重组汉逊酵母工程菌株。

（2）种子批的建立　应符合《中国药典》生物制品生产检定用菌毒种管理及质量控制（通则 0233）规定。主种子批和工作种子批的代次应符合批准的要求。

（3）种子批菌种的检定　主种子批及工作种子批应进行以下全面检定。

1）*HBsAg* 基因序列测定　*HBsAg* 基因序列应与原始种子保持一致。

2）*HBsAg* 外源基因和酵母 *MOX* 基因的检定　*HBsAg* 基因 DNA 片段的长度和酵母 *MOX* 基因 DNA 片段的长度应符合批准的要求。

3）外源基因整合于宿主染色体中的检定　种子批菌种基因组 DNA 应无游离质粒 DNA 电泳条带；扩增的 PCR 产物中应有 *HBsAg* 外源基因 DNA 电泳条带。

4）*HBsAg* 外源基因拷贝数检定　种子批菌种采用杂交法或经批准的方法检测，整合 *HBsAg* 基因拷贝数应符合批准的要求。

5）整合基因稳定性试验　参照《中国药典》质粒丢失率/保有率检查法（通则 3406）。

6）培养物纯度　将菌种接种至酵母完全培养基中，于 33℃培养 14～18 小时后，将培养物分别接种于胰酪陈大豆肉汤培养基与液体硫乙醇酸盐培养基，于 30～35℃培养 7 天，应无细菌和其他真菌检出。

（4）菌种保存　种子批保存应符合批准的要求。

2. 原液

（1）发酵　取工作种子批菌种，按批准的工艺培养发酵，收获的酵母菌应冷冻保存。

（2）培养物的检定

1）HBsAg 外源基因拷贝数检定　种子批菌种采用杂交法或经批准的方法检测，整合 *HBsAg* 基因拷贝数应符合批准的要求。

2）培养物纯度　将培养物分别接种于胰酪陈大豆肉汤培养基与液体硫乙醇酸盐培养基，于

30~35℃培养 7 天，应无细菌和其他真菌检出。

（3）纯化　采用适宜的方法破碎汉逊酵母，离心除去细胞碎片，用硅胶吸附，采用柱色谱法和溴化钾密度梯度离心法或其他适宜方法纯化 HBsAg 后，进行除菌过滤，即为原液。

（4）原液保存　于 2~8℃保存，保存时间应符合批准的要求。

3. 半成品

（1）甲醛处理　原液用甲醛溶液处理，甲醛浓度、处理温度及时间等条件按批准的工艺执行。

（2）铝吸附　将抗原与铝佐剂按经批准的工艺进行吸附。

（3）配制　按批准的工艺，将吸附的抗原采用适宜的溶液稀释至规定的蛋白质浓度，即为半成品。

4. 成品

（1）分批　依《中国药典》生物制品分包装及贮运管理（通则 0239），应符合规定。

（2）分装　依《中国药典》生物制品分包装及贮运管理（通则 0239），应符合规定。

（3）规格　每瓶（支）0.5ml。每 1 次人用剂量 0.5ml，含 HBsAg 10μg 或 20μg。

5. 包装　依《中国药典》生物制品分包装及贮运管理（通则 0239），应符合规定。

（二）检定

1. 原液检定

（1）无菌检查　依《中国药典》无菌检查法（通则 1101），应符合规定。

（2）蛋白质含量　依《中国药典》蛋白质含量测定法（通则 0731），应符合规定。

（3）分子量　采用还原型 SDS – PAGE，分离胶胶浓度 15%，上样量为 0.5μg，银染法染色。主要蛋白质条带的分子质量应为 20~25kDa；可有多聚体蛋白带。

（4）纯度　采用分子排阻色谱法，亲水甲基丙烯酸树脂体积排阻色谱柱；排阻极限 10000kDa；孔径 100nm；粒度 17μm；流动相为含 0.05% 叠氮钠的 1mmol/L PBS（pH 7.0）；上样量 10μl；检测波长 280nm，按面积归一化法计算，HBsAg 含量应不低于 99.0%。或采用经批准的方法检测，纯度应符合批准的要求。

（5）细菌内毒素检查　依《中国药典》细菌内毒素检查法（通则 1143），应符合规定。

（6）宿主细胞 DNA 残留量　依《中国药典》外源性 DNA 残留量测定法（通则 3407），应符合规定。

（7）宿主细胞蛋白质残留量　依《中国药典》酵母工程菌菌体蛋白质残留量测定法（通则 3414），应符合规定。

（8）N 端氨基酸序列测定　每年至少测定 1 次，用氨基酸序列分析仪或其他适宜的方法测定，N 端氨基酸序列应为：（Met）– Glu – Asn – Ile – Thr – Ser – Gly – Phe – Leu – Gly – Pro – Leu – Leu – Val – Leu。

（9）聚山梨酯 20 残留量　应不高于 10μg/20μg 蛋白质。

2. 半成品检定

（1）无菌检查　应符合《中国药典》无菌检查法（通则 1101）规定。

（2）pH 值　应为 5.5~7.0。

（3）铝含量　应符合批准的要求且铝含量不高于 0.62mg/ml。

（4）细菌内毒素检查　应符合《中国药典》细菌内毒素检查法（通则 1143）规定，小于 5EU/ml。

（5）吸附完全性试验　将供试品于 6500g 离心 5 分钟，取上清液，依《中国药典》测定参考品、供试品及其上清液中 HBsAg 含量。以参考品 HBsAg 含量的对数对其相应吸光度对数作直线回归，相关系数应不低于 0.99，将供试品及其上清液的吸光度值代入直线回归方程，计算其 HBsAg 含量，再按下式计算吸附率,应不低于95%。

$$P(\%) = \left(1 - \frac{c_s}{c_t}\right) \times 100$$

式中 P 为吸附率,%;

   c_s 为供试品上清液的 HBsAg 含量,μg/ml;

   c_t 为供试品的 HBsAg 含量,μg/ml。

(6)渗透压摩尔浓度   依法检查,应符合批准的要求。

3. 成品检定

(1)鉴别试验   采用 ELISA 检查,应证明含有 HBsAg。

(2)外观   应为乳白色混悬液体,可因沉淀而分层,易摇散,不应有摇不散的块状物。

(3)装量   依《中国药典》最低装量检查法(通则0942),不低于标示量。

(4)渗透压摩尔浓度   依《中国药典》渗透压摩尔浓度测定法(通则0632),应符合规定。

(5)化学检定

1)pH 值   应为5.5~7.0。

2)铝含量   应符合批准的要求且铝含量不高于0.62mg/ml。

3)游离甲醛含量   如生产中使用,应不高于15μg/ml。

4)聚乙二醇6000残留量   如生产中使用,应小于200μg/ml。

(6)体外相对效力测定   依《中国药典》重组乙型肝炎疫苗(酵母)体外相对效力检查法(通则3501)测定,不低于1.0。

(7)无菌检查   应符合《中国药典》无菌检查法(通则1101)规定。

(8)异常毒性检查   依《中国药典》异常毒性检查法(通则1141),应符合规定。

(9)细菌内毒素检查   依《中国药典》细菌内毒素检查法(通则1143),应符合规定。

4. 保存、运输及有效期   于2~8℃避光保存和运输。自生产之日起,按批准的有效期执行。

5. 使用说明   应符合《中国药典》生物制品分包装及贮运管理(通则0239)规定。

思考题

本章小结

1. 试述酵母表达系统的优势和不足之处。
2. 简述酵母载体的构成元件和功能。
3. 简述酵母转化的基本方法。
4. 酵母质粒载体有哪几种?各有何特点?

答案解析

第八章 植物基因工程

PPT

学习目标

【知识要求】

1. 掌握 Ti 质粒的结构和功能；农杆菌介导法的基因原理与操作步骤。

2. 熟悉 常用的植物基因工程载体类型；基因枪法、花粉管通道法和显微注射法等外源基因导入方法的基本原理与适用范围。

3. 了解 植物表达系统的优势及其在药物纯化与规模化生产中的应用。

【技能要求】

1. 能够独立完成目的基因的克隆与载体构建工作。

2. 能够运用 PCR、Southern blot、Western blot 等方法对转基因植物进行检测与鉴定。

【素质要求】

1. 鼓励关注植物改良对生态环境和农业可持续发展的影响，培养生态意识和可持续发展观念，在进行植物基因工程操作时充分考虑可能产生的生态风险。

2. 具有良好的科学思维和逻辑思维能力，以及能够独立思考和解决问题的能力。

自 1983 年起，科学家利用根瘤农杆菌的 Ti 质粒，成功将外源基因导入烟草和矮牵牛，由此得到了转基因植物。此后，植物基因工程技术取得了巨大发展。当前，人类已获得 200 多种转基因植物，这些植物被改良的性状达数十种，包括抗虫、抗病、抗除草剂、抗胁迫、提升品质或产量、雄性不育等。

另外，人们将转基因植物作为生物反应器，已经在烟草、马铃薯、苜蓿等植物中表达并生产出多种药用蛋白，如抗体、疫苗、人胰岛素、干扰素等。转基因植物及其产品已经开始商业化。

然而，转基因植物及其产品的商业化并非一帆风顺。一方面，公众对转基因植物存在诸多担忧。许多消费者担心转基因植物可能会对健康产生潜在风险，尽管大量的科学研究表明，经过严格安全评估的转基因植物与传统植物在安全性上并无差异，但这种担忧依然广泛存在。例如，有人认为长期食用转基因植物可能会引发过敏反应或者导致基因在人体内的异常转移，尽管目前并没有确凿的证据支持这些观点。

另一方面，转基因植物对生态环境的影响也备受关注。一些人担心转基因植物的外源基因可能会通过花粉传播等方式漂移到野生近缘种中，从而改变野生植物的基因库，可能导致一些不可预测的生态后果。比如，抗除草剂基因如果漂移到杂草中，可能会产生超级杂草，这将给农业生产带来极大的挑战。

为了推动转基因植物及其产品的健康发展，科学家们在不断努力。他们致力于开展更多透明、深入的研究，向公众普及转基因知识，提高公众对转基因的科学认知。同时，在转基因植物的研发和种植过程中，相关人员应严格地遵循相关的安全标准和管理规定，确保转基因植物既能够发挥其改良性状、提高产量、生产药用蛋白等优势，又能够将对人类健康和生态环境的潜在风险降到最低。

第一节　植物基因工程载体及其构建

当前，植物基因工程载体构建技术已经取得了显著的进展。研究者们通过不断优化载体结构、提高基因转移效率和表达稳定性，成功构建了一系列适用于不同植物种类的基因表达载体。同时，随着基因编辑技术的不断发展，植物基因工程载体的构建和应用也呈现出更加多样化和精准化的趋势。

一、植物基因工程载体的分类

根据不同的分类标准，可将植物基因工程载体分为不同的类型。根据植物基因工程载体的功能和用途，可将有关载体分为四种类型。

（一）细菌质粒载体

该载体与微生物基因工程载体类同，通常是由多拷贝的大肠埃希菌质粒作为载体，其功能是保存和克隆目的基因。

（二）Ti 质粒载体

Ti 质粒是根瘤农杆菌染色体外的遗传物质，它能够诱导被侵染的植物细胞形成肿瘤。Ti 质粒载体上有一段转移 DNA（T - DNA），这段 DNA 可以携带外源基因并整合到植物宿主的基因组中。然后通过根瘤农杆菌侵染植物细胞，使 T - DNA 携带的目的基因转移并整合进植物基因组。例如，在一些农作物改良项目中，为了提高作物的抗虫性，将编码杀虫蛋白的基因插入 Ti 质粒的 T - DNA，再借助根瘤农杆菌将这个基因导入作物细胞，从而使作物获得抗虫的能力。在花卉培育方面，可将控制花朵颜色、花期长短等相关基因利用 Ti 质粒进行转移，进而培育出色彩更艳丽、花期更符合需求的花卉品种。而且，Ti 质粒在研究植物基因功能方面也是一个得力的工具，通过将特定基因导入植物基因组并观察植物表型变化，可以深入探究基因的功能机制等。

（三）卸甲载体

卸甲载体去除了 Ti 质粒或 Ri 质粒的致瘤基因，但保留了如转移 DNA（T - DNA）的转移功能等重要特性。在基因工程操作中，将目的基因插入卸甲载体的特定位置后，可借助其原有的转移机制把目的基因导入植物细胞。在合适的条件下，目的基因能够稳定地整合到植物细胞的基因组中，成为其遗传物质的一部分。一旦整合成功，植物细胞就会按照目的基因所携带的遗传信息进行转录和翻译过程，从而合成相应的蛋白质。这些蛋白质可能赋予植物新的性状，比如增强植物对病虫害的抵抗力、提高植物对恶劣环境的耐受性或者改变植物的营养成分等。随着植物细胞的不断分裂和分化，这些新的性状会在整个植株中体现出来，从而实现通过基因工程改良植物品种的目的。

（四）病毒载体

由于传统的植物基因载体携带的基因片段有限，科研工作者开发了可以携带较大基因片段的植物病毒载体。植物病毒载体具有许多优点，但也存在稳定性差、受外源基因大小限制以及可能诱发植物病害等问题。目前已有十几种植物病毒被改造成不同类型的外源蛋白表达载体，包括烟草花叶病毒（TMV）、马铃薯 X 病毒（PVX）、豇豆花叶病毒（CPMV）以及番茄丛矮病毒（TBSV）等。

（五）非病毒载体

自 2000 年起，非病毒基因载体的开发在基因治疗领域备受关注。目前，常用的非病毒基因载体包括阳离子聚合物、碳酸钙和脂质体等，纳米材料载体也归属于非病毒基因载体。纳米材料载体通常是由生物兼容性材料制成的纳米微囊或纳米粒子，可通过包裹或吸附外源 DNA 等核酸分子形成纳米材料载体 – 基因复合物。纳米颗粒作为一种非病毒基因载体，与传统基因载体相比具有诸多优点和特点：①不受植物种类、组织细胞类型的限制，对动物细胞和植物细胞均适用；②能够调节与其结合的基因数量，从而克服基因沉默现象；③可以通过功能化提高转化效率；④能够实现多基因转导，无须采用传统的构建复杂质粒的方法；⑤纳米颗粒比表面积大，可装载大片段、大容量的 DNA；⑥具有生物亲和性，能够在其表面偶联靶向分子，实现基因治疗的特异性；⑦可避免常规病毒载体引发的免疫原性以及宿主正常核苷酸序列改变的潜在风险。

按照纳米颗粒活性功能基团的不同，纳米颗粒可分为三大类：天然生物大分子材料、合成高分子材料和无机物材料（表 8 – 1）。

表 8 – 1　制备纳米颗粒常用的提供活性功能基团的材料

天然生物大分子材料	合成高分子材料	无机物材料
葡聚糖、壳聚糖、淀粉、纤维素及其衍生物、琼脂糖、明胶、血清白蛋白、磷脂类等	聚乙烯醇（PVA）、聚丙烯酸、聚乙二醇（PEG）、聚苯乙烯、硅烷衍生物、聚乙烯亚胺（PEI）等	二氧化硅（SiO_2）、氧化铁（Fe_3O_4）、铁氧体、氧化铬、碳酸钙、金颗粒、量子点等

目前纳米颗粒作为基因载体和药物载体已经成功地应用到动物细胞中，近年来，纳米颗粒开始应用于植物转基因研究。2007 年，F. Torney 等利用多孔二氧化硅纳米基因载体分别将含 GFP 的质粒 DNA、含 GFP 的质粒 DNA 和 GFP 基因表达激活剂（β – 雌二醇）转入烟草植物细胞，成功实现 GFP 基因的表达，并证明了激活剂的协同转入可以提高转化效率。

二、植物基因工程载体的构建

下面以根瘤农杆菌为例，介绍植物基因工程载体的构建过程。

（一）根瘤农杆菌的生物学特征

根瘤农杆菌（Agrobacterium tumefaciens），也称为根瘤土壤杆菌，是土壤杆菌属（Agrobacterium）中的一种革兰阴性菌。其细胞呈杆状，大小为 $0.8\mu m \times (1.5 \sim 3.0)\mu m$，能够借助 1 ~ 4 根周生鞭毛运动；通常有纤毛，不形成芽孢，菌落无色且大多光滑，随着菌龄增长，光滑的菌落会逐渐出现条纹。

根瘤农杆菌在土壤中的含量极为丰富，属于好氧型细菌，但也能在氧含量较低的植物组织中生长。它的最适生长温度为 25 ~ 30℃，最适 pH 为 6.0 ~ 9.0。该细菌的宿主范围十分广泛，绝大多数双子叶植物和裸子植物都会受到它的侵染，据不完全统计，大约有 93 属 643 种双子叶植物对农杆菌敏感。单子叶植物的创伤反应与双子叶植物不同，其伤口附近往往会发生木质化或硬化，并且没有明显的细胞分裂现象，所以大多数单子叶植物并非根瘤农杆菌的天然宿主。在自然条件下，根瘤农杆菌可通过植物创伤部位侵染敏感植物，使植物产生冠瘿瘤，但细菌本身并不进入宿主植物细胞。

1974 年，Zaenen 等人从根瘤农杆菌体内分离出一种与肿瘤诱导相关的质粒，即 Ti 质粒（tumor inducing plasmid）。人们发现，当农杆菌丢失 Ti 质粒后，其致瘤能力会完全丧失，这就证明了 Ti 质粒是农杆菌的肿瘤诱导因子。后来，Chilton 等人运用分子杂交技术证明，植物肿瘤细胞中存在一段外来 DNA，这段 DNA 与 Ti 质粒的 DNA 具有同源性，是整合到植物染色体上的农杆菌质粒 DNA 片段，称为转移 DNA（transferred DNA，T – DNA）。如今，人们已经能够利用经过改造的 Ti 质粒作为转化载体，将外源基因导入受体植物细胞。

（二）Ti 质粒的结构和功能

1. Ti 质粒的结构组成 Ti 质粒是一种双链环状 DNA 分子，长 200 ~ 250kb。根据合成冠瘿碱种类的不同，Ti 质粒可分 4 种：章鱼碱型（octopine）、胭脂碱型（nopaline）、农杆菌素碱型（agropine）和琥珀碱型（succinamopine）。冠瘿碱是一些谷氨酸的双环糖衍生物，可以为农杆菌的生长提供能源。

常见的一种野生型 Ti 质粒是一个 194kb 大小的大型环状质粒，约有 196 个基因，编码 195 个蛋白质。天然 Ti 质粒的结构可分 4 个区：①复制起始区（origin of replication，ori 区），该区段基因调控 Ti 质粒的自我复制；②结合转移区（region encoding conjugation，Con 区），该区段存在着与细菌间接合转移有关的基因，调控 Ti 质粒在农杆菌之间的转移；③转移 DNA 区（transferred – DNA region，T – DNA 区），T – DNA 是农杆菌感染植物细胞时，从 Ti 质粒上切割下来转移到植物细胞的一段 DNA；④毒性区（virulence region，Vir 区），该区段上的基因能激活 T – DNA 转移，使农杆菌显出毒性（图 8 – 1）。

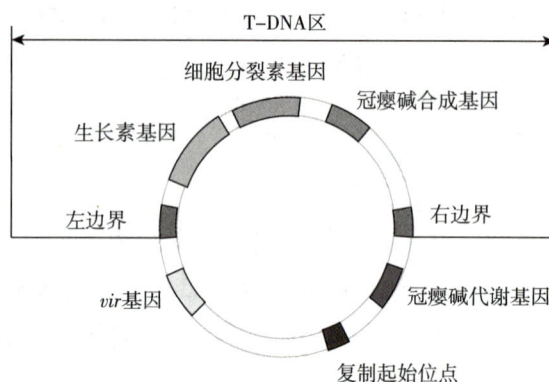

图 8 – 1　Ti 质粒结构示意图

2. T – DNA 的结构与功能 T – DNA 能够转移并整合进植物基因组，导致冠瘿瘤的形成。T – DNA 的长度在 12 ~ 24kb。T – DNA 的两端左、右边界各为 25bp 的重复序列，分别称为左边界（LB 或 LT）和右边界（RB 或 RT）。右边界在 T – DNA 转移中起着重要作用。在章鱼碱型 T – DNA 的右边界的右边还存在一个约 15bp 的超驱动序列（overdrive），为转移 LT、RT、T – DNA 所必需，起增强子作用。T – DNA 的 5′端和 3′端都有真核表达信号，如 TATA box、AATAA box 及 poly（A）等。

在 T – DNA 左、右边界之间，含有三类结构基因，即生长素合成基因、细胞分裂素合成基因和冠瘿碱合成基因，这些基因的表达产物与植物产生冠瘿瘤密切相关。当三个结构基因随着 T – DNA 转移并整合至植物基因组上后，生长素基因和细胞分裂素基因的表达产物引起质粒转化区植物细胞不断分裂与生长，加上冠瘿碱合成基因不断利用植物细胞的氨基酸（精氨酸、丙氨酸、谷氨酰胺）合成冠瘿碱并不断积累，导致植物细胞感染处形成冠瘿瘤。

3. 毒性区的基因与功能 Vir 区位于 T – DNA 区以外，长约 40kb，由 7 个操纵子组成，分别是 virA、virB、virC、virD、virE、virF、virG。在这 7 个操纵子中，virA、virB、virD、virE、virF 及 virG 对于 T – DNA 的转移和肿瘤的诱导是绝对必需的。其中 virA 和 virG 编码的两个蛋白质在出现酚类化合物时，对其他毒性基因的调节和表达起激活作用。virA 编码一个跨膜组氨酸蛋白激酶（histidine protein kinase），定位于细菌细胞膜上。VIRG 是一个细胞质应答调节因子（cytoplasmic response regulator）。virA 被激活后即可激活 virG。virG 进一步激活其他 vir 基因的表达。在双子叶植物中，酚类化合物乙酰丁香酮（acetosyringone，As）和羟基乙酰丁香酮（hydroxyacetosyringone，OH – As）对于激活毒性基因有重要作用。virB 含 11 个开放阅读框（ORF），其所编码的蛋白质被运输到细胞膜或周质中，在农杆菌细胞胞膜上形成通道，是 T - DNA 从农杆菌运输到植物细胞的通道。*virD* 含 5 个 ORF，编码蛋白质 VIRD1 ~ VIRD5，其中 VIRD2 蛋白具有特异性的核酸内切酶活性，识别 T - DNA 右边界重复序列，并在此处将 T - DNA 切开一个切口，并与切口的 5′ 端结合。*virE* 含 2 个 ORF，其中 VIRE2 为单链结合蛋白，多个 VIRE2 蛋白分子结合在单链 T - DNA 上，形成核蛋白丝（nucleoprotein - filaments）。VIRD2 和 VIRE2 都有植物细胞核定位信号，能护送 T - DNA 进入植物细胞核。毒性区基因相互作用，从而形成由 VIRD2 蛋白牵头、VIRE2 蛋白作为外壳的单链 T - DNA 转移复合体，这一复合体不仅可穿过 VIRB 在农杆菌细胞膜上形成的通道到达植物细胞，而且还可保护 T - DNA 不被植物核酸水解酶降解。

4. T - DNA 整合机制与诱导植物肿瘤的过程　农杆菌 Ti 质粒上的 T - DNA 导入植物基因组的整个过程大致可分为以下 6 个步骤：①农杆菌对受体细胞的识别；②农杆菌附着于植物受体细胞；③诱导启动毒性区基因表达；④通道复合体的合成和装配；⑤T - DNA 的加工和转运；⑥T - DNA 的整合。

农杆菌对植物受体识别的基础是细菌的趋化性，即菌株对植物细胞所释放的化学物质产生趋向性反应。受伤植物组织产生的一些糖类、氨基酸类、酚类物质具有趋化作用。在植物创伤部位生存了 8 ~ 16 小时之后的农杆菌处于细胞调节期，细菌会产生细微的纤丝将自身束缚在植物细胞壁表面。接着植物受伤细胞分泌的乙酰丁香酮和羟基乙酰丁香酮等酚类物质诱导 Ti 质粒上的毒性区基因表达，VIRD2 蛋白将 T - DNA 从边界的特定位点上（现在一般认为是边界末端第 3 和第 4 碱基处）切下单链 T - DNA。同时单链 T - DNA 与 VIRE2 蛋白形成单链 T - DNA 转移复合体，穿过 VIRB 蛋白在细胞膜上形成的通道，到达植物细胞，使 T - DNA 与植物基因组整合。T - DNA 上的三个结构基因在植物细胞内表达，使植物形成冠瘿瘤。

5. Ti 质粒衍生的载体系统　Ti 质粒虽然是一种有效的天然载体，但是作为常规的克隆载体是有缺陷的，如：转化细胞生长过程中产生的植物激素会阻碍转化细胞的再生；冠瘿碱合成会消耗能源，降低植物的产量；Ti 质粒过于庞大（大于 200kb）不利于操作；Ti 质粒在大肠埃希菌中不能复制，在细菌中操作和保存会很困难。因此，Ti 质粒必须经过改建才能满足转基因操作的要求。

改建 Ti 质粒载体的基本原则如下。①使载体具备 2 个 DNA 复制原点：一个作为大肠埃希菌的复制位点；另一个作为农杆菌的复制位点，即构建成大肠埃希菌/农杆菌穿梭载体。②至少具备 2 个筛选标记：一个是植物细胞选择标记基因，便于转化植物细胞后的选择；另一个是大肠埃希菌和农杆菌的选择标记，便于载体构建和克隆的筛选。③减小质粒分子量：天然质粒由于分子量太大而不利于克隆操作，因此要尽量减小质粒分子量。通常将 T - DNA 上的三个结构基因去除，代之以目的基因和植物细胞筛选标记，Ti 质粒上其他非必需序列也要去除。④删除质粒上多余的酶切位点，增加多种酶的单一酶切位点即多克隆位点（MCS）：多克隆位点一般插在 T - DNA 序列上，便于外源基因的克隆和转入。

现在，农杆菌介导的遗传转化已在许多植物上被广泛采用，外植体种类逐渐扩展到叶柄、子叶、子叶柄、下胚轴、茎段、茎尖分生组织、表皮薄壁细胞、块茎、匍茎节段、愈伤组织及胚性悬浮细胞、原生质体等。土壤农杆菌介导的基因转化，其成功的关键在于找到合适的组织培养和再生技术。之前用土壤农杆菌介导的基因转移都局限在双子叶植物的范围内，但是近几年，用土壤农杆菌转化单子叶植物也取得了重大的突破。许多实验已经证明，土壤农杆菌可以将 T - DNA 转入玉米细胞，并在其中稳定表达；利用土壤农杆菌转化的水稻中，外源基因也能稳定表达，转基因水稻植株的再生频率可以达到 10% ~ 30%。

6. Ri 质粒载体系统　Ri 质粒（root inducing plasmid）是存在于发根农杆菌（*Agrobacterium rhizogenes*）中的巨大质粒。与根瘤农杆菌中的 Ti 质粒诱导细胞产生冠瘿瘤相似，Ri 质粒可侵染植物，在被感染部位合成冠瘿碱，诱导产生大量不定根，即发状根。根据其合成冠瘿碱种类的不同，可将 Ri 质粒分成农杆碱型、甘露碱型和黄瓜碱型 3 种。

目前对 Ri 质粒的分子结构已经有了深入的研究。与 Ti 质粒一样，Ri 质粒与转化相关的结构也主要是 Vir 区和 T–DNA 区两部分。Ri 质粒的 Vir 区与 Ti 质粒的高度同源，其上面有 virA、virB、virC 等多个操纵子，其功能也主要是促进 T–DNA 的转移。农杆碱型 Ri 质粒的 T–DNA 区可以分为 TL 区和 TR 区，两区之间有约 15 kb 的非转移 DNA；甘露碱型和黄瓜碱型 Ri 质粒的 T–DNA 区都只有一段单一的长约 20kb 的连续 T–DNA。3 种质粒的 T–DNA 区段中，除了含有两个与 Ti 质粒高度同源的 T–DNA 边界序列外，还含有编码与生长素合成有关的酶基因（iaaM 和 iaaH）和与冠瘿碱合成有关的酶基因。Ri 质粒 TL–DNA 有 11 个开放阅读框（ORF），它与 Ti 质粒上的 TL–DNA 没有同源性。研究表明，Ri 质粒 TL–DNA 上有多个称为根座位（root locus）的基因 rol，目前发现其中的 rolB 和 rolC 两个基因对 Ri 质粒转化细胞产生发状根起关键作用。

Ri 质粒诱发产生的合成冠瘿碱的不定根组织经离体培养后，通常可再生成能育的完整植株。所以，将 Ri 质粒用作植物基因工程的载体也极具前景。在理论研究方面，当前人们利用 Ri 质粒研究根与根际微生物的关系，并在阐明共生固氮机制上取得了一定进展。在实际应用中，Ri 质粒系统已被用于大量生产生物碱、蒽醌、萜类等次生代谢物以及改良作物品种等多个方面。

第二节　将外源基因导入植物细胞的方法

植物细胞外层为坚韧的细胞壁，人们根据植物细胞的特点发明了多种基因转移技术，根据原理的不同，主要分为物理方法和生物学方法两大类。

一、物理方法

（一）基因枪法

基因枪（gene gun）法，又被称为微弹轰击（microprojectile bombardment）法、粒子轰击（particle bombardment）法等，它是一种利用高速金属微粒将 DNA 分子引入活细胞的转化技术。1987 年，美国康奈尔大学的 Sanfrod 等研制出火药引爆的基因枪；同年，Klein 等首次在洋葱上进行细胞试验，将氯霉素乙酰转移酶基因导入洋葱表皮细胞。1990 年，美国杜邦公司推出 PDS–1000 型商品基因枪。此后，高压放电、压缩气体驱动等多种类型的基因枪相继问世，并且在实际应用中不断得到改进和发展，从而开创了基因技术的新局面，也使基因枪法成为继农杆菌介导法之后又一个被广泛应用的转化技术。

1. 基本原理　基因枪法的基本原理是利用火药爆炸、高压放电或高压气体作驱动力，将载有外源 DNA 的金（或钨）粉等金属微粒加速，射入受体细胞或组织，从而达到将外源 DNA 分子导入细胞的目的（图 8–2）。根据动力系统，可将基因枪分为三种类型。

第一类是以火药爆炸力作为驱动力，这是最早出现的一种基因枪，如杜邦公司的 PDS–1000 系统以及中国科学院生物物理研究所研制的 JQ–700 基因枪。其特点是以塑料子弹为载体，其前端载有结合了 DNA 的金属微粒，火药爆炸时驱动塑料子弹向下运动，最后击中样品室的靶细胞。其粒子速度主要是通过火药的数量控制，可控度较低。

第二类是以高压气体作为驱动力，如氦气、氢气、氮气等，其中以氦气压缩后冲击力最大。例如杜邦公司又推出了 PDS–1000HE 氦气型基因枪。该基因枪的驱动原理为：以不同厚度的聚酰亚胺制成的可裂圆片（rupture disk）来控制氦气压力，其压力范围为 3103～15216kPa。当氦气压力达到可裂圆片的

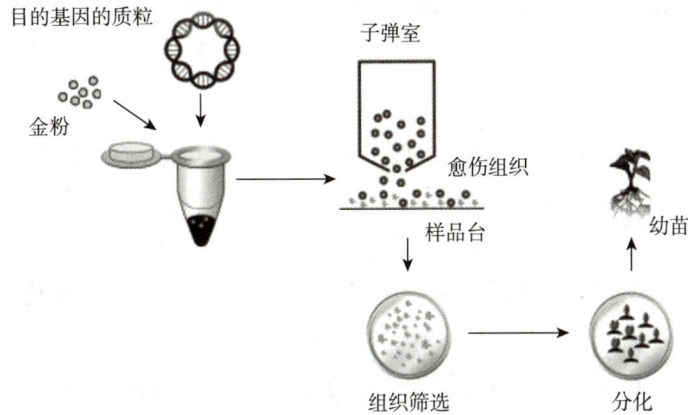

图 8 - 2　基因枪法介导基因转入植物细胞

临界压力时，可裂圆片破裂并释放出一阵强劲的冲击波，使微粒子弹载体（由直径为 2 mm、厚度为 51μm 的聚酰亚胺膜制成的可裂圆片）携带微粒子弹高速向下运动，当达到金属阻挡网时，圆片被挡住，微粒子弹继续向下运动直至击中靶细胞。这种基因枪的输出功率可以调节，微粒分散均匀，而且安全、清洁。在这种基因枪的基础上，人们还发展出了不需要中介微粒子弹载体的粒子流基因枪和微靶点射击基因枪。

第三类是以高速放电为驱动力，通过高压放电引起水滴气化所产生的冲动力驱动金属微粒载体向上加速。当微粒载体被阻挡网挡住后，带有 DNA 的金属粒子会穿过阻挡网继续向上运动，直至击中真空中的靶细胞或组织。这种枪的最大优点是可以无级调速，通过改变工作电压便可精确控制粒子速度和射入深度。这一点非常重要，因为不同的外植体需要不同的工作电压参数。

总之，基因枪种类多样，针对不同的受体植物和外植体材料，应选用不同类型的基因枪。一般来讲，高压放电基因枪和高压气体基因枪轰击材料的转化率比火药基因枪高。

2. 基本步骤　尽管基因枪存在多种类型，但其转化过程通常包括受体细胞或组织的预处理、DNA 微弹的制备、装弹轰击、过渡培养与筛选培养等步骤。

（1）受体细胞或组织的预处理　这一预处理属于提高转化率的辅助过程，主要借助渗透剂处理来调节受体细胞的渗透压，维持细胞的高渗状态，减少轰击受伤后细胞质的外渗，进而有利于细胞成活。常用的渗透剂有甘露醇、山梨醇等。其处理方法为：将一定浓度的渗透剂加至培养基中配制成高渗培养基，把欲转化的材料转入该培养基培养 4~6 小时，转化后再培养 12~16 小时。许多研究表明，这种处理能显著提高转化率。

（2）DNA 微弹的制备　在这一过程中，将外源基因用 $CaCl_2$、亚精胺和无水乙醇处理后，按一定比例附着在金属微粒（金粉或钨粉）载体上，从而制备成 DNA - 金属微粒。钨粉微粒的直径以 0.7~1μm 为宜，金粉微粒直径以 1~1.6μm 为宜。相较于钨粉，金粉对细胞的伤害与毒性更小，也不易引发 DNA 降解，但成本较高。

（3）装弹轰击　在无菌条件下，依据不同基因枪的要求选择外植体的大小。将受体外植体置于培养皿中，一般在不影响分化生长能力的前提下，外植体应尽量小，以增大接受粒子轰击的面积。例如，若用愈伤组织作为轰击受体，用打孔器取直径约为 3mm 的组织块较为合适。轰击压力与距离往往是基因枪法转化的关键因素之一，需按照不同的基因枪操作说明进行调整。整个过程都要求在无菌条件下进行。

（4）过渡培养与筛选培养　轰击后的材料并非立即转入带有选择压力的培养基进行筛选，而是先在不含选择压力的培养基中过渡培养一段时间（通常为 1~2 周），以便受轰击细胞恢复并充分表达外源基因（包括选择压力抗性基因）。之后再转入有选择压力的培养基培养，抑制非转化细胞生长，使转化细胞继续生长分化，从而被筛选出来。

（二）花粉管通道法

花粉管通道（pollen – tube pathway）法是利用植物受精过程中形成的花粉管通道将外源 DNA 导入植物的技术。该法是由我国学者周光宇提出并建立的一种非常实用的转基因技术。1983 年，利用此法成功地将外源 DNA 导入棉花。至今，许多国内外学者通过这一方法将外源目的基因或总 DNA 导入了许多农作物，获得了一批有实用价值的转化材料。与此同时，这一方法也在实际应用中得到了不断发展和完善。

1. 基本原理　将外源 DNA 片段在自花授粉后的特定时期注入植物柱头或花柱，外源 DNA 沿花粉管通道或传递组织通过株芯进入胚囊，转化不具备正常细胞壁的受精卵、合子及早期的胚体细胞。这一技术可用于任何开花植物。该法的特点是参与被转化植物的生殖过程，直接操作于整体植株，避免了传统的基因枪法和土壤农杆菌法转化所要求的组织培养技术，转化方法简单、易操作，单、双子叶植物都可应用，育种时间缩短，有很强的实用性。

2. 操作方法　利用花粉管通道导入外源 DNA 的技术已发展出多种行之有效的操作方法，可归纳为以下三类。

（1）柱头切除法　在受体植物自花授粉后一定时间（一般 2 ~ 3 小时）切去花柱，立刻在切口处滴入供体 DNA 溶液，然后套袋隔离至种子成熟。

（2）花粉粒吸入法　收集新鲜花粉，加至供体 DNA 溶液中混匀，使外源 DNA 吸入花粉粒，然后取混合液滴于预先去雄套袋隔离的雌蕊上进行人工授粉，再继续套袋至种子成熟。

（3）柱头涂抹法　在未授粉前先用 DNA 溶液涂抹柱头，然后人工授粉、套袋隔离，通过花粉管的伸长将外源 DNA 带入胚囊，成熟后收获种子。

（三）聚乙二醇法

聚乙二醇（polyethylene glycol，PEG）法源于促进原生质体融合的方法，于 1980 年由 Davey 等人首先建立。1984 年，Pazkowski 等人报道了首例使用 PEG 法转基因成功的植物。随着单子叶植物原生质体分离、培养及植株再生技术的发展，PEG 法转化植物成功的报道逐渐增多，该方法自身也得到了大幅改进，转化率从最初的 10^{-5} ~ 10^{-4} 提升到 3% 甚至更高。2018 年底，PEG 转化试剂盒已市场化，PEG 法也成为一种常用且较为成熟的植物原生质体转化方法。

PEG 是一种选择性化学渗透剂，其分子量在 1500 ~ 12000，pH 4.6 ~ 6.5（因多聚程度不同而有所差异）。PEG 具有多种作用：它能够在细胞膜之间或者在 DNA 与膜之间形成分子桥，促使它们相互接触并增加黏性；还能通过改变细胞膜表面的电荷，引起细胞膜通透性变化，进而促进外源大分子进入原生质体，而且 PEG 诱导的膜通透性改变是可恢复的。

在 PEG 转化过程中，常常需要加入 Ca^{2+}。Ca^{2+} 这种二价阳离子可与 DNA 结合形成 DNA – 磷酸钙复合物，从而使 DNA 沉积于原生质体的膜表面，并促进细胞发生内吞作用。另外，高 pH 值能够诱导原生质体的融合以及外源 DNA 分子的摄取。所以，在 PEG 法转化时，通常会将溶液的 pH 值调到 8 左右；当 pH 值高于 10 时，则会对原生质体造成损伤。

PEG 法正是利用上述这些条件作用于植物原生质体，使得添加在培养液中的外源 DNA 分子能够进入细胞，从而实现转化目的。

（四）电击转化法

电击转化法也称电穿孔法，是利用高压电脉冲作用使细胞膜上形成可逆性的瞬间通道，从而使外源

DNA 分子进入细胞的转化方法。这种方法可用于单子叶植物及双子叶植物细胞原生质体的转化。其基本原理是在适当的外加电压下，细胞膜有可能被击穿，但不影响或很少影响细胞质的生命活动，移去外加电压后，膜孔在一定时间内可以自动恢复，细胞膜通透性的这种可逆性变化使得溶液中的大分子物质（如 DNA）进入细胞，并改变细胞的遗传物质构成。可逆击穿的临界电压、脉冲时间长度、温度（包括热激及冷淬处理）、PEG 的浓度和处理时间、各成分的添加顺序、溶液性质及细胞类型等因素都会影响转化的频率。不同研究者所得的最佳转化条件也不一致。利用这一技术已经成功地转化了烟草、玉米和水稻的原生质体，其转化效率在 0.1% ~ 1.0%。本法具有简单方便、细胞毒性低等优点。但转化效率较低，且仅限于能由原生质体再生出植株的植物。

（五）显微注射法

显微注射是借助显微注射仪，将外源 DNA 或 mRNA 通过机械方法直接注射到受体细胞中。此方法适用的植物样品有游离细胞、原生质体、分生组织和胚胎组织等多细胞结构材料。显微注射法转化效率高，可达 60% 以上，适用范围广，但该法需要进行原生质体、带壁细胞或细胞团的固定，因缺乏有效的固定胚性细胞团的方法而受到很大限制。对操作者的技术要求较高，费时费力，每次只能处理一个细胞，因此在植物转基因操作中使用很少。

二、生物学方法

农杆菌介导法是目前应用最为广泛的植物转化方法。如前文所述，中间表达载体构建完成后，需进一步转移至含有经改造的 Ti 质粒的农杆菌中，才能实现转化植物细胞的功能，这样制备出的农杆菌被称为工程农杆菌。

（一）工程农杆菌的制备

目前，将中间表达载体从大肠埃希菌转移至农杆菌的方法主要有三亲交配法和直接转化法两种。

1. 三亲交配法　三亲交配法是把含有中间表达载体质粒的大肠埃希菌、含有迁移质粒（助手质粒）的大肠埃希菌以及含有 Ti 质粒的农杆菌混合培养，使其发生接合转移，然后利用含抗生素的培养基筛选出含有共合体的农杆菌菌株。

2. 直接转化法　直接转化法是采用含有目的基因的中间表达载体质粒 DNA 直接转化农杆菌，从而获得工程农杆菌。该方法的转化频率较三亲交配法稍低，但具有快速、简单的优点，是目前使用较多的一种方法。

（二）农杆菌对受体植物的转化

在长期的研究中，人们已建立起多种利用农杆菌 Ti 质粒系统转化植物的方法。但这些方法的基本过程都是通过农杆菌与植物受体系统共培养一段时间，使农杆菌感染植物，并将带有外源目的基因的 T-DNA 片段转入被感染的受体细胞，从而获得转化子，再通过适当的筛选方法选出转化子，进而将其培养成转化植物。

1. 整株感染法　此法模仿农杆菌天然的感染过程。首先，人为地在整体植株上造成创伤，然后将农杆菌接种于创伤面，或者注射到植物体内，使农杆菌在植物体内侵染从而实现转化。为获取较高的转化频率，多采用无菌种子的实生苗或试管苗。使用去除了致瘤基因的农杆菌进行整株感染时，受伤部位通常不会出现肿瘤。筛选转化子时，可将感染部位的薄层组织切下，放入选择培养基筛选。此外，也可不通过创伤过程进行感染。例如，Bechtold 等人将拟南芥开花植物进行真空渗透或农杆菌浸泡，然后筛选萌芽种子，每株处理植株的后代平均能得到 5 个转化株；再如，Chang 等人使拟南芥植物的顶端苗基受伤后，用农杆菌处理受伤部位，由感染部位长出的新枝中有 5.5% 开花结实后形成转化的后代。

这种整株感染方法的最大优点在于免去了组织培养过程，操作简单且实验周期短。不过，该方法产生的嵌合体较多，需要反复筛选。对于难以进行组织培养或再生困难的植物材料，这种方法具有很大的利用价值。

2. 叶盘转化法　叶盘转化（leaf dish transformation）法是由 Morsch 等人在 1985 年建立的一种转化方法。其操作步骤如下：首先，使用打孔器从消毒叶片上获取叶圆片，或者用剪刀将叶片剪成小块；接着，将其在培养至对数生长期的农杆菌液中浸泡数秒，然后置于培养基中共培养 2~3 天；之后，转移至含有头孢霉素或羧苄西林等抑菌剂的培养基中，以去除农杆菌；同时，在该培养基中加入抗生素筛选转化子，促使转化细胞再生为植株。如果在感染前先撕去叶的下表皮，增加受伤组织面积，将有助于细菌附着，能够显著提高转化效率。这一方法已在多种双子叶植物中成功应用。实际上，其他多种外植体，如茎段、叶柄、胚轴、子叶愈伤组织以及萌发的种子等，均可采用类似方法进行转化。该方法具有适用性广且操作简单的优点，是双子叶植物遗传转化中应用最多的方法之一。

3. 原生质体转化法　该法的操作过程如下：首先，把处于再生壁时期的原生质体与农杆菌共培养 1~2 天；接着，进行离心操作，并洗涤以除去残留的农杆菌；之后，将其置于含抗生素的选择培养基上，选出转化细胞，进而使转化细胞再生成植株。用这种方法得到的转化子出现嵌合体的比例通常较低，但其原生质体培养过程复杂，成本高昂。

第三节　植物表达体系

基于植物的重组蛋白生产可解决日益增长的疾病预防或治疗的需求，是一个可行的替代方案，并开辟了其他系统无法实现的可能性。近几十年来，植物生物技术领域在重组蛋白的表达生产方面取得了重大进展，主要得益于分子生物学的进步。植物基因工程的核心是植物的稳定转化技术和瞬时转化技术。稳定的遗传转化对植物自身生长和繁殖特性要求严格，而瞬时转化技术作为一种高效便捷的手段，已被广泛应用于治疗性重组蛋白的上游生产和下游加工修饰等相关研究。

一、瞬时表达系统

植物有两种类型的瞬时表达系统，一种是基于植物病毒的感染，如烟草花叶病毒；另一种是农杆菌介导的侵染。基于植物病毒系统的表达载体以植物病毒（如 RNA 病毒）为主，目的基因在体外进行转录，通过直接侵染、基因枪或农杆菌侵染等途径将目的基因导入植物细胞，由于植物病毒可自主复制，该方法存在病毒载体感染生态系统的风险。在农杆菌介导的侵染中，通过注射或真空浸润的方法使带有目的基因的农杆菌悬浮液浸润植物叶片，通过递送 T-DNA 将目的基因转移到宿主植物细胞的细胞核基因组中，在病毒复制系统的帮助下进行基因扩增和表达。一般来说，通过农杆菌侵染的方法，重组蛋白的表达比通过传统植物转化获得的表达量更高、更有效。经典的病毒载体是 TMV 衍生的 magnICON 系统，绿色荧光蛋白通过 magnICON 系统在本氏烟草中瞬时表达，一周内的产量为 4mg/g。通过瞬时表达系统，植物能够生产抗体、疫苗、替代疗法酶、受体调节剂和生物活性小分子。

二、稳定表达系统

植物稳定表达系统通常分为细胞核转化和叶绿体转化。细胞核转化通常使用农杆菌侵染或基因枪介导的方法,将外源目的基因整合至植物基因组,并利用组织培养技术生成外源基因稳定遗传的组织或植株,以持续产生目的蛋白。细胞核稳定转化的重组蛋白表达系统在储存和上游生产环节所需成本较低,在治疗性蛋白药物生产和运输条件欠缺的地区具有可持续发展的价值;但细胞核的稳定转化需要经过多代筛选,才能得到纯合植株,且由于整合位点的随机性,外源蛋白表达量一般较低,生产周期长和转基因植物的潜在基因污染风险阻碍了外源蛋白的商业化。Ma 等利用烟草稳定转化生产人类免疫缺陷病毒(human immunodeficiency virus,HIV)中和抗体 P2G12(plant - derived antibody 2G12),并通过阴道途径给药,在人体中使用 P2G12。P2G12 是首个进入 I 期临床试验的符合药品生产质量管理规范标准的转基因植物源单克隆抗体。

叶绿体转化通常利用聚乙二醇法或基因枪法将表达载体导入叶绿体,通过同源重组将目的基因定点整合至叶绿体基因组中,与细胞核转化一样,需经多代筛选培养得到纯合植株,外源蛋白在叶绿体中稳定表达。由于植物细胞中含有大量的叶绿体,外源基因在叶绿体基因组中为高拷贝表达(有 100 ~ 10000 个拷贝)。因此,相较于细胞核转化法,叶绿体转化法能够积累的重组蛋白更多,如 CTB - 胰岛素在叶绿体中的融合积累率比在细胞核中的表达率高 160 倍。并且,由于叶绿体转化的质体基因组遗传属于母性遗传,外源基因不能通过花粉传播,对环境的潜在威胁较小。然而,叶绿体不能对重组蛋白进行复杂的翻译后修饰(post - translational modifications,PTMs),限制了其表达具有复杂结构或特异性聚糖修饰的治疗性蛋白。

第四节 转基因植物生物反应器

人类最初将基因工程应用于植物遗传转化,或许只是为了对植物进行遗传改良,使其能更好地服务人类。然而随着科学的发展,人们越发认识到,转基因植物带给人类的益处远不止于植物本身的改良。

利用微生物和动物细胞发酵系统作为生物反应器已被人们熟知,但是这些系统对条件要求苛刻,程序精细且复杂,技术含量高,所以表达的产物价格昂贵。自 20 世纪 90 年代起,人们已成功将疫苗、抗体等药用蛋白的基因转入某些植物,使其进行表达生产并应用于临床,这些发现意义非凡。与复杂且昂贵的以细胞培养为基础的表达系统相比,植物作为生产异源蛋白的生物反应器,充分利用了光合作用这一自然界成本最低的有机物合成系统,具备安全、价廉、高效且便于规模化生产等诸多优点。因此,植物生物反应器自出现起就备受关注,发展极为迅速。

到今天,除了在医药工业领域,人们利用转基因植物已经表达生产了食(饲)用疫苗、抗体及其他多种蛋白质和多肽类医药制品。

一、用转基因植物生产疫苗

1990 年,人们开始利用转基因植物生产疫苗。Curtiss 等人利用转基因烟草表达链球菌变异株表面蛋白抗原 A(SpaA),将该转基因烟草饲喂小鼠后能引起免疫反应。自此,利用转基因植物生产食(饲)用疫苗因其独特优势而成为植物基因工程研究的新热点。

与传统的疫苗表达系统相比,用植物表达系统生产疫苗至少具有以下优点。①成本低廉:植物细胞具有全能性,植物细胞培养、植株种植条件简单,一旦获得高效表达的转基因植株,就能迅速形成产业化规模。故其成本较其他疫苗低得多。②免疫活性高:植物表达系统生产的蛋白质疫苗可以准确地进行翻译后加工。植物具有完整的真核细胞表达系统,表达产物可糖基化、酰基化、磷酸化,亚基可以正确装配等，可保持自然状态下的免疫原性。③安全性高：用动物细胞生产基因工程疫苗，常用动物病毒作为载体导入抗原基因，生产过程中可能发生动物病毒污染；而植物病毒不感染人类，且植物表达系统不涉及公众目前非常关心的有关转基因动物伦理道德的问题。④易于贮存和运输：与传统疫苗不同，植物表达系统生产的疫苗可以直接储存在植物种子和果实中，不需要冷凝系统或设备进行贮藏运输，故易于长距离运输和推广普及。⑤使用方便：通过直接食用达到免疫效果，方法简便，易于推广普及。

利用转基因植物生产疫苗主要运用两种表达系统，即稳定表达系统和瞬时表达系统。①稳定表达系统：是把编码结构性抗原决定簇（参与诱导保护性免疫应答）的病原体 DNA 序列，通过农杆菌介导或基因枪法等手段转化到植物细胞内，并使之与植物基因组整合，从而得到稳定表达的转基因植株。②瞬时表达系统：主要是把植物病毒，如烟草花叶病毒（TMV）和豇豆花叶病毒（CMPV）当作载体，将抗原基因插入病毒基因组，接着把重组病毒接种到植物叶片等部位，使其蔓延开来，这样外源基因就会随着病毒的复制而高效表达。

自 2005 年以来，利用这两种方法已生产的疫苗主要有大肠埃希菌热不稳定毒素 B 亚单位疫苗（LTB）、乙型肝炎疫苗、HIV 表面抗原、口蹄疫病毒蛋白等几十种，所涉及的宿主植物也有烟草、番茄、胡萝卜、玉米、马铃薯等十多种，表 8-2 中列出了其中的一部分。

表 8-2 利用植物反应器生产的重组疫苗

宿主植物	病原体	重组疫苗
烟草	霍乱弧菌	霍乱毒素 B 亚基（CTB）
烟草	霍乱弧菌	霍乱毒素 B 亚基与人胰岛素 B 链融合蛋白（CTB-InsB3）
烟草	霍乱弧菌和猪红斑丹毒丝菌	霍乱毒素 B 亚基-菌体表面保护性抗原 A（CTB-SpaA）
生菜	霍乱弧菌	霍乱毒素 B 亚基蛋白筛选序列（sCTB-KDEL）
花生	霍乱弧菌和狂犬病病毒	霍乱毒素 B 亚基-狂犬病糖蛋白（CTB-RGP）
番茄	霍乱弧菌	霍乱毒素 B 亚基 P4/P6／霍乱弧菌菌毛毒素蛋白
烟草、西伯利亚参、大豆、胡萝卜	大肠埃希菌	大肠埃希菌热不稳定毒素 B 亚单位疫苗（LTB）
番茄	乙型肝炎病毒（HBV）	乙肝表面抗原决定簇
拟南芥、烟草	乳突淋瘤病毒（HPV）	乳突淋瘤病毒壳蛋白
番茄	白喉棒状杆菌、百日咳鲍特菌和破伤风梭菌	百日咳鲍特菌、白喉棒状杆菌、破伤风痉挛毒素的抗原决定簇
烟草	狂犬病病毒	狂犬病病毒糖蛋白（RGP）
花椰菜	牛痘病毒和 SARS 病毒	牛痘病毒 B5 衣壳蛋白和冠状病毒糖蛋白的抗原决定簇
羽衣甘蓝、烟草	牛痘病毒	牛痘病毒 B5 衣壳蛋白
番茄	人类免疫缺陷病毒（HIV）	HIV-1 穿梭蛋白
番茄	狂犬病病毒	狂犬病病毒核糖核蛋白（RNP）
番茄	引起神经变性的病毒	人类 B 胶化纤维素（Aβ）
水稻	引起关节软骨炎症的病毒	II 型胶原蛋白肽
花生	蓝舌病病毒	病毒衣壳蛋白基因-VP2
烟草	禽流感病毒 H5/HA1	禽流感病毒血凝素蛋白
番茄、烟草、莴苣	鼠疫耶尔森菌	鼠疫耶尔森菌融合蛋白（F1-V）
烟草、拟南芥	人类免疫缺陷病毒-1（HIV-1）和乙型肝炎病毒（HBV）	HIV-1/HBV 重组体病毒
紫花苜蓿	轮状病毒	人类 A 组轮状病毒蛋白（PBsVP6）
水稻	鸡新城疫病毒（NDV）	鸡新城疫病毒包裹蛋白和糖蛋白的融合蛋白
烟草	猪繁殖与呼吸综合征病毒（PRRSV）	猪繁殖与呼吸综合征病毒结构蛋白

植物疫苗具有安全、有效、价廉且易于推广应用的特点，这对于急需大量疫苗来防治可能大规模暴发流行病的国家而言，无疑是一大福音。然而，植物疫苗若要真正实现规模化生产，还存在一些待解决的问题，主要体现为：疫苗在植物中的表达效率较低；部分产物的免疫活性不高，且口服后容易降解；若转基因疫苗表达在植物不能直接使用的部位，从中提纯疫苗会比较困难。

近年来基于合成生物学的方法推动了植物平台生产各种生物制剂的应用。1986 年，人们首次提出"分子农业"，即将使用植物生产治疗性蛋白质作为一种替代生物制造方法。2012 年，第一个用于人类的植物来源（胡萝卜细胞）的治疗性蛋白质（taliglucerase alfa，商品名为 Elelyso®）作为酶替代疗法被 FDA 批准用于治疗戈谢病。2022 年，加拿大卫生部签批通过了本土研发的冠状病毒样颗粒疫苗（CoVLP，商品名为 Covifenz®），这是世界上首个获批的植物源人体疫苗，针对严重急性呼吸综合征冠状病毒（SARS – CoV – 2），体现了大规模流行性疾病期间分子农业的应用潜力。

二、用转基因植物生产抗体

将编码全抗体或抗体片段的基因导入植物后，植物就能表达出具有功能性识别抗原和结合特性的全抗体或部分抗体片段。1989 年，美国的 Haitt 分离出一种催化抗体（IgG1）的重链（H）和轻链（L）基因，通过农杆菌介导法分别将它们导入烟草，得到转基因植株。运用 ELISA 方法筛选转基因烟草植株，之后将两种烟草进行有性杂交，从而获得表达完整抗体的转基因烟草。经检测，这种植物抗体具有与抗原结合的活性，这一成果开创了植物抗体的先河。

抗体作为一种特异性生物制剂已经应用于肿瘤、免疫缺陷病以及骨髓移植的治疗。免疫治疗需要大剂量抗体并需反复给药，因此，利用植物大规模生产医用抗体不仅能提高产量、降低成本，而且还有望改善给药途径。此外，用植物表达的抗体耐储藏，便于运输，这是植物抗体的独到之处。已有试验证明，烟草种子中的 scFv 在常温下保存 1 年后，活性仍保持不变。

除了作为医用蛋白，植物抗体还可以与一些调控因子、植物激素和代谢产物结合，封闭原有活性成分，调节植物的代谢和发育；同时，靶向导入植物细胞的细胞质、叶绿体、细胞膜和非原质体空间的抗体分子在抗虫、抗病方面也表现出良好的效果。

已有的研究结果显示，植物体内能生产从小分子抗体到全抗体等各种工程抗体，它们都具功能性。因此，将抗体基因工程同植物转基因技术结合后，产生的工程抗体植株是基因工程技术的又一成就。它除了在抗体的医学传统研究和制药业的发展上发挥作用外，还将在植物生理、植物抗病虫育种的研究等方面开辟新的领域。

三、用转基因植物生产其他多肽与蛋白质类药物

1990 年，科研人员在烟草和马铃薯植物以及烟草悬浮细胞中生成了功能性人血清白蛋白，这些开创性的研究正式开启了利用植物生产重组蛋白的时代。在植物中表达成功的转基因药用蛋白除了有前面介绍的疫苗和抗体外，还有胰岛素、干扰素、溶菌酶、人生长激素、人表皮生长因子、白细胞介素、脑啡肽、促红细胞生长素、人血红蛋白、人凝血因子、巨噬细胞集落刺激因子等。表达的宿主植物主要有烟草、马铃薯、拟南芥、玉米、水稻和大豆等（表 8 – 3）。

表 8 – 3　转基因植物表达的部分药用蛋白

重组蛋白名称	基因来源	表达宿主	应用
凝乳酶	小牛	烟草	促进消化
右旋糖酐转移酶	疱疹病毒	马铃薯	代血浆
脑啡肽	人	苜蓿、油菜、拟南芥	麻醉剂
促红细胞生长素	人	烟草	调节红细胞水平
生长激素	鳟鱼	烟草、拟南芥	刺激生长
α 干扰素	人	芜菁	抗病毒
β 干扰素	人	烟草	抗病毒
溶菌酶	鸡	烟草	杀菌
肌醇六磷酸酶	真菌	烟草	肌醇代谢
血清白蛋白	人	马铃薯	造血浆
表皮生长因子	人	烟草	促进特殊细胞增殖
水蛭素	人工合成	油菜、烟草	凝血酶抑制剂
人乳铁蛋白	人	烟草	造血
天花粉蛋白	栝楼	烟草	抑制 HIV 复制
血管松弛素抑制因子	牛奶	烟草、番茄	抗过敏
CaroRx™抗体	杂交瘤 B 细胞克隆	烟草	预防龋齿
人乳铁蛋白、人溶菌酶	人	拟南芥	预防维生素 B_{12} 缺乏
白血病 – 淋巴瘤疫苗	逆转录人 T 细胞白血病 – 淋巴瘤病毒	烟草	预防非霍奇金淋巴瘤
胰岛素	人	红花	治疗糖尿病
乙肝疫苗	乙型肝炎病毒	烟草	预防乙肝

　　目前，植物细胞培养系统的重组蛋白产量通常在 0.01 ~ 10.00mg/L，低于传统平台的产量；另外，转基因植物表达蛋白的分离纯化困难也是影响应用的一大障碍。可以说，分子农业是一条光明而崎岖的道路，科学家们将努力改进表达系统以增加蛋白的数量和提高质量。

思考题

本章小结

答案解析

1. Ti 质粒有哪些主要的生物学特点？
2. Ti 质粒在基因工程中的作用如何？
3. 列出你所了解的植物转基因方法，并分别简要谈谈这些方法的技术要点。
4. 简述农杆菌介导法作为植物转化方法的优缺点。
5. 简述基因枪法作为植物转化方法的优缺点。
6. 谈谈你对植物基因工程应用中生物安全性问题的看法。

第九章　动物细胞基因工程

PPT

学习目标

【知识要求】

1. **掌握**　基因工程抗体的制备原理及主要类型（如嵌合抗体、人源化抗体等）。

2. **熟悉**　基因转录、翻译及调控的基本原理。

3. **了解**　动物基因工程领域的最新研究成果及未来发展趋势。

【技能要求】

1. 能够根据基因工程的具体目标，从基因组文库或 cDNA 文库中筛选并确定合适的目的基因。

2. 能够将外源基因导入动物细胞。

【素质要求】

1. 培养在设计和开展动物基因工程实验时的伦理判断能力，在保障科研需求的同时体现对生命和自然的尊重。

2. 注重培养将动物基因工程技术应用于医药领域的意识和能力，能够将动物作为生物反应器，生产药用蛋白、疫苗等生物制品，为人类健康事业做出贡献。

　　动物细胞基因工程（animal cell engineering）是一门应用科学和工程技术。它是以动物细胞为单位，依照人们的意愿，运用细胞生物学、分子生物学等理论和技术，有目的地进行设计，通过改变动物细胞的某些遗传特性，实现改良或培育新品种的目的，并且使细胞增加或重新具备产生某种特定产物的能力，进而能够在离体条件下大量培养增殖，生产对人类有用的产品。动物细胞基因工程在制药的研究和应用中发挥着关键作用，目前，在全世界生物技术药物中，利用动物细胞基因工程生产的已超过 80%，例如重组蛋白类药物、单克隆抗体、疫苗等。

　　动物细胞工程制药是目前医药产业中发展最快、最有活力、技术含量最高的领域之一。目前全球前30 个最有价值的医药产品中，有一半以上为细胞工程药物。目前已商品化的生物技术药物的活性成分又以重组蛋白为主。用以生产重组蛋白的表达系统主要有：细菌（如大肠埃希菌）原核表达系统，真菌（如酿酒酵母）、哺乳动物细胞（如中国仓鼠卵巢细胞 CHO）、昆虫细胞和植物细胞等真核表达系统，转基因动物（乳汁、血液）表达系统以及体外无细胞蛋白合成系统等。

　　上述每个系统在生产生物技术药物方面有各自的优缺点，需要根据重组蛋白的特性选用合适的表达系统。其中动物细胞表达系统在生产各种特殊生物制品方面表现出其他表达系统无法取代的优势，主要表现在以下方面：①重组蛋白能实现精确折叠、二硫键的形成和多聚化等，形成正确构象；②能够完成复杂的蛋白质翻译后加工，包括磷酸化、N-型和 O-型糖基化等多种修饰，因而外源蛋白的结构和生物功能最接近天然的高等生物蛋白质；③能使外源蛋白更好地分泌；④表达的目的蛋白产物不易降解。因此，对结构复杂、分子量大，糖基化程度高，或二硫键数目多的药用蛋白，如组织型纤溶酶原激活物、促红细胞生成素、抗凝血酶Ⅲ、单克隆抗体等，用哺乳动物细胞表达系统来生产是首选方式。但是该系统也存在缺点，如操作技术要求高、细胞生长慢、表达效率较低、成本高、放大生产困难等。

第一节 生产用动物细胞构建

生产中使用的动物细胞包括来源于 SPF 级健康动物的原代细胞、二倍体细胞系、永生化细胞系和外源基因重组的动物细胞株。

一、制药工业常用的动物细胞

制药工业常用的动物细胞有 3 大类：一是病毒疫苗生产用的动物细胞及人体细胞（表 9 – 1），二是重组多肽或重组蛋白质生产用的细胞株，三是传统单克隆抗体生产用杂交瘤细胞株。

这些细胞株系在生产及其研发过程中，需要注意细胞的返祖突变和转阴现象，如：细胞株系表达目的基因产物的数量和稳定性变化，其他细胞遗传学变化，细胞微生物潜在污染等情况。

表 9 – 1   依赖细胞培养生产的病毒疫苗

生物制品名称	细胞基质	扩增培养方式	备注
乙型脑炎减毒活疫苗	原代地鼠肾细胞	培养瓶原代培养，接种病毒，收获病毒	10～14 日龄地鼠
森林脑炎灭活疫苗	原代地鼠肾细胞	培养瓶原代培养，接种病毒，收获病毒	10～14 日龄地鼠
人用狂犬疫苗（地鼠肾细胞）	原代地鼠肾细胞	培养瓶原代培养，接种病毒，收获病毒	12～14 日龄地鼠
双价肾综合征出血热灭活疫苗(地鼠肾细胞)	原代地鼠肾细胞	培养瓶原代培养，接种病毒，收获病毒	12～14 日龄地鼠
双价肾综合征出血热灭活疫苗(沙鼠肾细胞)	原代沙鼠肾细胞	培养瓶原代培养，接种病毒，收获病毒	10～20 日龄沙鼠
风疹减毒活疫苗（兔肾细胞）	原代兔肾细胞或传代不超过 5 代的兔肾细胞	培养瓶原代培养，扩大培养，接种病毒，收获病毒	25～30 日龄家兔
口服脊髓灰质炎减毒活疫苗（猴肾细胞）	原代猴肾细胞	经胰蛋白酶消化、分散细胞，用适宜培养液经原代培养成单层细胞，接种病毒，收获病毒	健康猕猴 脊髓灰质炎病毒I、II、III型 Sabin 株
脊髓灰质炎减毒活疫苗（猴肾细胞）	原代猴肾细胞	经胰蛋白酶消化、分散细胞，用适宜培养液经原代培养成单层细胞，接种病毒，收获病毒	健康猕猴 脊髓灰质炎病毒I、II、III型 Sabin 株
麻疹减毒活疫苗	原代鸡胚细胞	经胰蛋白酶消化、分散细胞，用适宜培养液进行原代培养，接种病毒，收获病毒	9～11 日龄鸡胚
腮腺炎减毒活疫苗	原代鸡胚细胞	经胰蛋白酶消化、分散细胞，用适宜培养液进行原代培养，接种病毒，收获病毒	9～11 日龄鸡胚
麻疹腮腺炎联合减毒活疫苗	原代鸡胚细胞	分别培养，收获原液	—
流感全病毒灭活疫苗	原代鸡胚细胞	分别培养，收获原液	SPF 鸡群来源的 9～11 日龄无畸形、血管清晰、活动的鸡胚
流感病毒裂解疫苗	原代鸡胚细胞	分别培养，收获原液	SPF 鸡群来源的 9～11 日龄无畸形、血管清晰、活动的鸡胚
麻疹风疹联合减毒活疫苗	原代鸡胚细胞 人二倍体细胞	分别培养，收获原液	—
麻腮风联合减毒活疫苗	原代鸡胚细胞 人二倍体细胞	分别培养，收获原液	—
冻干乙型脑炎灭活疫苗（Vero 细胞）	Vero 细胞	工作细胞库复苏，扩增，接种病毒，收获病毒	用胰蛋白酶或其他适宜消化液消化单层细胞

续表

生物制品名称	细胞基质	扩增培养方式	备注
双价肾综合征出血热灭活疫苗（Vero 细胞）	Vero 细胞	工作细胞库复苏，扩增，接种病毒，收获病毒	用胰蛋白酶或其他适宜消化液消化单层细胞
人用狂犬疫苗（Vero 细胞）	Vero 细胞	工作细胞库复苏，扩增，接种病毒，收获病毒	用胰蛋白酶或其他适宜消化液消化单层细胞
冻干人用狂犬疫苗（Vero 细胞）	Vero 细胞	工作细胞库复苏，扩增，接种病毒，收获病毒	用胰蛋白酶或其他适宜消化液消化单层细胞
冻干甲型肝炎减毒活疫苗	人二倍体细胞（2BS 株、KMB$_{17}$株或其他批准的细胞株）	工作细胞库复苏，扩增，接种病毒，收获病毒（静置或旋转培养）	2BS 株原始细胞库不超过 14 代，主细胞库不超过 31 代，工作细胞库不超过 44 代；KMB$_{17}$株原始细胞库不超过 6 代，主细胞库不超过 15 代，工作细胞库不超过 45 代
甲型肝炎灭活疫苗（人二倍体细胞）	人二倍体细胞（2BS 株、KMB$_{17}$株或其他批准的细胞株）	工作细胞库复苏，扩增，接种病毒，收获病毒（静置或旋转培养）	2BS 株原始细胞库不超过 14 代，主细胞库不超过 31 代，工作细胞库不超过 44 代；KMB$_{17}$株原始细胞库不超过 6 代，主细胞库不超过 15 代，工作细胞库不超过 45 代
风疹减毒活疫苗（人二倍体细胞）	人二倍体细胞（2BS 株、MRC－5 株或其他批准的细胞株）	工作细胞库复苏，胰蛋白酶消化，扩增，接种病毒，收获病毒（静置或旋转培养）	2BS 株主细胞库不超过 23 代，工作细胞库不超过 27 代，生产疫苗用的细胞代次不超过 44 代；MCR－5 株主细胞库不超过 23 代，工作细胞库不超过 27 代，生产疫苗用的细胞代次不超过 33 代
脊髓灰质炎减毒活疫苗糖丸（人二倍体细胞）	人二倍体细胞（2BS 株或其他批准的细胞株）	工作细胞库复苏，扩增，接种病毒，收获病毒（静置或旋转培养）	2BS 株原始细胞库不超过 23 代，主细胞库不超过 27 代，工作细胞库不超过 44 代
重组乙型肝炎疫苗（CHO 细胞）	CHO 细胞 C$_{28}$株（培养液为含有适量灭能新生牛血清的 DMEM 液）	工作细胞库复苏，扩增，收获 *HBsAg* 基因产物	C$_{28}$株主细胞库不超过 21 代，工作细胞库不超过 26 代，生产疫苗用的细胞代次不超过 33 代

数据来源：2025 版《中国药典》三部。

二、动物细胞的转染构建

采用各种化学、生物或物理方法导入外源性核酸以改变细胞特性，从而实现细胞基因功能和蛋白质表达研究。利用真核细胞中的蛋白表达可以生成经过适当折叠和翻译后修饰的重组蛋白，用于多种形式的生物生产。

转染的另一个常见用途是通过 RNA 干扰（RNAi）抑制特定蛋白质的表达。在哺乳动物细胞中，RNAi 是通过内源性非编码 RNA 机制实现的：双链 RNA（dsRNA）前体被加工成 microRNA（miRNA），miRNA 成熟后参与构成 RISC（RNA 诱导的沉默复合物），介导靶 mRNA 的降解或翻译抑制。

（一）外源基因载体构建

为了将外源基因在动物细胞内高效表达，首先要将其构建在一个高效表达载体内。目前一般使用的动物表达载体可分为病毒载体和质粒载体。

1. 病毒载体　病毒载体常用的包括逆转录病毒、慢病毒、腺病毒、腺相关病毒和杆状病毒载体等。

（1）逆转录病毒　是由具有感染性的小鼠的白血病病毒改造而来，目前较常用，这类病毒可将外源基因导入细胞并整合到宿主染色体上。

（2）慢病毒　也是逆转录病毒的一种，它是以 1 型人类免疫缺陷病毒（HIV－1）为基础改造而来的载体。慢病毒与一般逆转录病毒载体的区别在于，它对分裂细胞和非分裂细胞均有感染能力，能将目的基因整合到宿主染色体上，从而稳定表达，且有很高的感染效率。

（3）腺病毒　是一种线状 DNA 肿瘤病毒，是目前应用最广泛的病毒，是第三代载体，能容纳较大的 DNA 片段。该类载体的缺点是不能整合到染色体上，所以不能持久地表达外源基因，并且某些腺病毒的抗原易引起免疫反应。

（4）腺相关病毒　能将外源基因定点整合至人类 19 号染色体长臂末端，病毒稳定且宿主范围广，能稳定表达外源基因。

（5）杆状病毒载体　通过感染昆虫细胞或昆虫幼虫来表达外源蛋白，具有的优点包括：①该病毒基因组是双链 DNA，容易进行重组；②插入 7~8kb 的 DNA 不影响正常病毒粒子的形成；③多角体蛋白和病毒粒子的形成无直接关系，因此用外源基因更换多角体蛋白基因仍能形成有感染力的病毒粒子；④多角体蛋白基因有非常强的启动子，表达的蛋白质可占全部蛋白质的 20%~30%；⑤用光学显微镜可看到多角体，容易以此为标记物来挑选阳性克隆；⑥如果用家蚕杆状病毒，还可在蚕体直接表达外源基因。

病毒载体是以病毒颗粒的方式，通过病毒包膜蛋白与宿主细胞膜相互作用将外源基因携带入细胞的。

2. 质粒载体　通常是穿梭质粒载体，即在细菌和哺乳动物细胞两者体内都能扩增。质粒通常在细菌中保存，使用前扩增提取。根据质粒是否能够独立于染色体进行自我复制，将质粒载体分为整合型和附加型两类。整合型载体整合于宿主细胞染色体，附加型载体独立于染色体进行自我复制。

根据目的基因 DNA 片段的大小和表达产物的结构与活性的需要，可选择几种病毒或者质粒载体，与宿主细胞进行外源蛋白的试表达，从而找到合适的载体。

（二）重组细胞筛选与扩增

重组 DNA 转染入哺乳动物细胞后，必须根据特定的选择标记才能将少数转染的细胞克隆从成千上万个未转染的细胞中筛选出来，经过一系列筛选和扩增，获得稳定、高效表达目的蛋白的工程细胞株，将工程细胞株扩增、冻存从而构建主细胞库和工作细胞库用于接下来的生产。

1. 选择系统　不同的哺乳动物细胞系，采用的选择标记也不同。这样由特定的细胞系、选择标记、选择性培养基相匹配形成一套完整的选择系统。筛选标记一般有代谢型和抗生素型两种，或者也可称为扩增型基因筛选标记和非扩增型基因筛选标记。常见的如：能赋予甲氨蝶呤（amethopterin，MTX）抗性的二氢叶酸还原酶基因（*dhfr*），能赋予抗氨基糖苷 G418 抗性的新霉素基因（*Neo*），能赋予抗潮霉素抗性的潮霉素抗性基因（*hygro*）等。此外，单纯疱疹病毒胸苷激酶（herpes simplex virus thymidine kinase，HSV–TK）、次黄嘌呤–鸟嘌呤磷酸核糖转移酶（hypoxanthine–guanine phosphoribosyl transferase，HGPRT），以及腺嘌呤磷酸核糖转移酶（adenine phosphoribosyltransferase，APRT）可以分别用于对 tk^-、$hgprt^-$ 或 $aprt^-$ 型细胞进行筛选。

2. GS 筛选系统原理　哺乳细胞的生长离不开谷氨酰胺，谷氨酰胺合成酶（glutamine synthetase，GS）是一种能将谷氨酸和氨合成为谷氨酰胺的酶。这种酶促反应是动物细胞获得谷氨酰胺的途径。GS 缺陷型细胞株内源的谷氨酰胺合成酶活性比较低，必须在培养基中添加外源的谷氨酰胺才能生长。GS 抑制剂，L–氨基亚砜甲硫氨酸（methionine sulphoximine，MSX），可用于抑制内源性 GS 活性，用含目的基因和 *GS* 基因标记的表达载体转染宿主细胞，通过不断升高 MSX 浓度进行加压筛选，促使 *GS* 基因和目的蛋白基因扩增。通过多轮筛选，可获得高表达的细胞株。

3. DHFR 筛选系统原理　二氢叶酸还原酶基因（*dhfr*）缺陷型细胞如 CHO–$dhfr^-$ 细胞。由于缺少 *dhfr* 基因，无法合成核酸，宿主细胞无法在不含次黄嘌呤–胸苷的选择培养基中生长；当携带 *dhfr* 的表达质粒转染 CHO 细胞后，转染成功的阳性克隆可在选择培养基中生长。*dhfr* 可被叶酸类似物甲氨蝶呤（amethopterin，MTX）所抑制，不断提高 MTX 浓度，绝大多数细胞死亡，但存在少数稳定转染的细胞，*dhfr* 基因扩增获得抗性，从而生存下来。用带有目的基因和 *dhfr* 标记的质粒转染 CHO–$dhfr^-$ 细胞，再通过 MTX 加压筛选，当 *dhfr* 基因进行扩增时，目的基因也会随 *dhfr* 基因一起扩增，从而获得高表达的细胞株。在培养基中加入对细胞有毒的MTX后，*dhfr* 基因会立即扩增来防止细胞凋亡，并且连同其附近数千 kb 的 DNA 也会随之扩增，因此在构建表达载体时，常将目的基因放置在 *dhfr* 基因附近，这样通过逐步提高培养基中 MTX 的浓度，可以逐步提高 *dhfr* 和外源基因的表达量（图 9 – 1）。

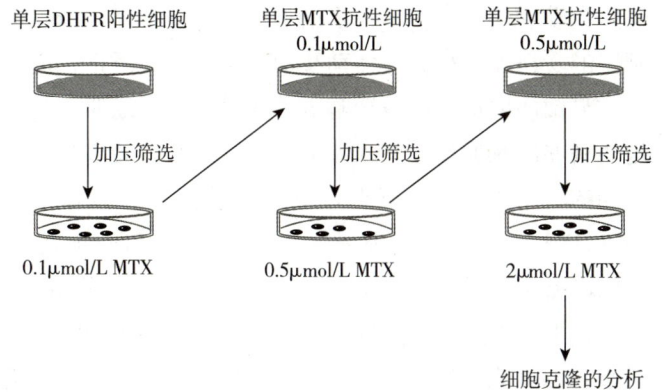

图 9 – 1　利用 DHFR – MTX 系统进行基因扩增

4. G418 系统　G418 是一种氨基糖苷类抗生素，可通过干扰核糖体功能来阻止哺乳动物细胞蛋白质的合成，因此哺乳动物细胞无法在含有 G418 的培养基上生长。新霉素抗性基因对 G418 有抗性，可以将 G418 转变为无毒形式，带有新霉素基因的宿主细胞可以在 G418 培养基上生长。将带有新霉素抗性基因的质粒转入哺乳动物细胞，如果新霉素基因被整合到真核细胞基因组中合适的位置，则哺乳动物细胞会获得抗性，在含有 G418 的选择培养基中正常生长，而没有成功整合新霉素抗性基因的细胞则会死亡，从而达到筛选阳性克隆的目的。

第二节　将外源基因导入动物细胞的方法

在构建基因工程细胞株的过程中，将重组子构建到靶细胞内的转染操作可分为物理方法、化学方法和生物学方法三类（表 9 – 2）。

表 9 – 2　动物细胞常用的基因转移方法

分类	转染方法	特点	应用
物理方法	基因枪法	可用于原代细胞，操作较复杂	稳定转染 瞬时转染
	显微注射法	转染细胞数量有限，操作复杂	稳定转染 瞬时转染
	电穿孔法	适用范围广，可转染大片段，DNA 和细胞用量大	稳定转染 瞬时转染
化学方法	DEAE – 葡聚糖法	操作简便、重复性好，但细胞毒性较大，转染时需除血清	瞬时转染
	磷酸钙法	不适用于原代细胞，转染效率低	稳定转染 瞬时转染
	脂质体法	可转染较大片段，转染效率高，但转染时需除血清	稳定转染 瞬时转染
	阳离子聚合物法	效率高、适用范围广、细胞毒性低	稳定转染 瞬时转染
生物学方法	逆转录病毒（RNA）	可用于难转染宿主，可转染外源 DNA 片段较小，需考虑安全性	稳定转染
	腺病毒（双链 DNA）	可用于难转染宿主，需考虑安全性	瞬时转染

一、物理方法

（一）显微注射法

显微注射法（microinjection）是指将在体外构建的外源目的基因，在显微操作仪下用极细的注射针注射到动物受精卵中，使之通过 DNA 复制整合到动物基因组中，最后通过胚胎移植技术将注射了外源基因的受精卵移植到受体动物的子宫内继续发育，通过对后代进行筛选和鉴定得到转基因动物的方法。

显微注射法是制备转基因动物最早、最经典、应用最广泛的方法，是采用显微技术把外源基因注射进受精卵的雄原核。注入雄原核的外源基因会整合进入胚胎部分细胞的基因组，从而在后代中获得一定比例的转基因个体。显微注射法的优点是：转移率高，实验周期相对较短，导入过程直观，外源基因（DNA）的大小不受限制，没有化学试剂等对细胞的毒性作用等。但它的缺点也比较明显：①需要昂贵的设备，而且操作复杂，技术难度较高；②胚胎因受到的机械损伤较大而存活率下降；③只能增加DNA，不能删除或定点进行基因修饰；④外源基因是随机整合，基因的表达和遗传稳定性没有保证，随机整合也可能破坏内源基因或激活癌基因，甚至导入基因可能会发生沉默，而且整合率低，对大动物进行显微注射尤其困难。如针对鱼类的外源基因整合率通常可达 10% ~ 15%，小鼠为 6% ~ 10%；但对比较大的动物，通过显微注射得到转基因动物的效率不高，如猪和羊分别只有 0.98% 和 1%。

（二）基因枪注入

基因枪注入是利用高速运动的金属微粒将附着于表面的重组子引入受体细胞的一种转化方法。在此过程中，携带有目的基因的重组子首先黏附在微弹（钨粉、金粉等）表面，通常以氯化钙或亚精胺作为沉淀剂来促进重组子 DNA 与微弹表面结合，结合有 DNA 分子的微弹经加速而获得足够的动量，进而穿透植物细胞壁进入靶细胞。该方法适用于所有种类细胞悬液和细胞培养物、动植物组织细胞、人体组织细胞。

（三）电脉冲穿孔

电脉冲穿孔也称电激法，是利用高压电脉冲作用，使原生质膜的结构改变并形成可逆性的开闭通道，从而使原生质体或动物细胞易吸收重组子，从而达到使基因重组入靶细胞的目的。电激法的优点是操作简便，特别适用于瞬间表达研究；缺点是要体外培养原生质体或动物细胞，预先准备单细胞悬浮液较麻烦，加上电击易造成细胞损伤，其再生率降低。该法适用于单细胞悬液（含动物细胞、原生质体）或动物细胞培养物。1982 年，德国马普研究所 Neumann 团队首次用电穿孔法用带有单纯疱疹病毒 *TK* 基因的质粒 pTK2 转化小鼠 LM（TK$^-$）细胞，用 HAT 选择性培养基筛选到了 TK$^+$ 细胞，说明电穿孔法也可以转染动物细胞。

二、化学方法

化学方法的重现性比较差，但成本低廉，有时也能获得较高的转化率。例如，利用冰水浴 $CaCl_2$ 低渗处理微生物细胞悬液，使细胞膨胀成球形，此时称感受态细胞；然后经 42℃ 短时处理，使加到细胞悬液中的重组子进入微生物细胞。对于动植物细胞，常见的方法有 $Ca_3(PO_4)_2$ 共沉淀、脂质体介导、DEAE – Dextran（多聚阳离子聚合物）转染等。

（一）磷酸钙共沉淀法

磷酸钙共沉淀法的操作流程是先把病毒 DNA 或质粒 DNA 溶入 pH 7.05 的 HEPES 磷酸盐复合缓冲液中，然后加入终浓度 125mmol/L 的 $CaCl_2$ 溶液，室温混合 30 ~ 40 分钟后产生非常细小的磷酸钙沉淀。弃掉贴壁细胞上的培养基，换成磷酸钙沉淀溶液，DNA 附着在磷酸钙表面共沉淀到细胞表面。20 分钟后，细胞通过某种方式把沉淀和所携带的 DNA 摄入。磷酸钙共沉淀法由于操作简单，对细胞和载体类型没有限制，是真核细胞常用的转染方法。

（二）脂质体介导法

脂质体是由脂类形成的一种可以高效包装 DNA 的人造单层膜，是一种脂质双层包围水溶液的脂质微球。其结构和性质与细胞膜极为相似，二者易于融合，DNA 由于细胞的内吞作用进入细胞。1979 年，Robert T. Fraley 创立了用脂质体介导 DNA 转移的方法，他用脂质体包埋 pBR322 质粒成功转化了大肠埃希菌 SF8 菌株。后来为了提高脂质体的转染效率，开始人工合成带正电荷的阳性脂质体，如 DOTMA（2,3 - 二油氧基丙基三甲基氯化铵）。带正电的脂质体与带负电的核酸更容易结合，形成脂 - DNA 复合物（lipid - DNA complex，lipoplex），进入细胞。阳性脂质体的转染率比磷酸钙和 DEAE - Dextran 法高 5 ~ 10 倍，是一种简便、高效、低毒的转染方法。

由于阳性脂质体 DNA 基因转移系统在体外研究中的应用已趋于成熟，脂质体转染法不仅用于转染动物细胞，也用于人体细胞的基因治疗。用于基因治疗的人工脂质体膜具有如下特点：①与体细胞相容，无毒性和免疫原性；②可生物降解，不会在体内堆积；③可制成球状（0.03 ~ 50nm），包容大小不同的生物活性分子；④可带有不同的电荷；⑤具有不同的膜脂流动性、稳定性及温度敏感性，能适应不同的生理要求。

（三）多聚阳离子聚合物转染法

外源 DNA 与二乙氨乙基（DEAE）- 葡聚糖和聚乙烯亚胺（PEI）等形成复合物，通过内吞作用进入哺乳动物细胞。该方法转染效率非常高。

三、生物学方法

动物病毒颗粒能高效地感染特定种类的动物细胞，并携带病毒基因组进入宿主细胞，把基因组整合到宿主基因组中。基因工程可以利用动物病毒这种感染机制进行转导，即用病毒外壳蛋白包装重组病毒 DNA 去感染靶细胞，借此把外源 DNA 送入靶细胞。目前使用较多的病毒载体有慢病毒载体和腺病毒载体。

逆转录病毒是一类 RNA 病毒，由外壳蛋白、核心蛋白和基因组 RNA 三部分组成。逆转录病毒含有逆转录酶，病毒的 RNA 进入宿主细胞后，在逆转录酶的催化下合成病毒 DNA，病毒 DNA 会整合到动物细胞的基因组上。因此，逆转录病毒可以用于感染动物细胞以制备转基因动物。

逆转录病毒能够感染动物细胞并将自身 DNA 整合进宿主基因组，因此，可以把外源基因插入病毒长末端重复序列的下游，这种重组病毒感染受精卵或早期胚胎后，就有可能获得转基因嵌合体后代，再经过一代繁殖得到转基因动物。在各种基因转移的方法中，通过逆转录病毒载体将基因整合入宿主细胞基因组，是最为有效的方法之一。慢病毒载体也是一种逆转录病毒载体，因为整合和表达效率高而受到特别关注。用重组的慢病毒颗粒注射小鼠受精卵，能够高效获得转基因小鼠，利用这种方法也相继高效获得了转基因大鼠、转基因牛和转基因猪等。慢病毒载体法还特别适用于家禽的转基因动物制备。因为对家禽而言，只需在新生受精蛋的胚盘下腔注入重组慢病毒载体，就能高效获得转基因鸡嵌合体，并且生殖嵌合的比例很高。

逆转录病毒载体的优点是：宿主范围广，操作简单，外源基因的整合效率高，而且多为单拷贝整合。但这种方法的缺陷在于：导入的外源基因较小，一般不超过 10kb；病毒载体可能会激活原癌基因或其他有害基因，有一定的安全隐患；病毒载体整合后，DNA 序列可能发生甲基化，导致基因表达沉默，表达率低，以及病毒载体的长末端重复序列可能会抑制内源基因的表达，等等。

四、将外源基因导入在体动物细胞

将外源目的基因导入动物细胞制备转基因动物的方法中比较经典的有显微注射法、逆转录病毒法、体细胞核移植法、精子载体法以及胚胎干细胞法。

（一）体细胞核移植法

体细胞核移植（somatic cell nuclear transplantation，NT）是指将动物早期胚胎卵裂球或动物体细胞的细胞核移植到去核的受精卵或成熟的卵母细胞胞质中，从而获得重构卵，并使其恢复细胞分裂，继续发育成与供体细胞基因型完全相同的后代的技术。

体细胞核移植技术已经成为制备大型转基因哺乳动物的有效方法。1997 年，英国 PPL 公司的科学家 Schnieke 与罗斯林研究所的 Wilmut 等通过体细胞核移植技术，利用绵羊乳腺细胞率先在世界上成功培育了第一只体细胞克隆绵羊"多莉"（Dolly），这一成果开创了哺乳动物核移植的先河。1997 年，Wilmut 研究小组报道以胚胎细胞为核供体，获得了表达治疗人血友病的凝血因子区的转基因克隆绵羊"波莉"（Polly）。1998 年，Gibelli 等通过该技术成功培育了含有 *lacZ* 基因的转基因牛。

体细胞核移植法的优点是：适用于大多数物种，试验周期短，无须进行嵌合体育种就可直接获得转基因个体，且转基因动物的遗传背景相同，便于大规模育种。可以在细胞水平检测外源基因是否整合，从而大大缩短转基因动物的制备流程。多种细胞类型都可以作为细胞核的供体，容易获得且可以冻存，而且操作时间从容，不受胚胎发育规律制约。但体细胞克隆法也有一些缺陷：比如操作程序复杂，对设备和技术的要求比较高。由于体细胞核移植涉及细胞重编程、细胞核与细胞质的相互作用，有些转基因动物可能会表现出生理缺陷，克隆效率不高，胚胎流产率高，等等。

（二）精子载体法

制备转基因动物还有一种非常简便的方法就是精子载体法。这种方法是把成熟的精子与外源 DNA 进行预培养后，使精子有能力携带外源 DNA 进入卵细胞，使之受精，并使外源 DNA 整合到染色体中。这种方法利用精子的自然属性，避免了人为机械操作对胚胎的损伤，具有简便易行、耗费低、转染率高和适应性广等优点，对大动物的转基因具有重要意义。到目前为止，至少在 12 种动物中获得了转基因后代，其中包括小鼠、家兔、牛、猪和鸡等，在小鼠、家兔中的整合率可以达到 30% 以上。但这种方法不够稳定，仍然存在外源基因随机整合进宿主基因组的问题，因此，目前还无法利用此方法随意地获得理想的转基因动物。

第三节   基因工程抗体技术

抗体（antibody，Ab）是指机体免疫系统在抗原的刺激下，由 B 淋巴细胞（简称 B 细胞）分化成的浆细胞所合成、分泌的一类能与刺激其产生的抗原特异性结合的具有免疫功能的球蛋白。一个浆细胞只能产生一种抗体。抗体分子质量为 150 ~ 900kDa，主要分布在机体的血清中，也分布于组织液及外分泌液中，是重要的疾病防御物质。

1986 年，全球首个鼠源单克隆抗体药物 OKT3（muromonab – CD3）获得 FDA 批准，用于器官移植后的超急性排斥反应，开创了将单克隆抗体用于疾病治疗的先河。目前，进入临床或临床试用的单克隆抗体均用于治疗难治性疾病，如恶性肿瘤、病毒性感染等感染性疾病、自身免疫性疾病、心血管疾病等。

到目前为止，抗体药物的发展经历了 3 个阶段。第一代为抗血清。抗血清根据来源主要有两种：一是来自免疫动物的血清，另一种是来自疫苗接种者或康复患者的血清。前者是异源蛋白，会引发免疫应答反应，甚至引起过敏；后者供应量有限，而且有转移感染源的危险。第二代为利用杂交瘤技术制备的单克隆抗体，这一生物技术是抗体技术发展史上的里程碑之一。单克隆抗体在诊断、治疗、预防疾病以及蛋白质提纯等方面显示了重要作用。然而，鼠源性单克隆抗体在人体反复使用后诱导出人抗鼠抗体（human anti‐mouse antibody，HAMA），导致鼠源性单克隆抗体在人体内被迅速清除，半衰期缩短，甚至诱发严重的不良反应。为了减少或避免 HAMA 反应，在人杂交瘤技术难以突破的情况下，出现了第三代抗体，即工程抗体。工程抗体除了使用受体细胞生产之外，已经可以由转基因动物生产。

一、抗体分子的结构与功能

（一）基本结构

1. 重链与轻链 抗体分子具有一个共同的结构，即由两条相同的重链（heavy chain，H 链）和两条相同的轻链（light chain，L 链）通过疏水作用结合在一起，并由二硫键连接形成 Y 型结构（图 9 - 2）。轻链分子质量为 25kDa，重链分子质量为 50 ~ 70kDa。轻链有两种不同的形式，即 kappa（κ）链和 lambda（λ）链，κ 链和 λ 链属于同种型，存在于所有个体中。重链决定抗体分子的类和亚类，根据抗体重链恒定区分子结构的不同，将 Ig 分为 5 类，分别是 IgG、IgA、IgM、IgD 和 IgE，与其对应的重链分别为 γ 链、α 链、μ 链、δ 链和 ε 链。不同类型的抗体具有不同的特征，如链内二硫键的数目和位置、连接寡糖的数量、结构域的数目以及铰链区的长度等均不完全相同。

2. 可变区与恒定区 可变区（variable region，V 区）由抗体近 N 端轻链的 1/2 区段与重链的 1/4 或 1/5 区段的氨基酸残基组成，其序列变异较大（图 9 - 2）。恒定区（constant region，C 区）由近 C 端轻链的 1/2 区段与重链的 3/4 或 4/5 区段的氨基酸残基组成，其序列变异较小。抗体的每条链包含一个 N 端的可变区结构域（V 区）和一个或者多个 C 端的恒定区结构域（C 区），每条轻链只含有一个 C 区，而每条重链含有 3 或 4 个 C 区。

3. 超变区与框架区 在可变区中，某些特定位置的氨基酸残基显示更大的变异性，称为超变区（hypervariable region，HVR）或互补决定区（complementarity determining region，CDR）（图 9 - 3）。可变区中氨基酸残基组成和排列顺序变化小的部分称为框架区（framework region，FR）。

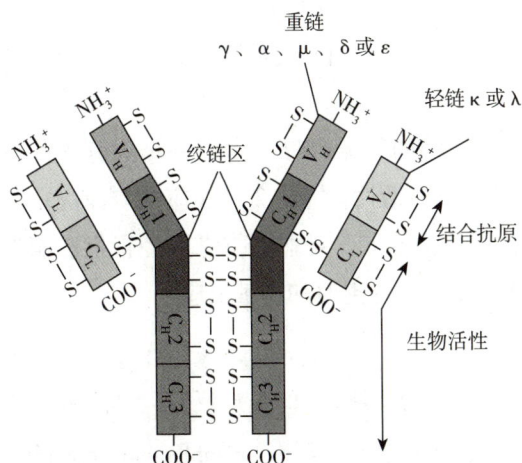

图 9 - 2 抗体分子的基本结构

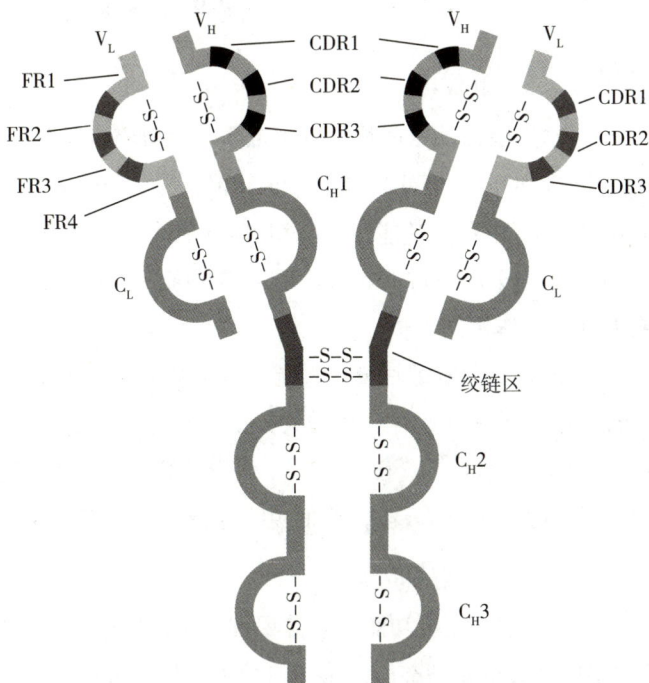

图 9 - 3 抗体的超变区和框架区

4. 铰链区 抗体分子 C_H1 和 C_H2 之间有一个可弯曲的区域，称为铰链区（hinge region），含有大量脯氨酸和二硫键，富有弹性，可以自由伸展至180°（图9-2，图9-3）。这种变构有利于与不同距离的抗原决定簇结合。

（二）功能区

抗体的每条多肽链折叠成几个均含有约110个氨基酸残基的具有不同生物学功能的球状结构域，称为抗体的功能区（domain）。各功能区具有不同的功能。V_H 和 V_L 共同构成抗原特异性结合部位；C_H 和 C_L 上具有部分同种异型遗传标志；IgG 的 C_H2 和 IgM 的 C_H3 具有补体 C1q 激活位点，母体 IgG 可借助 C_H2 通过胎盘屏障，IgG 的 C_H3 能与单核-巨噬细胞、粒细胞、B 细胞和自然杀伤（NK）细胞的 Fc 段受体（FcγR）结合。IgE 的 C_H2 和 C_H3 可以与肥大细胞或嗜碱性粒细胞表面的 FcεR 结合（图9-4）。

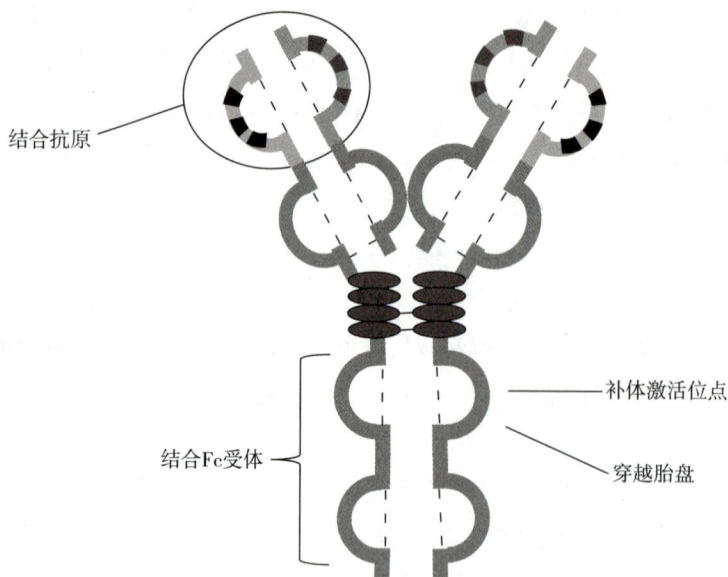

图9-4 抗体片段结构与功能的关系

（三）水解片段

1. 木瓜蛋白酶水解片段 木瓜蛋白酶可将 IgG 分子水解为两个完全相同的抗原结合片段（fragment of antigen binding，Fab）和一个可结晶片段（crystallizable fragment，Fc）。Fab 片段包括完整的轻链和部分重链（V_H 和 C_H1 功能区），该片段具有单价抗体活性，即只能与一个相应的抗原决定簇特异性结合。Fc 片段相当于两条重链的 C_H2 和 C_H3 功能区，由二硫键连接（图9-5）。Fc 段是抗体分子与效应分子或细胞相互作用的部位。

2. 胃蛋白酶水解片段 胃蛋白酶水解 IgG 分子从铰链区二硫键的 C 端切断，得到一个大分子片段和若干小分子多肽碎片。其中大分子片段为 Fab 双体，具有双价抗体活性，能与2个相应的抗原决定簇结合，称为 $F(ab')_2$（图9-5）。小分子多肽碎片无生物活性，称为 pFc'。马血清抗毒素经胃蛋白酶处理后可去除大部分 Fc 段，降低免疫球蛋白的免疫原性，从而减少给人注射时的过敏反应。

（四）抗体的功能

抗体有两个主要功能，一是识别并结合抗原（V 区的作用），二是结合后的免疫反应（C_H2 和 C_H3 的作用）。与抗原结合后，抗体引起不同的免疫应答，如补体依赖的细胞毒作用（complement dependent cytotoxicity，CDC），抗体依赖细胞介导的细胞毒作用（antibody-dependent cellular-cytotoxixity，ADCC）等。

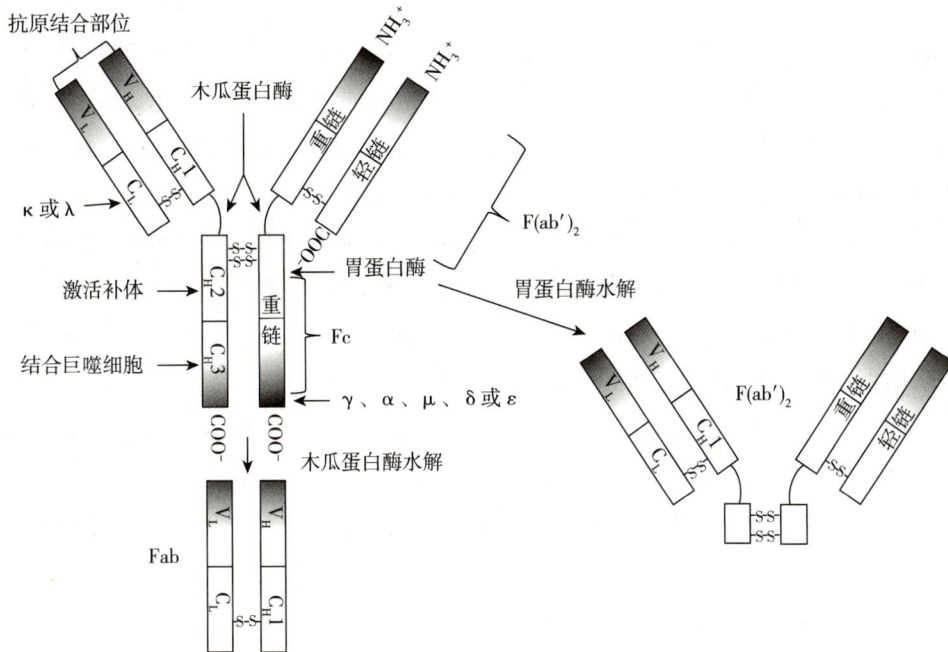

图 9 - 5　抗体水解片段

（五）抗体的多样性

机体可以产生数量巨大的抗体以应对自然界中存在的大量抗原物质。有趣的是在抗原暴露之前，B 淋巴细胞表面已经存在免疫球蛋白，也就是说抗原不是抗体多样性产生的根本原因。而且细胞核内也不可能存在大量不同的抗体基因，说明细胞只能利用有限的免疫球蛋白基因，通过重组编码出大量的免疫球蛋白。

B 淋巴细胞在遇到抗原之前所产生的多样性主要来源于 B 淋巴细胞胚系基因上 V、D 和 J 基因片段的大量存在以及这些片段的组合连接，片段之间的连接多样性和轻、重链的随机配对。而抗原暴露之后，B 淋巴细胞会经历体细胞高频突变从而进一步扩大抗体多样性。

二、基因工程抗体

基因工程抗体又称重组抗体，即根据不同目的，采用基因工程的方法在基因水平对免疫球蛋白进行切割、拼接或修饰，并利用细胞表达所产生的新型抗体。基因工程抗体保留了天然抗体的特异性和主要生物活性，去除或减少了无关结构并且克服了鼠源性单克隆抗体的不足，可赋予抗体分子新的生物学活性。目前，抗体的人源化、小型化、功能化正成为基因工程抗体药物的三大主要发展方向。

基因工程抗体制备的基本原理与基因工程技术基本相同，一般先对已有抗体分子的编码基因进行改造，得到目的基因序列，然后转染适当的受体细胞进行表达，从而获得基因工程抗体。基因工程抗体主要包括嵌合抗体、人源化抗体、小分子抗体、双特异性抗体、抗体偶联药物及抗体融合蛋白等。

（一）嵌合抗体与人源化抗体

1. 嵌合抗体　是最早制备成功的基因工程抗体，是利用 DNA 重组技术，将鼠源抗体的可变区（V 区）基因与人源抗体的恒定区（C 区）基因拼接为嵌合基因，插入表达载体并转入适当受体细胞表达而成的抗体。嵌合抗体的轻链和重链的 V 区是鼠源的，而 C 区是人源的，即整个抗体 60% ~ 70% 是人源的。这样的抗体既保留了亲本鼠源抗体对抗原的识别与结合能力，又降低了其作为异源抗体的免疫原性。此外，由于引入了人源的 Fc 段，嵌合抗体还可以介导其他一些生物学效应，如 ADCC、CDC 及免疫调理作用等。

2. 人源化抗体   虽然嵌合抗体的免疫原性已降低了很多，但是有时仍能引起明显的免疫反应。为了进一步降低毒副作用，在嵌合抗体的基础上，进一步对抗体 V 区结构进行改造，制备人源化程度更高的单克隆抗体，即人源化抗体。人源化抗体是继嵌合抗体后又一里程碑式的成就。人源化抗体构建的基本思路是在嵌合抗体的基础上继续对 V 区进行改造，即对 V 区的骨架区（FR）进行人源化。相较于嵌合抗体，人源化抗体的人源化可达到90%～95%，使免疫原性大大降低。目前抗体人源化技术主要有四种，分别是 CDR 移植抗体技术、表面重塑技术、链替换抗体技术和去免疫化抗体技术。

（1）CDR 移植抗体技术   IgG 型抗体轻链、重链 V 区各有 4 个 FR 和 3 个互补决定区（CDR），轻链和重链的 CDR 在空间结构上彼此相邻，构成与抗原表位结合的位点，决定抗原－抗体结合的特异性。把鼠单抗的 C 区和 V 区的 FR 全部替换成人源抗体成分，只保留 V 区的 CDR，这种替换等同于在人抗的基础上，植入鼠单抗的 CDR，因而称作 CDR 移植技术。

（2）表面重塑技术   其设计思路是在改造 FR 时，不全部换成人源成分，而只是改变其中暴露在外表起关键作用的氨基酸残基。

（3）链替换抗体技术   在定向选择技术的指导下，利用抗体库展示技术，逐步将鼠源抗体的轻、重链全部替换为人源抗体序列，最终获得与亲本鼠源抗体结合同一表位的全人源抗体。

（4）去免疫化抗体技术   该技术目前还处于研究起步阶段，其设计思路是从免疫源头出发，去除鼠源性抗体中的人 T 细胞识别表位，从根本上阻断抗抗体免疫反应的发生。

一般来说，鼠源单抗在进行人源化之后，抗体免疫原性大大降低，但通常亲和力也会降低。亲和力的高低对治疗性抗体的疗效是一个极为重要的影响因素，抗体亲和力的提高有助于改善抗体的特异性和效力，减少抗体用药剂量，降低毒副作用。

在体内，B 细胞再次免疫应答所产生的抗体的平均亲和力要高于初次免疫应答的抗体亲和力，这种抗体亲和力提高的现象称为抗体亲和力成熟。B 细胞抗体亲和力成熟主要是由抗体基因高频突变所导致的，只有抗原亲和力最高的 B 细胞克隆被刺激而扩增，进一步分化为浆细胞和记忆 B 细胞，使得后代 B 细胞及其产生的抗体对抗原的平均亲和力得到提升。目前，临床上已经有很多方法被开发出来，用于恢复和增加抗体亲和力及特异性，其基本原理主要是根据体内抗体亲和力成熟的机制，采用突变手段在体外提高抗体亲和力，常见的包括易错 PCR 随机突变、链置换、CDR 定点突变和 DNA 改组等技术。

（二）小分子抗体

在一个完整的 IgG 分子的基础上，去除某些非功能性的或者非关键性的抗体片段，只保留对抗原－抗体结合反应有意义的功能部分，通过这种方式得到的具有一定生物活性或功能的抗体片段称为小分子抗体。小分子抗体具有免疫原性低、分子量小、穿透性强、易于清除、不与 Fc 受体阳性细胞相结合、靶向性好、易于进行基因工程改造、可原核表达、成本较低等特点。目前常见的小分子抗体有单链抗体（single chain fragment variable，scFv）、Fab 抗体和单域抗体（single domain antibody，sdAb）等（图 9-6）。

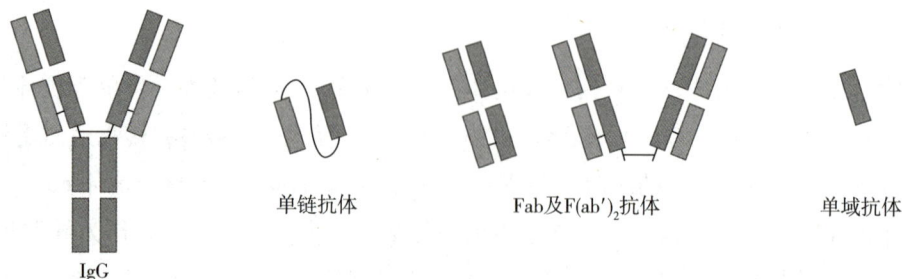

| IgG | 单链抗体 | Fab及F(ab')₂抗体 | 单域抗体 |

图 9-6   小分子抗体种类

1. 单链抗体及其衍生物　单链抗体（scFv）是利用重组 DNA 技术将抗体的一条 V_H 和一条 V_L 的基因通过一条短肽链基因（linker）连接后表达出来的抗体片段。单链抗体是抗体分子中保留完整抗原结合位点的最小功能片段，其分子质量只有完整抗体分子的 1/6，约为 28kDa，与完整抗体具有的轻、重链不同，由于只有一条单链多肽，所以称为单链抗体。单链抗体具有穿透力强、免疫原性低、易于连接、便于直接获得免疫毒素或酶标抗体等特点。

在单链抗体的基础上进行进一步改造，还可以得到一系列单链抗体衍生物。如通过链内或链间的二硫键联结 V_H 和 V_L 中固定的 FR，使 V_H 和 V_L 成为结构稳定的一体，得到二硫键稳定的单链抗体；缩短 linker，迫使两个甚至多个分子间 V_H 和 V_L 互相配对，得到双价抗体甚至多价小分子抗体等。

2. Fab 抗体　Fab 抗体是由重链 V_H 及 C_H1 与一条完整的轻链（$V_L + C_L$）组成，两者之间由 1 个链间二硫键连接，形成异二聚体，有一个完整的抗原结合位点（图 9-6）。Fab 抗体具有弱于完整抗体分子但通常强于 scFv 的抗原结合活性，但其大小为完整 IgG 分子的 1/3，约 55kDa，要略大于 scFv。Fab 抗体生产工艺简单、抗原-抗体结合能力较强，在这两方面优于单链抗体。但是 Fab 抗体同时也存在着稳定性更差、轻重链之间更易解离的问题，再加上引入了部分 C 区，Fab 抗体的免疫原性也更大，这些缺点都使其在成药应用方面受到制约。

3. 单域抗体　在抗体药物的研究过程中，人们发现在某些特殊的情况下，单独的轻链 V 区或重链 V 区即可完成抗原-抗体结合反应。在骆驼血液中就含有一种仅有重链的抗体分子，并且这种抗体分子对抗原的亲和力与传统抗体分子相当。我们把这种只有一种 V 区的小分子抗体片段称为单域抗体或单区抗体，因其大小直径只有 2.2nm，高 4nm，也被称为纳米抗体（nanobody，Nb）。

（三）双特异性抗体

双特异性抗体（bispecific antibody，BsAb）在结构上具有两条不同的重链和两条不同的轻链，从而使其两臂可以特异性识别和结合不同的抗原分子。BsAb 具有靶向性极强的优点，因此药物更容易富集在靶细胞周围发挥作用，从而可以大大减少对非靶细胞或非靶组织的伤害，在肿瘤治疗方面具有重大的意义。

（四）抗体偶联药物

抗体偶联药物（antibody-drug conjugate，ADC）是将具有生物活性的小分子药物通过化学、生物等方法偶联到单克隆抗体上，利用抗体与抗原的特异性结合作用将药物靶向运输至肿瘤部位，提高肿瘤杀伤效果，并降低对周围组织的毒副作用的新型主动靶向药物。ADC 的产业化制备工艺主要包括重组抗体的制备、化学药物与抗体的偶联反应、ADC 药物的制剂及质控等环节，如何保证 ADC 在到达靶细胞后才释放毒素是现阶段临床研究中的一大挑战。

（五）抗体融合蛋白

抗体融合蛋白是将抗体片段与具有其他生物活性的蛋白利用基因工程技术进行融合表达后的蛋白。抗体融合蛋白兼具抗体的特性和所融合蛋白的活性。

三、全人源抗体

鼠单抗的人源化技术使得治疗性抗体的免疫原性大大降低，尽管如此，人源化抗体仍然保留 1%~5% 的鼠源成分，其可能引发的人抗鼠抗体免疫反应（HAMA）仍不可忽视，因此全人源抗体的研制成为抗体药物研发的必然趋势。目前，全人源抗体制备的技术手段主要包括抗体库展示技术、转基因小鼠技术和单个 B 淋巴细胞克隆表达技术等。

（一）抗体库展示技术

抗体库展示技术是将人的所有抗体 V 区基因克隆在质粒或噬菌体中进行表达，利用不同的抗原筛选出携带特异性基因的克隆从而获得相应特异性抗体。从理论上讲，当抗体库多样性达到 $10^{13} \sim 10^{14}$ 时，几乎可以从中筛选到所有的全人源抗体。与传统单克隆抗体技术相比，抗体库展示技术具有更省时、更省力、更高效、更经济等优点。

根据获取基因来源的不同，抗体库可以分为天然抗体库、免疫抗体库、半合成抗体库和合成抗体库。天然抗体库抗体基因来自未经免疫的 B 淋巴细胞中全套抗体的轻链和重链基因；免疫抗体库抗体基因来源于经过免疫的（如感染者或者肿瘤患者的）淋巴细胞；半合成抗体库是由人工合成的一部分 V 区序列与另一部分天然序列组合构建的抗体库；全合成抗体库的抗体 V 区基因完全由人工合成。

目前常见的全人源抗体库筛选技术主要包括噬菌体展示抗体库技术、细菌展示抗体库技术、酵母展示抗体库技术、核糖体展示抗体库技术和哺乳动物细胞展示抗体库技术等，其中噬菌体展示抗体库技术是目前最成熟、使用最广泛的抗体库展示技术，本部分将以该技术为例进行重点介绍。

噬菌体天然抗体库是从 B 淋巴细胞中扩增全套抗体的轻链和重链基因，经噬菌体表面展示系统表达后形成的噬菌体文库。

噬菌体天然抗体库构建的基本过程为：分离 B 淋巴细胞，提取总 RNA，通过 RT - PCR 扩增 V 区基因，对纯化的轻链 PCR 产物和表达载体进行酶切，连接形成重组载体，用重组载体转化感受态细菌，扩增后提取质粒，即完成轻链库构建。将重链 PCR 产物与轻链库质粒进行双酶切，连接后转化感受态细菌，加入辅助噬菌体进行培养，离心收集上清后用 PEG 沉淀噬菌体颗粒，即得到单链抗体噬菌体抗体库。通过多轮的抗原亲和吸附—洗脱—扩增，特异性结合的克隆得以富集，最终筛选出抗原特异性的抗体。

噬菌体抗体库技术具有设计灵活、快捷高效、可长期保存等优点，但同时也存在一些明显的缺陷。例如，由于噬菌体抗体库中轻、重链的随机组合性，筛选到的抗体其轻重链的配对并不一定是天然配对，因此抗体的亲和力往往不高，需要进一步进行亲和力成熟改造。同时，噬菌体抗体库在细菌中表达，可能导致一些天然的全人源抗体无法正常表达。

（二）转基因小鼠技术

转基因小鼠制备全人源抗体技术是目前全人源抗体研制的主流技术，该技术要求人的抗体基因片段在小鼠体内必须进行较为有效的重排和表达，并且这些片段能与小鼠的免疫信号机制相互作用，使得小鼠在受到抗原刺激后，这些人源抗体基因能被选择性表达，并活化 B 淋巴细胞分泌相应的抗体。

用转基因小鼠制备人源抗体需要解决两个关键问题：一是利用基因工程技术灭活小鼠内源性抗体的轻链和重链基因，二是将人的大片段抗体基因转入小鼠的基因组。

将人的抗体基因转入小鼠的方法主要有显微注射法、逆转录病毒感染法、胚胎干细胞法、精子介导法、酵母人工染色体法、基因打靶法等。

转基因小鼠全人源抗体生产技术是让抗原－抗体免疫反应在小鼠体内进行，有效提升了抗体类别转换的完整性、抗体克隆选择的多样性并有效促进了抗体亲和力的成熟，从而使通过该技术得到的抗体具有良好的亲和性、稳定性和可溶性等。

（三）全人源抗体技术

1. EB 病毒介导的人 B 细胞永生化技术 鼠源 B 淋巴细胞可以与骨髓瘤细胞融合而成为永生化杂交瘤细胞，然而人的 B 淋巴细胞很难通过同样的方法达到永生化。用 Toll 样受体 9（TLR9）激活的 EB 病毒感染人 B 淋巴细胞，可以使其转化为可以持续分裂增殖的永生化细胞。利用该技术，研究者已成功筛选到了多种抗原特异性的全人源单抗，如针对流感病毒、人巨细胞病毒（HCMV）等的单抗。

2. 单个 B 淋巴细胞抗体技术　该技术可以通过流式细胞仪分选出表达特异性抗体的 B 淋巴细胞，通过单细胞 RT – PCR 技术克隆抗体的 V 区基因，然后把这些基因克隆到真核细胞内表达从而获得特异性单克隆抗体。通过该技术，研究者采用 HIV – 1 表面的刺突蛋白作为探针，已经筛选到了 HIV – 1 特异性的全人源抗体。

另一种高通量筛选方法是微孔阵列芯片技术，这是一种单细胞水平活细胞分析技术，通过检测特异性抗原与 B 淋巴细胞分泌抗体的反应信号，可以快速、高效、高通量（达到 234000 个细胞）鉴定和收集表达特异性抗体的 B 淋巴细胞，最终通过单细胞 RT – PCR 扩增技术和哺乳动物细胞表达技术制备特异性单克隆抗体。

全人源抗体在减少免疫原性、保存亲和力等方面与人源化抗体相比具有明显的优势，相信随着免疫学机制研究的不断深入和其他相关技术的日渐成熟，全人源抗体在人类疾病的诊断和治疗领域必将发挥越来越重要的作用。

四、抗体药物生产基本流程

抗体作为一种蛋白质，其生产和制备流程与重组蛋白生产基本相同。本部分将从抗体药物的制备和质量控制、抗体药物的临床前药理药效学研究以及抗体药物的临床试验研究三方面对基本流程进行概述。

（一）抗体药物的制备和质量控制

1. 细胞株的开发　细胞株的开发包括宿主细胞的选择、表达载体的构建、细胞株的构建与筛选以及细胞株的评估与建库。细胞株构建与筛选流程如图 9 – 7 所示。

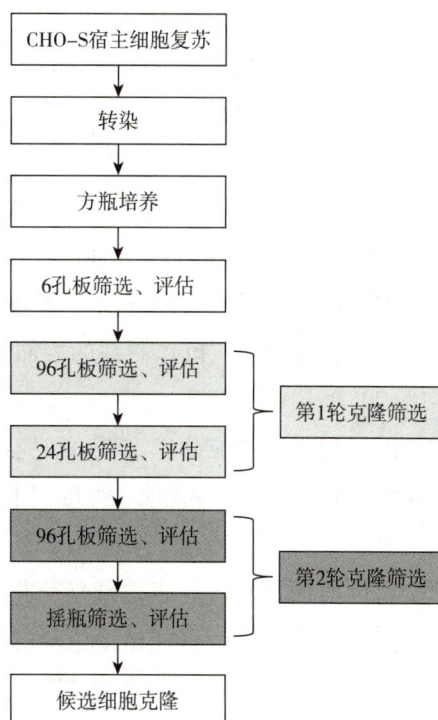

图 9 – 7　细胞株构建与筛选流程

2. 原液生产工艺研究　原液生产工艺主要包括细胞培养工艺和抗体纯化工艺。①细胞培养工艺流程主要包括种子细胞的复苏、摇瓶扩增、Wave 反应器扩增和中试规模反应器培养，其间需进行培养基的筛选和主要操作参数（温度、pH 值、转速、溶解氧、培养周期等）范围的确定，并通过小试规模和中试规模多批次生产以确认性能参数的一致性和可控性。②抗体纯化工艺研究主要包括色谱工艺、除病毒工艺、超滤浓缩和置换缓冲液工艺，同样需要通过多批次重复原液生产来确定主要操作参数（如上样量、洗脱 pH、病毒灭活时间和 pH、滤膜最大处理量等）及其控制范围。

对常规抗体药物来说，纯化工艺主要包括三步色谱、两次除病毒、超滤浓缩及缓冲液置换和原液过滤。原液生产工艺流程如图 9-8 所示。

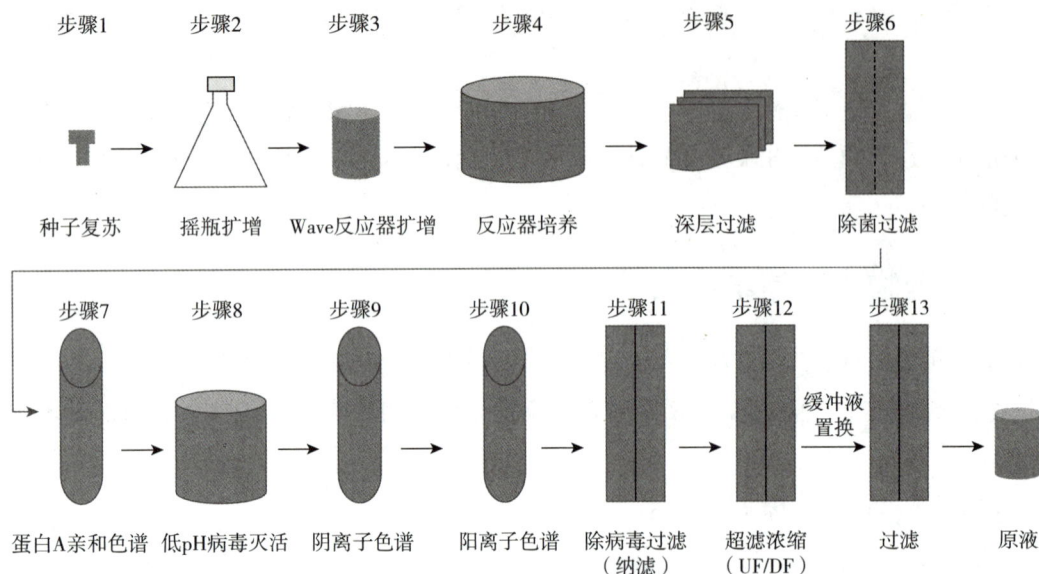

图 9-8　原液生产工艺流程图

3. 成品工艺研究　成品工艺研究主要研究的是从原液到制剂的生产过程。抗体作为蛋白分子，容易受外界条件的影响而产生物理和化学变化，引起质量的不稳定。所以制剂开发主要应保证产品长期储存条件下的稳定性。

抗体药物的主要剂型为液态制剂和冻干剂。制剂处方包括活性药物成分和辅料两部分，活性药物主要成分为目标抗体蛋白；辅料通常包括缓冲体系、稳定剂和表面活性剂，主要作用是保证产品在长期储存条件下的稳定性。抗体制剂的缓冲剂包括磷酸盐、枸橼酸盐和组氨酸等；抗体制剂的稳定剂最常用的是糖类和多元醇类，包括海藻糖、蔗糖和甘露醇等；抗体制剂的表面活性剂能避免蛋白聚集和表面吸附，常用的是聚山梨酯 80 和聚山梨酯 20 等。

4. 稳定性研究　稳定性研究包括原液稳定性和成品稳定性，研究的内容包括长期储存条件下的稳定性和加速稳定性，考察的项目包括蛋白质含量、物理性质、纯度、生物活性、细菌内毒素、微生物限度和化学性质等。

5. 抗体药物的质量控制　抗体药物的质量控制贯穿药物研究开发的整个过程，其中原液的质量研究包括理化性质研究、结构研究、生物学活性研究以及蛋白的纯度和杂质研究等，原液的质量标准包括鉴别、理化性质、纯度、杂质、生物活性、蛋白含量和安全性检查等内容。对于成品的质量研究除了上述原液质量研究的内容外，还需要关注的质控指标包括装量、渗透压摩尔浓度、辅料含量、无菌、热原、可见异物、不溶性颗粒等。

（二）抗体药物的临床前药理药效学研究

药理学是研究药物与机体相互作用的规律及其机制的学科。其研究内容包括安全药理学、主要药效学、药代动力学和毒代动力学。安全药理学主要研究药物在治疗范围内或治疗范围以上的剂量时，潜在的不期望出现的生理功能的不良影响。药效学研究是在机体（主要是动物）器官、组织、细胞、亚细胞、分子、组织水平等模型上进行整体和离体综合分析的试验研究，以阐明药物治疗疾病的作用机制。药代动力学是通过研究药物的吸收、分布、转化和排泄，研究药物的体内变化规律、优化给药方案和指导临床合理用药。毒代动力学是研究大于治疗剂量的药物在毒理实验动物体内的吸收、分布、代谢和排泄的过程及其随时间的动态变化规律，阐明药物或其代谢产物在体内的部位、数量和毒性作用间的关系。

毒理学研究是研究化学因子、物理因子和生物因子与生物机体的有害交互作用的科学。其研究内容包括单次给药毒性、重复给药毒性和特殊毒性（包括免疫毒性、生殖毒性、遗传毒性、致癌性、溶血性、刺激性和依赖性等）。

（三）抗体药物的临床试验研究

临床试验研究是药物开发的一个关键环节，所有药物都必须通过临床试验研究确认其对人的安全性和有效性后，才能够获批上市用于人体疾病的治疗。临床试验按开发阶段一般可分为Ⅰ期临床试验、Ⅱ期临床试验、Ⅲ期临床试验和Ⅳ期临床试验，审批通过Ⅲ期临床方可获得新药证书。

第四节　基因工程疫苗技术

疫苗接种是预防和控制传染病的有效手段之一。传统的疫苗主要包括天然或人工致弱的活疫苗和用理化方法将病原微生物杀灭制成的灭活疫苗，这些疫苗在畜禽传染病防治中发挥了重要作用，但存在毒力返强或诱导免疫应答不全面等缺点。

基因工程疫苗是利用重组 DNA 技术，将病原微生物的毒力基因删除，或将保护性抗原基因插入合适的载体，用重组微生物或其表达产物制成的疫苗。基因工程疫苗具有较好的安全性，能克服传统疫苗制备困难和成本高等缺点。尽管目前普遍存在免疫保护效果较差等缺点，但是基因工程疫苗是疫苗研究和发展的方向，并有可能逐步取代传统的疫苗。

一、基因工程活载体疫苗

基因工程活载体疫苗是以基因转移载体为基础，根据同源重组原理将病原微生物的保护性抗原基因插入低（无）致病力的病毒或细菌制成的疫苗。制备过程主要包括抗原基因的克隆、基因转移载体的构建和重组微生物的获得，重组病毒的构建策略如图 9-9 所示。为了不影响重组微生物的复制，一般要求将外源基因插入载体微生物基因组的复制非必需区。

基因工程活载体疫苗具有安全性较好、便于构建多价疫苗或标记疫苗、诱导免疫应答较全面等优点，是目前研究较多、应用前景较好的一类基因工程疫苗。目前基因工程活载体疫苗面临的主要问题是免疫效果受母源抗体的干扰较大，具体表现为对无特定病原体（specific pathogen-free）动物的免疫保护效果较好，而对普通动物的效果欠佳。

（一）重组菌活载体疫苗

目前研究较多的重组菌活载体疫苗主要有沙门菌活载体疫苗和大肠埃希菌活载体疫苗，除能表达目

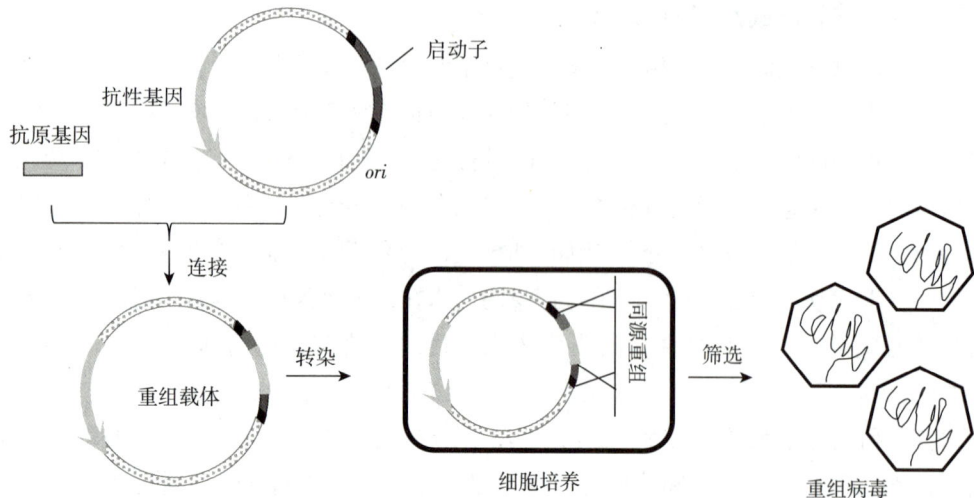

图 9 – 9　基因工程活载体疫苗的构建策略

的抗原基因外，载体菌本身还具有佐剂作用，因此能产生较强的体液免疫应答和细胞免疫应答。上述两种细菌都能在动物的肠道内定植和繁殖，因此不仅无须注射，而且能诱导黏膜免疫。在我国，仔猪腹泻大肠埃希菌 K88/K99 基因工程二价疫苗是第一个实现商品化的基因工程疫苗。

（二）重组病毒活载体疫苗

1. 痘病毒活载体疫苗　痘病毒是基因组最大的 DNA 病毒，也是最早研究的病毒疫苗载体。现有主要的痘病毒载体包括痘苗病毒、牛痘苗病毒、鸡痘病毒（fowlpox virus，FPV）、猪痘病毒（swinepox virus，SPV）、金丝雀痘病毒（canarypox virus，CNPV）和羊痘病毒（capripox virus，CPV）等活载体。CRISPR/Cas9 基因编辑技术已应用于痘病毒重组病毒活载体疫苗的构建。该技术也具有效率高、特异性高、简单和成本低等特点，特别适用于具有多种免疫原的疫苗的构建。

重组痘病毒是最早用于商品化的兽用活载体疫苗，20 世纪 90 年代之后，表达新城疫病毒（Newcastle disease virus，NDV）*F* 基因的重组鸡痘病毒、表达 NDV *HN* 和 *F* 基因的重组鸡痘病毒疫苗和表达 H5 亚型禽流感病毒（avian influenza virus，AIV）血凝素（HA）蛋白的禽痘病毒载体疫苗陆续通过美国农业部（USDA）的认证并商品化。除此之外，兽用疫苗领域应用禽痘病毒载体已成功表达了传染性法氏囊病病毒（infectious bursal disease virus，IBDV）*VP0*、*VP2* 和 *VP3* 基因，马立克氏病病毒（Marek's disease virus，MDV）*gB* 和 *gC* 基因，传染性喉气管炎病毒（infectious larygotracheitis virus，ILTV）*gB* 和 *gD* 基因，传染性支气管炎病毒（infectious bronchitis virus，IBV）*S1* 基因，猪繁殖与呼吸综合征病毒（porcine reproductive and respiratory syndrome virus，PRRSV）*GP3* 和 *GP5* 基因等。

2. 腺病毒活载体疫苗　腺病毒的致病力较低，主要存在于人和动物的上呼吸道和消化道，能诱导黏膜免疫，而且能感染多种细胞，所以也是较常用的病毒载体。腺病毒种类较多，宿主范围广，不同腺病毒基因组大小差异较大（26～45kb）。目前构建重组腺病毒活载体疫苗的培养技术简单且成熟。兽用疫苗研究中广泛使用的腺病毒载体仍是 *E1* 或 *E3* 基因缺失的腺病毒载体、禽腺病毒（FAdV）载体和人腺病毒 5 型载体（human adenovirus type 5 vector，Ad5）。禽腺病毒 FAdV – Ⅰ*ORF8*、*ORF9*、*ORF10* 可作为外源基因插入位点，目前已报道的 FAdV 载体疫苗有表达 IBDV 的 *VP2* 基因、IBV 的 *S1* 基因和 AIV 的 *HA* 基因的重组禽腺病毒，这些都能起到良好的免疫保护效果。腺病毒载体在禽类上主要用于禽流感病毒疫苗的开发。人腺病毒 5 型载体（Ad5）系统可以作为猪用疫苗载体，已有研究人员构建出表达 FMDV 核衣壳蛋白、CSFV E2 蛋白和 PRRSV GP5 蛋白的重组腺病毒。

（三）疱疹病毒活载体疫苗

几乎所有动物都存在疱疹病毒，其病毒基因较大，含有多个复制非必需区，因此适合构建多价基因工程疫苗。在动物疱疹病毒中，研究较多的有火鸡疱疹病毒、伪狂犬病病毒、牛疱疹病毒Ⅰ型和鸡传染性喉气管炎病毒。其中，已完成动物实验并显示良好应用前景的有表达口蹄疫病毒、猪瘟病毒、猪繁殖与呼吸综合征病毒、猪流感病毒抗原基因的重组伪狂犬病病毒疫苗，以及表达鸡传染性法氏囊病病毒抗原基因的重组马立克氏病病毒疫苗等。

二、基因缺失疫苗

基因缺失疫苗是用重组 DNA 技术将病原微生物的毒力相关基因敲除，使其毒力减弱但保持免疫原性的一类疫苗。这种疫苗不仅免疫原性较好，不易返祖，而且缺失的基因及其编码产物可以作为一种鉴别标志，便于与野生病原的鉴别诊断和传染病的净化，是应用前景较好的一类基因工程疫苗。目前研究较多的有伪狂犬病病毒基因缺失疫苗和牛传染性鼻气管炎病毒基因缺失疫苗，由于其非必需的毒力相关基因较多，不仅可敲除两个或三个毒力相关基因，使其毒力显著降低，而且可在这些非必需区域插入其他病原的抗原基因。

三、基因工程亚单位疫苗

基因工程亚单位疫苗（subunit vaccine）又称生物合成亚单位疫苗或重组亚单位疫苗，是指将保护性抗原基因在原核或真核细胞中表达，并以基因产物 – 蛋白质或多肽制成的疫苗。通常以大肠埃希菌、酵母菌和杆状病毒等体外表达系统表达的保护性抗原蛋白来制成疫苗。这类疫苗不仅具有良好的安全性，而且便于工厂化生产。其中，大肠埃希菌表达系统的产量较高，成本较低，但由于缺少真核细胞的蛋白质翻译后加工修饰能力，有些重组大肠埃希菌表达的病毒抗原，特别是糖蛋白抗原可能缺少免疫原性；重组杆状病毒介导的昆虫细胞表达系统的产量较高，而且具有与真核细胞类似的蛋白质加工修饰能力，但生产成本相对较高；酵母表达系统兼有大肠埃希菌和杆状病毒表达系统的优点，但有时表达水平较低。尽管如此，目前已研制出几十种基因工程亚单位疫苗，有针对病毒性疾病的，有针对细菌性疾病的，也有激素类的亚单位疫苗，较为成功的有人乙肝病毒、马立克氏病毒、口蹄疫病毒和牛瘟病毒的基因工程亚单位疫苗。基因工程亚单位疫苗或基因工程蛋白质疫苗仍然是疫苗发展的主要方向。

四、合成肽疫苗

合成肽疫苗是在弄清病原微生物抗原表位及其序列的基础上，用化学方法人工合成抗原肽，配以适当的佐剂制成的疫苗。这种疫苗的突出优点是安全性好，而且可根据流行毒株的变化及时进行调整，也便于疫苗接种和自然感染动物的区别诊断，主要缺点是成本较高。目前比较成功的有口蹄疫合成肽疫苗，其成本已接近兽医临床可接受水平，具有一定的应用前景。

五、DNA 疫苗

DNA 疫苗又称核酸疫苗、基因疫苗或质粒疫苗，其基本原理是将病原微生物的保护性抗原基因插入真核表达载体，用获得的重组载体注射动物，通过体内表达的抗原蛋白诱导保护性免疫应答。DNA疫苗的突出优点包括制备相对简单、成本较低、性质稳定、易于保存运输和便于制备多价疫苗等。重组质粒本身含具有免疫刺激作用的 CpG 序列，所以具有一定的佐剂作用。重组质粒在细胞内的表达能模拟病原的自然感染方式，所以表达产物能诱导体液免疫和细胞免疫，而且表达时间和免疫刺激作用较为持久，受母源抗体的干扰较小。重组质粒的本质是仅表达抗原基因的质粒，不表达与免疫保护作用无关的基因，所以副作用较小且相对安全。鉴于 DNA 疫苗的上述诸多优点，有人称之为第四代疫苗或新一代基因工程疫苗，目前已有数十种表达病毒、细菌或寄生虫抗原的动物 DNA 疫苗，如伪狂犬病病毒疫苗、猪流感病毒疫苗等在生产上应用。2005 年国外已有针对马西尼罗河病毒和鱼传染性造血坏死病病毒的两种 DNA 疫苗批准上市。

目前 DNA 疫苗面临的主要问题是免疫原性较差和生物安全性问题。随着载体构建策略的不断改进和相关佐剂的使用，DNA 疫苗的免疫效果有可能逐步提高。生物安全性问题主要包括质粒 DNA 与宿主基因组整合、产生抗宿主基因组 DNA 抗体和诱发免疫病理损伤等可能性，但没有直接的试验研究和临床试验提供相关的证据。值得指出的是，这些安全性问题主要是从人的健康考虑，对其他动物应当考虑的安全性问题主要是注射质粒的直接伤害及其在产品中的残留，但在动物实验中也未发现明显的不良反应和产品中的残留问题。

六、疫苗制备方法举例

疫苗的生产制造一般要经历一系列复杂的工艺流程。因疫苗的种类不同，其制备方法也不相同。但总体来说，传统疫苗的制备过程包括原液制备，抗原纯化，半成品、成品的检定等。本部分将选取狂犬病灭活疫苗和重组乙型肝炎疫苗为代表，介绍疫苗的制备方法。

（一）狂犬病灭活疫苗的制备

将人狂犬病病毒固定毒接种于人二倍体细胞，经培养、收获、浓缩、纯化、灭活病毒后，加入适宜的稳定剂冻干制成，用于预防狂犬病。

1. 制备方法　狂犬病灭活疫苗制备流程如图 9 - 10 所示。

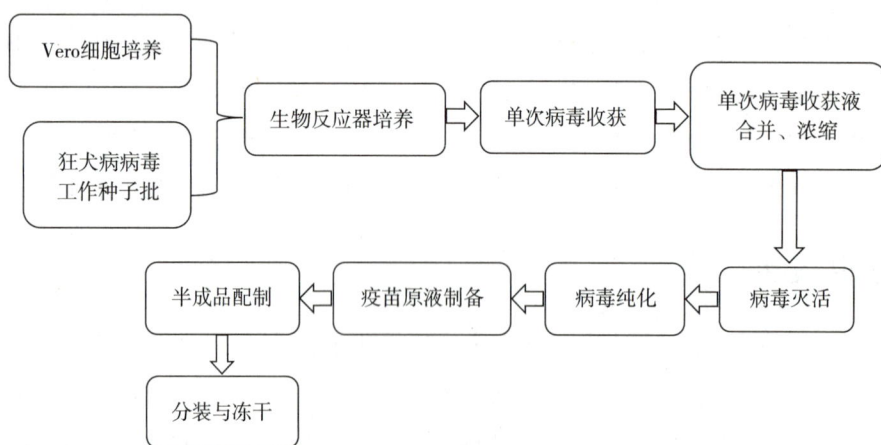

图 9 - 10　狂犬病灭活疫苗制备流程图

（1）生产用细胞　生产用细胞为人二倍体细胞（MRC - 5 或其他经批准的细胞株），细胞的管理和鉴定应符合《中国药典》生物制品生产检定用动物细胞基质制备及质量控制（通则 0234）规定，各级细胞库细胞代次应不超过批准的限定代次。

（2）毒种　生产用毒种为狂犬病病毒固定株 Pitman - Moore 株或经批准的其他二倍体细胞适应的狂犬病病毒固定毒株。种子批的建立应符合《中国药典》生物制品生产检定用菌毒种管理及质量控制

（通则0233）规定，各种子批代次应不超过批准的限定代次。

建立的种子批应进行全面的检定并合格，检定的内容包括毒种的特异性、病毒的滴度、无菌检查、支原体检查、外源病毒因子检查和免疫原性检查。毒种应于−60℃以下保存。

（3）原液的制备　①细胞的制备　复苏一定数量的工作细胞库细胞，加入适宜的培养液，在适宜温度下培养，扩增至一定数量，用于接种病毒，为一个细胞批。每批原液的生产细胞应来自复苏扩增后的同一细胞批，对照细胞应进行外源病毒因子检查。②病毒的培养　细胞培养成致密单层或者细胞悬液后，对毒种接种细胞进行培养，培养适宜时间后，收获病毒液。检定合格的同一细胞批生产的同一次病毒收获液或同一时间段的连续收获液可合并为单次病毒收获液。③病毒的浓缩与纯化　将合并后的病毒液经超滤等方法浓缩至规定的蛋白质含量范围，采用柱色谱等方法对病毒浓缩液进行纯化。④病毒的灭活　于纯化后的病毒液中加入β-丙内酯以灭活病毒，病毒灭活到期后，每个病毒灭活容器应立即取样，分别进行病毒灭活验证试验。也可按批准的工艺先进行病毒灭活后再进行纯化。灭活病毒液中加入适量人血白蛋白或其他适宜的稳定剂，即为原液。

（4）半成品的制备　将原液按照批准的配方进行配制，总蛋白质含量应不高于批准的要求，加入适宜的稳定剂即为半成品。

（5）成品的制备　按标示量复溶后每瓶0.5ml或1.0ml。每1次人用剂量为0.5ml或1.0ml，狂犬病疫苗效价应不低于2.5IU。

2. 检定

（1）单次病毒收获液检定　包括病毒滴度、无菌检查和支原体检查。

（2）原液检定　包括无菌检查、蛋白含量检查、抗原含量检查。

（3）半成品检定　进行无菌检查。

（4）成品检定　除水分测定外，按标示量加入疫苗稀释剂，复溶后进行以下各项鉴别。①特异性鉴别：用ELISA证明含有狂犬病病毒抗原。②外观：应为白色疏松体，复溶后为澄明液体，无异物。③pH：应为7.2~8.0。④水分：应不高于3.0%。⑤效价：应不低于2.5IU/剂。⑥热稳定性：于37℃放置28天后，效价应不低于2.5IU/剂。⑦抗生素残留量：生产过程中加入抗生素的应进行该项检查。采用ELISA，应不高于50ng/剂。⑧牛血清白蛋白残留：应不高于50ng/剂。⑨细菌内毒素检查：应不高于25EU/剂。⑩此外，渗透压摩尔浓度、无菌检查和异常毒素检查也应符合规定。

（二）重组乙型肝炎疫苗的制备

目前重组乙型肝炎疫苗主要分为酵母以及中国仓鼠卵巢细胞（Chinese hamster ovary cell，CHO cell）表达疫苗。下面介绍由重组CHO细胞表达乙型肝炎病毒表面抗原（hepatitis B surface antigen，HBsAg）经纯化，加入铝佐剂制成的重组乙型肝炎疫苗。

1. 制备方法　重组CHO细胞乙型肝炎疫苗制备流程如图9-11所示。

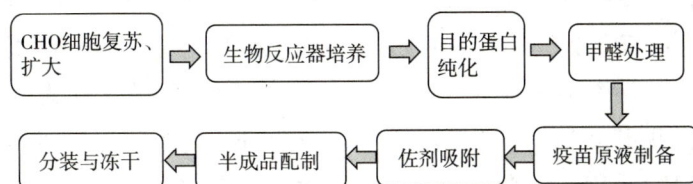

图9-11　重组CHO细胞乙型肝炎疫苗制备流程图

（1）生产用细胞　生产用细胞是用DNA重组技术获得的表达HBsAg的CHO细胞C28株，细胞库的建立及传代应符合《中国药典》生物制品生产和检定用动物细胞基质制备及质量控制（通则0234）规定。

主细胞库及工作细胞库的检定应符合《中国药典》生物制品生产和检定用动物细胞基质制备及质量控制（通则0234）规定。细菌和真菌、支原体、细胞外源病毒因子检查均应为阴性；对细胞应用同工酶分析，生物化学、免疫学、细胞学方法和遗传标记物等任何方法进行鉴别，应为典型CHO细胞；对细胞用染色体分析法进行检测，染色体应为20条；对目的蛋白采用ELISA检查，应证明为HBsAg；主细胞库及工作细胞库细胞HBsAg表达量应不低于原始细胞库的表达量；种子应保存于液氮中。

（2）原液　①细胞制备与收获：取工作细胞库细胞，复苏培养后，经胰蛋白酶消化，在适宜条件下培养。培养适宜天数后，弃去培养液，换维持液继续培养，当细胞表达HBsAg达到1.0mg/L以上时收获培养上清。根据细胞生长情况，可换维持液继续培养，进行多次收获。应按规定的收获次数进行收获。每次收获物应逐瓶进行无菌检查。收获物应于2~8℃保存。来源于同一细胞批的收获物经无菌检查合格后可进行合并。②目的蛋白纯化：合并的收获物经澄清过滤，采用柱色谱法进行纯化、脱盐、除菌过滤后即为纯化产物。同一细胞批来源的HBsAg纯化产物检定合格后，经除菌过滤后可进行合并，纯化产物于2~8℃保存不超过3个月。③甲醛处理：合并后的HBsAg纯化产物中按终浓度为200μg/ml加入甲醛，置37℃保温72小时。④除菌过滤：甲醛处理后的HBsAg经超滤、浓缩、除菌过滤后即为原液（亦可在甲醛处理前进行除菌过滤）。

（3）半成品　按最终蛋白质含量为10μg/ml或20μg/ml进行配制。加入氢氧化铝佐剂吸附后，即为半成品。

（4）成品　所配置的半成品应按《中国药典》生物制品分包装及贮运管理（通则0239）规定进行相应的分批、分装及包装。每瓶0.5ml或1.0ml。每1次人用剂量为0.5ml，含HBsAg 10μg；每1次人用剂量为1.0ml，含HBsAg 10μg或20μg。

2. 检定

（1）纯化产物检定　①蛋白质含量：应在100~200μg/ml。特异蛋白带：采用还原型SDS-PAGE法，分离胶浓度为15%，浓缩胶浓度为5%，上样量为5μg，银染法凝胶染色。应有分子质量23kDa、27kDa蛋白带，可有30kDa蛋白带及HBsAg多聚体蛋白带。②纯度：采用高效液相色谱法（用SEC-HPLC法）测定。用亲水树脂体积排阻色谱柱，排阻极限为1000kDa，孔径为100nm，粒度为17μm，直径为7.5mm，长30cm；流动相为0.05mol/L PBS（pH 6.8）；检测波长为280nm，上样量为100μl。按面积归一化法计算HBsAg纯度，应不低于95.0%。③细菌内毒素检查：每10μg HBsAg应小于10EU。

（2）原液检定　①蛋白质含量：应在100~200μg/ml。②牛血清白蛋白残留量：应不高于50ng/剂。③CHO细胞DNA残留量：应不高于10pg/剂。④CHO细胞蛋白残留量：采用ELISA测定，应不高于总蛋白质含量的0.05%。⑤细菌内毒素检查：每10μg HBsAg应小于10EU。⑥N端氨基酸序列：用氨基酸序列分析仪测定，N端氨基酸序列应为Met-Glu-Asn-Thr-Ala-Ser-Gly-Phe-Leu-Gly-Pro-Leu-Leu-Val-Leu。⑦无菌检查、支原体检查、特异蛋白带及纯度：应符合规定。

（3）半成品检定　①细菌内毒素检查：应小于10EU/剂。②吸附完全性试验：将供试品6500g离心5分钟，取上清液，依法测定参考品、供试品及其上清液中HBsAg含量。以参考品HBsAg含量的对数对其相应吸光度对数作直线回归，相关系数应不低于0.99，将供试品及其上清液的吸光度值代入直线回归方程，计算其HBsAg含量，再计算吸附率，应不低于95%。

（4）成品检定　①鉴别试验：采用ELISA检查，应证明含有HBsAg。②外观：应为乳白色混悬液体，可因沉淀而分层，易摇散，不应有摇不散的块状物。③装量：应不低于标示量。④化学检定：pH

应为 5.5~6.8；铝含量应不高于 0.43mg/ml；游离甲醛含量应不高于 50μg/ml。⑤效价测定：将疫苗连续稀释，每个稀释度接种 4~5 周龄未孕雌性 NIH 或 BALB/c 小鼠 20 只，每只腹腔注射 1.0ml，用参考疫苗做平行对照，4~6 周后采血，采用 ELISA 或其他适宜的方法测定抗-HBs，计算 ED_{50}，供试品 ED_{50}（稀释度）/参考疫苗 ED_{50}（稀释度）比值应不低于 1.0。⑥细菌内毒素检查：应小于 10EU/剂。⑦抗生素残留量：生产过程中加入抗生素的应进行该项检查。采用 ELISA 检测，应不高于 50ng/剂。⑧渗透压摩尔浓度、无菌检查、异常毒性检查：应符合规定。

七、疫苗的质量控制

疫苗不同于普通药品，其接种对象是广大健康人群，具有公共产品的特征，因此其安全性、有效性显得尤为重要，为切实保证疫苗质量，需实行全过程监管。

同时，由于疫苗生产过程中使用的各种材料来源及种类各异，生产工艺复杂且易受多种因素影响，应对疫苗生产过程中的每一个工艺环节以及使用的每一种材料进行质量控制，并制定其可用于生产的质量控制标准。

目前世界各国的疫苗生产和研究单位都在实施 GMP 管理，以保证产品质量。GMP 是指在药品生产全过程中，用科学、合理、规范化的条件和方法保证生产出优良药品的一套科学管理方法，是药品生产和质量管理的基本准则，是药品生产企业必须强制达到的最低标准。WHO 关于生物制品 GMP 文件中对于疫苗生产的组织实施有明确的要求和标准，尤其是对生产与鉴定人员的培训和经验以及生产厂家负责人都有规定。应注意用于临床试验的疫苗制品一定要在 GMP 条件下生产，特别要求在生产和鉴定过程中实施标准操作规程（standard operating procedure，SOP）。

（一）原材料的质量控制

1. 生产用水　水是生产用基本原料，自来水需净化处理，其质量应符合饮用水标准；去离子水应检测电导率；蒸馏水应采用多效蒸馏水器，应符合无热原、无菌要求，超过一周不能使用。

2. 器材、溶液等原材料　器材供应包括玻璃器皿、橡皮用具等，在使用前应严格清洗、灭菌，方可使用。溶液、培养基配制时所选的化学试剂，一般应为二级纯或三级纯试剂，变质潮解者不能使用。配制好的溶液应透明、无杂质、无沉淀、无染菌，pH 符合要求。

3. 动物源的原材料　使用时要详细记录，内容至少包括动物来源、动物繁殖和饲养条件、动物的健康状况等。用于疫苗生产的动物应是清洁级以上的动物。

4. 菌种和毒种　用于疫苗生产的菌、毒种来源及历史应清楚，由中国食品药品检定研究院分发。应建立生产用菌、毒种的原始种子批、主代种子批和工作种子批系统。种子批系统应有菌、毒种原始来源，菌、毒种特征鉴定，传代谱系，菌、毒种是否为单一纯微生物，生产和培育特征，最适保存条件等完整资料。

5. 细胞　生产用细胞应建立原始细胞库、主代细胞库和工作代细胞库系统。细胞库系统应有细胞原始来源、群体倍增数、传代谱系、细胞是否为单一纯化细胞系、制备方法、保存条件等完整资料。对于基因工程疫苗，作为表达载体的细胞除应有上述基本特性的记录外，还应提供表达载体的详细资料。对于宿主细胞，还应详细说明载体引入宿主细胞的方法和载体在宿主细胞内的状态，应提供载体和宿主细胞结合后的遗传稳定性资料，同时要详细叙述生产过程中启动和控制克隆基因在宿主细胞中表达所采用的方法和表达水平。

（二）生产过程质量控制

生物制品的质量由从原材料投产到成品出厂的整个生产过程中的一系列因素所决定，即"生物制品的质量是生产出来的"，检定只是客观地反映并监督制品的质量水平。因此在疫苗的生产制备过程中，只有实行 GMP，对生产过程中每一步骤做到最大可能的控制，才能更为有效地使终产品符合所有质量要求和设计规范。生产过程必须严格按照《中国药典》三部和 GMP 的要求，遵从 SOP 进行操作，其中对人员的素质、卫生及无菌的要求尤为重要。

生产人员必须具备与本职工作相适应的文化程度和专业知识或经过培训能胜任本岗位的管理、生产和研究工作，并注意对其进行不断培训和考核以提高其业务能力。患有特定传染病的人员，不得从事生产工作。卫生及无菌管理都应按要求严格执行，包括环境、工艺、个人卫生等均应满足各洁净区域的要求，洁净室内不得存放不必要的物品，特别是未经灭菌的器具和材料。由于污染的主要来源是操作人员，在洁净室中的工作人员应控制在最小数量，并严格遵从 SOP 进行操作。生产用的器具和材料，灭菌、除菌前和灭菌、除菌后应有明显标志，保证一切接触制品的器具、材料都是严格灭菌的。

在生产过程中，无论是有限代次的生产还是连续培养，对材料和方法都应有详细的资料记载，并提供最适培养条件的详细资料；在培养过程中及收获时，应有灵敏的检测措施来控制微生物污染；应提供培养生产浓度和产量恒定性方面的数据，并应确定废弃培养物的指标。对于基因工程疫苗，还应检测宿主细胞/载体系统的遗传稳定性，必要时做基因表达产物的核苷酸序列分析。

在疫苗的纯化过程中，其方法设计应考虑尽可能地去除杂质以及避免纯化过程可能带入的有害物质。纯化工艺的每一步均应测定纯度，计算提纯倍数、收获率等。纯化工艺中尽量不加入对人体有害的物质，若不得不加时应设法除尽，并在终产品中检测残留量。关于纯度的要求可视产品来源、用途、用法而确定，一般真核细胞表达的反复使用多次产品，要求纯度达 98% 以上；原核细胞表达的多次使用产品，纯度达 95% 即可。

（三）疫苗产品的质量控制

疫苗制品在出厂前必须按照《中国药典》三部的要求对其进行严格的质量检定，以保证制品安全有效。规程中对每个制品的检定项目、检定方法和质量指标都有明确的规定，一般可分为理化检定、安全性检定和效力检定 3 个方面。

1. 理化检定　主要是为了检测疫苗中某些有效成分和无效有害成分，包括物理性状检查、防腐剂含量测定、蛋白质含量测定、纯度检查及其他一些项目的测定。

（1）物理性状检查　主要是指对疫苗外观以及冻干疫苗的真空度和溶解时间等方面的检测。疫苗的外观往往会涉及其安全和效力，因此必须进行认真的检查，可通过特定的人工光源检测澄明度。对外观类型不同的制品有不同的要求，透明液制品应为本色或无色澄明液体，不得含有异物、凝块或沉淀物；混悬液制品为乳白色悬液，不得有摇不散的凝块或异物；冻干制品应为白色、淡黄色疏松体，呈海绵状或结晶状，无明显冻融现象。对装量的要求也应严格。此外，对冻干疫苗还应进行真空度和溶解时间的检测，对冻干疫苗进行真空封口，可进一步保持其生物活性和稳定性，且其溶解时限也应在一定时间内。

（2）防腐剂含量测定　是指测定在疫苗的制备过程中，为了纯化、灭活和防止杂质污染而加入的防腐剂，如苯酚、三氯甲烷、甲醛等。《中国药典》三部对这些物质的含量也有一定限制，如苯酚含量要求在 0.25% 以下，残余三氯甲烷含量不得超过 0.5%，游离甲醛含量一般不得超过 0.02%。

（3）蛋白质含量测定　对于基因工程疫苗，需进行蛋白质含量的测定，以检查其有效成分，计算纯度相比度。常用的方法有微量凯氏定氮法、劳里法（福林 - 酚试剂法）和紫外吸收法等。

（4）纯度检查　是指基因工程疫苗在经过精制纯化后，要检测其纯度是否达到规程要求。常用的方法有电泳和色谱，一般真核细胞表达的多次使用产品，要求纯度达 98% 以上；原核细胞表达的多次使用产品，纯度达 95% 即可。

（5）其他　还有水分含量测定和氢氧化铝含量测定。冻干制品中残余水分含量的高低，直接影响制品的质量和稳定性。要求水分越低越好，从而有利于长期保存；而一些活疫苗中残余水分过高，则易造成活菌、活毒的死亡而失效。因此必须对疫苗制品中的残余水分进行测定以保证制品的质量，常用的方法有 Fischer 水分测定法、烘干失重法等。

2. 安全性检定　疫苗制品的安全性检查主要包括三方面的内容：①菌、毒种和主要原材料的检查；②半成品检查，主要检查对活菌、活毒的处理是否完善，半成品是否有杂菌或有害物质的污染，所加灭活剂、防腐剂是否过量等；③成品检查，必须逐批按规程要求进行无菌试验、纯菌试验、毒性试验、热原试验及安全试验等检查，以确保制品的安全性。

3. 效力检定　疫苗的效力检定一般采用生物学方法，以生物体对待检品的生物活性反应为基础，以生物统计为工具，运用特定的试验设计，通过比较待检品与标准品在一定条件下所产生的特定产物、反应剂量间的差异来测得待检品的效价。理想的效力试验应具备以下条件：试验方法与人体使用方法大体相似；所用实验动物标准化；试验方法简单易行，重复性好；结果明确，能与流行病学调查结果基本一致。一般所采用的效力试验有动物保护力试验（或称免疫力试验）、活疫苗的效力测定、血清学试验等。

（1）动物保护力试验　是用疫苗免疫动物后，再用同种的野毒或野菌攻击动物，从而判定疫苗的保护水平。通过这种方法可直接观察到疫苗的免疫效果，较测定疫苗免疫后的抗体水平要更好。

（2）活疫苗的效力测定　包括活菌苗测定和活病毒滴定测定。活菌苗多以制品中抗原菌的存活数表示其效力，将一定稀释度的菌液涂布接种于适宜的平皿培养基上，培养后计算菌落数，进而计算活菌率（%）；活病毒疫苗多以病毒滴度来表示其效力，常用 50% 组织培养法感染量（50% tissue culture infective dose，$TCID_{50}$）来表示，将疫苗进行系列稀释后，各稀释度取一定量接种于传代细胞，培养后检测 $TCID_{50}$。

（3）血清学试验　系指体外抗原 - 抗体试验。用疫苗免疫动物或人体后，可刺激机体产生相应的抗体，抗体的形成水平是反映疫苗质量的一个重要方面，可通过血清学试验来检测体外抗原 - 抗体的特异性反应。经典的血清学试验包括凝集反应、沉淀反应、中和反应和补体结合反应，在此基础上又经过不断的技术改进，发展出许多快速、灵敏的抗原 - 抗体试验，比如间接凝集试验、反向间接凝集试验，各种免疫扩散、免疫电泳以及荧光标记、酶标记、同位素标记等高敏感的检测技术，为疫苗制品的效力检定奠定了良好的基础。

思考题

本章小结

答案解析

1. 简述重组蛋白药物的基本研发流程。
2. 动物细胞表达系统生产重组蛋白的优势有哪些？
3. 常见基因工程抗体分为哪几类？
4. 制备人源化抗体和全人源抗体的技术分别有哪些？
5. 亚单位疫苗可以分为哪几类？各有什么特点？
6. 简述基因工程亚单位疫苗的制备流程。

第十章　基因工程新技术

PPT

学习目标

【知识要求】

1. 掌握　基因编辑技术；基因相互作用研究技术。

2. 熟悉　基因突变技术；基因敲除与敲减技术。

3. 了解　DNA 合成技术；基因测序技术。

【技能要求】

1. 能够根据实验目标选取适合的基因工程技术。

2. 具有 CRISPR 基因编辑技术的实验设计和技术操作能力。

3. 学会基因工程新兴技术。

【素质要求】

1. 严格遵守基因编辑技术的伦理规范，拒绝任何违背生物安全、人类伦理的实验设计。

2. 培养对基因工程新技术发展的敏锐感知能力，能够及时关注国内外基因工程领域的最新研究成果和技术动态，了解基因工程新技术的应用前景和发展趋势。

20 世纪 70 年代初，科学家第一次将两个不同的质粒加以拼接，组装成一个杂合质粒，并将其引入大肠埃希菌体内表达。这种被称为基因转移或 DNA 重组的技术立刻在学术界引起了很大的轰动。基因转移是将不同的生命元件按照类似于工程学的方法组装在一起，生产出人们所期待的生命物质，因此也被称为基因工程。基因工程的出现使人类跨入了按照自己的意愿创建新生物的伟大时代。虽然从它诞生至今不足 50 年，但这一学科却取得了突飞猛进的发展。本章介绍基因工程发展过程中的一些新技术。

第一节　基因突变研究技术

一、物理化学诱变

通过物理和化学因素诱发基因产生突变是经典遗传学的重要研究手段，该方法对诱变的条件要求较低、操作方法比较简单、费用比基因工程手段等育种方法低，曾广泛应用于微生物遗传学和农作物的育种领域，获得了大量的突变品系和农作物新品种。

化学诱变相对于电离辐射来说比较温和，引起染色体断裂的概率较小，主要引起基因点突变和微缺失，而且化学诱变的可操作性强，简单易行；特异性和随机性也很强，能诱变定位到 DNA 上的任意碱基；突变后代较易稳定遗传，一般到 F_3 代就可稳定。EMS（甲基磺酸乙酯）是最常用的化学诱变剂，诱变率高，随机性强，能诱使任一基因位点发生突变，是随机性饱和诱变的首选诱变剂。随着模式生物在功能基因组学研究中的大量应用，另一种化学诱变剂 ENU（N – 乙基 – N – 亚硝基脲）也被用来进行小鼠和斑马鱼的全基因组饱和诱变。ENU 是一种高效烷化剂，通过将乙烷基转移到靶分子而改变靶分子的结构，从而影响其功能。DNA 分子中，腺苷酸的 N_1、N_3 或 N_7 位，鸟苷酸的 O_6、N_3 或 N_7 位，胸腺嘧啶的 O_2、O_4 或 N_3 位，以及胞嘧啶的 O_2 或 N_3 位最容易被修饰，其结果为细胞进行下一轮复制时发生 DNA 碱基错配，最终形成点突变或微小缺失。ENU 诱发点突变最常见的结果（99%）是 AT 到 TA 的倒位和 AT 到 GC 的转换。极少情况下（1% 的概率），ENU 会造成小片段 DNA 的丢失。

常用的微生物物理诱变剂有紫外线（UV）、γ 射线、α 射线及 N^+ 离子束等，当机体受到辐射的能量传递后，会产生各种各样的电离和激发的分子，作用于机体内自由原子与基团，进而改变其核酸与蛋白质结构，导致机体发生变异。目前有一种高效新型的物理诱变技术——由清华大学和天木生物科技有限公司合作研发的常压室温等离子体（atmospheric and room temperature plasma，ARTP）技术，作为一种新型的诱变育种技术，具有操作简单、安全高效、不污染环境、得到的突变株具有较高的遗传稳定性等优点，广泛用于各类微生物菌种筛选过程中。ARTP 技术使用氦气作为工作气体，通过射频辉光放电产生富含各种高能活性粒子的等离子体，所产生的活性粒子能够对菌株/植株/细胞等的遗传物质造成损伤，并诱使生物细胞启动 SOS 修复机制。SOS 修复过程是一种高容错率修复，因此修复过程中会产生种类丰富的错配位点，并最终稳定遗传进而形成突变株。ARTP 的主要优点包括：放电均匀，射流温度低，可以维持在 40℃ 以下；诱变效果好，且能够广泛应用于原核生物和真核生物；设备操作简单，诱变处理过程快捷；使用安全，无污染物排放，对操作人员无任何伤害。

二、蛋白质工程

在 DNA 分子水平，位点专一性地改变结构基因编码的氨基酸序列，使之表达出比天然蛋白质性能更为优异的突变蛋白；通过基因编码区的融合操作，合成包含多种天然蛋白质的融合蛋白；采用体外分子进化技术，建立突变蛋白文库；借助基因的人工合成，设计制造自然界不存在的全新工程蛋白。以上这些用人工突变基因达到操纵蛋白质结构和性质目的的过程称为蛋白质工程。

蛋白质工程主要有两大设计理念：①建立在对蛋白质结构与性质之间的对应关系深入理解基础上的分子理性设计；②建立在体外模拟自然进化过程基础上的分子定向进化，属于蛋白质的非理性设计范畴。

蛋白质工程分子理性设计策略的基本流程如下：①克隆一个酶或功能蛋白的结构基因；②测定其核苷酸编码序列；③获得相应的氨基酸序列；④确定蛋白质的生物学性质；⑤建立蛋白质的三维空间结构；⑥设计工程蛋白的分子蓝图；⑦借助 DNA 定点突变技术更换密码子；⑧分析突变蛋白的生化特性；⑨确立蛋白质"序列 – 结构 – 功能"三者之间的对应关系；⑩将此对应关系反馈至第 6 步，并进行下一轮操作，直到获得所期望的工程蛋白质。

蛋白质分子蕴藏着巨大的进化潜力，有许多功能待开发，这是蛋白质工程分子定向进化的先决条件。该策略的实施事先不需要了解目的蛋白的三维结构信息及作用机制，它着重于体外模拟自然进化的过程，使基因发生大量变异，并定向选出具特定功能的目的蛋白，从而在几天或几周内实现自然界需要数百万年才能获得的进化结果。蛋白质的分子定向进化策略是以灰箱方式体外模拟自然进化过程，需要快速、简便、高效地构建一个随机突变的基因文库，以及一套灵敏、准确的高通量筛选系统，事实上这也是当前蛋白质工程研究的热点。

（一）基因的体外定向突变

在 DNA 水平诱发多肽编码顺序的特异性改变称为基因的定点诱变。利用该技术一方面可对某些天然蛋白质进行定位改造，另一方面还可以确定多肽链中某个氨基酸残基在蛋白质结构及功能上的作用，以收集有关氨基酸残基线性序列与其空间构象及生物活性之间的对应关系，为设计制作新型的突变蛋白提供理论依据。含有单一或少数几个突变位点的基因定向突变可选用局部随机掺入法、碱基定点转换法、部分片段合成法、引物定点引入法和 PCR 扩增突变法等策略，而大片段的定位突变一般采取基因全合成的方法。

（二）基因的体外定向进化

基因分子定向进化的主要目标是利用分子定向进化方法构建突变文库，在短时间内获取任何期望的突变基因及其编码产物，它的基本策略是在体外对特定基因实施随机突变，然后借助适当的高通量筛选程序准确、迅速地获得所需要的突变基因。分子定向进化方法包括易错 PCR、DNA 改组、体外随机引发重组、交错延伸、同源序列非依赖性蛋白质重组等。

近年来，随着创建多样性随机重组文库的飞速发展，基因或蛋白质文库的高通量和超高通量筛选技术也取得了很大的进展。例如，核糖体和 mRNA 展示技术，由于在体外无细胞翻译体系中进行，不受受体细胞转化率的限制，大大提高了文库容量和筛选通量。细胞表面展示技术和噬菌体表面展示技术，将靶蛋白活性与转录信号相偶联的三元杂交系统，以光信号为指示的反射增进系统以及荧光共振能量转换仪–荧光激活细胞筛选仪联用程序，这些都使样品筛选速率大大提高。其他高通量筛选技术还有液体微流控技术以及各类智能化的高通量微生物克隆筛选系统。

三、转座子介导的诱变技术

转座子（transposable elements）是存在于基因组中具有转移自身位置特性的相对独立的 DNA 序列，该 DNA 序列含有两种转座必需的成分，即位于 DNA 序列两个末端的转座序列和位于序列中间的转座酶基因。转座子能够在转座酶的介导下随机插入到具有一定特征的位点，导致此位点原有的基因发生突变。

转座序列早期又被称为转座基因，常为末端倒转重复序列（inverted terminal repeats，IR 或 ITR），具有转移活性，但其转移事件的发生依赖于转座酶基因编码的转座酶。除细菌的简单插入序列转座子外，其他大部分的转座子序列中都还含有其他与转座无关的基因。当转座序列和转座酶基因同时存在时，转座子可以转移到基因组 DNA 的许多位点上。如果转座子插在基因的内含子或顺式调控序列中间，会影响基因的表达调控活性；而若插入位点是一个功能基因，那么转座子的插入会引起该基因失活而失去正常的功能。因此，转座子的活跃转位可被用作基因诱变的方法，引起全基因组范围的突变。利用转座子进行基因突变有许多优点，比如操作简便易行，便于规模化应用，诱导产生的突变多为较大片段的突变，而不是单个位点的突变；且一般只保留转座子上完成转座过程的特定片段，同时加入筛选标记（如抗性基因）和报告基因，因而使得突变位点易于鉴定。

第二节　基因敲除与敲减技术

一、基因敲除技术

基因敲除（gene knock–out）是 20 世纪 80 年代发展起来的一项生物学技术，它是利用外源已突变的基因，通过同源重组的方法替换掉内源正常同源基因，从而使靶基因失活、缺失或序列发生变化，从而达到精确的定点修饰和基因改造，具有定位性强、随染色体 DNA 稳定遗传等优点。

（一）基于 Rec 同源重组系统的基因敲除

同源重组系统存在于大多数生物细胞中，原核生物中研究最早最多的重组系统是 RecA 重组，最典型代表为 E. coli。RecA 重组系统是 E. coli 内源性重组系统，由 RecA 和 RecBCD 组成。RecBCD 蛋白具有核酸外切酶 V 活性，可以降解细胞体内线性 DNA 分子，而且宿主菌内存在的限制修饰系统也使外源双链 DNA 被降解，所以导入的外源 DNA 必须以环状质粒的状态存在，才能保证不被降解掉。因此，为了与目的基因发生重组，需要将包含靶基因两侧 200bp 以上的 DNA 序列构建在载体上，并在靶基因中间插入抗性基因作为筛选标记，形成同源重组载体。载体构建完成后导入受体菌，依靠受体菌中的 RecA 重组系统整合到细菌的染色体上。整合到细菌染色体上的质粒还可以发生第二次同源重组（即双交换），但是有两种可能结果：一种是恢复到最初的分子状态，质粒和染色体以未整合状态存在；另一种是发生双交换，使目的基因失活，所以可以通过抗性基因筛选到基因敲除突变体。但是，该技术存在一定的缺点：一是需要较长的靶基因同源臂，而且需要插入抗性筛选标记，操作比较烦琐；二是 RecA 重组发生的概率较低，重组子的获得比较难。

细菌的基因敲除主要包括同源重组载体的构建、同源重组载体导入受体细胞、基因敲除突变体的筛选，可以抗性标记初步筛选突变体或者以目的基因功能的失活来检测筛选。最后，利用 PCR、RNA 表达水平差异、Southern 杂交、靶基因功能回补型的构建等技术做进一步验证。

目前常用两种类型的载体来构建同源重组载体。①自杀型载体（suicide vector）：借助不能在宿主中复制的质粒对宿主染色体上的靶基因进行突变。此载体的重组具有以下特点：该质粒在靶宿主中不能复制；必须具有一个在靶宿主中可用的抗性标记基因；必须带有与靶宿主染色体高度同源的基因片段。同源重组载体被导入宿主菌后将会发生两次同源重组，从而对靶基因进行敲除。此系统具有很长的应用历史，但其效率比较低下，需要进行大量的筛选工作。特别是对那些转化效率比较低的革兰阳性菌（G⁺）来说，运用该系统进行基因敲除更加困难。②温敏型载体（temperature sensitive vector）：载体系统含有温敏型复制子（在低于某一温度时该质粒能够进行复制，而在高于某一温度条件时该质粒的复制将会被关闭），在一定的温度条件下无法复制，只有通过靶基因与染色体基因组发生同源重组而整合到染色体中，才能进行复制。相较于自杀型载体，该载体具有较高的重组效率，同源重组载体导入宿主后在低温下可以让质粒复制获得大量的拷贝，因此不会受到 G⁺ 转化效率低的限制。同时，当这个质粒整合到染色体上后（第一次同源重组），在后续低温条件下诱导质粒的复制将会获得更高的剪切效率（第二次同源重组，发生双交换将靶基因剪切掉）。

（二）基于 Red 重组系统的基因敲除

来源于 λ 噬菌体的 Red 重组系统能够启动细菌染色体与外源 DNA 发生同源重组，Red 重组系统含有 Exo、Beta 和 Gam 三种蛋白。Exo 是一种核酸外切酶，可结合在双链 DNA 的末端，从 DNA 双链的 5′ 端向 3′ 端降解 DNA，产生 3′ 突出末端。Beta 是一种单链 DNA 结合蛋白，在溶液中可自发地形成环状结构，紧紧地结合在由 Exo 消化产生的 3′ 单链 DNA 突出末端，防止 DNA 单链被核酸酶降解，同时促进该单链 DNA 末端与互补链的结合并进行体内重组，Beta 只需结合 35bp 的同源单核苷酸链。Gam 可以抑制宿主菌的 RecBCD 核酸外切酶对线性双链 DNA 的降解，协助 Exo 和 Beta 完成同源重组。Red 重组技术就是利用整合到细菌染色体或质粒中的 Red 系统来实现外源 DNA 片段与靶基因的同源重组。

Red 重组技术所需的同源臂短，重组效率高于 Rec 介导的重组，且可直接应用外源线性 DNA 比如 PCR 产物或人工合成的寡核苷酸片段（在它们的两翼各含有与靶基因两翼同源的序列 40~60bp）对靶 DNA 分子进行有目的的修饰。这样可省去体外 DNA 酶切和连接等步骤，使细菌染色体靶基因的敲除与替换操作相对简单,逐渐成为基因功能探索以及新菌株构建的有力手段。此外,Exo、Beta 和 Gam 三种蛋白可以通过质粒转入宿主细胞,通过一定的方式进行诱导表达,在宿主细胞内发挥 Red 同源重组的功能。

二、基因敲减技术

基因敲减(gene knock-down)主要是指在转录后水平或翻译水平使基因表达失活或基因沉默,而基因的 DNA 序列没有发生改变的技术,所以基因敲减的表型通常不能稳定遗传。基因敲减技术包括 RNA 干扰、Morpholino 干扰、反义核酸、核酶以及显性负抑制突变等。

RNA 干扰(RNA interference,RNAi)是指在进化过程中高度保守的、由双链 RNA 诱发的、同源 mRNA 高效特异性降解的现象。RNAi 是一种进化上保守的抵御转基因或外来病毒侵犯的防御机制。RNAi 广泛存在于生物界,从低等原核生物到真菌、植物、无脊椎动物,甚至近来在哺乳动物中也发现了此种现象。因此,科学家人为地引入与内源靶基因具有同源序列的双链 RNA,从而诱导内源靶基因的 mRNA 降解,达到阻止基因表达的目的,从而产生相应的功能表型缺失。

RNAi 具有很高的特异性,能够特异性、高效率地抑制同源的内源基因的表达,但是双链 RNA 却不能稳定遗传下去,因为它并没有破坏基因组基因的结构,只是降解转录后的 mRNA 从而使基因不能翻译表达蛋白。于是科学家们开发了一系列 RNAi 的载体,让 RNAi 能够在体内遗传下去。首先针对靶基因的表达序列设计一段 19~21bp 长的特异序列,将此片段通过 8 个无关碱基形成的环(loop)反向连接,组成一个 siRNA 表达盒(21bp 正义链-环-21bp 反义链),在表达盒两端加上酶切位点克隆到 siRNA 载体(图 10-1)。转入细胞后,插入位点上游的启动子将转录 siRNA 表达盒,产生 21bp 正义链-环-21bp 反义链的 RNA。正义链与反义链会发生序列互补配对,所以会在细胞内形成发夹结构的双链 siRNA,从而诱导靶基因 RNAi 的发生。

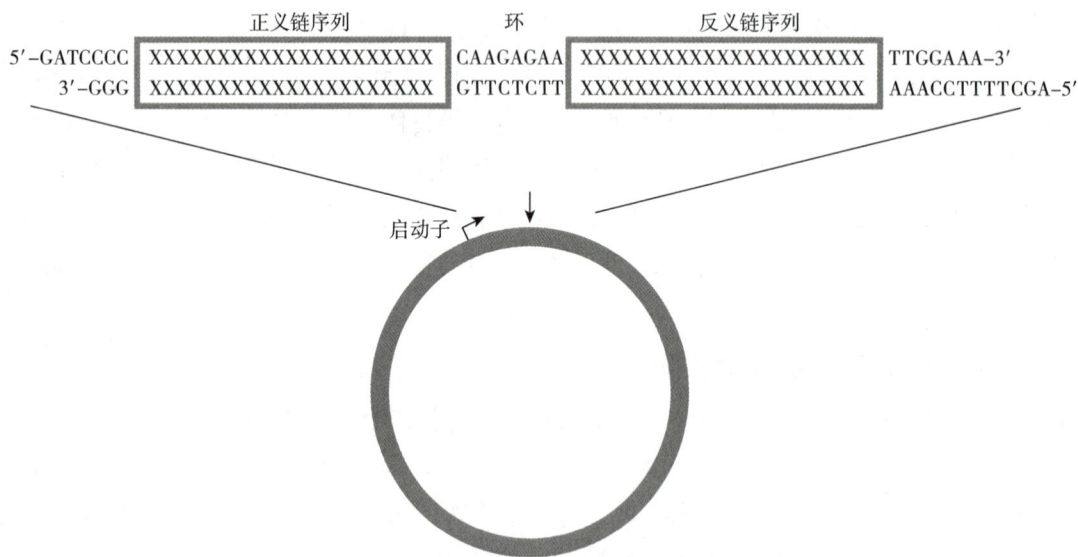

图 10-1 siRNA 载体示意图

第三节 基因编辑技术

虽然基因敲除技术可以通过同源重组的手段靶向体内特定的目的基因,实现体内基因的敲除、缺失和替换，从而使其成为研究基因功能最强有力的手段，但是由于胚胎干细胞（ES 细胞）分离和培养技术困难以及同源重组频率很低，通过同源重组实现的基因敲除效率也很低，所以传统的基因敲除较费时费力且价格高昂。因此，不断有新的基因打靶技术涌现，这些体内靶向基因敲除的技术可以在包括体细胞在内的任何细胞内实现特定基因序列的改变，且可造成基因的碱基缺失、重复、插入、移码突变和目的基因的替换及敲入，实现基因组序列的替换、缺失、剪接和单碱基改变，即随意"编辑"基因组或某个特定基因的序列，称为基因编辑（gene editing）技术。新一代基因编辑技术包括锌指核酸酶基因敲除技术、TALEN 基因编辑技术和 CRISPR 基因编辑技术。

一、锌指核酸酶基因编辑技术

锌指核酸酶基因编辑技术来源于锌指核酸酶（zinc finger nucleases，ZFN）介导的特异基因编辑，是最早发展起来的一种可用于动植物转基因、人类遗传病基因治疗以及微生物基因组改造的新兴技术。在发展初期，该技术就因其高效性和特异性受到高度重视。

锌指核酸酶是一种能特异剪切基因组某段 DNA 的人工合成的核酸内切酶，主要包括两个结构域，即锌指蛋白 DNA 结合域和非特异性核酸酶（FokI）催化结构域。典型的锌指蛋白含有 3 个锌指结构，每个锌指可特异性地识别 DNA 链上 3 个核苷酸碱基，3 个锌指便能识别 9 个连续碱基，因此锌指蛋白与 DNA 的结合具有高度特异性。而且 3 锌指核酸酶比多锌指核酸酶更有效，对细胞的毒性较低。

锌指核酸酶技术就是利用锌指蛋白对 DNA 的特异性结合和核酸酶对 DNA 双链的切割机制，开发的一种具有高效性和特异性的基因修饰新技术。锌指核酸酶有一个特异的 DNA 结合域和一个非特异的核酸酶催化结构域，2 个锌指核酸酶以二聚体的形式特异地结合到目的 DNA 上，然后二聚锌指核酸酶将中间的 6 个核苷酸切断（图 10-2）。这种核酸酶就像一把剪刀，可识别特异的 DNA

图 10-2 锌指核酸酶与 DNA 相互作用

位点并切割 DNA，通过细胞内固有的 DNA 双链断裂修复机制，在引入外源基因的前提下，达到在该位点插入外源基因或者将该位点的基因敲除的目的。通过人工设计锌指库，可使不同的 ZFN 结合在不同的特定 DNA 的位点。在催化结构域的作用之下，可以实现特定 DNA 位点的切割。

ZFN 出现之后，人们对其构建方法（主要是锌指蛋白的组装方法）进行了很多改进，作为第一代基因组定点编辑技术，ZFN 技术已经成功地应用于人、牛、羊、鼠、鱼类、番茄、拟南芥、酵母和藻类等物种的基因组编辑研究。虽然 ZFN 技术获得了巨大的成功，但是其存在三个方面的缺陷：细胞毒性、脱靶效应和上下文依赖效应。ZFN 毕竟是外源蛋白，对于宿主细胞而言存在着细胞毒性，使 ZFN 所编码的 mRNA 进入细胞，将会产生不可预估的副作用。ZFN 依赖锌指识别靶基因，二聚锌指核酸酶一共可以识别 18 个碱基，但是很难保证这 18 个碱基在基因组序列中就是唯一的，同时还不可避免地存在一些错配现象。这样 ZFN 就有可能靶向其他基因位点，在其他位点造成不可预期的基因敲除，产生脱靶现象。如果增加锌指的数量，又会给 ZFN 的载体构建带来麻烦，延长基因打靶的时间，这也涉及 ZFN 的第三个缺陷，锌指中各个锌指蛋白大小不一，它们之间可以相互作用、相互影响，如果大小不匹配，就不能识别和结合特定核苷酸序列，这就是锌指核酸酶的上下文依赖效应。实际上，找到 3 个大小匹配的锌指蛋白去识别特定的 DNA 序列已经是比较困难的，如果需要找到 4 个大小匹配的锌指蛋白将变得十分困难。这些不足严重限制了 ZFN 的适用范围，同时也使得科研工作者继续寻求、开发新的人工核酸内切酶工具。

二、TALEN 基因编辑技术

ZFN 技术的出现促使基因组定点修饰技术向前迈进了一大步，但是设计和筛选高效率、高特异性的 ZFN 仍然存在一些技术难题，而且降低 ZFN 的细胞毒性也是一个相当大的技术挑战。后来，科学家在植物病原体黄单胞菌（*Xanthomonas*）中发现了一种转录激活效应样因子（transcription activator – like effector，TALE），TALE 的发现和其结合 DNA 的特点为开发更简易的新型基因组定点修饰技术提供了新途径。

与 ZFN 技术相似，TALEN 也由两部分组成，一是 DNA 的特异性识别和结合区域 TALE，二是与 ZFN 相同的 *Fok* I 核酸酶催化结构域，通过二聚体化使目的基因产生双链 DNA 的断裂，通过激活细胞内的修复机制，可产生各种类型的序列改变。

TALE 由 N 端转运信号、C 端核定位信号、转录激活结构域和 DNA 特异性识别与结合结构域组成。其中，DNA 特异性识别与结合结构域由高度保守的锌指模块同源重复序列组成，每个锌指重复单位含 23～30 个氨基酸，识别 3 个连续碱基。这些重复单元的氨基酸组成相当保守，除了第 12、13 位的氨基酸可变外，其他氨基酸都是相同的，这两个可变氨基酸称为重复序列可变的双氨基酸残基（repeat variable diresidues，RVD）。TALE 识别 DNA 的机制在于每个重复序列的两个 RVD 可以特异性识别 DNA 4 个碱基中的一个，目前发现的 RVD 共有 5 种：HD、NI、NN、NG、NS。统计分析发现，HD 特异性识别 C 碱基，NI 识别 A 碱基，NN 识别 G 或 A 碱基，NG 识别 T 碱基，NS 对 4 种碱基都可以识别。

自然界中，不同 TALE 的 DNA 结合域的氨基酸重复序列数目不同，因此其结合靶 DNA 的碱基数目也不同。根据这一特点可以设计基因编辑的工具，理论上可以根据实验目的对 DNA 结合域的重复序列进行设计，得到特异性识别任意序列靶位点的 TALE，因此，通过对 TALE 重复序列进行人工设计并将其与一些功能域融合产生的 dTALE（designer TALE – type transcription factors）和 TALEN 引起了人们极大的兴趣。这些功能域包括激活子、抑制子、核酸酶、甲基化酶和整合酶等。TALE 的 DNA 结合域与 *Fok* I 核酸内切酶的切割域融合，就产生了能够在特定位点产生双链断裂（double strand breaks，DSB）的嵌合酶——TALEN（TALE nuclease）（图 10 – 3）。

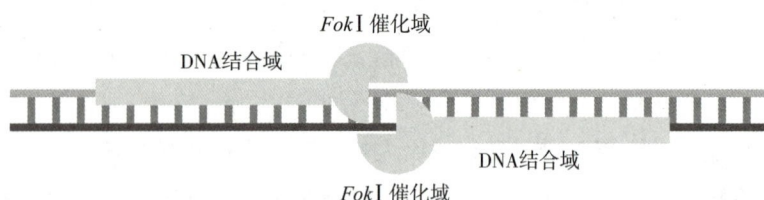

图 10 – 3　TALEN 结构示意图

TALEN 技术拥有 ZFN 技术所具有的一切优点，而且其打靶效率比 ZFN 还要高。最为重要的是，TALEN 真正实现了模块的自由编程：由于一个 TALE 模块只识别 1 个碱基，所以理论上只要有 4 个模块就可以识别 DNA 的任意一种序列；锌指蛋白识别 3 个碱基，则需要 64 个锌指蛋白才可以识别所有的 DNA 序列。TALE 模块在识别碱基时大小合适，模块与模块之间相对独立，避免了锌指蛋白由于大小不能匹配而使得识别受限制的问题，TALE 模块可以任意拼接去识别任意 DNA 靶序列。也正是因为如此，TALEN 可以识别更长的靶序列，从而降低了脱靶效应。尽管如此，降低脱靶效应并不代表能消除脱靶效应。而且 TALE 的模块需要一个个地组建，其过程十分烦琐，耗时也相对较长，这使得 TALEN 作为基因编辑工具不是那么轻便好用。真正轻便好用的基因敲除工具是 CRISPR/Cas 技术。

三、CRISPR 基因编辑技术

CRISPR/Cas 系统是存在于古细菌或细菌中特有的一种获得性免疫系统。相较于 ZFN 和 TALEN 等传统的基因编辑方法，基于 CRISPR/Cas 系统的识别和剪切作用开发出的基因编辑工具能够使用较短的向导 RNA（guide RNA，gRNA）序列实现精准定位，大大降低了设计难度和应用成本，已在微生物、植物、动物及人体细胞内得到广泛的应用。

CRISPR 基因编辑系统依赖于 2 个关键组件：靶位点识别组件和切割 DNA 组件。靶位点识别组件是一段成簇的规律间隔的短回文重复序列（clustered regularly interspaced short palindromic repeats，CRISPR）。CRISPR 编码 CRISPR - RNA 前体（pre - crRNA），前体被加工成短的成熟的 CRISPR - RNA（crRNA），crRNA 将与靶基因 DNA 通过碱基互补配对的方式进行识别。切割 DNA 的组件，是一种名为 Cas 的核酸内切酶（CRISPR - associated proteins，Cas）。CRISPR 与 Cas 结合形成一种 RNA - 蛋白质复合体，RNA 引导 Cas 进入细胞核，靶向目的基因，Cas 发挥内切酶活性，使得靶基因产生双链缺口，通过非同源末端连接或者同源重组修复途径，实现基因的敲除与修饰。

目前发现，至少有 11 种不同的 CRISPR/Cas 系统存在，可以被划分为 3 种主要的类型。其中 Ⅰ 型和 Ⅲ 型的 Cas 核酸酶都是多蛋白效应复合物，与 crRNA 结合后促进靶向识别或者摧毁目的基因序列。相较于前两者，Ⅱ 型系统中的 Cas 核酸酶是单个蛋白，如 Cas9，更容易构建。基于对 Ⅱ 型 CRISPR/Cas 系统的研究，人们已经优化改造出一种相对高效且成熟的基因编辑工具，这就是 CRISPR/Cas9 系统。

（一）CRISPR/Cas9 基因编辑系统

1. CRISPR/Cas9 系统的结构组成 CRISPR/Cas9 系统由 CRISPR 和 Cas 核酸酶组成。其中，CRISPR 序列分别由前导区、高度保守的重复序列与间隔区序列组成。前导区负责启动转录并合成 pre - crRNA，该区域富含腺嘌呤和胸腺嘧啶碱基序列，一般长度在 300～500bp。有研究表明，CRISPR/Cas 基因座附近会表达 tracrRNA（反式激活 RNA），tracrRNA 参与 crRNA 与 Cas9 蛋白的结合。tracrRNA 对 CRISPR 发挥两个作用，一是通过 RNA 酶 Ⅲ（RNase Ⅲ）启动 crRNA 的成熟，二是通过互补结合 crRNA 来激活 Cas9 的核酸内切酶活性（图 10 - 4）。

图 10 - 4 CRISPR 序列及系统组成

Cas9 核酸酶由 1409 个氨基酸组成，有 2 个重要的核酸酶结构域，分别是 HNH 和 RuvC 结构域。HNH 结构域负责切断通过 crRNA 互补靶向的 DNA 单链，切割位点位于 PAM（protospacer adjacent motif）序列上游 3nt 处。RuvC 结构域负责切开另一条 DNA 链，切割位点位于 PAM 序列上游 3～8nt 处。Cas9 核酸酶行使功能时，非常依赖 PAM 序列。PAM 序列是位于靶向 DNA 序列 3′ 端的长度为 3bp 的核苷酸序列，碱基组成通常为 NGG，其中 N 指任一种碱基。RNA - DNA 双链是在 PAM 位点开始形成的，crRNA/tracrRNA 结合在 PAM 序列的附近，通过 HNH 和 RuvC 结构域诱导 Cas9 核酸酶的活性。通常将 crRNA 和 tracrRNA 这两种 RNA 通过基因工程手段连成一条单链向导 RNA（single - guide RNA，sgRNA）（图 10 - 5）。

2. CRISPR/Cas9 系统的断裂修复机制 DNA 产生双链断裂（DSB）后，细胞中存在着的多种修复机制可维护遗传信息的完整性和准确性，主要包括非同源末端连接修复、同源介导修复和单链退火修复

3 种方式。

（1）非同源末端连接（NHEJ）修复　DNA 受到损伤后，DSB 可能导致大片段染色质区域的丢失，在 DNA 损伤类型中危害最大。NHEJ 修复不需要同源 DNA 序列的参与，直接依赖 DNA 连接酶将两个断裂的 DNA 双链末端连接起来。因此，NHEJ 修复可以发生在整个细胞周期中，是哺乳动物细胞中产生 DSB 后的主要修复方式。

当 DNA 双链发生断裂损伤后，DSB 末端首先被 Ku70/80 识别并结合，之后与 DNA 依赖性蛋白激酶

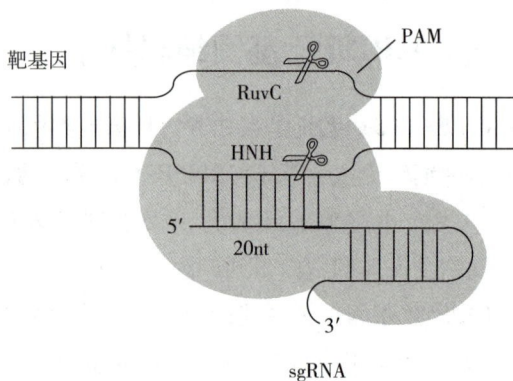

图 10 – 5　CRISPR – Cas9 系统的作用机制

（DNA – PKcs）结合组成 DNA – PK 复合体，即 NHEJ 起始复合体（DNAPK）。继而，两个 DNAPK 将断裂的 DNA 末端结合，同时招募后续的 NHEJ 修复因子（XRCC4 与 XLF）以及 DNA 连接酶Ⅳ（LigⅣ）将断裂的 DNA 修复。

（2）同源介导修复（HDR）　DNA 损伤后除了启动 NHEJ 修复机制外，为了保护基因组的完整性，还存在另一种修复机制。这种有较高保真度的修复途径发生在含有同源序列的 DNA 之间，故称为同源介导修复（HDR）。真核生物染色体中非姊妹染色单体的交换、姊妹染色单体的交换，细菌及某些低等真核生物的转化，细菌的转导与结合及噬菌体重组等都属于这一类型。真核生物中，由于需要未受损的姊妹染色单体的同源序列作为修复模板，HDR 过程一般发生在细胞周期的合成期后期至合成后期。

HDR 过程中起重要作用的蛋白是 Rec 家族蛋白，该家族以发现的第一个成员 RecA 命名，RecA 在大肠埃希菌的 HDR 过程和 DNA 复制中起重要作用。RecA 存在很多同源蛋白，如噬菌体中的 UvsX 和哺乳动物中的 Rad51 等，统称为 RAD52 异位显性集合（RAD52 major epistasis group），其中最重要的蛋白是 Rad51、Rad52 和 Rad54。真核生物中 HDR 的基本过程为：DSB 发生后，在解旋酶和核酸内切酶的共同作用下，双链断裂末端同样形成一个突出的 3′ - 单链 DNA（single strand DNA，ssDNA），之后 Rad52 蛋白连接到 DNA 单链末端，在 Rad52 的作用下，MRX 同源重组修复复合物（Mre11 – Rad50 – Xrs2）被募集至 DSB 断裂处，从而启动 Rad51 蛋白介导的以同源 DNA 为模板的链交换，修复 DSB 引起的碱基缺失并使断裂的 DNA 重新连接。

（3）单链退火（single – strand annealing，SSA）修复　SSA 修复是在 DNA 同一方向上相距较近的两段同源序列之间产生 DSB 时发生的一种特殊的修复机制。当 DSB 形成后，断裂缺口两侧游离的双链通过外切活性产生 3′ - ssDNA，同源互补的两条 3′ - ssDNA 经单链退火的方式相互结合形成新的双链中间产物。该双链中间产物再经切除无关序列及 3′ - ssDNA 尾巴等加工后，最终连接形成 DNA 双链（图 10 - 6）。

（二）CRISPR 基因编辑技术的应用

CRISPR 基因编辑技术在短时间内几乎跨越从原核生物到包括人类在内的灵长类等一切物种细胞中得到了有效性的验证。目前，通过对 CRISPR/Cas 系统的优化和改造，已经开发出一系列基因编辑与调控工具，在合成生物学等领域得到了广泛的应用，为生命科学、生物工程、生物医药和农业新物种培育领域带来了创造性的变革。在农业、

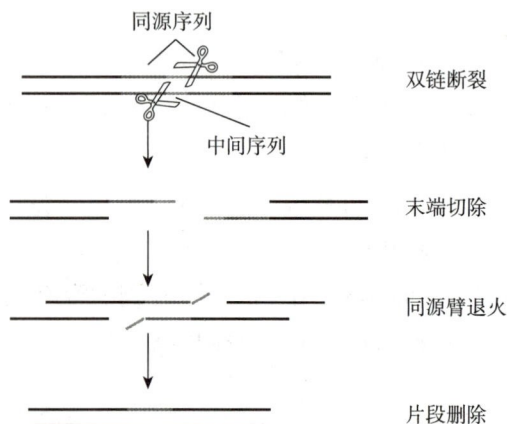

图 10 – 6　DNA 双链断裂引起的 SSA 修复机制

工业和医学研究等诸多方面，其应用的广度和深度正在或已经颠覆了人类对于多个行业的传统认知。

在农业方面，CRISPR 技术正在创造新型的健康食物，实现传统转基因作物向基因编辑作物的概念性转变。传统的转基因是将外源 DNA 序列插入作物的基因组，而基因编辑的概念则是精确地编辑、改良和改造作物原来基因组中特定的基因，就如同给植物的每一个特质性状安上可控的开关，人为地强化自然赋予植物的优良性状。这样可以一洗多年来存在于大众心中错误认知的转基因"污名"，彻底打破推动基因编辑作物的日常化和产业化的壁垒。超级稻和杂交稻对重金属镉元素的亲和能力更强，而目前我国耕地受包含镉在内的重金属污染严重，"杂交水稻之父"袁隆平院士利用 CRISPR 技术修改超级杂交水稻根部细胞中调控金属离子跨膜转运蛋白和韧皮部镉转运蛋白的基因，培育出富集镉含量更少的新一代抗镉超级稻。针对高产、优质、抗逆和抗病等进行品种改良，经过 CRISPR 创造的新型作物将应接不暇地进入我们的生活。

在工业方面，凡是以生物为原料的工业产品都可以通过改造生物性状来影响生产。自然界的一些真核微藻能够通过光合作用固定 CO_2，并将其转化和存储为油脂。因此，作为一种潜在的可规模化生产的清洁能源和固碳减排方案，微藻能源近年来受到了广泛的关注。中国科学院青岛生物能源与过程研究所单细胞研究中心徐健课题组以微拟球藻为模型，率先建立了基于 Cas9/gRNA 的工业产油微藻基因组编辑技术，通过分子育种的方式，成功地实现了产油微藻的品种改良。

在医学研究方面，CRISPR 技术的诞生让人们对于"治"病概念的认知也发生了转变，因为基因编辑的便利，人类的致病基因可以被"修"补，修补不成的器官和细胞还可以被更"换"。"修"就是基因治疗，"换"就是细胞或者器官的移植，包含经过基因编辑的细胞治疗和异种器官移植。但是在治疗之前还有一个机制的"探"病和诊断的"查"病过程。CRISPR 在疾病的"探""查""修""换"四个方面都展现出诱人的应用前景。

（三）CRISPR 基因编辑技术的优缺点

基因组编辑技术是新兴的、能精确地对生物体基因组目标靶基因进行特定修饰和定点改造及研究基因功能的一项技术。CRISPR/Cas9 技术是继 ZFN 和 TALEN 技术之后的第三代新型靶向基因组编辑技术。CRISPR/Cas9 技术是 CRISPR/Cas 系统中应用最广泛的一种。

就像 TALEN 拥有 ZFN 的一切优点一样，CRISPR 拥有 TALEN 的一切优点，而且几乎将基因编辑工具的便捷性和高效性发挥到了极致（表 10-1）。就便捷性而言，对于识别机制，CRISPR 采用了一个 RNA 碱基识别一个 DNA 碱基的方式，任何可以想象得到的识别方式几乎已经不可能比它更简单了。从基因编辑效率上看，CRISPR 也表现出史无前例的高效。正因为这样，CRISPR 可以在同一个细胞中实现多个基因敲除和同一时间实现多个细胞的基因敲除。因此，CRISPR 可以用于高通量的癌症基因筛选，同时还可以派生出一些意想不到的应用。

表 10-1　三种基因编辑技术的比较

项目	ZFN	TALEN	CRISPR
组成成分	锌指模块 + Fok I	TALE 模块 + Fok I	gRNA + Cas9
靶向元件	锌指模块	TALE 模块	gRNA
切割元件	Fok I	Fok I	Cas9
识别模式	蛋白质与 DNA 相互作用	蛋白质与 DNA 相互作用	RNA 与 DNA 相互作用
识别序列	以 3bp 为单元	单碱基，5′ 端前一位为 T	单碱基，3′ 端序列为 NGG
技术难度	难度大	较容易	容易
细胞毒性	大	较小	较小

续表

项目	ZFN	TALEN	CRISPR
编辑数量	单基因	单基因	多基因
构建成本	高	较低	低
脱靶效应	较高	较低	较低

尽管 CRISPR 几乎满足了人们理想中基因编辑工具的所有需求，但是仍然存在技术缺陷。如果我们从高效性、简便性、普适性、特异性和安全性来考虑一种基因编辑工具的好坏，那么就不难发现 CRISPR 技术的局限。

就普适性而言，CRISPR 识别位点具有 PAM 依赖性，在 CRISPR 靶向的位点必须存在 NGG 序列，这就决定了 CRISPR 并不能够在任意位点进行随心所欲的基因编辑，再加上染色质的空间构象经常对于靶位点的识别产生空间位阻，综合起来，由于靶位点受限，对不同基因进行 CRISPR 打靶时效率存在差异。

就特异性而言，CRISPR 的脱靶效应是阻碍 CRISPR 应用的最大障碍。但 CRISPR 的高脱靶效应似乎与生俱来，这是因为细菌在捕捉到噬菌体可能入侵的信号时，采取"宁肯错杀一千，绝不放过一个"的策略，从而最大限度地保全自己。所以 CRISPR 在识别时，对碱基错配的容忍度比较高。有报道称，crRNA 与靶序列可以最多容纳 5′端多达 6 个碱基的错配，同时，在非邻近 3′端的单碱基错配并不会影响切割效率。2017 年，一篇名为《CRISPR－Cas9 在体内编辑中不可预期的突变》的文章轰动了学术界，文中指出：在全基因组测序的视角下，发现单基因敲除的小鼠中伴随着上百个位点的突变。因此，业内对 CRISPR 精确编辑的热议和质疑经久不息。

就安全性而言，CRISPR 的脱靶效应本来就会造成安全隐患，而且 CRISPR 的安全问题还被发现与诱发癌变有关。2018 年，有研究对于某些 CRISPR 打靶成功率不高的原因进行分析，认为 CRISPR/Cas9 造成的 DNA 链断裂会诱使细胞激活 *p53*，开始修复被编辑的基因，如果修复未完成将启动凋亡机制，以防止细胞癌变。由此可以推测，通过抑制 *p53* 的活性可以增加编辑效率，但代价是会触发细胞的癌变。有人据此进一步推测，机体中容易被 CRISPR 编辑的细胞很可能是 *p53* 失活的细胞，而 *p53* 失活的细胞有癌变的风险，也就是说，癌细胞容易被 CRISPR 编辑。如果在体外筛选富集被 CRISPR 编辑的阳性细胞，再将这些细胞回输至体内会有致癌的风险。

（四）CRISPR 基因编辑技术的发展和前景

正因为 CRISPR 技术还不够完美，针对 CRISPR 系统的研究在全世界科学家的锐意创新、努力奋斗下不断升级。

1. 普适性改良，扩大编辑工具的可编辑范围　由于 Cas 蛋白依赖 PAM 序列进行快速识别，PAM 序列是 CRISPR/Cas9 技术的必要条件。若除 PAM 序列外，sgRNA 与目标序列完全匹配，Cas 蛋白也不会切割 DNA。因此，PAM 序列在 CRISPR 系统中具有重要意义。PAM 序列越严格，编辑工具脱靶的风险越低，但可设计的靶序列的数量将大大减少。因此，拓宽 PAM 序列、寻找新的 Cas 蛋白、设计新的 Cas 蛋白变体或制造新的工具尤为重要。

2. 特异性升级，降低基因编辑脱靶效应　各种不同的基因编辑工具都存在较严重的脱靶问题，在经典的 CRISPR/Cas9 编辑中，sgRNA 引导 Cas9 酶结合到特定位点进行切割。一般来说，sgRNA 识别序列约为 20bp，但 Cas9 可在一定的容错率范围内进行错配切割，导致脱靶。

解决 CRISPR 脱靶效应，防止其不可预期的切割，关键在于 gRNA 的序列和设计。有两种方法可以解决该问题。其一是升级 CRISPR 系统，比如增加 crRNA 识别碱基的长度，以确保在基因组中只存在唯一的靶向位点；还可以通过改良 Cas9 蛋白实现。考虑到 Cas9 酶自身的某些部分与靶 DNA 分子骨架的相互作用是特异性靶向的物理基础，科学家的策略是通过改构 Cas9 来调整其与靶 DNA 的作用力，从而升级 CRISPR 系统的靶向特异性。其二是在另外一个系统中验证 gRNA 的有效性和特异性，使得脱靶效应变得可以预期。

第四节 基因相互作用研究技术

为了研究一个新基因的功能，可以从其表达谱来推测，因为如果基因对某个器官的发育具有作用，它往往会在该器官和相应的组织中特异表达。此外，还可以通过研究基因的相互作用来推测，一般来说，如果一个未知功能的基因能够与一个已知功能的基因相互作用，它们可能会具有相同或相似的功能，因为生物体的性状表现和发育过程就是由一系列的基因相互作用而形成错综复杂的信号调控网络共同实现的。基因的相互作用包括核酸与核酸的相互作用、核酸与蛋白质的相互作用以及蛋白质与蛋白质的相互作用。核酸与核酸的相互作用内容可参考第五章中的核酸分子杂交检测法，本节主要介绍核酸与蛋白质的相互作用以及蛋白质与蛋白质的相互作用。

一、核酸与蛋白质相互作用技术

（一）凝胶迁移率阻滞技术

凝胶迁移率阻滞实验（electrophoretic mobility shift assay，EMSA）是一种用于研究核酸与蛋白质相互作用的技术，最初是用于启动子与转录因子相互作用的验证性实验，也可应用于蛋白质 – DNA、蛋白质 – RNA 相互作用研究。因此，该技术常用于在体外研究特定 DNA 序列与特定蛋白质之间的相互作用，确定 DNA 上的转录因子结合位点等。

EMSA 主要是基于蛋白质 – 探针复合物在凝胶电泳过程中迁移较慢的原理。根据实验设计特异性和非特异性探针，当核酸探针与样本蛋白混合孵育时，样本中可以与核酸探针结合的蛋白质便与探针形成蛋白 – 探针复合物。这种复合物由于分子量大，在进行 PAGE 时迁移较慢，而没有结合蛋白的探针则较快。孵育的样本在进行 PAGE 并转膜后，在 DNA 探针条带的后面产生另一条移动慢的条带（DNA 在凝胶中的迁移率受到阻滞），说明有蛋白质与目标探针发生相互作用。由于 DNA 序列带有同位素标记，可通过放射自显影显示这两条带的位置。EMSA 对于在基因表达调控研究中鉴定顺式作用元件与反式作用因子的相互作用、启动子分析以及信号途径的上下游关系确定和靶基因的结合位点确定具有重要作用。

在 EMSA 技术的反应体系中，若使用的是非纯化的蛋白样本，那么它与一个特定的探针可形成一个或几个特异的蛋白复合物，导致确定复合物中蛋白的特征变得困难。此时，可以加入目的蛋白的抗体，进行超迁移实验，即 super shift EMSA，抗体和蛋白质 – 探针复合物中的蛋白质结合，使复合物的迁移延迟，形成超迁移。

（二）染色质免疫沉淀技术

真核生物的基因组 DNA 以染色质的形式存在。因此，研究蛋白质与 DNA 在染色质环境下的相互作用是阐明真核生物基因表达机制的基本途径。染色质免疫沉淀（chromatin immunoprecipitation，CHIP）是目前唯一一种研究体内 DNA 与蛋白质相互作用的方法。

CHIP 的基本原理是在活细胞状态下固定体内蛋白质 – DNA 相互作用的复合物，然后将染色质 DNA 提取出来并将其用超声波随机切断为一定长度范围内的染色质小片段，再通过免疫学方法用某种蛋白质特异的抗体来沉淀此复合体，特异性地富集目的蛋白结合的 DNA 片段，通过对目的 DNA 片段的纯化与检测，获得 DNA 序列信息，从而确定与特定蛋白质相互作用的 DNA 序列。

CHIP 不仅可以确定体内某个特定的蛋白质与某个特定的 DNA 分子是否结合，而且通过与基因芯片和高通量测序技术联用，还可确定在体内这个特定的蛋白质能结合的所有 DNA 序列。CHIP 与基因芯片相结合建立的 CHIP - on - chip 方法已广泛用于特定反式作用因子靶基因的高通量筛选；CHIP 与高通量测序技术相结合，称为 CHIP - Seq 技术，可用于检测某个特定蛋白质在活细胞内结合的全部 DNA 序列。由此可见，随着 CHIP 的进一步完善，它必将会在基因表达调控研究中发挥越来越重要的作用。

二、蛋白质与蛋白质相互作用技术

（一）免疫共沉淀技术

免疫共沉淀（co immunoprecipitation，CoIP）是以抗体和抗原之间的特异免疫反应为基础，研究两种蛋白质在完整细胞内生理活性状态下相互作用的有效方法。其基本原理是：当细胞在非变性条件下被裂解时，完整细胞内存在的许多蛋白质 - 蛋白质相互作用被保留下来。如果加入蛋白质 A 对应的特异性抗体，那么蛋白质 A 被抗体沉淀的同时，与蛋白质 A 在体内结合的蛋白质 B 也能被沉淀下来。经过纯化、洗脱，收集免疫复合物，SDS - PAGE，Western blot 和（或）质谱可鉴定出与蛋白质 A 相互作用的蛋白质。这种方法常用于测定两种目的蛋白是否在体内结合，也可用于确定一种特定蛋白质的新的作用搭档。

（二）酵母双杂交技术

酵母双杂交（yeast two - hybrid，Y2H）技术作为发现和研究在活细胞体内的蛋白质 - 蛋白质相互作用的技术，得到了广泛应用。研究发现，许多真核生物的转录激活因子都是由两个可以分开的、功能上相互独立的结构域（domain）组成的。例如，酵母的转录激活因子 Gal4 由两个可以分开的、功能上相互独立的 domain 组成，在 N 端有一个 DNA 结合域（DNA binding domain，BD），C 端有一个转录激活域（transcription activating domain，AD）。DNA 结合域可以和上游激活序列（upstream activating sequence，UAS）结合，转录激活域能激活 UAS 下游的基因进行转录。但是，这两个 domain 必须同时存在才能保证 Gal4 因子的转录激活活性，单独的 DNA 结合域不能激活基因转录，单独的转录激活域也不能激活 UAS 的下游基因，它们之间只有通过某种方式结合在一起时才具有完整的转录激活因子的功能。

酵母双杂交系统（图 10 - 7）就是利用酵母的 Gal4 的这个特性，通过两个杂交蛋白在酵母细胞中的相互结合及对报告基因的转录激活来研究活细胞内蛋白质的相互作用，对蛋白质之间微弱的、瞬间的作用也能够通过报告基因敏感地检测到。首先，将 BD 的基因序列和一个已知功能的蛋白质基因（称为诱饵蛋白，bait protein）构建在一个载体上，称为 BD - Bait 载体，基因表达时将形成 BD - Bait 的融合蛋白；将 AD 的序列与待检测的蛋白（称为猎物或靶蛋白，prey or target protein）构建在一个载体上，称为 AD - Prey 载体，基因表达时将会产生 AD - Prey 的融合蛋白。两个载体均为大肠埃希菌/酵母菌穿梭载体，可以在大肠埃希菌中增殖，也可以转化酵母细胞使基因扩增与表达。之所以用大肠埃希菌/酵母

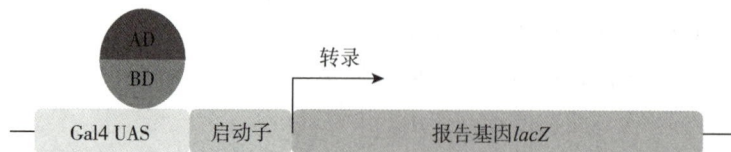

图 10 - 7　Gal4 转录因子的原理

菌穿梭载体，是为了使构建 AD 或 BD 融合蛋白的基因操作可以在大肠埃希菌中进行，只有在检测两个蛋白质的相互作用时再转化酵母细胞，这样的操作简单、方便、快捷。

在宿主酵母细胞中，有被 Gal4 因子的 UAS 增强子控制的报告基因，如 lacZ（编码 β-半乳糖苷酶），报告基因的表达依赖 Gal4 因子的激活。如果只有 BD-Bait 载体转化酵母细胞，由于它只含有 BD，缺失 AD 活性，将不能使报告基因表达。如果只有 AD-Prey 载体转化酵母细胞，因为它只含有 AD，缺乏 BD 与 UAS 序列的结合，也不能使报告基因表达。如果用 BD-Bait 载体与 AD-Prey 载体共同转化酵母细胞（双杂交），Bait 蛋白不能与 Prey 蛋白相互作用，Gal4 因子的 BD 和 AD 还是分开的，依然不能驱使报告基因表达。只有当 BD-Bait 载体与 AD-Prey 载体共同转化酵母细胞以后，表达产生的 Bait 蛋白与 Prey 蛋白相互作用，形成 BD-Bait-Prey-AD 复合体，在 BD 和 AD 共同作用下，才能启动报告基因的表达（图 10-8）。

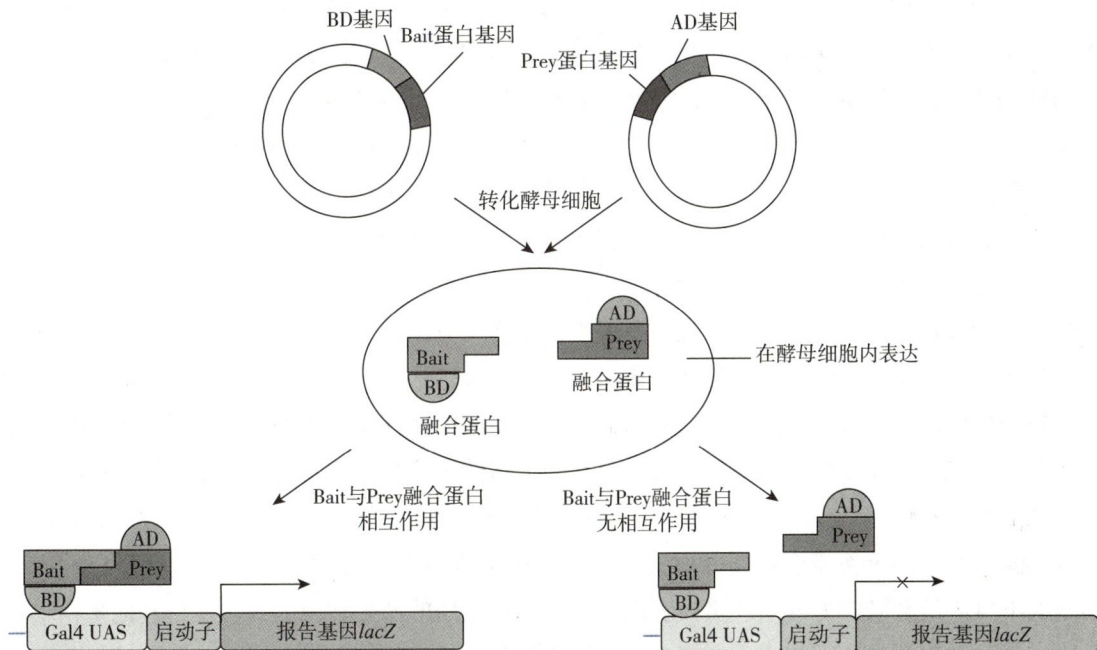

图 10-8　酵母双杂交系统检测蛋白质相互作用的原理

酵母双杂交技术作为发现和研究在活细胞体内蛋白质-蛋白质相互作用的技术平台，近年来得到了不断的应用和发展，它已被广泛应用于分子生物学的各个领域。

1. 确定待测靶蛋白与已知蛋白的相互作用　对于已经鉴定出来的存在相互作用的两个蛋白质，还可以进一步把蛋白质的结构域拆开，分别构建载体，确定蛋白质的结构域之间的相互作用。

2. 筛选和发现新的相互作用蛋白　酵母双杂交技术最开始是为了确定两个已知的蛋白质之间的相互作用，但在对与目的蛋白相互作用的蛋白未知的情况下，可以通过筛文库的方法来筛选和搜寻与目的蛋白相互作用的蛋白质群。这时，用目的蛋白和 BD 载体构建融合蛋白，称为诱饵蛋白（bait protein）；用 cDNA 文库和 AD 载体构建融合蛋白，称为文库蛋白（library protein）。由于 cDNA 文库中包含各类 cDNA 分子，由 cDNA 文库和 AD 载体构建的重组载体也有很多。当 AD-Library 载体与 BD-Bait 载体共转化酵母细胞时，每一次转化一个酵母细胞只会接受一种 cDNA 分子的重组载体，于是会形成很多不同的酵母细胞，也就是每个酵母细胞接收的 cDNA 分子可能都不一样，因此产生的每个酵母细胞克隆也不一样。有些酵母细胞内报告基因会转录，产生阳性克隆，说明这些克隆中的 cDNA 分子表达的蛋白与诱饵蛋白存在相互作用；而有些酵母细胞内报告基因不会转录，说明这些克隆中的 cDNA 分子表达的蛋白与诱饵蛋白不存在相互作用。最后,只要把阳性克隆中的质粒 DNA 提取出来,进行测序鉴定,就可知哪些 cDNA 分子的产物能够与待测的诱饵蛋白相互作用,从而筛选出与诱饵蛋白相互作用的新蛋白质。另外,该方法也可作为研究已知基因的新功能或多个筛选到的已知基因之间功能相关性的主要方法。

3. 用于蛋白质组学的研究　如在果蝇中利用酵母双杂交建立了全基因组蛋白相互作用网络。

4. 筛选药物作用位点及药物对蛋白质相互作用的影响　酵母双杂交报告基因的表达取决于诱饵蛋白与靶蛋白之间的相互作用。对于能够引发疾病反应的蛋白间相互作用可以采取药物干扰的方法,阻止它们的相互作用以达到治疗疾病的目的。

5. 在细胞体内研究抗原与抗体的相互作用　ELISA、免疫共沉淀(CO‐IP)技术都是利用抗原与抗体间的免疫反应,研究抗原与抗体之间的相互作用。但是,它们都是基于体外非细胞的环境中研究蛋白质‐蛋白质相互作用,而在细胞内的抗原与抗体的免疫反应则可以通过酵母双杂交进行检测。

酵母双杂交技术是分析蛋白质‐蛋白质相互作用的有效和快速的方法,有多方面的应用,其优点如下。①高敏感性:检测的结果是基因表达产物的累积效应,可检测存在于蛋白质间的微弱或暂时的相互作用。②真实性:检测在活细胞内进行,作用条件与作用力无须模拟,在一定程度上代表细胞内的真实情况。③简捷性:融合蛋白相互作用后,减少了制备抗体和纯化蛋白质等烦琐步骤。④广泛性:采用不同组织、器官、细胞类型和分化时期的材料构建 cDNA 文库,能分析不同亚细胞部位和功能的蛋白质,适用于部分细胞质、细胞核及膜结合蛋白。

但酵母双杂交技术也存在一些局限性,主要是以下两个方面。①它并非对所有蛋白质都适用:因为融合蛋白的相互作用激活报告基因发生在细胞核内,所以表达的融合蛋白在细胞内能正确折叠并被运输至核内是检测蛋白之间相互作用的前提条件。而许多蛋白间的相互作用依赖于翻译后加工如糖基化、二硫键形成等,这些反应在核内无法进行。另外,有些蛋白的正确折叠和功能有赖于其他非酵母蛋白的辅助,这限制了对某些细胞外蛋白和细胞膜受体蛋白等的研究。②该技术假阳性的发生频率较高:由于某些蛋白本身具有激活转录功能或在酵母中表达时发挥转录激活作用,DNA 结合域杂交蛋白在无特异激活域的情况下可激活转录。另外某些蛋白表面含有对多种蛋白的低亲和力区域,能与其他蛋白形成稳定的复合物,从而引起报告基因的表达,产生"假阳性"结果。

(三)双分子荧光互补分析技术

双分子荧光互补(bimolecular fluorescence complementation,BiFC)分析技术,是 2002 年由 Hu 等人最先报道的一种直观、快速判断目的蛋白在活细胞中的定位和相互作用的新技术。该技术巧妙地将荧光蛋白分子的两个互补片段分别与目的蛋白融合表达,如果荧光蛋白活性恢复,则表明两目的蛋白发生相互作用。其后发展出的多色荧光互补技术(multicolor BiFC)不仅能同时检测到多种蛋白质复合体的形成,还能对不同蛋白质间产生相互作用的强弱进行比较。目前,该技术已用于转录因子、不同蛋白质间产生相互作用强弱的比较以及蛋白质泛素化等方面的研究。

将荧光蛋白在某些特定的位点切开,形成不发荧光的 N 端和 C 端 2 个多肽,称为 N 片段和 C 片段。这 2 个片段在细胞内共表达或体外混合时,不能自发地组装成完整的荧光蛋白,在该荧光蛋白的激发光激发时不能产生荧光。但是,当这两个荧光蛋白的片段分别连接到两个有相互作用的目的蛋白上,在细胞内共表达或体外混合这两个融合蛋白时,由于目的蛋白的相互作用,荧光蛋白的两个片段在空间上互相靠近互补,重新构建成完整的具有活性的荧光蛋白分子,并在该荧光蛋白的激发光激发下发射荧光。简言之,如果目的蛋白之间有相互作用,则在激发光的激发下产生该荧光蛋白的荧光;反之,若蛋白质之间没有相互作用,则不能被激发产生荧光。

第五节 DNA 合成技术

脱氧核糖核酸（deoxyribonucleic acid，DNA）是生命体遗传信息的主要载体，对生命体的研究、改造乃至创造都要从 DNA 入手。合成生物学是继 DNA 双螺旋结构发现和人类基因组计划之后的"第三次生物科学革命"，带来了颠覆性技术和对产业的变革性作用。DNA 合成技术是合成生物学的关键使能技术之一，为合成生物学基础研究和应用领域提供了大量人工设计合成的 DNA 分子作为改造和构建生命体的起始原料。

DNA 合成的方法主要包括化学合成法和酶促反应法两种。

一、化学合成法

寡核苷酸的化学合成始于 20 世纪 50 年代，于 20 世纪 80 年代开发出亚磷酰胺三酯化学合成法，并应用于柱式合成，在 20 世纪 90 年代又应用到基于芯片的高通量合成技术中。亚磷酰胺三酯合成法由脱保护、偶联、加帽和氧化四步化学反应组成循环，通过分步活化结合在核苷酸 3′ 位和 5′ 位的化学活性保护基团实现可控合成，在固相载体上按 3′→5′ 方向逐个延伸合成寡核苷酸链（图 10-9）。①脱保护：将连接在固相载体上的亚磷酰胺核苷上的保护基团——DMT（dimethoxytrityl）基团，通过三氯乙酸的处理去除掉，获得游离的 5′-羟基。②偶联：新的 DMT 保护的亚磷酰胺核苷通过与四氮唑混合进行活化，得到活化的 3′ 端，与上一个亚磷酰胺核苷的游离 5′-羟基发生缩合反应。③盖帽：步骤 2 中没有偶联成功的 5′-羟基，通过加入乙酸酐和 N-甲基咪唑进行乙酰化反应，避免与后续碱基的偶联反应，减少寡核苷酸合成过程中的删除错误。④氧化：通过氧化剂碘的作用，将亚磷形式转化为稳定的五价磷形式。通过以上 4 个步骤的循环，将与预定合成寡核苷酸序列一致的碱基，通过 3′→5′ 的方式一个个延伸合成。

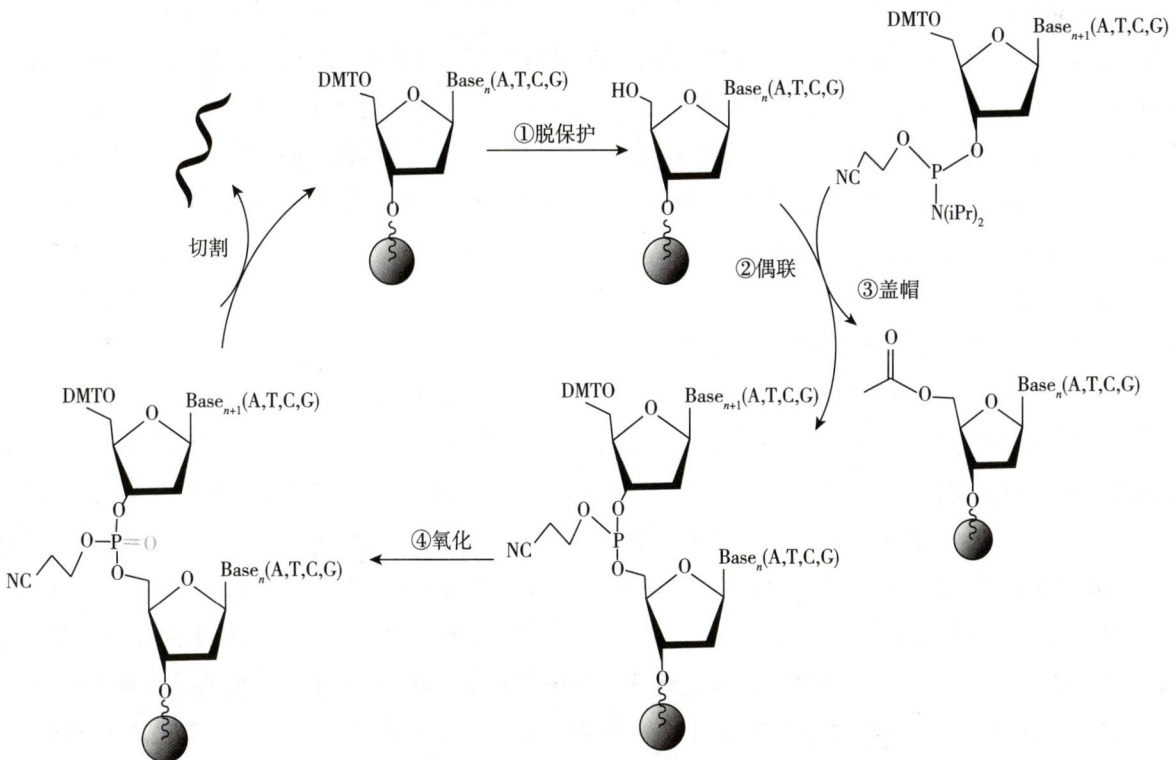

图 10-9 柱式寡核苷酸化学合成法

1. 寡核苷酸化学合成技术的分类 根据实现方式的不同，寡核苷酸化学合成技术主要包括柱式寡核苷酸化学合成以及芯片寡核苷酸化学合成。

（1）柱式寡核苷酸化学合成 该方法是利用一个带有反应腔的合成柱，装载用于寡核苷酸合成的固相载体，配合流体系统，实现寡核苷酸化学合成的四步循环反应。目前常用固相载体为可修饰的多孔玻璃（controlled pore glass，CPG）载体，通过高分子聚乙烯等材料的颗粒包埋而成。而固相载体材料内部的孔腔能够允许亚磷酰胺寡核苷酸化学合成的四步化学反应的试剂在其中流动，并依赖 CPG 载体将修饰的亚磷酰胺碱基一个个合成上去。寡核苷酸在合成柱上完成合成后，通过能破坏固相载体和寡核苷酸之间连接间臂的化学反应将其从合成柱上切割下来。柱式寡核苷酸化学合成是目前多款商用自动化合成仪采用的主要方法。

（2）芯片寡核苷酸化学合成 不同于柱式合成，芯片合成中寡核苷酸的化学合成反应在修饰芯片载体上完成。为了实现高通量并行的寡核苷酸化学合成，芯片合成技术需要保证在一个非常小的芯片位点上，能够不受干扰地单独完成每一轮的化学反应。为了实现这一目的，高通量光脱保护芯片合成技术、电化学脱保护芯片合成技术及喷墨打印合成技术等被开发出来。这些技术通过在芯片的点阵上独立实现合成脱保护和偶联的过程，达到在芯片上高通量并行合成的目的；同时，因为芯片合成中单个反应体积小，可极大减少试剂的消耗，达到低成本合成的目的。高通量芯片寡核苷酸合成能够一次合成寡核苷酸多达数十万条，而成本仅是柱式合成的 $1/10^4 \sim 1/10^2$。不同于柱式合成获得的寡核苷酸是每条单独存在，高通量芯片合成的寡核苷酸通常以混合库的形式存在；同时，合成的混合库中单条寡核苷酸的量也远远低于柱式合成，从 fmol 到 pmol 不等。这一定程度上也限制了芯片寡核苷酸合成的应用。目前的芯片寡核苷酸合成主要用于突变体库构建、探针捕获文库构建、CRISPR 文库构建等对合成量要求不高但序列种类复杂的领域。

2. 寡核苷酸的纯化方法 由于四步寡核苷酸化学合成法的每一轮化学合成的反应效率无法保证为 100%，同时合成过程中也伴随一些副反应的发生，合成的产物中掺杂有比目的寡核苷酸序列短的寡核苷酸产物以及其他化学反应副产物。因此，合成的寡核苷酸产物通常还需要进一步纯化，以除去化学反应中的短的寡核苷酸和化学反应副产物。常用的纯化方法包括直接脱盐纯化、OPC（oligonucleotide purification cartridge）柱纯化、PAGE（polyacrylamide gel electrophoresis）纯化、HPLC（high performance liquid chromatography）纯化等。①直接脱盐纯化：是将从固相载体上切割下来的引物，通过反复的溶剂洗脱，去除合成引物化学反应过程中产生的各种盐类，获得合成的寡核苷酸混合物。这种纯化方式几乎无法有效去除寡核苷酸中的短链产物，因此多用于对纯度要求不高的寡核苷酸纯化。② OPC 柱是一种对带有 5′-DMT 基团的寡核苷酸具特异吸附能力的纯化柱。通过 OPC 柱对最后一个碱基带有 5′-DMT 基团（在合成步骤保留）的寡核苷酸进行特异吸附，去除截短的寡核苷酸。纯化的带 5′-DMT 基团的目的寡核苷酸最后通过酸处理除去 DMT 基团，获得目的寡核苷酸。这种方法虽然在理论上能够很好地提高目的寡核苷酸的纯度，但是在实际应用中，要获得很好的纯化效果就需要充分的优化。③ PAGE 纯化：是利用变性聚丙烯酰胺凝胶电泳对寡核苷酸进行纯化的方法。优化的 PAGE 能够很好地分辨不同长度的合成单链寡核苷酸。电泳后，将目的寡核苷酸条带切割下来，再通过溶剂将寡核苷酸从胶中释放出来，能够获得纯度较高的目的寡核苷酸。这种方法可以用于不同长度、不同应用场景的寡核苷酸纯化。④ HPLC 纯化：是利用 C18 或者离子交换色谱柱，能够获得较其他方法具更高纯度的目的寡核苷酸。分子生物学实验中常用的 qPCR 探针、NGS 探针等多采用这种方法纯化。然而，HPLC 纯化方法多适用于小于 100 个碱基的寡核苷酸纯化。

二、酶促反应法

亚磷酰胺化学合成法需要用到各种烈性的化学试剂，反应过程中也会产生有毒副产物与危险废弃物，并且由于合成原理的限制，其极限合成长度大约为200nt，无法满足日益增长的DNA合成需求。近年来出现的酶法DNA合成，有望以更低的成本和更温和的环境合成更长的DNA分子。基于生物酶的酶促核酸聚合方法在合成精准度及合成长度方面具有可以颠覆现有化学方法的巨大潜力，可以成长为下一代DNA合成技术的核心。其中末端脱氧核苷酸转移酶（terminal transferase，TdT）是唯一的模板非依赖性DNA聚合酶，在DNA聚合反应中具有快速、灵敏度高、特异性好等优点。以TdT为核心的DNA聚合技术已经从实验室阶段进入初期的商业应用阶段，全球多家科技公司涌现并推出了各具特色的技术平台。

首先，通过试剂将TdT和dNTP耦合起来形成偶联物。随后将DNA引物与偶联物混合，引物上的3′端与偶联物中核苷酸5′端自动结合。最后，用试剂或者光照将TdT与核苷酸之间的连接断开，从而将一个特定的核苷酸加在DNA引物上。由于酶的特异性和温和性，该方法不会产生有毒副产物或者造成DNA损伤，也不会产生危险废弃物。而且这种DNA合成方法可以从天然DNA（即碱基上没有保护基团的DNA）开始合成。

化学法DNA合成技术相对成熟，其关键指标是偶联效率和错误率。由于化学偶联反应自身的特点，反应效率随着寡核苷酸链的加长而降低，DNA合成的完整性、精确度和产量也随着长度的增加而下降。酶法是快速发展中的DNA合成技术，具有巨大潜力，但保护基团的不稳定性和生物酶的效率限制了其合成的稳定性和准确性，故目前仍不成熟。

第六节　基因测序技术

基因测序技术是最常用的分子生物学技术之一，对推动基因工程技术发展发挥了巨大的引擎作用。第一代测序技术主要有化学降解法、双脱氧链终止法和荧光自动测序仪，第二代测序技术进入了高通量、低成本时代，第三代测序技术出现单分子测序。

一、第一代测序技术

（一）化学降解法

化学降解法是1977年发明的，其基本原理是先将双链DNA变性成单链，将其5′端用同位素标记后，用不同化学试剂进行核苷酸裂解，最后进行凝胶电泳分离和放射自显影，根据不同泳道的条带信息获得DNA分子的碱基序列（图10-10）。

化学降解法的显著特点为所测序列是DNA分子本身而不是酶促反应产物，避免了DNA合成过程中可能产生的人为错误。该方法可以分析DNA的甲基化修饰、构象以及蛋白质-DNA相互作用。其缺点是操作较复杂，目前已被其他测序方法取代。

（二）双脱氧链终止法

双脱氧链终止法由Sanger等于1977年发明，也称为Sanger测序法。测序包括四个独立的反应，每个反应由DNA模板、测序引物、DNA聚合酶、足量脱氧核糖核苷三磷酸（dNTP）和限量同位素标记双

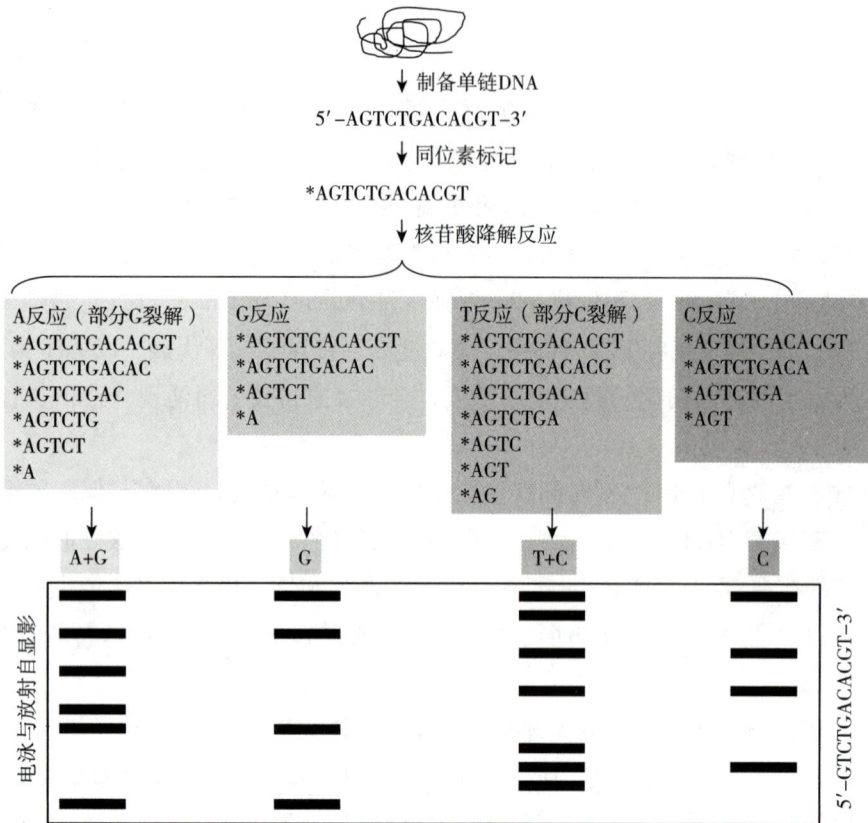

图 10 – 10　化学降解法的基本原理

脱氧核糖核苷三磷酸（ddNTP，包括 ddATP、ddGTP、ddCTP 和 ddTTP）组成。其中，DNA 聚合酶负责互补链的引物延伸，添加 dNTP 时，因能形成 3′,5′–磷酸二酯键而使 DNA 链得以延伸；但当添加缺少 3′–羟基的 ddNTP 时，因不能形成 3′,5′–磷酸二酯键而使 DNA 链延伸终止。在第一个反应物中，ddATP 会随机代替 dATP 参加反应，一旦 ddATP 加到新合成的 DNA 链中，由于其 3 位的羟基变成了氢，不能继续延伸，第一个反应中所产生的 DNA 链都是到 A 就终止；同理，第二个反应产生的 DNA 都以 G 结尾，第三个反应产生的 DNA 都以 C 结尾，第四个反应产生的 DNA 都以 T 结尾。四个反应的产物是不同长度的寡核苷酸聚合物，分别在 A、T、C 和 G 处终止，经凝胶电泳分离和放射自显影后，根据条带信息可以获得 DNA 的碱基序列（图 10 – 11）。双脱氧链终止法具有准确性高等优点，是使用最多的第一代测序技术。

（三）自动化测序仪

第一代测序技术的主要缺点是耗时和存在同位素放射性污染。经过不断改进，1987 年 Applied Bio-systems 公司推出了第一代自动化测序仪 AB370，由于采用了毛细管电泳技术，测序效率和准确性均有显著提高。此外，因使用不同荧光标记的 ddNTP 进行 DNA 合成，合成产物可在一个电泳泳道内分离，通过计算机处理激光激发产生的不同波长信号获得碱基序列。1998 年推出的第二代自动化测序仪 AB370xl 至今仍在广泛使用，读序可达 900bp，准确性可达 99.9%。

二、第二代测序技术

人类基因组计划的完成对第二代测序技术开发起到了巨大的推动作用。2005 年以来，454、Solexa

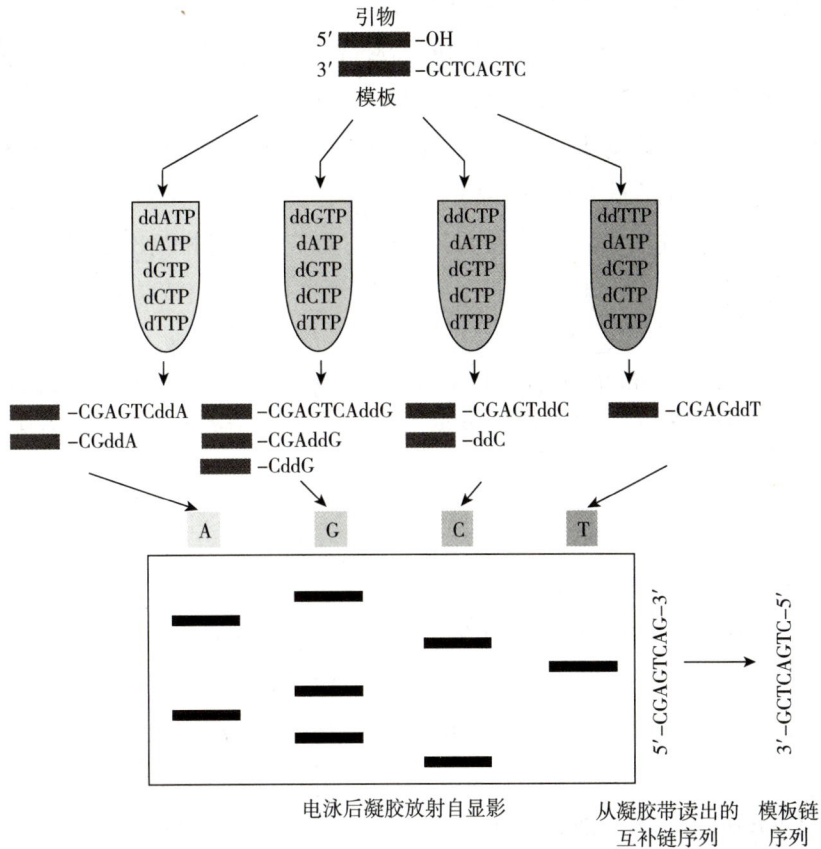

图 10－11 **Sanger 测序法的基本原理**

和 Agencourt 公司先后推出了焦磷酸测序平台、Ilumina 测序平台和 SOLiD 测序平台，此三大平台是第二代测序技术的典型代表，具有通量高、费用低等共同优点。第二代测序技术的基本程序大体相同，主要包括测序文库制备、测序文库放大、序列测定和数据分析与显示。

（一）测序文库制备

1. 核酸片段制备 分为双链 DNA 和 RNA 两种情况。

（1）双链 DNA 双链 DNA 片段制备方法主要有机械剪切法和酶切法。其中机械剪切法需用专门的超声波仪进行，由于不同功率超声波仪制备的 DNA 片段长度不同，必要时需用凝胶电泳进行 DNA 片段选择。酶切法可用 DNase Ⅰ 或其混合物进行，虽然与机械剪切法同样有效，但产生的插入或缺失较多。DNA 测序文库的插入片段长度一般约为 500bp，但取决于不同的测序仪和测序目的。

（2）RNA 在多数情况下，制备 RNA 测序文库也需要进行片段化，但可在逆转录前或逆转录后进行。逆转录前的 RNA 片段化可在温控条件下用镁、锌等金属阳离子进行消化，通过调整消化时间可以获得长度合适的片段。逆转录后的 cDNA 片段化与双链 DNA 相似。RNA 测序文库插入片段的大小同样取决于研究目的。

2. 片段末端修补 在获得 DNA 片段后，需要对片段两端进行化学修饰。5′端平端化和磷酸化可用 T$_4$ 噬菌体多核苷酸激酶、T$_4$ 噬菌体 DNA 聚合酶和 DNA 聚合酶 Klenow 片段混合物进行，3′端腺苷酸加尾可用 *Taq* 聚合酶或 Klenow 片段进行，其中 *Taq* 聚合酶的加尾效率较高，不需要加热时可选用 Klenow 片段。

3. 接头分子连接 在进行连接反应时，接头分子与 DNA 片段的比例一般为 10∶1，过量的接头会形成接头二聚体，而二聚体因包含完整的 PCR 引物结合位点，会被 PCR 选择性扩增，导致文库中非目标产物比例升高。在连接反应后，接头二聚体可用凝胶色谱等方法去除。为了便于多重测序，每一样品可与不同条形码接头连接，或用条形码引物进行 PCR 扩增。

由于天然 miRNA 带有 5′-磷酸基，其测序文库制备十分简单。先用截短 T₄ 噬菌体 RNA 连接酶Ⅱ将 3′端封闭的腺苷酸化接头分子与 RNA 样品连接，由于该酶仅以 3′-腺苷酸化的接头分子为底物，RNA 样品中的非 miRNA 无法连接。因 3′端被封闭，接头分子也不能相互连接。然后加入 RNA 接头分子、ATP 和 RNA 连接酶Ⅰ，与 5′-磷酸化的 RNA 分子进行连接，将逆转录引物与 3′-接头分子杂交后便可进行 RT-PCR 扩增。

在制备 mRNA 测序文库时，可用随机或 oligo（dT）引物进行 cDNA 合成，也可将接头分子与 mRNA 片段连接后进行 RT-PCR 扩增。用随机引物进行 cDNA 合成时，要尽量去除核糖体 RNA，或用 oligo（dT）偶联琼脂糖珠进行 mRNA 富集。

（二）测序文库放大

测序文库放大主要有固相放大和乳滴 PCR 放大。

1. 固相放大　可在称为流动池的特制玻璃板表面进行，每块板有若干泳道，每泳道包被与接头分子互补的寡核苷酸。当单链测序文库在泳道中流动时，DNA 片段通过接头分子与互补寡核苷酸结合，经过桥接 PCR（bridge PCR）反复放大后，每个片段能在原位获得数百万倍的扩增，形成所谓的克隆集群（clonal cluster）。

2. 乳滴 PCR（emulsion PCR）放大　在特制的 PTP（Pico Titer Plate，一种微型的塑料板）上进行，这种反应板各孔仅能容纳一个琼脂糖珠。加入带有琼脂糖珠的测序文库时，每孔仅允许单个糖珠-DNA 片段进入，各孔间以油乳剂相隔成独立的微反应器，经过 PCR 扩增后可以获得含数百万个拷贝的克隆集群。

（三）序列测定

1. 454 焦磷酸测序系统　焦磷酸测序最先由美国 454 生命科学公司研发，2005 年 454 公司被罗氏（Roche）诊断公司收购，推出了第一代 454 基因组测序仪。测序反应是将 PCR 扩增产物、DNA 聚合酶Ⅰ、ATP 硫酸化酶、荧光素酶、双磷酸酶、腺苷酰硫酸、D-荧光素和 PCR 引物加入 PTP 板进行 PCR 扩增，每次循环添加一种 dNTP，进行 DNA 合成反应。如果这种 dNTP 能与模板配对延伸，那么在合成之后会释放出焦磷酸基团，焦磷酸基团会在腺苷酰硫酸的存在下由 ATP 硫酸化酶催化形成 ATP，ATP 和荧光素酶共同氧化反应体系中的荧光素分子使之发出荧光。由于光信号的产生及其强度取决于整合的核苷酸种类，通过光信号检测即可判定模板链的 DNA 序列。

454 测序仪的出现解决了高通量测序问题，其最大优势是速度快（仅需 7~10 小时），缺点是所用试剂较昂贵且测序准确性相对较低，适合单核苷酸多态性基因分型、病毒和细菌分型、特异基因突变检测和基因转录分析等研究。

2. SOLiD 测序系统　SOLiD 测序系统是基于连接酶测序法，即利用 DNA 连接酶在连接过程中进行测序。测序反应时，并没有常规的在聚合酶作用下的 DNA 合成反应，模板链的延伸是在测序引物的末端连接一段寡核苷酸，并持续延伸多次。

在制备测序文库时，先将 DNA 片段与接头分子连接，再与琼脂糖珠连接后，在 PTP 上进行 PCR 扩增。测序利用独特的 8 碱基探针进行 DNA 模板链探测，探针第 1 碱基为连接部位，第 5 碱基为裂解位点，第 8 碱基连有 4 种不同的荧光染料。测序反应的第一步是将通用引物 N 与 DNA 片段上的接头分子杂交结合，然后添加荧光素标记探针和连接酶。如果探针与 DNA 模板链互补，测序引物则能被连接，就能检测到荧光信号。在洗去非互补探针并裂解去除互补探针的荧光基团后，再用通用引物 N 进行连接反应。但经过一轮连接反应后，仅能测得部分核苷酸序列，对应于探针简并碱基的序列需用短 1~2 个碱基的引物重新进行测序，直到测完为止。

3. Illumina 测序系统　2006 年，Solexa 公司推出了第一代基因组测序仪。Illumina 公司兼并 Solexa 公司后推出了 GA HiSeq 测序系统。该测序系统采用 DNA 簇、桥式 PCR 和可逆阻断等核心技术，通过边合成边测序的方式，按"去阻断、延伸→激发荧光→切割荧光基团→去阻断"循环方式依次读取模板 DNA 上的碱基排列顺序。测序时向反应体系中同时添加 DNA 聚合酶、接头引物和 4 种带有碱基特异性荧光基团的标记 dNTP。由于这些 dNTP 的 3′－羟基被化学方法保护，每轮合成反应都只能添加一个 dNTP。在 dNTP 被添加到合成链上后，所有未使用的游离 dNTP 和 DNA 聚合酶都会被洗脱。再加入激发荧光所需的缓冲液，用激光激发荧光信号，用光学设备完成荧光信号的记录，再通过计算机分析转化为测序结果。

（四）数据分析与显示

在测序完成后，对所获原始数据需要进行去除接头序列、低质量读序的前加工、与已知参考序列的比对分析、从头测序的序列组装和编码序列分析，以及生物信息学分析。生物信息学分析包括插入、缺失、单核苷酸多态性分析、新基因或调节序列鉴定、基因转录水平、RNA 剪切替代机制以及转录起始和终止部位的确定等，某些情况下还包括疾病相关的体细胞或生殖细胞基因突变分析。

三、第三代测序技术

近年来能实现单分子测序的技术不断发展，这些相关的测序技术被称为第三代测序技术。与前两代技术相比，它们最大的特点是可以实现单分子测序（single molecule sequencing，SMS），在对那些稀有样品的测序方面具有无可替代的优势。目前开发的第三代测序技术的具体原理不同，但都具有单分子测序的特点，即样品无须提前扩增，无须进行荧光标记，读长更长，后期数据处理更加方便。这些技术有的利用荧光信号进行测序，也有的利用不同碱基产生的电信号进行测序，主要包括 HeliScope 单分子测序技术、SMRT 单分子实时测序技术、纳米孔测序技术、微滴珠测序技术等。

思考题

1. 什么是基因敲除技术？
2. 什么是 RNA 干扰技术？
3. TALEN 打靶的原理是什么？
4. CRISPR 系统如何实现靶向基因编辑？
5. EMSA 实验的主要作用是什么？
6. 简述酵母双杂交系统的基本原理。
7. 第二代测序技术的基本流程是什么？

本章小结

答案解析

参考文献

［1］ 宋运贤，王秀利．基因工程［M］. 2 版．武汉：华中科技大学出版社，2022.

［2］ 金红星．基因工程学［M］.北京：化学工业出版社，2021.

［3］ 陈宏．基因工程［M］. 3 版．北京：中国农业出版社，2020.

［4］ 刘世利，李海涛，王艳丽，等．CRISPR 基因编辑技术［M］.北京：化学工业出版社，2021.

［5］ 王凤山，邹全明．生物技术制药［M］. 4 版．北京：人民卫生出版社，2022.

［6］ 冯美卿．生物技术制药［M］.北京：中国医药科技出版社，2021.

［7］ 李校堃，黄昆．生物技术制药［M］.武汉：华中科技大学出版社，2021.

［8］ 高向东．现代生物技术制药［M］.北京：人民卫生出版社，2021.

［9］ 夏焕章．生物技术制药［M］. 4 版．北京：高等教育出版社，2022.

［10］ 武君咏．细胞工程制药的研究进展及展望［J］.现代盐化工，2021，48（02）：3 - 4.

［11］ 周怡，杨美，王柏林，等．动物细胞培养生物反应器研究进展［J］.贵州畜牧兽医，2019，43（04）：27 - 30.

［12］ 孙静静，李桂林，周雷鸣，等．哺乳动物细胞瞬时转染技术研究进展［J］.中国医药生物技术，2019，14（3）：253 - 257.

［13］ 谢君鸿，何晶晶，周鹏辉．合成生物学与工程化 T 细胞治疗［J］.合成生物学，2023，4（2）：373 - 393.

［14］ 范月蕾，张博文，陈琪，等．2022 年免疫细胞治疗发展态势［J］.生命科学，2023，35（1）：88 - 94.

［15］ Ahmar S，Hensel G，Gruszka D. CRISPR/Cas9 - mediated genome editing techniques and new breeding strategies in cereals - current status, improvements, and perspectives［J］. Biotechnology advances，2023，69：108248.